二级注册建造师继续教育培训教材

市　政　工　程

北京市建筑业联合会　主编

中国建筑工业出版社

图书在版编目（CIP）数据

市政工程/北京市建筑业联合会主编. —北京：中国建筑工业出版社，2016.11
二级注册建造师继续教育培训教材
ISBN 978-7-112-20102-0

Ⅰ.①市… Ⅱ.①北… Ⅲ.①市政工程-继续教育-教材 Ⅳ.①TU99

中国版本图书馆 CIP 数据核字（2016）第 278123 号

责任编辑：赵晓菲　张智芊
责任校对：焦　乐　刘梦然

二级注册建造师继续教育培训教材
市政工程
北京市建筑业联合会　主编
*
中国建筑工业出版社出版、发行（北京西郊百万庄）
各地新华书店、建筑书店经销
霸州市顺浩图文科技发展有限公司制版
北京中科印刷有限公司印刷
*

开本：787×1092 毫米　1/16　印张：26¾　字数：666 千字
2016 年 11 月第一版　2016 年 11 月第一次印刷
定价：65.00 元
ISBN 978-7-112-20102-0
（29525）

版权所有　翻印必究
如有印装质量问题，可寄本社退换
（邮政编码 100037）

二级注册建造师继续教育教材
市政工程
编写委员会

主　　编：栾德成

副 主 编：冯　义　　鲍绥意　　刘其铎　　孔　恒

编　　委：付敬华　　刘国柱　　孙秀兰　　梁　锦　　刘彦林
　　　　　刘　明　　金　奕　　李俊奇　　王　勇　　岳爱敏

编写人员：孟昭晖　　孟兴业　　张福达　　王来顺　　李　盈
　　　　　韩雪刚　　赵秀丽　　吴传锋　　林雪冰　　王文正
　　　　　毛　坤　　王二松　　王全贤　　张　龙　　葛国华
　　　　　杜　鹏　　郑　昊　　蔡志勇　　刘　晖　　张艳秋
　　　　　郑雪梅　　何　奇　　徐万林　　郭彩霞　　沈鸿滢
　　　　　王　渭　　熊怡思　　苏河修　　卢常亘　　史庆国
　　　　　杨建辉　　宋莹杰　　单镏新　　田永进　　窦　一
　　　　　孟庆龙　　任有旺　　常亚静　　杨冬梅　　魏键鹏
　　　　　李　达　　田行宇　　张丽丽　　乔国刚　　李德洋

前　言

　　注册建造师按规定参加继续教育，是申请初始注册、延续注册、增项注册和重新注册的必要条件。

　　本教材是市政工程专业二级注册建造师参加继续教育学习的使用教材。

　　近年来，市政工程与城市轨道交通工程建设规模及数量不断增加，各种新型设计技术理念、新型施工工艺及创新技术发展迅速。为了进一步提高市政工程专业二级建造师的职业素质，提升市政工程项目管理水平，保证工程质量和施工安全，根据《注册建造师管理规定》、《注册建造师继续教育管理暂行办法》和国家相关的法律、法规和管理条例，我们编写了本教材。

　　全书涵盖了市政工程的全部专业：道桥工程、轨道交通工程、管道工程、环境工程等。书中所介绍的新技术，经过专家鉴定达到市政行业内国内领先乃至国际先进水平，具有创新性、代表性和可靠性。同时结合我国市政工程领域的发展趋势，介绍了综合管廊、海绵城市建设等相关知识，以及 BIM 技术在市政工程中的应用等。

　　本书在编制过程中，引用了行业内的多项新技术，并查阅了大量的规范和技术规程，参阅了国内外行业协会、院校等刊物，得到了业内专家、学者的关注和支持。在此，一并表示诚挚的感谢。

　　本书既可作为二级建造师注册执业期间继续教育用书，亦可供市政工程技术人员、管理人员参考学习。

　　由于编者水平有限，且编写时间紧迫，难免有不妥和疏漏之处，请广大读者提出宝贵意见，以供今后修订时参考。

编委会
2016 年 9 月

目 录

1 **道桥工程施工新技术** 1
   1.1 沥青混凝土面层水泥混凝土基层板缝快速修复施工技术 1
   1.2 超薄磨耗层施工技术 9
   1.3 异型毛勒缝更换破损美佳缝施工技术 28
   1.4 U形钢板外包加固破损横隔梁施工技术 35
   1.5 桥梁整体式地袱和挂板一体化设计与施工技术 50
   1.6 异形大断面空心混凝土墩柱施工技术 61
   1.7 复合型支撑体系在高大异形桥梁钢结构中的应用技术 66
   1.8 湿陷性黄土填料高填方路段快速施工技术 80

2 **轨道交通工程施工新技术** 85
   2.1 复杂土工环境地铁区间隧道近接施工关键技术 85
   2.2 北京地铁车站盖挖法施工关键技术 111
   2.3 北京地铁砂卵石地层浅埋暗挖施工技术 114
   2.4 地下工程新旧结构接合施工技术 125
   2.5 暗挖隧道弧面侧向开洞及暗竖井施工技术 140
   2.6 地铁支座维修及顶升更换施工技术 144
   2.7 无水漂卵砾石地层盾构施工关键技术 160
   2.8 高架地铁车站多专业系统综合施工统筹管理 172
   2.9 跨越既有轨道交通线新建地铁风险控制技术 198
   2.10 北京地铁车站PBA施工关键技术 208
   2.11 复杂环境条件下地铁基坑施工技术 226
   2.12 预制箱梁支架体系施工技术 237

3 **管道工程施工新技术** 247
   3.1 下穿河道浅埋电力隧道盾构施工技术 247
   3.2 富水地层浅埋暗挖隧道疏堵结合施工技术 260
   3.3 高水压、高卵石地层长距离顶管施工技术 273
   3.4 水下无覆土顶管施工技术 289
   3.5 排水管道非开挖修复施工技术 314
   3.6 钢绞线网片聚合物砂浆外加层加固法在旧排水方涵盖板加固中应用 ... 322
   3.7 水平定向钻施工技术 327

  3.8 综合管廊施工技术 334

4 环境工程施工新技术 349
  4.1 大温差、高海拔地区 A^2O 工艺调试研究技术 349
  4.2 垃圾填埋场大型空气支撑膜围合结构施工技术 355
  4.3 高海拔大纵坡垃圾填埋场防渗层施工技术 362
  4.4 海绵城市建设新技术 369
  4.5 垂直绿化技术 385

5 施工信息化新技术 390
  5.1 常用BIM平台软件及应用解决方案 390
  5.2 BIM技术在地铁车站施工中的应用 410

参考文献 421

1 道桥工程施工新技术

1.1 沥青混凝土面层水泥混凝土基层板缝快速修复施工技术

1.1.1 概述

沥青混凝土路面水泥混凝土基层，即把原来的水泥混凝土路面（灰白色）改建为沥青混凝土路面（黑色），达到环保、防尘、降噪和提高行车舒适性的效果。沥青混凝土路面水泥混凝土基层改造的做法有：(1) 挖掘掉水泥混凝土路面，重新加固基层，加铺沥青混凝土；(2) 对水泥混凝土进行处理，加铺沥青混凝土。后者利用水泥混凝土强度高的特点，作为基层，做到物尽其用，造价较低，但是处理不好，有出现反射裂缝的可能。

沥青混凝土路面水泥混凝土基层的施工方法在国内已比较成熟，但是，沥青混凝土路面水泥混凝土基层由于有旧水泥混凝土板的病害隐患使加铺层沥青路面破坏更加频繁。与半刚性基层沥青路面相比，沥青混凝土路面水泥混凝土基层沥青路面反射裂缝问题十分严重，旧水泥混凝土板块接缝处的变形和位移很容易反射到沥青面层上形成反射裂缝。截至目前我国相当数量的旧水泥混凝土路面采用了沥青混凝土路面水泥混凝土基层处理，且早期投入使用的沥青混凝土路面水泥混凝土基层已产生上述病害，如何再次对沥青混凝土路面水泥混凝土基层养护维修成为道路养护工作迫在眉睫的问题。

沥青混凝土路面水泥混凝土基层混凝土板缝快速修复施工技术的目的是对基层混凝土板板缝防水补强，高效修复基层混凝土板缝。其作用目的主要包括两方面：一方面是直接补强，即材料强度补强，采用新型修补材料对破损处进行修补；另一方面是防水处理。由于前期开缝调研结论证明基层混凝土板缝处填缝料较为完好，破损部位为混凝土料及板边、板角等易受损部位产生的冻融循环病害。针对该情况，本技术在很多工程实施细节上均强调并采用了防水措施，以期减弱板缝周边冻融病害，有效抑制或降低面层反射裂缝的产生。

其次本技术重点研究板缝快速修复的施工组织实施。由于本技术主要应用在城市主干道大修施工中，施工对进度计划安排的要求尤为严格，因此，如何保证在规定的时间内完成板缝修复作业是重点研究项目。对此研究的主要内容集中在两个方面，一个是采取先进的设备将每个工序步骤用时尽量缩短；另一个研究重点是如何保证工序之间衔接紧密，不留任何的多余空闲时间。两个要求都满足了，才能完成板缝修复的快速施工技术研究。

1.1.2 工程简介

××大街是一条重要交通主干道，本次大修前主路原路况为"白+黑"形式，即在原混凝土板路面上加铺沥青混凝土。水泥混凝土板路面结构形成于20世纪60年代末期，是以地铁加强层形式修建的，每9.5m设置一道接缝。该道路病害破损主要集中在反射裂缝，主路741道破损程度在中度以上的反射裂缝需进行基层混凝土板开缝补强处理，工程量较大、施工周期相对较长。前期各相关单位结合××大街的实际情况，针对沥青混凝土路面水泥混凝土基层沥青路面特有的反射裂缝现象，对××大街的基层混凝土板缝部位进行了开缝试验，并于2010年8月13日～2010年11月30日对其沥青混凝土路面水泥混凝土基层的混凝土板缝进行了维修处治。

同时由于大修工程的特殊性，所有施工只能在夜间进行，一旦在有效施工时间不能完成该工作量，将严重影响主路面层的加铺进度，从而影响整个大修工程。

1.1.3 工程特点

1. 合理的施工组织

技术施工期间不中断通行，通过一系列的材料比选、设备及人员的组合以及精细化的施工组织，保证了板缝补强施工的所有工序可在夜间四个小时内完成，白天正常开放交通，将大修施工对大都市交通主干道安全通行的影响降到最小。

2. 防水补强措施

板缝处理有效融合了防水、补强两块工艺原理，更有效地保证了板缝的养护效果，延缓了因冻融循环所造成的基层混凝土修补材料的破坏，减弱了沥青面层的反射裂缝病害现象。

（1）修补过程采用综合判定方法严格判定破损，以防漏补，造成病害隐患，影响道路养护效果。

（2）旧混凝土板破损处维修采用"界面剂＋C40高强快硬无收缩混凝土"，考虑到项目前期板缝试验发现的实际问题，利用界面剂增强新旧混凝土界面的粘结力，可有效减弱混凝土分界面上水分的渗入。

（3）橡胶沥青粘层油和聚酯玻纤布结合形成防水层防止水分进入缝体，从而减弱缝边混凝土的冻融破坏。同时，二者结合又可作为应力吸收层有效抑制反射裂缝形成，从而直到补强作用。

（4）回填灌缝胶前，两侧涂刷接缝粘合剂，提高填缝料与混凝土边壁的粘结程度，减少水分渗入。

3. 材料创新

本技术有效利用原有路面结构，节约能源。技术综合考虑主辅路路面现况及各自承担的交通任务，仅对主路上741道破损程度在中度以上的反射裂缝进行基层混凝土板开缝补强处理。且在板缝处理过程中，采取了破损的局部处理工艺。这些技术的特点在保证大修工程的养护目标的前提下，有效地利用了现有路面结构，节约了能源。

本技术选材合理，既达到养护目标，又节约了造价。

（1）采用橡胶沥青代替普通热沥青作粘层油更好地增强了板缝维修的防水、抗裂效果。

（2）板缝处采用AC-25C混合料与现有的SMA面层找平，充分考虑了原有SMA路面的强度损耗，AC-25C完全能与现状SMA匹配。

4. 工艺创新

技术工艺与道路实际情况更吻合。按照现行的《城镇道路养护技术规范》CJJ 36—2006，沥青路面缝宽在10mm以上时，应采用细粒式热拌沥青混合料或乳化沥青混合料填缝。考虑到××大街的交通重要性及沥青混凝土路面水泥混凝土基层的结构特点，本技术对中等破损程度以上的横向裂缝进行了开缝处理，处理宽度缝左右各 0.75m。

板缝处整体维修构造消减了原缝位置的应力板缝回填部位整体上形成一宽为 1.5m 的矩形实体，使得道路荷载得到了一定的扩散，从而有效地改善了原板缝部位应力集中状态，减少了板缝部位病害的发生。

本技术对沥青混凝土路面水泥混凝土基层反射裂缝的成因及防治进行了详细地分析研究，为该技术在沥青混凝土路面水泥混凝土基层道路大修中的推广应用提供了技术借鉴。

1.1.4 主要施工工艺

1. 施工工艺流程

如图 1-1 所示。

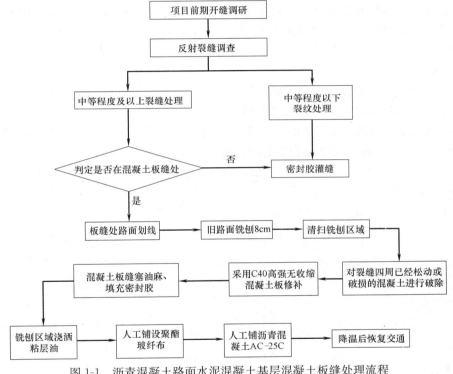

图 1-1 沥青混凝土路面水泥混凝土基层混凝土板缝处理流程

2. 操作要点

（1）需处理板缝确定

1) 首先进行路况调查，确定中等及以上破损程度裂缝的数目、位置，并进行标记。
2) 根据事先测设好的道路桩号，找准板缝位置。
3) 当中等以上破损程度裂缝位置与板缝重合时，该处基层板缝需开缝处理。

（2）板缝铣刨

1) 以板缝位置为中心，向东西两侧各量 0.75m，用白色自喷漆点点，南北两侧 0.75m 线上各喷两点后连白线。
2) 根据画线，先采用 1m 铣刨机从南向北铣一刀，再用 0.5cm 铣刨机同向铣一刀，铣刨厚度 8cm。铣刨后人工装渣至装载机，装载机再转装到渣土车后运出外弃。

3）路面铣刨时铣刨深度应比预期深度多出 5mm，避免铣刨深度不足；铣刨时尽量少加水，避免水流过大影响下步施工。

（3）铣刨区域采用人工清理，清理至表面无浮渣。

（4）铣刨区域处理。

1）清理干净后，裸露的混凝土板及板缝的凿除区域及时确认修补范围，并用白色自喷漆做好标识。

2）使用切缝机沿标识线切割，深度≥5cm，然后使用空压机进行凿除。为保证修补效果，根据破损面积将剔凿范围圈定为四方形。方形范围边线至少超出破损边线 5~10cm。

3）清理废弃凿除块，用空压机吹扫、钢丝刷子清理至表面无浮渣。

4）凿除范围用吹风机吹干后 5 面涂刷界面剂，界面剂采用 YJ-302 型，涂刷饱满。

5）剔凿范围使用 C40 快硬无收缩混凝土重新灌注。试验室现场取样，保证 1h 抗压强度≥20MPa。

（5）板缝处理

1）裸露面板后，根据破损情况确认剔除范围，人工用錾子将填缝料剔除。

2）用空压机清除缝内灰尘，保持其洁净。

3）在现况混凝土板榫卯结构以上用防腐麻绳填实，上部预留 7cm 空间，两侧涂刷接缝粘合剂后填充密封胶至现况混凝土表面如图 1-2 所示。

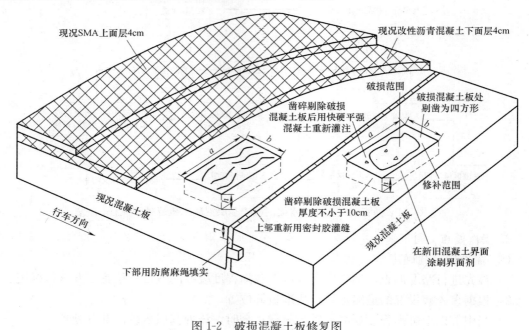

图 1-2 破损混凝土板修复图

（6）喷洒粘层油

1）将破损的混凝土板及板缝处理后，待修补料强度达到强度要求后，1.5m 宽范围内采用全电脑自动控制的橡胶沥青洒布车喷洒橡胶沥青粘层油。

2) 橡胶沥青粘层油洒布量的控制在 $2.1\pm0.1kg/m^2$。对于局部喷洒不到的区域采用人工喷洒。

3) 现场检验方法：采用 50cm×50cm 三合板放在喷洒面上，喷完油后，拿出木板放到电子秤上称重，符合要求后，木板处补喷；如不符合要求，全区域补喷；补喷后再依据上述方法进行检验，直至合格见图 1-3 所示。

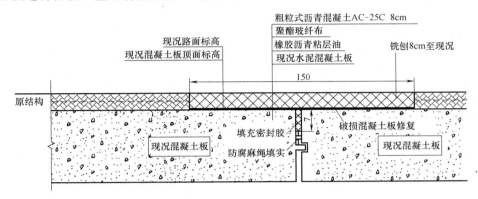

图 1-3　混凝土板缝处理图

(7) 喷洒完面层油后，及时摊铺聚酯玻纤布。聚酯玻纤布提前裁成定型尺寸，避免接缝，采取人工铺设方法，一次铺设完成。玻纤布应摊铺平整、无褶皱。

(8) 最后人工摊铺粗粒式沥青混凝土 AC-25C 回填至现况路面高程。初压，采用 DD130 钢轮压路机静压一遍；复压，采用 DD130 钢轮压路机振动碾压 2~3 遍；终压，采用胶轮压路机进行碾压，直至表面无明显轨迹、温度符合放行要求（40℃）。

3. 施工关键点

(1) 开缝试验

为了保证本次大修工程能够达到预期效果，项目实施前期在×××大街上选取有代表性的中等、重度、极严重反射裂缝进行开缝试验。通过试验发现，原修补混凝土路面的快硬混凝土的冻融破坏，是造成沥青混凝土路面破损的主要原因，因此本次补强施工的重点是修补混凝土的耐久性以及采取防水措施，解决其冻害问题；确定开缝最小宽度为 1.5m；提前对施工组织方案和交通导行方案进行了验证。

(2) 制定针对性强的工序作业周期方案

××大街属于城市主干路，因此日常交通流量大，常出现交通拥堵现象，在此施工将给已接近饱和的交通带来一定影响。因此，保证施工对社会交通的影响降低到最低程度是本技术实施的一个难点。本工程在实施前根据开缝试验的情况制定了施工工序作业周期方案。见表 1-1 所示。

说明：此表为一个作业班组处治两道混凝土板缝所需流水时间，红色为第一道板缝，蓝色为第二道板缝。

1) 根据工序作业周期，从最晚交通放行时间 5：30 倒排，确定路面铣刨、破损混凝土凿除的最晚完成时间节点，在施工时，如在节点时间未能完成铣刨的板缝，当天即不再进行开缝；如在节点时间未能完成破损混凝土凿除的板缝，即在完成凿除后不再进行下道工序，直接进行路面恢复，确保白天正常的交通出行。

基层混凝土板缝施工工序作业周期　　　　　表 1-1

时间 工序	0:00~ 0:30	0:30~ 1:00	1:00~ 1:30	1:30~ 2:00	2:00~ 2:30	2:30~ 3:00	3:00~ 3:30	3:30~ 4:00	4:00~ 4:30	4:30~ 5:00	5:00~ 5:30
交通导行											
路面铣刨											
破损混凝土凿除											
快硬混凝土修补											
技术间歇											
板缝处治											
粘层油洒布及铺设聚酯玻纤布											
沥青混凝土摊铺											
降温											
交通放行											

2) 对于临时恢复路面的板缝，在沥青混凝土下先摊铺一薄层铣刨碎渣，确保正常通行的前提下，可减少后续重新开缝的工作量和难度。

3) 施工人员的配备

每个施工班组负责两道板缝的施工，因施工作业面较小，班组人员不必过多，以不超出 20 人为宜。橡胶沥青粘层油的洒布及路面沥青混凝土的恢复作业人员可各施工班组协同进行，但需由现场负责人统一协调。

4) 高强无收缩混凝土浇筑

混凝土需在前期做好比选工作，因其强度需在 1h 内达到 20MPa 以上，考虑到运输时间、距离等因素，不宜采用罐装商品混凝土。在本次××大街大修工程中采用了 CGM-6 高强无收缩灌浆料，并对几个生产厂家的产品进行了严格、反复的抽样实验，确保其满足施工要求且质量稳定，并在每天的施工中现场抽样、实验，达到 20MPa 以上方可进行下道工序。

5) 基层的清理

橡胶沥青粘层油洒布前须对基层进行验收。基层清理宜使用高压空气进行，可同时达到清洁、干燥的目的，对于潮湿较严重的区域可使用喷灯烘干。

1.1.5　质量控制要点

1. 破损混凝土剔凿

(1) 应正确辨别破损部位。采用综合判定方法确定。对于破损明显的表面部位可通过目测其颜色及形状，初步判断；对于空鼓及疏松部位，可采用硬物敲击、回弹仪、探地雷达等检测手段确定。

(2) 剔凿应在破损部位基本确定后进行，无论破损部位面积大小，均以剔凿至坚实处为准，且深度≥5cm。

2. CGM-6 灌浆料施工

(1) 浇筑过程：灌浆料凝结速度极快，应在有限的时间内提高工作效率，满足其水灰比、和易性及初凝之前灌注完成等要求。

（2）抗压强度测定：在施工过程中对 CGM-6 快硬无收缩混凝土进行取样检测。破损混凝土剔凿。

3. 密封胶灌缝

灌注前，先用热吹风枪对板缝两侧进行清理，同时起到预热烘干作用。为了保证密封胶的填缝效果，灌缝前在两侧混凝土壁涂抹粘合剂，粘合剂具备高强、耐高低温等性能。采用灌封机进行灌注，因灌注完成胶体冷却后有沉降现象，灌缝时宜在缝端口形成"马蹄"，使灌缝料冷凝后略高出混凝土板边，灌缝宜一次成型。

4. 喷洒橡胶沥青粘层油

（1）清理基层，保证清洁、干燥。

（2）对道路两侧附属设施加以防护，苫盖防护塑料布，以防污染。

（3）喷洒橡胶沥青后，禁止行人通行。

（4）橡胶沥青喷洒时板缝底面喷洒全面，两侧新旧沥青混凝土接岔处人工涂刷橡胶沥青粘层油。

（5）喷洒橡胶沥青粘层油时，由于油温高、洒布瞬间有毒害物质发散，因此操作工人要穿高帮鞋、长裤，同时戴口罩和长手套及平光眼镜，以加强对自身的防护。

1.1.6 安全控制要点

1. 交通安全

（1）施工中坚决贯彻"安全第一、预防为主"的方针。必须严格贯彻执行各项安全组织措施，切实做到管生产的同时管安全。

（2）设专职交通协管员和安全员。密切配合路政、交管部门，在需要导行的部位设置交通标志牌和安全施工宣传牌，并设专职交通协管员，指挥疏导车辆，确保交通安全和施工安全。

（3）施工管理人员必须对所有作业人员进行安全教育、纪律教育，不断提高管理人员对所有作业人员安全意识和自我安全防范意识；管理人员必须及时下达各道工序的书面安全交底。

（4）遇有特殊情况服从交管部门的指挥。

（5）施工人员严禁随意出入施工范围，如有出入必须注意车辆，在确定安全后再进出。

（6）现场人员必须穿反光背心、戴安全帽。

（7）施工中使用的各种机械必须按规程操作，持证上岗，非操作人员不得上机操作。

（8）料车卸料时，要安排专人指挥，施工人员不要距料车过近，防止发生意外情况。

（9）施工人员不得随意到正进行铣刨的路面上行走，影响施工秩序。

（10）施工车辆进入施工区段后行驶速度控制在 5km/h，限速避免车辆高速行驶造成交通事故。

（11）车辆到达施工路段时，要认真观察车道来车情况，并启动双闪指示灯和黄色频闪灯，视情况靠边缓慢停车。指定人员摇红旗示意车辆慢行避让，待目测来车方向 300m 路段无车辆驶来时，方可让车辆进入施工区段。

2. 机械安全

（1）施工现场的机械设备操作人员，必须持证上岗。

（2）机械作业时，操作人员不得擅自离开工作岗位或将机械交给非本机操作人员操作。

（3）严禁无关人员进入作业区和操作室内。

（4）机械设备应按其技术性能的要求正确使用。缺少安全装置或安全装置已失效的机械设备不得使用。工作时，思想要集中，严禁酒后操作。

1.1.7 环保措施

（1）建立环保体系。项目经理部建立文明施工环保领导小组，针对本工程的特点和要求，制定环境保护文明施工方案措施，派专人抓日常工作，树立标牌，接受业主、监理和社会各方监督。

（2）施工期间，施工道路及场地，经常洒水，防止扬尘，并经常进行维修养护，做好现况排水系统的维护、疏通，保证雨水排放和防汛要求。

（3）对于施工所影响的树木及建筑物，要用包扎草袋或搭防护栏进行保护。

（4）运输车辆不超载，进出施工现场需严密遮盖，并对车轮进行清理，防止黏滞泥土。

（5）卸料后的自卸汽车不得擅自起斗卸油渣，剩余的油渣必须卸到专用的铲车斗内，以确保面层的清洁。

（6）生产、运输过程中产生的废弃油渣、废料运送到指定弃土点。

（7）为减少噪声扰民，机械设备尽可能使用低噪声设备，超标准设备要搭棚封闭和降噪。噪声较大的工序、施工至重要地段、大量材料运输，必要时搭设隔声帷幕。

1.1.8 效益分析

通过对××大街大修中板缝补强施工技术的提升、总结，本技术所采用的各项施工技术措施科学合理，工程效果显著。取得了以下成果：

1. 社会效益

（1）通过本技术在××大街大修工程中的成功实践证明其在城市交通主干道、繁华闹市区的适用性和广阔推广前景。

大都市交通任务繁重，普遍存在大修施工与交通通行之间的矛盾。本技术在仔细调研的基础上，提出一套夜间施工白天开放交通的具体作业方案，最大限度地保证了主干道的交通出行，将施工对城市主干道的交通影响降到了最低水平。不仅保证了人们正常工作生活的交通可达性，而且起到了稳定社会公共秩序的作用，具有显著的社会效益。

（2）有效利用原有路面结构，节约能源，符合低碳环保的工程理念。

本技术综合考虑主辅路路面现况及各自承担的交通任务，仅对主路上741道破损程度在中度以上的反射裂缝进行基层混凝土板开缝补强处理。且在板缝处理过程中，采取了破损的局部处理工艺。技术的这些特点在保证大修工程的养护目标的前提下，有效地利用了现有路面结构，节约了能源。

（3）技术整体设计实效性强，充分保证了板缝养护效果。

板缝处理工艺融合了补强和防水两种设计理念，同时对工程质量进行了前馈控制和后馈控制，极大地增强了工程质量。

（4）技术细节设计缜密，工艺具有较强的时效性。

技术细节缜密完善，补强、防水处理一环紧扣一环，互相关联，层层把关。在严格缜密的工艺基础上，技术考虑交通通行要求，结合工程实际，科学地进行材料选取，配合工程作业时间，保证整个施工过程的时间效应。

2．经济效益

（1）在以往沥青混凝土路面水泥混凝土基层路面大修中一般会对旧沥青路面全部铣刨外弃，而采用本技术只需对板缝位置进行补强及路面局部病害处理。××大街大修工程中如果主路旧面层全部铣刨、外弃费用为267万元；板缝位置铣刨、铺布、补油（不含破损混凝土凿除、修补）费用为181万元，主路局部病害处理费用为11万元。共计可节省费用75万元。

（2）通过破损混凝土的快速综合判定、高强无收缩快硬混凝土的应用以及严格的工序作业周期管理，保证了在极为有限的作业时间内完成全部工序，避免了重复的道路恢复及再次铣刨。全线741道板缝直接费节省约147万元。

1.2　超薄磨耗层施工技术

1.2.1　引言

随着经济的发展，交通量不断增加，对道路的需求量也随之增加，环境和安全问题已成为道路网建设中要考虑的重要因素。超薄沥青混凝土磨耗层作为一种道路建设的可持续发展战略就是在这种背景下产生的。其是将间断级配沥青混合料与乳化沥青相结合的一项技术，主要应用于高等级沥青路面的预防性养护和轻微路面病害的维修。同时也可将其作为新建道路的表面磨耗层。这种表面磨耗层具有超长耐久、抗滑性能好、降低噪音、减少水雾和路面水膜、抗车辙和抗磨耗等优良性能。具有以下几项优点：

（1）对原路面标高影响小：超薄磨耗层罩面厚度在15～25mm之间，对原路面标高变化影响较小。

（2）有利于尽早开放交通：超薄磨耗层罩面使用一体式专摊铺机进行施工，施工效率高、摊铺速度快、可一次成型，封闭交通时间较短（摊铺层薄，降温快），施工完成后较短时间内便可开放交通。

（3）有利于减少环境污染：薄磨耗层罩面使用一体式专摊铺机进行施工，高黏改性乳化沥青同步喷洒避免运输车轮粘带如图1-4所示，最大程度提高工程质量、减少环境污染。

（4）有利于提高路面性能：超薄磨耗层采用断级配混合料结构，在其铺筑后，可减小路面行车噪声，并增加路面的摩擦系数，为防止交通事故的发生起到了一定的作用。超薄磨耗层对路面可以起到很好的保养作用，提高了路面的性能。

（5）有利于保护路基：超薄磨耗层摊铺时经混合料高温覆盖，高黏改性乳化沥青中的水带动沥青向上攀爬，在超薄磨耗层混合料下半部以及混合料下方形成油膜防水层如图

1-5所示。防止水分渗透。水分难以渗透到达路基，为防治路基强度减小而发生松散等起到了很好的作用。

图1-4　同步喷洒避免粘带

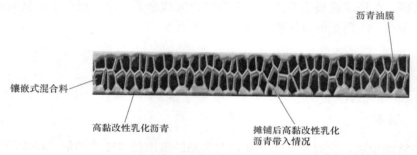

图1-5　超薄磨耗层防水构造

（6）经济效益高：超薄磨耗层施工时间短，成本较低，然而却可以很高的增强路面的使用性能。延长路面的使用寿命，具有很高的经济效益。

1.2.2　适用范围

应用一：由于其厚度很小，几乎没有改变路面原有的路面高程，而且施工期短，因此它非常适合运用于立交桥较多和路缘石高度一定的城市道路养护和高速公路的预防性养护；而在一些罩面层受净空标高、桥梁承载能力和经济投资等条件限制地方，也可以采用超薄层罩面，而且其优势非常明显，不仅能使路面达到原本的使用寿命，而且能够有效减轻桥面的自身重量和厚度。

应用二：道路在使用过程中，往往会出现裂缝、剥落和麻面等轻微或中等病害，这些病害在最开始对道路的行车和使用没有太大影响，但是如果处理不及时，这些病害就会朝坑洞、龟裂等方向发展，从而影响道路的使用寿命和行车的舒适性和安全性。超薄磨耗层可以矫正这些表面缺陷，改善路面外观，阻止其往严重的方向发展。从而改善路用性能，延长道路的使用寿命。

应用三：道路路面在车辆长久行驶的过程中往往会因为车辆和路面的摩擦或者沥青混凝土路面的泛油等原因造成某一路段摩擦系数不够或路面纹理深度不够等问题。这些问题对道路行车十分危险，尤其在雨天的时候，很容易造成交通事故。而超薄磨耗层的使用则可以很好地解决路面光滑的问题，从而有效减少因路面湿滑而造成的交通事故。

应用四：有些靠近高速公路的居民，往往会被高速公路中快速行驶的车辆和道路路面的摩擦产生的巨大噪声所困扰。而超薄磨耗层使用断级配混合料结构，在其铺筑后，其噪声可以减小到普通路面行车噪声的一半。

1.2.3 材料技术要求

超薄磨耗层处于路面的上面层，受荷载与自然界的影响较大。同时，原材料是路面质量好坏的关键因素之一，在混合料中起到核心作用。因而对沥青与集料的要求较高。集料和混合料的特性更是对超薄磨耗层的抗滑能力起到决定性作用。所以，对超薄磨耗层的原材料进行规定和检测尤为重要。

参照《公路沥青路面施工技术规范》JTG F40—2004 及《北京市沥青路面预防性养护技术指南》，对超磨耗层的原材料（沥青、集料、矿粉和粘层沥青）进行指标规定。同时通过规范所规定的相应实验方法，测其各项值，检测其是否符合相应规定。

1. 材料

（1）高黏沥青改性剂：

高黏沥青改性剂使用时采用直投工艺，直接投入混合料拌缸中，利用集料与沥青的拌和过程产生的剪切力，使改性剂直接分散到混合料中，生产出高性能的改性沥青混合料，高黏沥青改性剂性能参数表如表1-2所示。

改性剂可以显著提高沥青混合料抗飞散、抗水损害及高温稳定性能。省去了传统改性沥青繁琐的制备过程，且不存在传统改性沥青由于较高的聚合物含量所引起的存贮不稳定问题。

高黏沥青改性剂性能参数表　　　　表1-2

项目	灰分	硬度	300%定伸应力	伸长率	熔体流动速率	密度	颗粒大小	气味
单位	%	A	MPa	%	g/10min	g/cm³	mm	—
指标要求	≤0.5	≥40	≥1.0	≥800	≥5.0	0.95～1.02	$\phi 3.0 \times 4.0$	无刺激性气味
标准	GB/T 4498	GB/T 531.1	GB/T 528		GB/T 3682	GB/T 533	/	/

（2）聚酯纤维：

为了提高填补料的路用性能，混合料中一般掺加2‰的聚酯纤维，其主要技术参数要求如表1-3所示。

聚酯纤维的主要技术要求　　　　表1-3

试验项目	技术要求	试验项目	技术要求
抗拉强度（MPa）	≥550	熔点（℃）	≥230
断裂伸长率（%）	30±9	直径（μm）	20±4
颜色	白色	比重（g/cm³）	1.36～1.40

（3）碾压助剂

碾压助剂是一种基于表面活性剂技术的混合料，其主要功能是保证沥青混合料在低温下的压实效果，提高混合料抗水损性能。现场实测表明，厚度2.5cm的薄层罩面在20℃

的环境温度下有效碾压时间仅有 8min 左右，如此短的操作时间难以保证混合料的有效压实，通过在混合料中添加碾压助剂，可以使混合料在 135℃ 的温度下仍能够得到有效的压实，有效地保证了薄层罩面的施工质量。碾压助剂性能参数如表 1-4 所示。

碾压助剂性能参数表　　　　　　　　　　表 1-4

检测项目	技术要求
胺值	100～140
固含量(%)	≥9.0
pH 值	6.5～8.5

（4）高黏乳化沥青粘层：

高黏乳化沥青粘层采用特殊的乳化配方，固含量大于 65%，特殊的配方保证能够适用于一体式摊铺机摊铺的薄层罩面施工。高黏乳化沥青性能参数如表 1-5 所示。

高黏乳化沥青性能参数　　　　　　　　　　表 1-5

试验项目		技术规格	试验方法
破乳速率		快裂	T 0658
电荷		阳离子(+)	T 0653
筛上剩余量(1.18mm 筛)(%)		≤0.1	T 0652
标准黏度 C25.3(s)		10～40	T 0621
恩格拉黏度 E25		1～15	T 0622
蒸发残留物	残留物含量(%)	≥63	T 0651
	针入度(25℃),0.1mm	60～120	T 0604
	软化点(℃)	≥60	T 0606
	延度(5℃,5cm/min)(cm)	≥20	T 0605
	动力黏度(60℃)(Pa·s)	≥1500	T 0620
	弹性恢复(25℃,1h)(%)	≥60	T 0662
	溶解度(三氯乙烯)(%)	≥97.5	T 0607
与矿料的黏附性,裹覆面积		≥2/3	T 0654
常温贮存稳定性	1d(%)	≤1	T 0655
	5d(%)	≤5	

（5）基质沥青：

混合料的胶结料采用 70 号基质沥青辅以直投式沥青改性剂的方式生产，70 号基质沥青的技术要求见下表 1-6 所示。

（6）粗集料：

粗集料应采用石质坚硬、清洁、不含风化颗粒、近似立方体颗粒的碎石，粒径大于 4.75mm。宜采用玄武岩集料和辉绿岩集料，粗集料技术要求见表 1-7 所示。

（7）细集料：

细集料应采用坚硬、洁净、干燥、无风化、无杂质并有适当级配的人工轧制的玄武岩、辉绿岩或石灰岩细集料，不能采用山场的下脚料，应能满足表 1-8 中的技术要求。

70号基质沥青技术要求 表1-6

试验项目		技术要求	试验方法
针入度(25℃,100g,5s)		60~80	T 0604
针入度指数 PI		−1.5~+1.0	
软化点(℃)		≥46	T 0606
动力黏度(60℃)(Pa·s)		≥180	T 0620
延度(10℃)		≥20	T 0605
延度(15℃)		≥100	T 0605
闪点(℃)		≥260	T 0611
溶解度(%)		≥99.5	T 0607
蜡含量(蒸馏法)		≤2.2	T 0615
旋转薄膜加热残留物(163℃,5h)	质量变化(%)	−0.8~+0.8	T 0609
	残留延度(10℃)	≥6	T 0605
	残留延度(15℃)	≥15	T 0605

粗集料技术要求 表1-7

试验项目	技术要求	试验方法
石料压碎值(%)	≤20	T 0316
洛杉矶磨耗损失(%)	≤28	T 0317
视密度(g/cm³)	≥2.60	T 0304
吸水率(%)	≤2.0	T 0304
对沥青的粘附性	≥4 级	T 0616
针片状含量(%)	≤12	T 0312
软石含量(%)	≤3	T 0320
坚固性(%)	≤12	T 0314
水洗法<0.075mm 颗粒含量	≤0.8	T 0310
磨光值	≥42	T 0321

细集料技术要求 表1-8

试验项目	技术要求	试验方法
表观密度(g/cm³)	≥2.50	T 0328
砂当量(%)	≥60	T 0334
含泥量(%)	≤3	T 0333

(8) 矿粉：

矿粉宜采用石灰岩碱性石料经磨细得到的矿粉，矿粉必须干燥、清洁，矿粉质量技术要求见下表1-9，拌合机回收的粉料不得用于拌制沥青混合料。

(9) 级配如表1-10、表1-11所示。

2. 混合料

(1) 技术要求

超薄混合料技术要求及典型案例实测值如表1-12所示。

矿粉技术要求　　　　　　　　表1-9

试验项目		技术要求	试验方法
视密度(g/cm³)		≥2.50	T 0352
含水量(%)		≤1	T 0103
粒度范围(%)	<0.6mm	100	T 0351
	<0.15mm	90～100	
	<0.075mm	75～100	
外观		无团粒结块	
亲水系数		<1	T 0353

目标配合比设计结果　　　　　　　　表1-10

级配类型	ECA-10	级配类型	ECA-10
8～11mm玄武岩	54	最佳油石比(%)	5.2
5～10mm玄武岩	10	HPM改性剂(%)	0.4
机制砂	30	聚酯纤维(%)	0.2
矿粉	6	目标配合比试验室密度(g/cm³)	2.483
碾压助剂(%)	0.26	目标配合比理论密度(g/cm³)(真空实测法)	2.587

生产配合比设计成果　　　　　　　　表1-11

级配类型	ECA-10	级配类型	ECA-10
8～11mm玄武岩	54	最佳油石比(%)	5.2
5～10mm玄武岩	7	HPM改性剂(%)	0.4
机制砂	32.5	聚酯纤维(%)	0.2
矿粉	6.5	生产配合比毛体积密度(g/cm³)	2.466
碾压助剂(%)	0.26	生产理论密度(g/cm³)	2.57

混合料技术要求　　　　　　　　表1-12

试验指标、技术要求、典型值	
击实次数(次)	75
最佳油石比(%)	5.3
改性剂掺量(%)	0.4
聚酯纤维掺量(%)	0.2
碾压助剂掺量(%)	0.2
空隙率(%)	3.5～5
饱和度(%)	≥70
稳定度(kN)	≥7
流值(0.1mm)	20～50
浸水马歇尔残留稳定度(%)	≥80
劈裂试验强度比(%)	≥75

续表

试验指标、技术要求、典型值		
车辙试验	动稳定度（次/mm）	≥3000
	总变形（mm）	—
成型路面技术指标		技术要求
构造深度（mm）		≥0.55
摆值（BPN）		≥55
渗水系数（ml/min）		≤200

（2）混合料拌合

拌合时设专人投放沥青改性剂和聚酯纤维，首先加入沥青改性剂和各档骨料进行干拌，随后加入沥青和碾压助剂，最后加入矿粉，碾压助剂在沥青开始喷洒后延时3s开始喷入，单盘料拌和周期不低于60s，其中干拌15s，喷沥青和添加剂控制在13s以内，然后湿拌6s添加矿粉，再继续湿拌30s。拌合、施工环节温度控制如表1-13所示。

拌合、施工环节温度控制表　　　　表1-13

施工温度 \ 混合料类型	ECA-10
沥青加热温度	150～160℃
矿料加热温度	180～190℃
沥青混合料出厂温度	165～175℃
摊铺温度	≥140℃
开始碾压温度	≥135℃
开始复压温度	≥125℃
碾压终了温度	≥70℃

1.2.4　施工技术参数优化

根据室内试验和现场试铺，用快速同步施工型一体式摊铺机进行超薄磨耗层施工。并采取两种不同的碾压方式进行对比，确定合理的碾压方式。在施工工艺方面严格控制保证磨耗层沥青路面的施工质量。

1. 混合料准备

（1）按照标准的生产配合比对热料、矿粉及改性沥青用量进行控制。

（2）根据目标配合比对拌和站的冷料仓进行标定，并经过热料仓筛分等进行验证，确保冷料输入量符合目标配合比的级配要求。

（3）同步施工型超薄磨耗层沥青混合料的拌和时间以混合料拌和均匀、所有矿料颗粒全部裹覆沥青结合料为度。拌和时间为43～60s。

（4）目测检查混合料的均匀性，及时分析解决异常现象。生产开始前，细致观察室内试拌混合料，熟悉项目所用各种混合料的外观特征。生产中仔细观察混合料有无花白、冒青烟、结团成块、油饱和离析等现象，出现质量问题，作废料处理并及时纠正。

（5）温度过高易产生沥青析漏，温度降低时又会给施工造成困难。应根据施工现场实际情况，将混合料出厂温度范围定为 170～175℃。

（6）在拌合站或现场取样进行马歇尔试验和抽提筛分试验，检验油石比、矿料级配和沥青混凝土的物理力学性质。施工结束后，对用拌合机搅拌各料总量，以各仓用量及各仓级配计算平均施工级配、油石比与施工厚度和抽提结果进行校核。

2. 摊铺

（1）在摊铺前，将摊铺机按试验段方案确定的组装宽度组装摊铺机。

（2）由质检员检测沥青混合料到场温度及外观质量是否符合要求，待摊铺机熨平板预热温度高于 100℃后，立即组织现场参施人员进行摊铺作业，摊铺时，摊铺机机手垫好垫木，将检验合格的沥青混合料倒入摊铺机料斗，检查是否存在糊料、花白料等现象。

（3）采用 SUPERSF1800-2 一体式摊铺机进行超薄磨耗层沥青混合料摊铺作业，摊铺机配备有乳化沥青脉冲式喷洒设备，保证了施工过程中对路面乳化沥青的喷洒量及覆盖度，也减少了混合料装料车的车轮粘带，从而保证路面的施工质量其原理如图 1-6 所示。乳化沥青喷洒量为 0.6～1.2kg/m²。摊铺温度不低于 140℃，低于 140℃废弃。

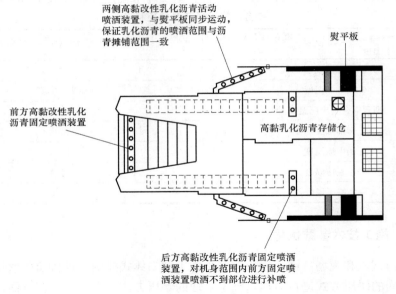

图 1-6　一体式摊铺机施工原理图

（4）摊铺机缓慢、均匀、不间断地摊铺，确保摊铺的连续性和均匀性。车辆卸完料后快速离开，不得停留，等待卸料车辆迅速退到摊铺机前卸料，确保摊铺机摊铺过程中料斗内始终有料。在摊铺过程中，摊铺厚度及标高由摊铺机用移动式自动找平基准装置控制如图 1-7 所示。

（5）摊铺速度控制在 5～6m/min，输出量与混合料的运送量、成型能力相匹配，以保证混合料均匀、稳定、不间断地摊铺。摊铺机作业参数由试验段试铺确定，在施工过程中不得随意调整。

（6）摊铺机作业时，安排 2 人负责机前两边端料，2 人负责机后平边、2 人指挥料车，防止料车遗料，设专人负责摊铺机前面遗料的清除。

（7）对表面不平整、局部混合料明显离析和新铺面有明显的拖痕的情况，及时地组织了现场施工人员进行处理。摊铺机后设专人跟机,对局部摊铺缺陷进行人工修整,个别压碎骨料在初压后及时进行清除,用点豆法进行填补。在初压前,禁止一切人员在刚铺筑完尚未碾压油面上行走。

(8) 压路机紧跟摊铺机碾压,由质检人员测温并记录。保证碾压温度满足设计要求。

(9) 摊铺机摊铺时,随时检查摊铺厚度,发现问题及时调整,并控制好摊铺速度。

(10) 用机械摊铺的混合料未压实前,禁止进入践踏。除机械不能达到的死角外,不得用人工摊铺沥青混合料。人工摊铺时必须按照规范要求进行。摊铺遇雨时,立即停止施工,并清除未压实成型的混合料。废弃遭受雨淋的混合料。

3. 碾压

(1) 碾压分初压、复压和终压三个阶段。碾压原则为:"高频、低幅、高温、重压"。为了确保沥青混凝土碾压质量,施工时设专人测温控制碾压如图 1-8 所示。

图 1-7 半幅施工沥青混凝土摊铺

图 1-8 半幅施工沥青混凝土碾压

(2) 以五环路部分路段维修工程为依托,在试验段施工时采用两种碾压方式进行比较,确定最优碾压方式。

1) 碾压方式 1:(K80+658—K81+058 内侧)

① 初压:采用 2 台 VOLVO 钢轮压路机(14T)碾去静回振碾压 1～2 遍,碾压轮带搭接 20～30cm,碾压速度控制在 2～3km/h,每台压路机负责紧跟一台摊铺机。初压温度不低于 135℃。

② 复压:紧跟初压进行,采用 1 台 XP302 胶轮压路机(30T)碾压 3 遍,紧跟初压压路机进行碾压,胶轮压路机采用人工喷油形式,(植物油对水 3∶1 进行调配),以不沾轮为宜,尽量减少洒油。碾压速度控制在 3～5km/h,复压温度不低于 125℃。

③ 终压:采用 1 台派克 CC422 钢轮压路机静压收光,碾压轮带搭接 20～30cm,碾压速度控制在 3～6km/h,碾压终了温度不低于 70℃。在终压过程中安排专人用 3m 直尺在横向、纵向检查路面的平整度,如发现不平整时,及时趁热用压路机补压,确保平整度良好。碾压终了温度不低于 70℃。

④ 试验结果:平整度平均值为 0.57mm,渗水平均值为 12.5mL/min,压实度平均值为 98.45%,构造深度平均值为 0.725mm,摩擦系数平均值为 67.5。详见附后报告图 1-9 路面厚度检测报告、图 1-10 路面平整度检测报告、图 1-11 沥青混合料压实度试验报告、图 1-12 路面抗滑性能检测报告、图 1-13 路面抗滑性能检测报告。

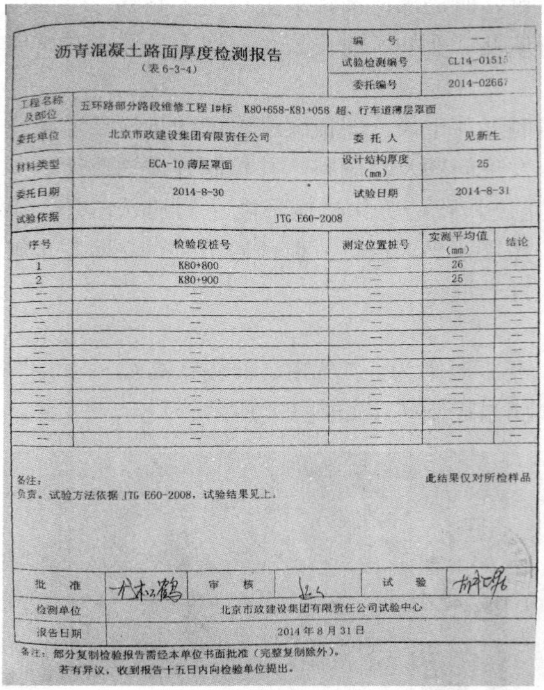

沥青混凝土路面厚度检测报告（表 6-3-4）		编　号	—
		试验检测编号	CL14-01515
		委托编号	2014-02667
工程名称及部位	五环路部分路段维修工程 1#标　K80+658-K81+058 超、行车道薄层罩面		
委托单位	北京市政建设集团有限责任公司	委 托 人	见新生
材料类型	ECA-10 薄层罩面	设计结构厚度（mm）	25
委托日期	2014-8-30	试验日期	2014-8-31
试验依据	JTG E60-2008		

序号	检验段桩号	测定位置桩号	实测平均值（mm）	结论
1	K80+800	—	26	—
2	K80+900	—	25	—
—	—	—	—	—
—	—	—	—	—
—	—	—	—	—
—	—	—	—	—
—	—	—	—	—
—	—	—	—	—
—	—	—	—	—
—	—	—	—	—
—	—	—	—	—
—	—	—	—	—
—	—	—	—	—

备注：
此结果仅对所检样品负责。试验方法依据 JTG E60-2008，试验结果见上。

批　准		审　核		试　验	
检测单位	北京市政建设集团有限责任公司试验中心				
报告日期	2014 年 8 月 31 日				

备注：部分复制检验报告需经本单位书面批准（完整复制除外）。
若有异议，收到报告十五日内向检验单位提出。

图 1-9　路面厚度检测报告

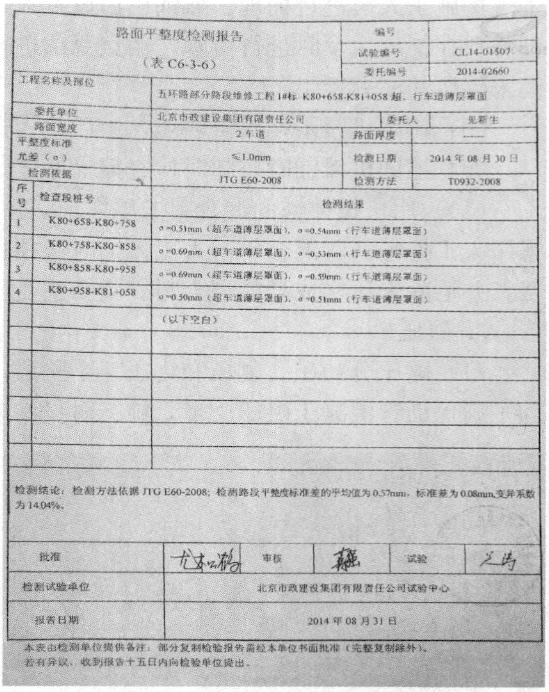

路面平整度检测报告（表 C6-3-6）		编号	
		试验编号	CL14-01507
		委托编号	2014-02660
工程名称及部位	五环路部分路段维修工程 1#标 K80+658-K81+058 超、行车道薄层罩面		
委托单位	北京市政建设集团有限责任公司	委托人	见新生
路面宽度	2 车道	路面厚度	——
平整度标准允差（σ）	≤1.0mm	检测日期	2014 年 08 月 30 日
检测依据	JTG E60-2008	检测方法	T0932-2008

序号	检查段桩号	检测结果
1	K80+658-K80+758	σ=0.51mm（超车道薄层罩面），σ=0.54mm（行车道薄层罩面）
2	K80+758-K80+858	σ=0.69mm（超车道薄层罩面），σ=0.53mm（行车道薄层罩面）
3	K80+858-K80+958	σ=0.69mm（超车道薄层罩面），σ=0.59mm（行车道薄层罩面）
4	K80+958-K81+058	σ=0.50mm（超车道薄层罩面），σ=0.51mm（行车道薄层罩面）
		（以下空白）

检测结论：检测方法依据 JTG E60-2008；检测路段平整度标准差的平均值为 0.57mm，标准差为 0.08mm，变异系数为 14.04%。

批准		审核		试验	
检测试验单位	北京市政建设集团有限责任公司试验中心				
报告日期	2014 年 08 月 31 日				

本表由检测单位提供备注：部分复制检验报告需经本单位书面批准（完整复制除外）。
若有异议，收到报告十五日内向检验单位提出。

图 1-10　路面平整度检测报告

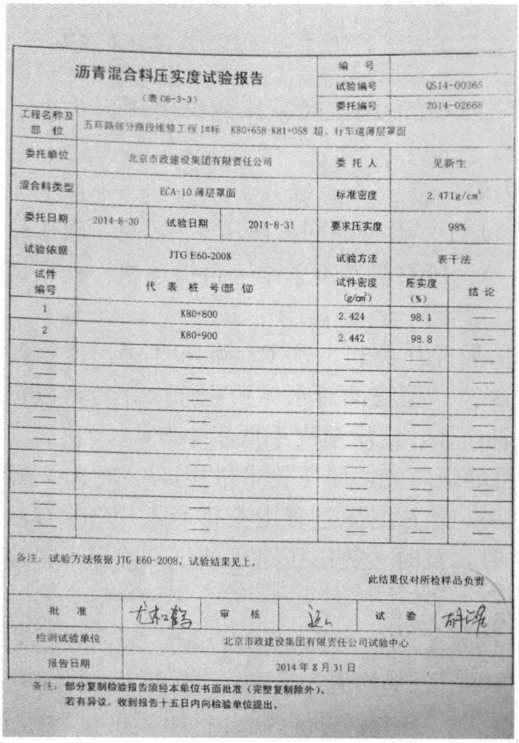

沥青混合料压实度试验报告（表 C6-3-3）				编　号	
				试验编号	QS14-00365
				委托编号	2014-02668
工程名称及部位	五环路部分路段维修工程 1#标　K80+658-K81+058 超、行车道薄层罩面				
委托单位	北京市政建设集团有限责任公司			委 托 人	见新生
混合料类型	ECA-10 薄层罩面			标准密度	2.471g/cm³
委托日期	2014-8-30	试验日期	2014-8-31	要求压实度	98%
试验依据	JTG E60-2008			试验方法	表干法

试件编号	代 表 桩 号(部 位	试件密度（g/cm³）	压实度（%）	结 论
1	K80+800	2.424	98.1	——
2	K80+900	2.442	98.8	——
——	——	——	——	——
——	——	——	——	——
——	——	——	——	——
——	——	——	——	——
——	——	——	——	——
——	——	——	——	——
——	——	——	——	——
——	——	——	——	——

备注：试验方法依据 JTG E60-2008，试验结果见上。
此结果仅对所检样品负责

批　准		审　核		试　验	
检测试验单位	北京市政建设集团有限责任公司试验中心				
报告日期	2014 年 8 月 31 日				

备注：部分复制检验报告须经本单位书面批准（完整复制除外）。
若有异议，收到报告十五日内向检验单位提出。

图 1-11　沥青混合料压实度检测报告

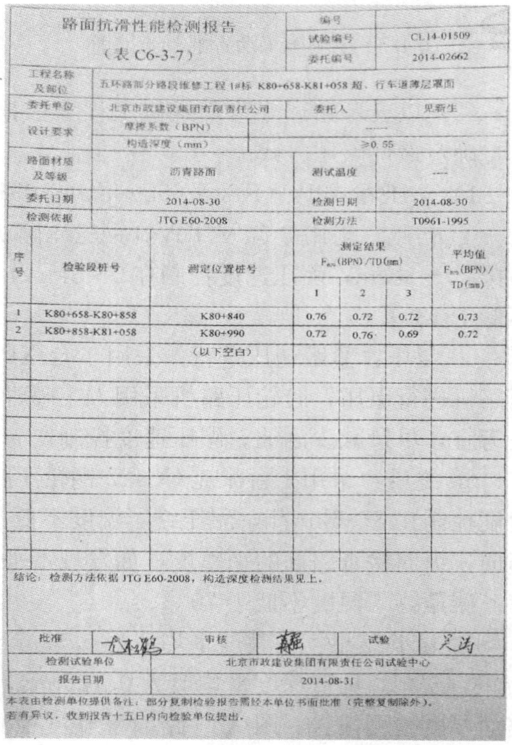

路面抗滑性能检测报告（表 C6-3-7）		编号	
		试验编号	CL14-01509
		委托编号	2014-02662
工程名称及部位	五环路部分路段维修工程 1#标 K80+658-K81+058 超、行车道薄层罩面		
委托单位	北京市政建设集团有限责任公司	委托人	见新生
设计要求	摩擦系数（BPN）	——	
	构造深度（mm）	≥0.55	
路面材质及等级	沥青路面	测试温度	——
委托日期	2014-08-30	检测日期	2014-08-30
检测依据	JTG E60-2008	检测方法	T0961-1995

序号	检验段桩号	测定位置桩号	测定结果 F_{B20}(BPN)/TD(mm)			平均值 F_{B20}(BPN)/TD(mm)
			1	2	3	
1	K80+658-K80+858	K80+840	0.76	0.72	0.72	0.73
2	K80+858-K81+058	K80+990	0.72	0.76	0.69	0.72
		（以下空白）				

结论：检测方法依据 JTG E60-2008，构造深度检测结果见上。

批准		审核		试验	
检测试验单位	北京市政建设集团有限责任公司试验中心				
报告日期	2014-08-31				

本表由检测单位提供备注：部分复制检验报告需经本单位书面批准（完整复制除外）。
若有异议，收到报告十五日内向检验单位提出。

图 1-12　路面抗滑性能检测报告

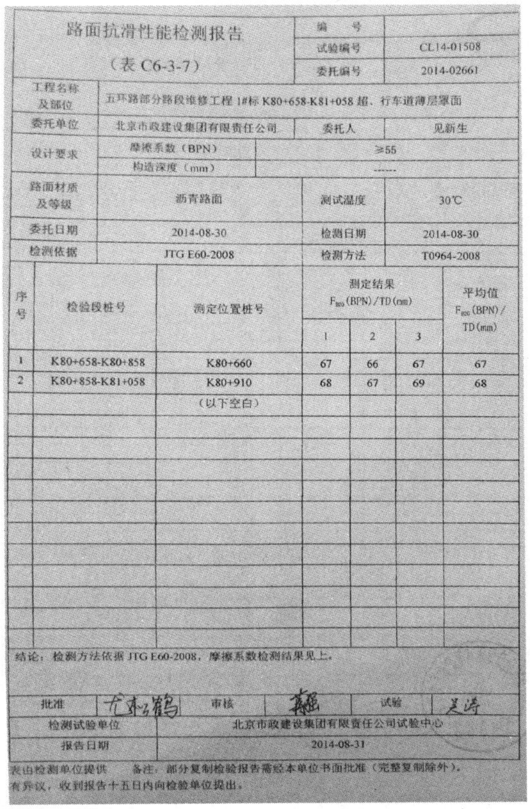

1 道桥工程施工新技术

图 1-13 路面抗滑性能检测报告

2）碾压方式 2：(K81+058—K81+332、K82+768—K83+011 内侧)

① 初压：采用 2 台 VOLVO 钢轮压路机（14t）碾去静回振碾压 1~2 遍，碾压轮带搭接 20~30cm，碾压速度控制在 2~3km/h，每台压路机负责紧跟一台摊铺机。初压温度不低于 135℃。

② 复压：紧跟初压进行，1 台派克英格索兰钢轮压路机振压 3 遍，紧跟初压压路机进行碾压，碾压速度控制在 3~4.5km/h，复压温度不低于 125℃。

③ 终压：采用 1 台派克 CC422 钢轮压路机静遍收光，碾压轮带搭接 20~30cm，碾压速度控制在 3~6km/h，碾压终了温度不低于 70℃。在终压过程中安排专人用 3m 直尺在横向，纵向检查路面的平整度，如发现不平整时，及时趁热用压路机补压，确保平整度良好。碾压终了温度不低于 70℃。

④ 试验结果：平整度平均值为 0.513mm，渗水平均值为 57.1mL/min，压实度平均值 98.5%，构造深度平均值为 0.735mm，摩擦系数平均值为 65.5。详见附后报告如图 1-14 沥青混凝土路面平整度检测报告、图 1-15 路面平整度检测报告、图 1-16 沥青混合料压实度试验报告、图 1-17 路面构造深度检测报告、图 1-18 路面抗滑性能检测报告、图 1-19 路面渗水系数检测报告。

通过两种碾压方式的试验数据比较，可以得出两种碾压方式的平整度、压实度、摩擦系数、构造深度等指标相差不大，但采用碾压方式 1（即复压采用胶轮压路机）能够大幅

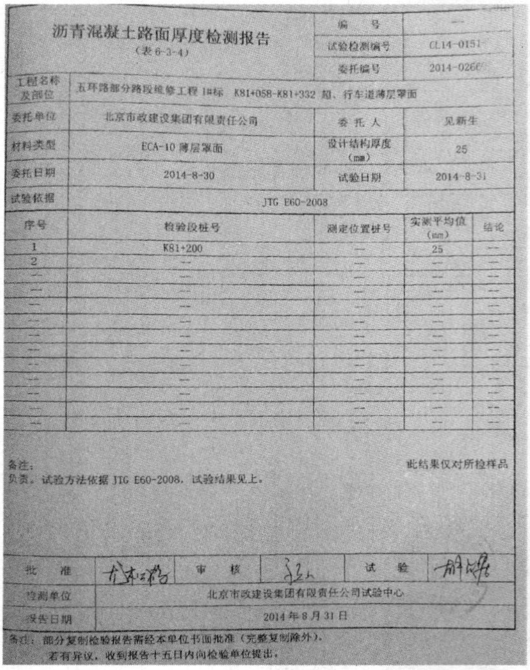

沥青混凝土路面厚度检测报告（表 6-3-4）

编　号	—		
试验检测编号	CL14-0151		
委托编号	2014-0266		
工程名称及部位	五环路部分路段维修工程 1#标　K81+058-K81+332 超、行车道薄层罩面		
委托单位	北京市政建设集团有限责任公司	委 托 人	见新生
材料类型	ECA-10 薄层罩面	设计结构厚度（mm）	25
委托日期	2014-8-30	试验日期	2014-8-31
试验依据	JTG E60-2008		

序号	检验段桩号	测定位置桩号	实测平均值（mm）	结论
1	K81+200	—	25	—
2	—	—	—	—
—	—	—	—	—
—	—	—	—	—
—	—	—	—	—
—	—	—	—	—
—	—	—	—	—
—	—	—	—	—
—	—	—	—	—
—	—	—	—	—
—	—	—	—	—
—	—	—	—	—
—	—	—	—	—

备注：　　此结果仅对所检样品负责。试验方法依据 JTG E60-2008，试验结果见上。

批　准		审　核		试　验	
检测单位	北京市政建设集团有限责任公司试验中心				
报告日期	2014 年 8 月 31 日				

备注：部分复制检验报告需经本单位书面批准（完整复制除外）。
若有异议，收到报告十五日内向检验单位提出。

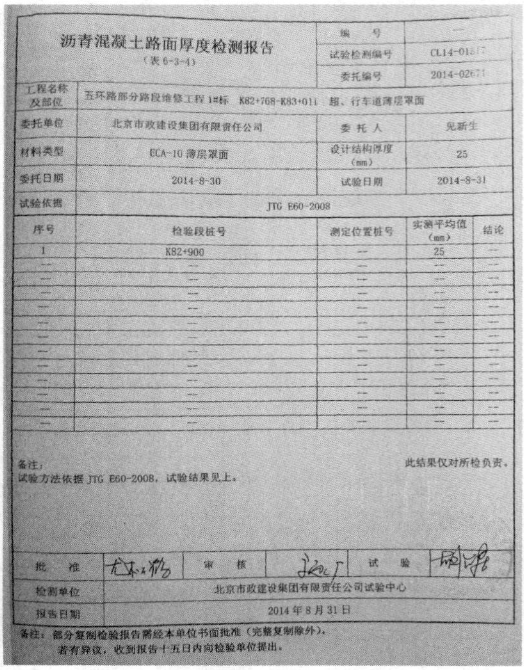

沥青混凝土路面厚度检测报告（表 6-3-4）

编　号	—		
试验检测编号	CL14-015		
委托编号	2014-026		
工程名称及部位	五环路部分路段维修工程 1#标　K82+768-K83+011　超、行车道薄层罩面		
委托单位	北京市政建设集团有限责任公司	委 托 人	见新生
材料类型	ECA-10 薄层罩面	设计结构厚度（mm）	25
委托日期	2014-8-30	试验日期	2014-8-31
试验依据	JTG E60-2008		

序号	检验段桩号	测定位置桩号	实测平均值（mm）	结论
1	K82+900	—	25	—
—	—	—	—	—
—	—	—	—	—
—	—	—	—	—
—	—	—	—	—
—	—	—	—	—
—	—	—	—	—
—	—	—	—	—
—	—	—	—	—
—	—	—	—	—
—	—	—	—	—
—	—	—	—	—
—	—	—	—	—

备注：　　此结果仅对所检负责。
试验方法依据 JTG E60-2008，试验结果见上。

批　准		审　核		试　验	
检测单位	北京市政建设集团有限责任公司试验中心				
报告日期	2014 年 8 月 31 日				

备注：部分复制检验报告需经本单位书面批准（完整复制除外）。
若有异议，收到报告十五日内向检验单位提出。

图 1-14　沥青混凝土路面厚度检测报告

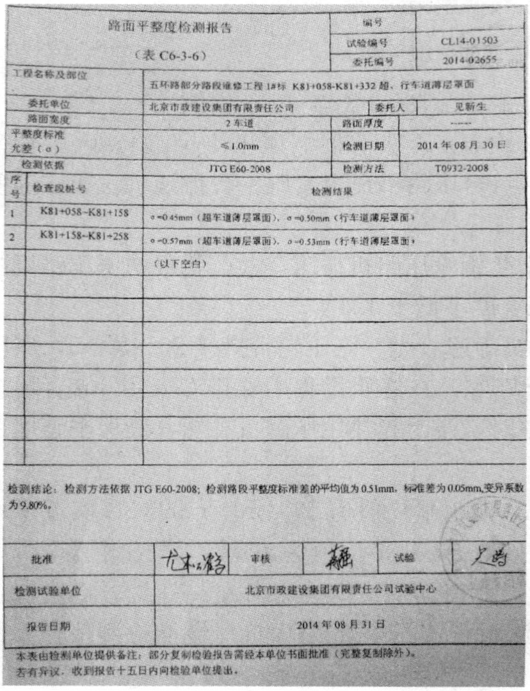

路面平整度检测报告（表 C6-3-6）

编号			
试验编号	CL14-01503		
委托编号	2014-02655		
工程名称及部位	五环路部分路段维修工程 1#标　K81+058-K81+332 超、行车道薄层罩面		
委托单位	北京市政建设集团有限责任公司	委托人	见新生
路面宽度	2 车道	路面厚度	------
平整度标准允差（σ）	≤1.0mm	检测日期	2014 年 08 月 30 日
检测依据	JTG E60-2008	检测方法	T0932-2008

序号	检查段桩号	检测结果
1	K81+058~K81+158	σ=0.45mm（超车道薄层罩面），σ=0.50mm（行车道薄层罩面）
2	K81+158~K81+258	σ=0.57mm（超车道薄层罩面），σ=0.53mm（行车道薄层罩面）
		（以下空白）

检测结论：检测方法依据 JTG E60-2008；检测路段平整度标准差的平均值为 0.51mm，标准差为 0.05mm,变异系数为 9.80%。

批准		审核		试验	
检测试验单位	北京市政建设集团有限责任公司试验中心				
报告日期	2014 年 08 月 31 日				

本表由检测单位提供备注：部分复制检验报告需经本单位书面批准（完整复制除外）。
若有异议，收到报告十五日内向检验单位提出。

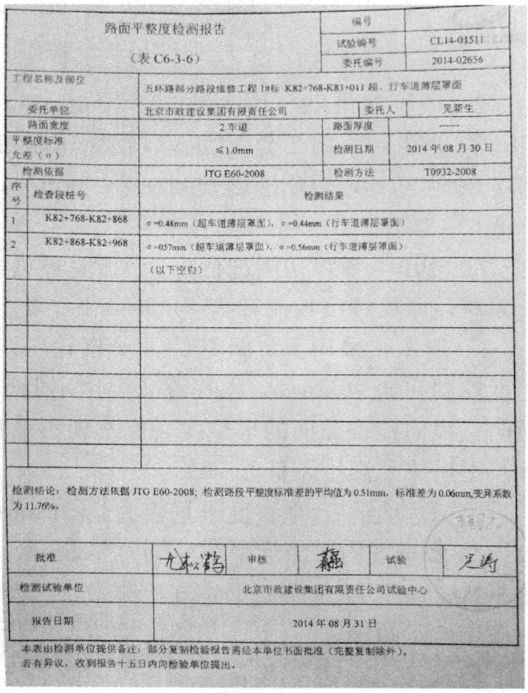

路面平整度检测报告（表 C6-3-6）

编号			
试验编号	CL14-01511		
委托编号	2014-02656		
工程名称及部位	五环路部分路段维修工程 1#标　K82+768-K83+011 超、行车道薄层罩面		
委托单位	北京市政建设集团有限责任公司	委托人	见新生
路面宽度	2 车道	路面厚度	------
平整度标准允差（σ）	≤1.0mm	检测日期	2014 年 08 月 30 日
检测依据	JTG E60-2008	检测方法	T0932-2008

序号	检查段桩号	检测结果
1	K82+768-K82+868	σ=0.48mm（超车道薄层罩面），σ=0.44mm（行车道薄层罩面）
2	K82+868-K82+968	σ=057mm（超车道薄层罩面），σ=0.56mm（行车道薄层罩面）
		（以下空白）

检测结论：检测方法依据 JTG E60-2008；检测路段平整度标准差的平均值为 0.51mm，标准差为 0.06mm,变异系数为 11.76%。

批准		审核		试验	
检测试验单位	北京市政建设集团有限责任公司试验中心				
报告日期	2014 年 08 月 31 日				

本表由检测单位提供备注：部分复制检验报告需经本单位书面批准（完整复制除外）。
若有异议，收到报告十五日内向检验单位提出。

图 1-15　路面平整度检测报告

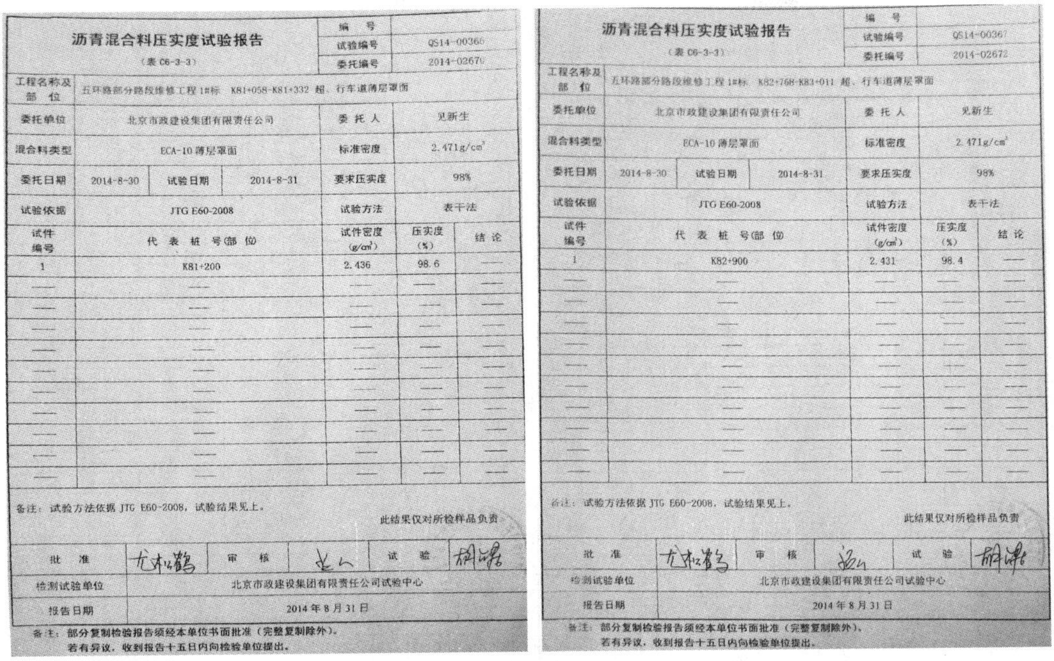

沥青混合料压实度试验报告（表 C6-3-3）

编号			
试验编号	QS14-00366		
委托编号	2014-02670		
工程名称及部位	五环路部分路段维修工程 1#标 K81+058-K81+332 超、行车道薄层罩面		
委托单位	北京市政建设集团有限责任公司	委托人	见新生
混合料类型	ECA-10 薄层罩面	标准密度	$2.471g/cm^3$
委托日期	2014-8-30　试验日期 2014-8-31	要求压实度	98%
试验依据	JTG E60-2008	试验方法	表干法

试件编号	代表桩号(部位)	试件密度(g/cm^3)	压实度(%)	结论
1	K81+200	2.436	98.6	——
——	——	——	——	——
——	——	——	——	——
——	——	——	——	——
——	——	——	——	——
——	——	——	——	——
——	——	——	——	——
——	——	——	——	——
——	——	——	——	——
——	——	——	——	——
——	——	——	——	——

备注：试验方法依据 JTG E60-2008，试验结果见上。

此结果仅对所检样品负责

批准		审核		试验	
检测试验单位	北京市政建设集团有限责任公司试验中心				
报告日期	2014 年 8 月 31 日				

备注：部分复制检验报告须经本单位书面批准（完整复制除外）。若有异议，收到报告十五日内向检验单位提出。

沥青混合料压实度试验报告（表 C6-3-3）

编号			
试验编号	QS14-00367		
委托编号	2014-02672		
工程名称及部位	五环路部分路段维修工程 1#标 K82+768-K83+011 超、行车道薄层罩面		
委托单位	北京市政建设集团有限责任公司	委托人	见新生
混合料类型	ECA-10 薄层罩面	标准密度	$2.471g/cm^3$
委托日期	2014-8-30　试验日期 2014-8-31	要求压实度	98%
试验依据	JTG E60-2008	试验方法	表干法

试件编号	代表桩号(部位)	试件密度(g/cm^3)	压实度(%)	结论
1	K82+900	2.431	98.4	——
——	——	——	——	——
——	——	——	——	——
——	——	——	——	——
——	——	——	——	——
——	——	——	——	——
——	——	——	——	——
——	——	——	——	——
——	——	——	——	——
——	——	——	——	——
——	——	——	——	——

备注：试验方法依据 JTG E60-2008，试验结果见上。

此结果仅对所检样品负责

批准		审核		试验	
检测试验单位	北京市政建设集团有限责任公司试验中心				
报告日期	2014 年 8 月 31 日				

备注：部分复制检验报告须经本单位书面批准（完整复制除外）。若有异议，收到报告十五日内向检验单位提出。

图 1-16　沥青混合料压实度检测报告

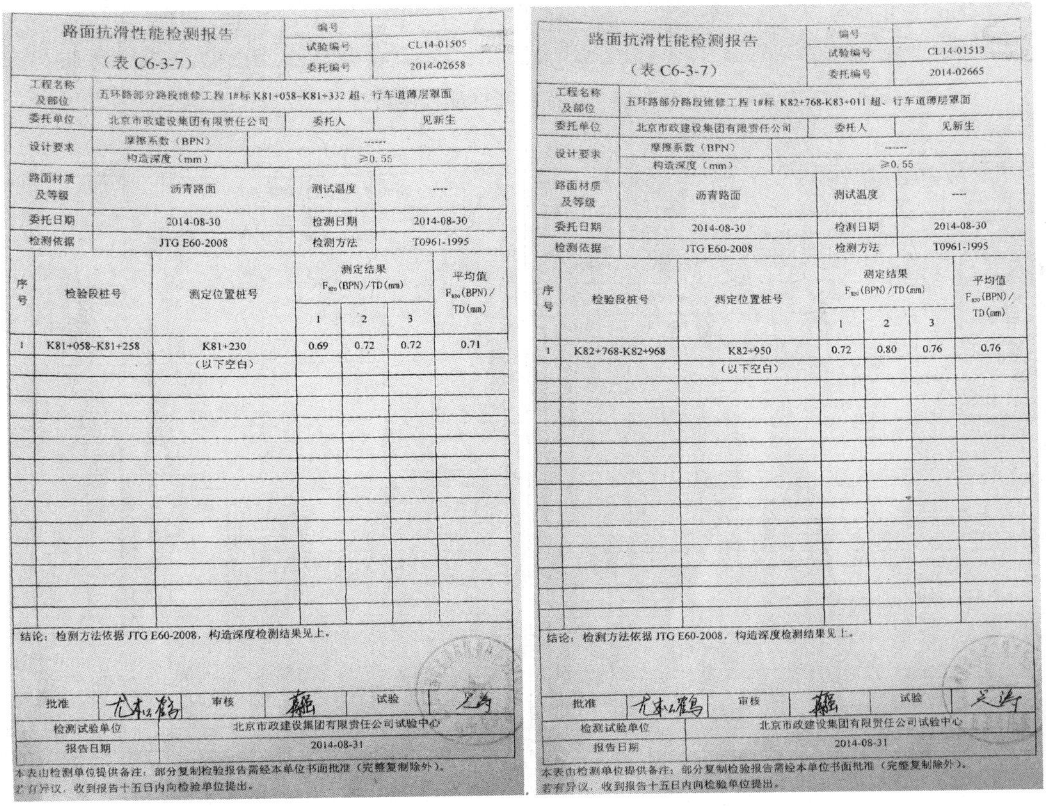

路面抗滑性能检测报告（表 C6-3-7）

编号			
试验编号	CL14-01505		
委托编号	2014-02658		
工程名称及部位	五环路部分路段维修工程 1#标 K81+058~K81+332 超、行车道薄层罩面		
委托单位	北京市政建设集团有限责任公司	委托人	见新生
设计要求	摩擦系数（BPN）	------	
	构造深度（mm）	≥0.55	
路面材质及等级	沥青路面	测试温度	----
委托日期	2014-08-30	检测日期	2014-08-30
检测依据	JTG E60-2008	检测方法	T0961-1995

序号	检验段桩号	测定位置桩号	测定结果 F_{B20}(BPN)/TD(mm)			平均值 F_{B20}(BPN)/TD(mm)
			1	2	3	
1	K81+058~K81+258	K81+230	0.69	0.72	0.72	0.71
		（以下空白）				

结论：检测方法依据 JTG E60-2008，构造深度检测结果见上。

批准		审核		试验	
检测试验单位	北京市政建设集团有限责任公司试验中心				
报告日期	2014-08-31				

本表由检测单位提供备注：部分复制检验报告需经本单位书面批准（完整复制除外）。若有异议，收到报告十五日内向检验单位提出。

路面抗滑性能检测报告（表 C6-3-7）

编号			
试验编号	CL14-01513		
委托编号	2014-02665		
工程名称及部位	五环路部分路段维修工程 1#标 K82+768-K83+011 超、行车道薄层罩面		
委托单位	北京市政建设集团有限责任公司	委托人	见新生
设计要求	摩擦系数（BPN）	------	
	构造深度（mm）	≥0.55	
路面材质及等级	沥青路面	测试温度	----
委托日期	2014-08-30	检测日期	2014-08-30
检测依据	JTG E60-2008	检测方法	T0961-1995

序号	检验段桩号	测定位置桩号	测定结果 F_{B20}(BPN)/TD(mm)			平均值 F_{B20}(BPN)/TD(mm)
			1	2	3	
1	K82+768-K82+968	K82+950	0.72	0.80	0.76	0.76
		（以下空白）				

结论：检测方法依据 JTG E60-2008，构造深度检测结果见上。

批准		审核		试验	
检测试验单位	北京市政建设集团有限责任公司试验中心				
报告日期	2014-08-31				

本表由检测单位提供备注：部分复制检验报告需经本单位书面批准（完整复制除外）。若有异议，收到报告十五日内向检验单位提出。

图 1-17　路面构造深度检测报告

图1-18 路面抗滑性能检测报告

图1-19 路面渗水系数检测报告

度提高路面的抗渗性能。故最终确定采用碾压方式一的机械组合方式进行超薄磨耗层的施工。

（3）碾压段长度以温度降低情况和摊铺速度为原则进行确定，压路机每完成一遍重叠碾压，就应向摊铺机靠近一些，在每次压实时，压路机与摊铺机间距应大致相等，压路机应从外侧向中心平行道路中心线碾压，相邻碾压带应重叠1/3轮宽，最后碾压中心线部分，压完全部为一遍。

（4）在碾压过程中应采用自动喷水装置对碾轮喷洒掺加洗衣粉的水，以避免粘轮现象发生，但应控制好洒水量。

（5）不在新铺筑的路面上进行停机，加水、加油活动，以防各种油料、杂质污染路面。压路机不准停留在温度尚未冷却至自然气温以下已完成的路面上。

（6）碾压进行中压路机不得中途停留、转向或制动，压路机每次由两端折回的位置，阶梯形随摊铺机向前推进，使折回处不在同一横断面上。

（7）对路边缘、拐角等局部地区压路机碾压不到的位置，使用小型振动压路机或人工墩锤进行加强碾压。

1.2.5 施工操作要点

1. 横向接缝的处理

（1）在将要搭接接头处用3~5m水平尺量测，查找接缝位置的不平整度，以不平整线最末端处设铣刨线，铣刨线必须垂直于路中线如图1-20所示。

（2）铣刨时须将铣刨线至施工结束位置间的新铺料全部刨除，同时又不得损伤下承层，铣刨后须清扫干

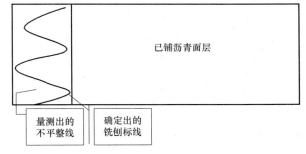

图1-20 横向接缝处理示意图

净，不得留有浮沉及松散料，及时喷撒乳化沥青，接缝立面处人工涂刷乳化沥青。

（3）接缝摊铺时，摊铺机机手要定好仰角，确保摊铺机铺的新铺面与原旧路面的松铺面高度基本一致。民工用热料及时将横向接头位置补料，确保压实后接头处饱满，光滑，平顺。

（4）接缝碾压时，压路机应采取横向或缝呈45°角碾压，同时人工以3~6m直尺找平，对于不平整处，指挥压路机进行碾压。

（5）为保证横向接缝平整度，每道横向接缝设专职质量员负责，记录横向接缝处的摊铺机操作手、压路机操作手和质量负责人，项目部组织质检员定期对横向接缝进行检查，采用3m直尺检测平整度不得大于2mm，如图1-21所示，针对检查结果，对摊铺机操作手、压路机操作手和横缝质量负责人进行奖罚。

2. 纵向接缝的处理

（1）施工前须在内侧车道已铺面层上，沿分道线的中线画出纵缝铣刨线并检查直顺度，以保证铣刨后的效果。铣刨后须清扫纵缝，做到无浮灰和松散料如图1-22所示。

（2）条件允许时，同一横断面的罩面尽量在同一天摊铺。摊铺时，用热料预热接缝，

图 1-21 横向接缝平整度检测及碾压

图 1-22 纵向接缝施工

人工整平后用压路机进行纵向碾压。

(3) 铺筑前须安排专人对纵缝立面涂刷乳化沥青；摊铺时，宜将热料重叠在已罩面层上 5～10cm，再人工打扒子将多余的料清除，对纵缝打扒子时注意控制纵缝料的量，料少了将会出现一道黑印，外观难看；料多了将出现错台。因此该工程选用具有多年经验的工人，专门负责。

(4) 碾压时，压路机须先碾压紧邻接缝处新铺层 10～30cm，然后在碾压与此相邻的新铺层，之后跨缝碾压，已保证接缝位置挤压密实。

3. 提高路面平整度的措施

(1) 加强对下承层的检查和处理，表面层摊铺前，组织测量和质检人员，对下承层高程和平整度全面复测，对局部超标的地段，采取相应的措施予以处理。

(2) 投入先进的施工机械设备，采用全自动电脑控制的摊铺机进行摊铺作业，保证摊铺层厚度均匀一致。

(3) 采用非接触式浮动基准梁对表面层进行高程控制，确保摊铺精度。

(4) 压路机在碾压作业过程中，严禁急刹车和转弯调头，碾压方向及碾压路线严禁突然改变而导致混合料产生推移，避免人为因素造成的平整度超标。

(5) 严格执行"试验段先行制"，在试验段铺筑过程中，总结保证平整度的经验和方法，并在大面积摊铺作业中不断优化。

（6）加强测量和质量监控工作，对成活的路段及时进行高程和平整度的复核，发现问题，及时采取措施，调整施工方案，确保 $\sigma \leqslant 1.0$。

（7）沥青混合料的温度是沥青路面整个施工过程中的关键需要现场做到专人负责，对来料车、摊铺后、碾压前、碾压中及碾压终了的沥青混合料的温度进行测试。严格控制初压、复压和终压温度，使沥青混合料碾压时不产生推移。

4. 提高路面压实度的措施

（1）按照试验段拟计划的压路机碾压组合进行碾压作业，确保各结构层压实度符合规范要求。

（2）压路机不易到达的死角区域，采用小型振动压路机进行碾压，防止局部缺陷的发生。

（3）碾压要遵循紧跟慢压、由低向高的碾压方法。每个碾压阶段应紧密衔接连续进行，碾压轮迹要与路中心平行，必须沿同一个轨迹返回。

（4）初压、复压工作区间严格分开，降低压路机工作区段长度，保证在足够的高温下进行压实作业，同时也要防止过压，破坏结构内部骨架。

（5）压路机紧跟摊铺机后面碾压，每次都压到离开摊铺机 20cm 左右才折返，随摊铺机不断向前，压路机的折返点也跟着向前移动。即保证压实温度，又不影响平整度。

（6）碾压时采用高频低振幅碾压的方法，碾压时不能急停、急行，当振动停止后，须再行驶一段后再停行。碾压时，先压接缝，再由低向高碾压，每一轮迹应与前一轮重叠不小于 30cm，并在前一轮迹的端头 1m 以上停机。后上压路机不能超过先行压路机的作业幅面。

（7）碾压时质检人员采用密度仪全程检测碾压密实度，测温员检测碾压温度并做好记录，密度仪检测混合料密实度没明显变化时，说明混合料已碾压密实。

5. 铣刨控制

（1）拉毛深度控制在 2～10mm 之间。

（2）拉毛时铣刨机行进速度控制在 10m/min 以内。

（3）拉毛平整度：铣刨后路面没有明显突起或下凹，3m 直尺最大间隙不大于 7mm。

（4）保证拉毛路面平整度、拉毛深度，路面纹理细致顺平，满足行车平顺舒适的要求。

6. 路面标高顺接

对于纵断面原则上保持原有路面纵坡不变，以原有桥梁结构物伸缩缝处的高程或路面罩面起终点原路面高程作为控制点进行纵断面设计，对新铺路面与原路面衔接及新铺路面与新铺桥面铺装存在高差位置，按 0.3% 的坡率进行调坡，以逐渐消除新铺路面抬高后形成的路面高差，在满足沥青混凝土结构层最小施工厚度的基础上，对原路面进行铣刨。如图 1-23 所示。

1.2.6 施工检测

1. 基本要求

路面铣刨或挖除工艺必须合理、可行，确保路面铣刨（挖除）面无松散、夹层。

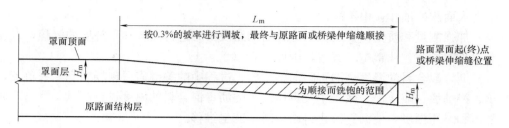

图 1-23 标高顺接示意图

罩面或翻修后，路面不得出现反坡，不得影响路面横向排水顺畅。对单个车道进行的路面翻修，翻修后的横坡应与整幅路面横坡相协调，且不得出现反坡。

2. 具体检测措施

（1）混合料的到场温度：每车一检，满足规范要求。

（2）碾压温度：按照初压、复压、终压分别检测碾压温度，满足规范要求。

（3）路面压实度、厚度、平整度、渗水、构造深度、摆值等满足规范及设计要求。其中压实度不作为主要检测项目。

（4）松铺系数的确定：经过试验段施工，确定松铺系数，松铺系数为1.16，表面层设计厚度2.5cm，虚铺厚度为2.9cm。

3. 现场检测情况

如图1-24～图1-31所示。

图 1-24 渗水指标检测

图 1-25 构造深度指标检测

1.2.7 施工结果

超薄磨耗层施工时间短，成本较低，然而却可以很高的增强路面的使用性能。该技术能够解决路面轻微裂缝、轻微松散、轻微车辙、路面渗水、表面贫油、老化，抗滑性能降低等病害，是符合现代高速公路养护发展的一项预防性养护技术。能够延长路面的使用寿命，具有很高的经济效益。超薄磨耗层（厚度2.5cm）较罩面层（厚度4cm）每平方米材料费节约投入约24元，共节约投资约200万元。此种施工方法可为今后类似施工提供参考。

图 1-26　现场取芯

图 1-27　平整度检测

图 1-28　温度检测

图 1-29　高黏乳化沥青用量检测

图 1-30　拉毛深度检测

图 1-31　摆值检测

1.2.8　主要创新点

通过现场试验及工程实践，提出了适合北京地区高速公路的超薄磨耗层施工工艺、参数、质量控制标准。

1.3 异型毛勒缝更换破损美佳缝施工技术

1.3.1 引言

桥梁伸缩缝设置在梁端构造薄弱部位，直接承担车辆反复荷载作用且暴露在大自然中，受到自然环境的影响，因而容易损坏，美佳缝尤为明显。在五环大修工程中，破损的伸缩缝大部分是美佳缝，分析原因美佳缝是由高分子热塑沥青混合料弹性体与跨缝支撑钢板构成，虽然沥青混合料中的特殊弹性粘结料，能够对沥青的高低温不稳定性起到一定的改善作用，但不能完全避免沥青混合料受到高低温不稳定的影响（即高温引起的不稳定及低温引起的脆裂）。如果仍然采用美佳缝对破损的美佳缝进行更换，很难避免美佳缝过早破损，增加二次投入，且美佳缝由于自身材料限制更换及修补困难，不适宜大修工程半幅施工。本项目研究依托五环路部分路段维修工程施工，采用性能更优的毛勒缝对破损的美佳缝进行更换。具有以下优点：

（1）更有利于快速施工：毛勒缝更换可采用快硬混凝土进行浇筑，可在短时间内满足强度的要求，尽快开放交通。满足大修工程快速施工的要求。

（2）更适用于半幅施工：毛勒缝接缝施工主要是将型钢进行对焊，然后浇筑混凝土，不易产生不均匀沉降及变形，且施工工艺应用及其广泛，施工工艺成熟，接缝质量容易控制，能过满足大修工程半幅施工的条件。而美佳缝受自身热塑沥青混合料弹性体材料的限制，采用接缝施工，易产生不均匀沉降及变形，不适用于半幅施工。

（3）传力效果更好：毛勒伸缩缝的锚固金属板主要起传递力的作用。经过疲劳试验的锚固装置直接焊接在边梁上。同时，边梁与桥梁上部结构刚性连接，以确保伸缩缝承载最大的交通负荷。在长期承载动态交通负荷情况下，比采用螺钉或螺栓与桥梁上部结构连接的美佳缝的传力效果更佳。

（4）防水效果更佳：毛勒伸缩缝的特征之一是将氯丁橡胶密封条有效地嵌入边梁的凹槽内，可确保彻底防水。同时，只要用简单的工具便可在桥面上对其进行更换或用硫化法对其进行修补。在边梁的保护下，密封条不遭受车轮的直接碾压，且其"V"形结构能起到自行清除泥沙的作用。密封条既能抗拉力，又可进行侧向和垂直的位移。

（5）更有利于日后的修补、更换：毛勒伸缩缝把承载和防水两项功能分离开来，可进行逐一处理，更换及修补方便。

（6）更好的经济效益：毛勒缝与美佳缝相比刚度高、耐久性强、不易破损、受自然环境影响小。避免反复修复，减少二次投入。

1.3.2 工程简介

五环高速公路桥梁经过多年运营后，五环路外环自晋元桥往北经北五环及东五环至西红门南桥现状美佳伸缩缝损坏比较严重。主要病害现象为美佳缝出现扭曲变形、烂边、沉陷等病害现象，严重影响了行车安全性及舒适性。为消除隐患，保障过往车辆出行顺畅、安全的要求，现将损坏的美佳伸缩缝更换为异型D80型数模式伸缩缝如图1-33所示。

1 道桥工程施工新技术

图 1-32 破损美佳缝

1.3.3 施工技术要点

（1）利用性能更优的异型 80 型毛勒缝更换破损美佳缝

采用毛勒缝更换美佳缝，由于伸缩缝类型不同，拆除美佳缝后的槽深不能满足普通 80 型毛勒缝施工槽深的要求。为了不破坏梁体主体，并缩短施工时间，采用异型 80 型毛勒缝对破损的美佳缝进行更换，保证了当天完成半幅美佳缝更换施工如图 1-33 所示。

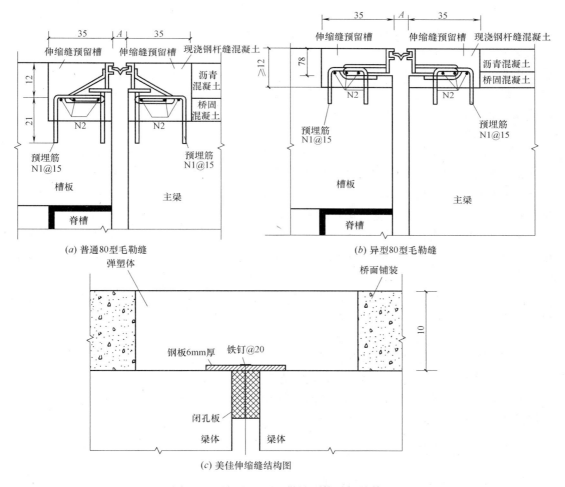

图 1-33 异型 80 型毛勒缝更换破损美佳缝

(d) 80型异型毛勒缝

图 1-33　异型80型毛勒缝更换破损美佳缝（续）

（2）现场实测，定制伸缩缝钢轨半幅长度，与车轮轨迹线错开

为保证施工期间道路正常通行，需半幅封闭施工，半幅正常通行，如果定制的预制的异型80型伸缩缝钢轨采取两段平均截取方式，平均截取的钢轨长度接缝焊接点恰好在行车道易产生车辙的车轮迹线上，在重大交通流量下易使钢轨的接缝焊接点开裂，降低工程施工质量，存在安全隐患。为此，现场结合交通流量、施工时间等客观因素，要求厂家在预制钢轨时结合车道类型进行截取，合理预制钢轨长度，使接缝焊接点在车道白线上，既能确保工程质量，又能避免安全隐患。

（3）保障施工现场的安全

高速公路车辆运营繁忙，采用半封闭或局部车道封闭办法，放行其余半幅车道的交通方式进行施工，以减少对社会车辆的影响。施工时按照交通部门的有关规定在桥梁的起终点视线较好的位置设置交通导改设施，并合理安放警示牌及限速设施，安排交通导改人员进行车辆疏导，保证车辆行驶安全及施工人员的安全。

更换伸缩缝时需用切割机、风镐、吹风机等引起扬尘的器械，钢筋焊接产生的耀眼光束对周边驾驶员的影响，为解决这类问题，现场采取放置长2m、宽2m的大块铝板进行遮挡光束、扬尘与石屑，同时在伸缩缝沟槽两侧洒水，避免造成扬尘与小石块对另外半幅通行车辆通行产生影响。两侧新铺的沥青路面用彩布覆盖，以免造成成品破坏。并在发电机边放置灭火器、沙子等消防应急材料，确保突发事件能够得到及时处置。

（4）多项测量工具共用确保无跳车

为了保证伸缩缝钢轨、伸缩缝混凝土，与沥青路面的接顺与平整，坡道处形成缓坡，利用3m直尺调整正在焊接的钢轨平齐，点焊后用水准仪测取高程数据，在横向上用钢尺与小线共同比对，确定钢轨在伸缩缝横线上居中位置。遇到倾斜式伸缩缝，与路面存在着一定的夹角，加上在坡道上时，更加展现出工具共用的效果。

1.3.4　施工工艺

1. 拆除伸缩缝（22∶42～0∶13约需1.5h）

如图1-34所示。

(1) 在作业区内依据实际桥台（墩）中心处伸缩缝中线，然后按设计要求从伸缩缝中心线向两侧弹出施工所需宽度，注意桥台侧宽度变化；弹线要顺直，宽度一致。

(2) 用彩条布将伸缩缝周边道路封严，对成品进行保护，然后使用混凝土切缝机按所画边线对沥青混凝土进行切缝；要保证切缝位置、尺寸准确、垂直、顺直、无缺损，再用风镐将伸缩缝整体凿松、凿碎。

(3) 将槽内的沥青混凝土、松动的水泥混凝土凿除、用鼓风机吹干净，将槽内浮尘和杂物清除干净，要尽量保证缝边沿顺直，凿毛至坚硬层，后将废料直接装车，运弃。

图1-34 拆除伸缩缝

2. 安装（0：13～2：20 约需2h）

(1) 伸缩缝安装之前，安装时的实际气温与出厂时的温度有较大出入时，须调整组装定位空隙值，伸缩缝定位宽度误差为±2mm，要求误差为同一符号，不允许一条缝不同位置上同时出现正负误差。

(2) 对伸缩缝的纵向直顺度进行调整，安装时伸缩缝的中心线与梁端中心线向重合。

(3) 因美佳缝伸缩缝处无预埋钢筋，故采用补植的办法，钢筋补植统一采用植筋胶补植，补植深度不小于12cm，补植后的钢筋须请业主代表、监理人员共同验看如图1-35所示。

(4) 伸缩缝的标高控制与固定：用3m直尺控制伸缩缝上顶面比两侧沥青混凝土面层的标高低约2～3mm，控制伸缩缝的标高，然后对伸缩缝的纵向直线度也进行调整。直至伸缩缝的标高与直线度调整到符合设计要求，如图1-36所示。

（5）伸缩缝的焊接：固定后应对伸缩缝的标高再复测一遍，确认后将钢梁上的锚固钢筋与预埋钢筋在两侧同时焊牢，焊点与型钢距离不小于5cm，以免型钢变形。在焊接的同时要随时用3m直尺塞尺检测钢梁的平整度，平整度控制在0～2mm之间，否则容易出现跳车现象。

图1-35 伸缩缝安装（一）

图1-36 伸缩缝安装（二）

3. 混凝土浇筑（2：20～3：54 约需1.5h）

（1）提前调制好快硬混凝土的配合比（现场配备标准计量器具，用于加水量的计量）。其他材料采用固定重量包装，抽检重量。

（2）混凝土振捣时应两侧同时进行，为保证混凝土密实，要用振捣棒振至不再有气泡冒出为止。

（3）混凝土振捣密实后用抹板抹压平整。这道工序要特别注意平整度，如图1-37所示。

4. 混凝土养生（3：54～5：45 约需1.5h）

快硬混凝土初凝时间为20min，控制在20min内打平抹光。然后洒水养生，1.5h后强度达到35MPa，可正常通车。如图1-38所示。

1 道桥工程施工新技术

图 1-37 混凝土浇筑

1.3.5 质量保证措施

1. 管理措施

(1) 开展全面质量管理

抓好质量教育，加强全员质量意识，牢固树立"百年大计，质量第一"的观念。从材料的采购供应到各个工序的施工生产过程，竣工验收等执行全过程管理，用良好的工作质量来保证工序质量，把全面质量管理的思想、方法确定应用到本段工程施工的全过程。

(2) 开展标准化作业

工程严格按标准化作业，做到工序有标准，有检查，凡是检查都要有结论。各工程的主要工序，严格按照作业标准进行

图 1-38 混凝土养生

操作，把新技术、新工艺、新方法，运用到各项施工生产中去，切实保证作业质量。

(3) 严格技术标准

按施工图施工，遵守各种技术规范、规定。

(4) 严把材料关

外购材料必须"三证"（出厂证、合格证、检验证）齐全，进场后需按规定抽检，合

格后方可使用。材料必须选择质量好,信誉高的厂家订购。

2. 技术措施

(1) 开工前认真进行技术交底,组织施工相关人员进行学习,分清岗位职责,做好施工前的各项准备工作。

(2) 注意在施工过程中严格遵守相关技术规定,保证施工质量。

(3) 植筋:选用双组分注入式低温型自动混合胶,该新产品具有国际先进水平,可以晴雨施工。经现场实际检测,抗拔指标超过设计值的一倍以上。植盘胶各项指标应满足《混凝土结构加固设计规范》GB 50367—2013 相关规定,要求符合 A 级胶性能。必须具有高温焊接拉拨测试报告。保证胶粘剂不受高温焊接影响。植筋后需等植筋胶完全凝固成型后方可进行钢筋焊接。应采取措施满足抗焊要求,保证焊接后承载力不下降,不得进行水中作业。

(4) 超快硬混凝土:加强现场拌和混凝土用水量控制,严格拌合时间,及时成活、及时养护。修复料和石子的重量比控制在 1∶0.8 或 1∶1 之间,采用 5~30mm 连续级配的干净石子,将修复料置于平板上,一次性加修复料总量 14%~16% 的水,并充分搅拌,直至均匀、有良好的流动性和粘结性为止。将搅拌成的材料置入施工作业面,将其摊平,并用振捣棒振捣密实,在初凝前耐心做面,施工结束后采用专业养护剂养护。施工时还应注意当 HRC 拌合好后,不要再加水调整,不要加入其他水泥或添加剂,要尽快冲洗设备。

图 1-39 试验检测合格证

1.3.6 施工结果

五环路部分路段大修工程施工后,经检查更换后并获批试验检测合格证如图 1-39 所示的毛勒缝没有出现钢轨变形、填料开裂破、橡胶带失效及渗水等破坏;车辆出行顺畅、舒适,无跳车等病害现象;严格按照施工组织施工,能够保证当天完成半幅伸缩缝的更换施工,避免了由于不能当日完成全幅道路伸缩缝的更换而影响交通的现象发生。说明毛勒缝更换破损美佳缝的施工技术是可行的。

1.3.7 主要创新点

首次研制了一种异型 80 型毛勒缝结构,形成了一整套快速、可半幅更换的道路伸缩缝施工技术与工艺。

1.4 U形钢板外包加固破损横隔梁施工技术

1.4.1 引言

目前我国正处于交通基础建设的快速发展时期,各地兴建了大量的混凝土桥梁。这些桥梁的结构如图 1-40 所示,主要包括纵梁 03、横梁 02 和横隔梁 05,为便于运输和施工,通常将这三部分做在一起,这里称其为一个单元梁体。多个单元梁体被运输到施工现场组装,在相邻两个单元梁体预留设定距离的空间,然后再现场浇筑成型,分别形成如图 1-40 中所示的横梁之间的连接梁 01 和横隔梁之间的连接梁 04。

这些桥梁起着连接桥墩,承重,抗剪的作用,在使用过程中由于各种原因会致使桥梁之横隔梁 05 和横梁 02 出现裂缝、破损等缺陷,尤其是现场浇筑成形的横梁之间的连接梁 01 与横梁 02 之间的衔接部分,以及,横隔梁之间的连接梁 04 与横隔梁 05 之间的衔接部分(即中横梁),若不及时修补,就会引起钢筋的锈蚀,影响整座桥梁结构的耐久性,造成很大的经济损失。

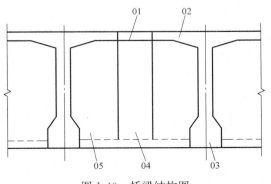

图 1-40 桥梁结构图

在五环路大修工程中,针对五环路桥梁检测报告及设计方案,五元桥预应力混凝土 T 梁中横梁(0~4、7~11轴)出现裂缝、破损等病害,为提高桥梁整体安全性能,对破损的横隔梁采取 U 形钢板进行外包加固。

1.4.2 技术特点

(1)采用高强对穿螺栓将 U 形钢板与中横梁进行连接、紧固,在 U 形钢板及横隔梁上分别植筋,浇筑 C50 自流平混凝土,通过混凝土与植筋钢筋之间的握裹力及高强对穿螺栓将 U 形钢板与横隔梁进行连接加固。有效增加桥梁的横向刚度,限制了扭转应力,提高桥梁共同受力性能。

（2）对传统的支模浇筑混凝土加固法（增大截面加固法）与粘贴钢板加固法进行有效结合。既继承了黏贴钢板法施工快速、对生产和生活影响小，加固后对原结构外观和原有净空无显著影响的优点，又继承支模浇筑混凝土加固法原理简单、使用经验丰富、受力可靠的优点；既避免了粘贴钢板加固法由于胶粘工艺与操作水平影响加固效果的不足，又避免了支模浇筑混凝土加固法养护周期长、占用建筑空间较多、应用受限制多的不足。

（3）通过对本工法与传统的支模浇筑混凝土方加固法及直接粘贴钢板加固法进行ABAQUS数值模拟分析、比较，采用本工法位移最小，应力处于支模浇筑混凝土加固法及粘贴钢板方加固法中间，故从数值模拟的角度，选择本工法本施工技术最合理。

1.4.3 适用范围

应用一：T梁中横梁出现裂缝、破损等病害，为提高桥梁整体安全性能，对破损的中横梁采取U形钢板进行外包加固。

应用二：由于横隔梁和主梁之间存在一定的高差，采用U形钢板外包加固不会对桥下净空产生影响，故适用于对桥下净空要求严格的破损中横梁加固。

应用三：受到交通或其他周边环境影响，现场不便采用或长时间采用支搭排架的破损中隔梁加固施工。

1.4.4 工艺原理

本施工技术是对传统的支模浇筑混凝土加固法（增大截面加固法）与粘贴钢板加固法进行的有效结合。能够有效地避免桥梁中横隔梁的裂缝、破损等问题的发生，提高整座桥梁结构的耐久性、整体性。

1. 技术核心部分的基本原理

本工法提供一种用于桥梁之横隔梁加固的U形模板，其包括：U形钢板1、钢筋2和锚栓3；U形钢板1包括底板11和两个侧板12，其中底板11和每个侧板12上均匀固定多个钢筋2；两侧板12上对称设置有至少两个锚栓孔12-1，用于穿过所述锚栓3，并在所述锚栓3的两端用螺母固定。所述底板11上固定的钢筋2为一排或更多排。所述侧板12上固定的钢筋2呈梅花形布置，或者呈三角形布置。所述侧板12的两端部设置有折边12-2，所述折边12-2弯向并靠紧待加固横隔梁05，如图1-41 U形钢板设计图。

目的是通过如下技术方案实现：首先在需加固的横隔梁上植筋，然后采用高强对穿锚栓3将上述U形模板与待加固的横隔梁05进行临时固定，最后在模板内浇筑C50自流平混凝土，通过混凝土与植筋钢筋之间的握裹力及高强对穿螺栓的预应力作用，将U形钢板与横隔梁进行连接加固，完成整个桥梁之横梁的加固，从而有效地避免桥梁中横隔梁的裂缝、破损等问题的发生，提高整座桥梁结构的整体性、耐久性，如图1-42、图1-43所示。

1 道桥工程施工新技术

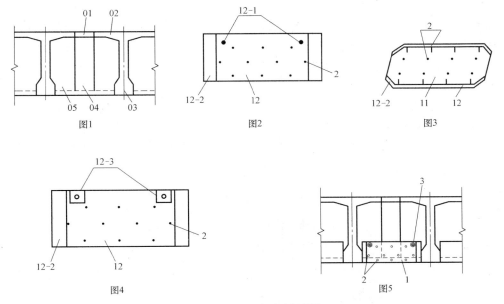

图 1-41 U形钢板设计图

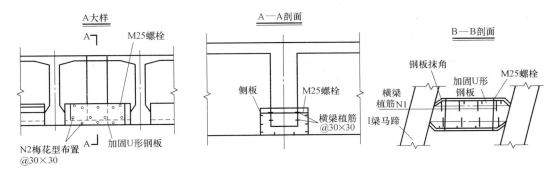

图 1-42 U形钢板外包加固横隔梁施工工艺图

图 1-43 U形钢板外包加固横隔梁前后对比效果图

2. 技术理论基础（ABAQUS 数值模拟分析）

本技术采用 ABAQUS 软件对 U 形钢板外包加固、支模浇筑混凝土加固及直接粘贴钢板加固等技术加固后的横隔梁，从数值计算角度进行受力、变形特点的分析，通过比较确定采用 U 形钢板外包加固最为合理。

（1）U 形钢板外包加固数值模拟分析

使用 ABAQUS 软件进行计算，从数值计算角度分析横隔梁加固后的受力、变形特点，用荷载-结构模型模拟实际情况，荷载考虑结构自重和顶部均布荷载的情况，并模拟对拉螺栓的预应力作用，对横隔梁两侧面采用位移、转角约束形式约束侧面变形，模型计算参数根据规范设定，模型图如图 1-44～图 1-52 所示。

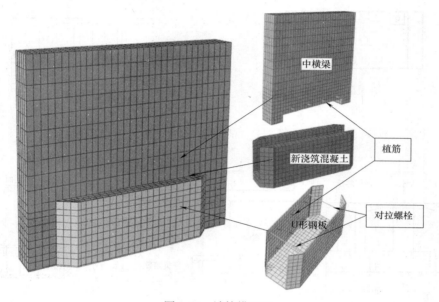

图 1-44　计算模型图

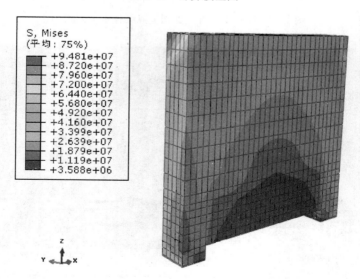

图 1-45　横隔梁应力

1 道桥工程施工新技术

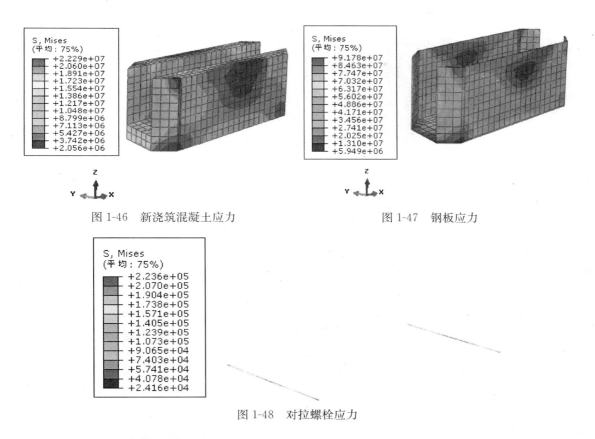

图 1-46 新浇筑混凝土应力　　　图 1-47 钢板应力

图 1-48 对拉螺栓应力

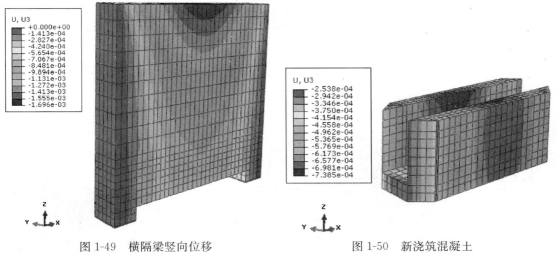

图 1-49 横隔梁竖向位移　　　图 1-50 新浇筑混凝土

从图可以看出，在对拉螺栓处会产生一定的应力集中，在荷载作用下，横隔梁主要受弯作用，结构下部受拉，钢板的应力 41.71MPa 大于新浇筑混凝土的应力 12.17MPa，也大于原有结构的应力 3.588MPa，在荷载作用下结构所产生的位移较小，原有结构位移 1.696mm 大于新浇筑混凝土位移 0.7385mm 大于钢板位移 0.6971mm，最大位移产生在结构中间位置处。

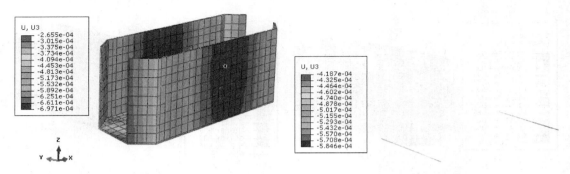

图 1-51　钢板竖向位移　　　　　　　图 1-52　螺栓竖向位移

(2) 支模浇筑混凝土加固数值模拟分析

使用 ABAQUS 软件进行计算,从数值计算角度分析横隔梁加固后的受力、变形特点,用荷载-结构模型模拟实际情况,其余条件与 U 形钢板加固考虑一致模型图如图 1-53～图 1-57 所示。

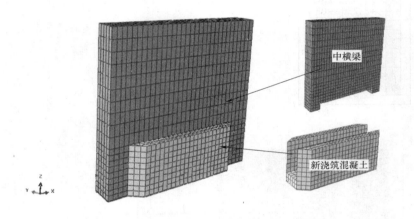

图 1-53　支模浇筑混凝土模型图

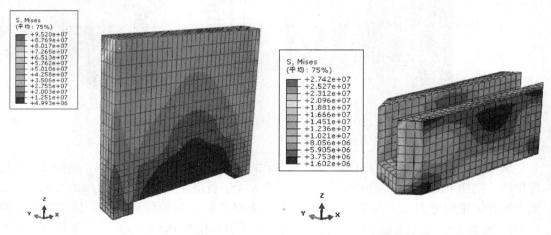

图 1-54　横隔梁应力云图　　　　　　　图 1-55　新浇筑混凝土应力云图

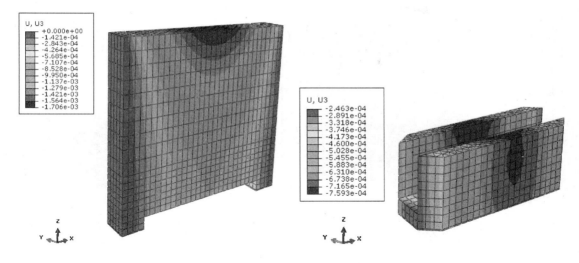

图 1-56 横隔梁竖向位移　　　　图 1-57 新浇筑混凝土竖向位移

从图可以看出,在荷载作用下,横隔梁主要受弯作用,结构下部受拉,新浇筑混凝土的应力 14.51MPa 大于原有结构的应力 4.993MPa,在荷载作用下结构所产生的位移较小,原有结构位移 1.706mm 大于新浇筑混凝土位移 0.7593mm,最大位移产生在结构中间位置处。

(3) 直接粘贴钢板加固数值模拟分析

使用 ABAQUS 软件进行计算,从数值计算角度分析横隔梁加固后的受力、变形特点,用荷载—结构模型模拟实际情况,其余条件与 U 形钢板加固方法考虑一致,模型图如图 1-58～图 1-62 所示。

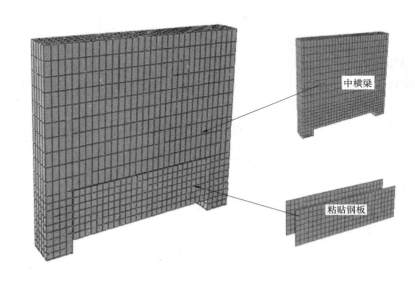

图 1-58 粘贴钢板模型图

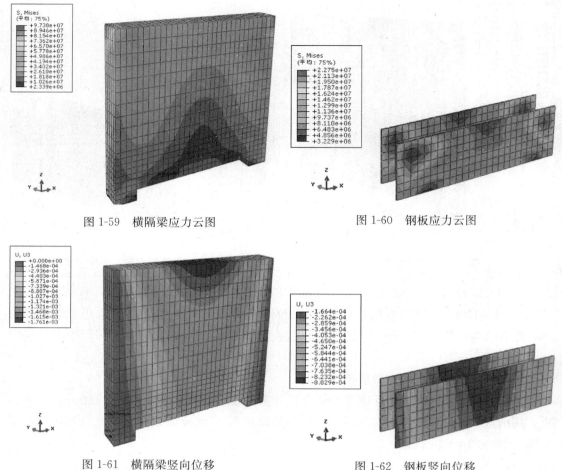

图 1-59 横隔梁应力云图　　　　　图 1-60 钢板应力云图

图 1-61 横隔梁竖向位移　　　　　图 1-62 钢板竖向位移

从图可以看出，在荷载作用下，横隔梁主要受弯作用，结构下部受拉，钢板的应力 12.99MPa 大于原有结构的应力 2.339MPa，在荷载作用下结构所产生的位移较小，原有结构位移 1.761mm 大于新浇筑混凝土位移 0.8829mm，最大位移产生在结构中间位置处。

（4）加固方法数值分析结论

通过对上述三种不同加固方法的计算，结果如表 1-14 所示。

表 1-14

方法 对比项	U 形钢板加固	直接浇筑混凝土	粘贴钢板
位移(mm)	1.696	1.706	1.761
应力(MPa)	3.588	4.993	2.339

由表可知，采用 U 形钢板加固的方法位移最小，应力处于直接浇筑混凝土方法和粘贴钢板方法中间，从数值模拟的角度，选择 U 形钢板加固方法较合理。此外加固区位于桥底，距离桥底平均高度达 15m，又不能妨碍交通，现场不采用支搭排架施工的方法，因此直接支模浇筑混凝土加固方法实现较困难。

1.4.5 工艺流程及操作要点

U形钢板外包加固破损横隔梁施工工法主要施工内容包括：测量放样、U形钢板加工、凿毛与剔除、打孔、植（补）钢筋及刷阻锈剂、横隔梁修复、U形钢板安装、混凝土灌注、钢板二次除锈防腐等。

1. 施工工艺流程（图1-63）

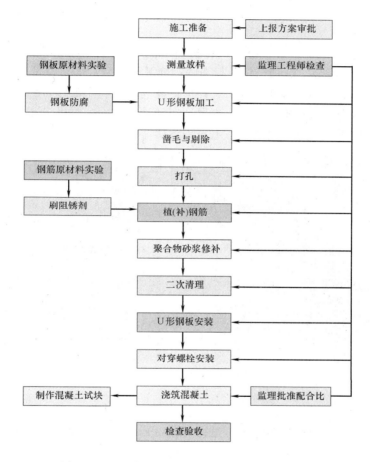

图1-63 U形钢板外包加固破损横隔梁施工工艺

2. 具体施工方法

(1) 测量放样

施工前，约同监理工程师、建设方代表，实地对病害情况进行调查、统计，确定处理位置、范围、数量，为后期施工做好前期准备工作。同时对每一处横隔梁进行长度、角度测量，并进行编号、统计，以便于后期加工及安装工作顺利实施。采用钢筋检测仪对横隔梁进行钢筋分布探测，确定对穿螺栓开孔位置，保证桥梁安全。

(2) 钢板加工

U形钢板采用Q345B钢板场外加工，委托具有资质的厂家进行加工、制作。钢板采用坡口焊接，钢板焊接严格按照施工规范进行焊接，焊接质量等级为Ⅱ级。预留对穿栓孔位置要求准确，孔径不宜过大。底板、侧板焊接 N2 筋，规格 ϕ12mm，长度为 6cm。对加工完毕的 U 形钢板进行唯一编号，与事先确定的加固中横梁进行对应。钢板内外表面采用喷砂除锈至 Sa2.5 级，并进行防腐处理。底漆选用环氧富锌底漆，中间漆、面漆选用云铁氯化橡胶面漆，防腐年限不低于 15 年。

U 形钢板采用坡口焊接，钢板、钢筋焊接，严格安装施工规范进行，焊接质量要求等级为Ⅱ级，加工完毕的 U 形钢板到场前，必须进行无损检测，检测合格后，方可运至施工现场。

（3）凿毛与剔除

采用人工、电锤进行凿毛与剔除，对横隔梁侧面进行凿毛，深度不小于 6mm 如图 1-64 所示。将酥松、空鼓、破损部位进行清除，使其露出坚实面，保证无油污、油脂、灰尘等影响加固补强效果的物质和碳化层，并进行冲洗、涂刷无机界面剂，保证新旧混凝土之间结合良好、紧密。占路施工地点，为保证车辆通行安全，防止剔除的混凝土块掉落，施工升降平台采用无孔布进行封闭。凿毛、剔除后，将渣土进行清运废弃。

图 1-64　横隔梁凿毛

（4）打孔

根据前期确定的对穿螺栓栓孔位置进行打孔，采用电锤进行打孔，孔径 25mm。要求栓孔与横隔梁侧面垂直，随时检测开孔情况，如有偏差及时进行调整。

（5）植（补）钢筋及刷阻锈剂

检测横隔梁是否有钢筋损坏情况，如有损坏，需对开焊或破损的钢筋进行植（补）筋处理。对锈蚀钢筋进行除锈处理，并涂刷钢筋阻锈剂如图 1-65 所示。

对横隔梁侧面进行植筋，钢筋采用 HRB400E（ϕ12mm）钢筋，长度为 14cm。植入 8cm，外露 6cm。采用电锤开孔，孔径 16mm，孔深 8cm，开孔时，钻头始终与横隔梁侧面保持垂直。横隔板侧面植筋，开孔时应注意与钢板焊接的钢筋错开，与之公共形成梅花状，分布规格为 30cm×30cm。

开孔完毕，采用手持鼓风机将孔内杂物清理干净。钢筋锚固部分要清除表面锈迹及其他污物，采用钢丝刷除锈，打磨至露出金属光泽为止。

选用合格的植筋专用胶水，产品要能够满足施工要求。注胶要从孔底开始，这样可以排出孔内的空气，为了使钢筋植入后孔内胶液饱满，又不能使胶液外流，孔内注胶达到孔深的 1/3 或计算孔内的用胶量扣除钢筋体积。

孔内注完胶后应立即植筋，缓慢将钢筋插入孔内，同时要求钢筋旋转，使结构胶从孔口溢出，排出孔内空气，钢筋外露部分长度为 6cm 如图 1-66，图 1-67 所示。

植筋施工完毕后注意保护，24h 之内严禁有任何扰动，以保证植筋胶的正常固化。

图 1-65　钢筋除锈涂刷阻锈剂

图 1-66　横隔梁凿毛植筋

图 1-67　U 形钢板内植筋

（6）聚合物砂浆修补

对破损严重处，采用高强聚合物修补砂浆将破损处进行修补。修补前对混凝土基面进行清理、清除浮尘及杂物，涂刷表面强化剂。采用抹面进行修补。如果修补厚度过大，则需要分层修补，待第一遍凝固后再进行第二遍修补，直到达到相应厚度为止。要求修复后的结构边角外观平整，与混凝土结合紧密，最后用砂纸对表面打磨。

（7）二次清理与涂刷界面剂

U 形钢板安装前需对横隔梁混凝土基面进行二次清理，冲洗表面浮土、灰尘，并涂刷混凝土界面剂两道，保证新旧混凝土结合致密、良好。

(8) U形钢板安装

由于桥下不具备吊车使用条件，采用升降平台或利用前期完成的对穿螺栓栓孔，用电动葫芦将 U 形钢板运至施工平台上如图 1-68 所示。

采用升降平台的，用升降平台举至安装位置。先用千斤顶将钢板顶升至标准高度，将对穿螺杆从钢板一侧穿入，通过横隔梁，从钢板另一侧穿出，两侧同时用垫片、螺母进行固定。待对穿螺杆紧固完毕，撤去千斤顶。

图 1-68　U形钢板安装

(9) 浇筑 C50 自流平混凝土

钢板安装完毕后，及时浇筑混凝土。浇筑混凝土前，先用封缝胶将钢板两端与 T 梁之间缝隙进行封闭，防止浇筑混凝土时出现漏浆。在施工现场地面上，铺钢板进行混凝土现场拌合。将水泥与石子按重量比 1∶1 进行搅拌，然后把搅拌好的料放进皮桶中，用电动葫芦运至施工平台上，缓慢灌入 U 形钢板中。灌浆时应从一侧缓缓灌入，以使气体能够溢出，同时用橡皮锤敲击钢板底面和立面以确保灌实。灌至表面时用抹子进行收面，并覆盖无纺布进行养生。灌注混凝土时，注意观察并采取相应措施防止钢板外凸变形，如图 1-69 所示。

图 1-69　C50 自流平混凝土浇筑及振捣

(10) 钢板防腐

混凝土浇筑完毕 3h 后，对 U 形钢板外表面清理干净，对因施工造成的漆面局部损坏用面漆进行修复，如图 1-70 所示。

图 1-70　U 形钢板漆面局部损坏修复

3. 操作要点

(1) 施工前做好详细测量工作，包括横隔梁长度、角度、开孔位置的确定。

(2) 必须对已发现的破损钢筋进行植筋、补焊钢筋处理，植筋开孔孔径 16mm，孔深 8cm。钢筋长度为 14cm。植入 8cm，外露 6cm。植筋前必须进行清孔，清孔质量符合规范要求，植筋胶注入量不少于开孔容积的 1/3，植筋 24h 不得进行扰动。横隔板侧面植筋，开孔时应注意与钢板焊接的钢筋错开，与之公共形成梅花状，分布规格为 30cm×30cm。

(3) 钢板加工，必须按规范要求进行，采用坡型焊接，必须由取得专业技术资格的焊工进行焊接，焊缝等级为 Ⅱ 级，按要求进行无损检测。

(4) 浇筑混凝土前，必须按要求涂刷钢筋阻锈剂和混凝土界面剂，不得漏刷，混凝土界面剂按要求涂刷两道。涂刷前必须将基面清理干净。

(5) 自流平混凝土拌合，严格按照施工配合比进行施工，水泥与石子按重量比 1∶1，石子选用 0.5～1.0cm 的水洗碎石，加水量为水泥重量的 17%。

(6) 自流平混凝土浇筑时，从一侧缓缓灌入，以使气体能够溢出，同时用橡皮锤敲击钢板底面和立面以确保灌实，并覆盖无纺布进行养生。

1.4.6　材料与设备

(1) 材料：主要材料见表 1-15 所示。

U 形钢板外包加固横隔梁材料参数表　　　表 1-15

构　件　部　位		材　　　料	备　　　注
U 形钢板	底板	Q345B(10mm 厚)板	尺寸根据现场放样实测
	两侧板	Q345B(6mm 厚)板	尺寸根据现场放样实测
	底板及侧板植筋	HRB400E(ϕ12mm)钢筋	梅花形布置
	钢板防腐	底漆选用环氧富锌底漆，中间漆、面漆选用云铁氯化橡胶面漆	防腐年限不低于 15 年

续表

构件部位		材　　料	备　注
高强对穿螺栓		M25mm×600mm	
横隔梁基面处理	破损混凝土基面处理	高强聚合物砂浆	用于修补
	破损的钢筋处理	钢筋、渗透型钢筋阻锈剂	同等级钢筋进植（补）
横隔梁植筋		HRB400E(ϕ12mm)钢筋	梅花形布置
U形钢板外包加固混凝土		C50自流平混凝土	

（2）机械设备：本工法应用的主要机械设备见表1-16。

机械设备表　　　　　　　　　　　表1-16

序　号	机械名称	规格型号	额定功率(kW)或容量(m^3)或吨位(t)	数量(台)
1	混凝土钢筋检测仪	ZXL-180		1
2	电锤	HILTI/TE30	0.85kW	6
3	低噪声空压机	YB-W150	0.84kW	1
4	交流电焊机	BX9-1-500A	500A	2
5	切割机	SIM-ZK92-230	2.3kW	2
6	风镐1台	G20	0.45W	1
7	角磨机2台	GWS6-100S	0.71kW	2
8	手持鼓风机2台	08-25C	0.8kW	2
9	发电机	F50	50kW	4
10	除锈机1台	AT-2505	0.33W	1
11	千斤顶4套	MS5	5t	4
12	货车		4t	2
13	吊车		12t	1
14	升降车		16m	4

1.4.7　质量控制

1. 遵守的规范、标准

需遵守的规范、标准有《公路桥梁加固施工技术规范》JTG/T J23—2008、《公路桥涵施工技术规范》JTG/T F50—2011、《公路桥涵养护规范》JTG H11—2004、《混凝土结构工程施工质量验收规范》GB 50204—2015、《钢筋焊接及验收规程》JGJ 18—2012、《混凝土质量控制标准》GB/T 50164—2011、《混凝土强度检验评定标准》GB/T 50107—2010、《混凝土结构加固设计规范》GB 50367—2013、《混凝土界面处理剂》JC/T 907—2002、《混凝土结构加固用聚合物砂浆》JG/T 289—2010、《建筑砂浆基本性能试验方法标准》JGJ/T 70—2009等。

2. 质量保证措施

（1）教育职工牢固树立"质量第一"的思想，强化职工的质量意识，做好技术交底、质量目标交底工作。各分项工程施工前，技术员应对作业班组全员进行详细的技术交底，质量交底,明确分项工程质量要求以及操作时应注意的事项。对关键工序、特殊工序,制定专门的技术措施和控制办法。

(2) 严格执行各项规章制度、操作规程和质量标准,认真落实施工组织设计和技术措施及质量计划。强化现场质量检验机构,建立健全各种质量管理制度,加强验收工作,分工负责,责任明确。

(3) 严格把关原材料及半成品的质量关,各种原材料应有出厂合格证,原材料的材质、规格、型号应符合设计文件规定,及时送试验室。关键主材按要求进行外委检验,经检验合格后方可留用。

(4) 严格执行隐蔽验收签证,严格执行自检、互检、交接检制度及专业检制度。每道工序施工完毕,质检员自检,检验合格后报监理办进行抽检。上道工序检验合格后,方可进入下一工序。检验不合格的按要求进行返工或返修,然后再复查,直到合格为止。

(5) 做好施工期间各项试验工作,按照相关试验检测规程操作,对施工期间各项工序进行试验,及时制留各种砂浆、混凝土试块,并按要求进行养生、试验。

(6) 做好成品保护,下道工序的操作者即为上道工序的成品保护者,后续工序不得以任何借口损坏前一道工序的产品。

(7) 及时准确地收集质量保证资料,并做好整理归档工作,为整个工程积累原始准确的质量档案。

1.4.8 施工结果

施工后,经检查U形钢板加固后,起到增加桥梁的横向刚度,限制扭转应力,提高桥梁共同受力性、使用整体安全性及耐久性。并且U形钢板外包加固施工技术简单,施工便捷、工期较短,可以保障交通通行、对交通影响较小,综合社会效益较好,值得推广应用如图1-71,图1-72所示。

图1-71 中横梁加固前

图1-72 中横梁U形钢板外包加固后

1.4.9 主要创新点

设计并提出了一种U形钢板加固桥梁横隔梁的新方法,并形成了桥梁横隔梁快速高效加固施工技术及工艺。

1.5 桥梁整体式地袱和挂板一体化设计与施工技术

1.5.1 工程概况

顺于路西延（立汤路—京承高速公路）西起立汤路，路线向东延伸，跨越温榆河，在昌平和顺义区界与顺于路顺义区段接顺，道路全长约 6.75km。道路规划为城市主干路，设计车速 60km/h，红线宽 45m。

本项目桥梁工程由主桥及引桥组成，桥梁起点桩号 K3+969.95，桥梁终点桩号 K4+596.05，桥梁全长 626.1m，桥面全宽 40m，桥面面积 25044m²。顺于路西延道路在 K4+332.803 处与温榆河规划中心相交，交角 65.8°，规划河道上口宽为 232～253m。

地袱是与栏杆相结合的桥上铺助结构，它影响着桥的整体外观，同时也是桥上重要的安全设施。由于地袱安装时桥的整体已形成，所以在边梁上安装地袱通常是架空作业，因此安全施工十分重要。

由于现浇整体式挂板位于桥梁边缘，桥面距离河底平均高度达到 15m，现场不具备排架施工条件，结构模板如何设计、支搭是确保结构质量及安全的重要前提条件。根据施工现场条件及受力特点，确定现浇整体式挂板的模板专项设计方案，并研究模板的加工及安装精度控制措施。

1.5.2 国内外研究现状

1. 高架桥面防撞墙

在市政高架桥梁工程中，普遍采用钢筋混凝土防撞墙。钢筋混凝土防撞墙位于桥幅两侧，悬空座于桥面结构上部。常见的防撞墙形式如图 1-73 所示。

常见防撞墙形式

常用的钢筋混凝土防撞墙模板支架及作业平台形式有落地式、悬吊式、悬挂式、三角支架形式等。钢筋混凝土防撞墙虽然不是主要的受力构件，但其施工质量很大程度上影响桥梁结构的外观，并且由于其部位的特殊性，施工中存在较大的安全风险。

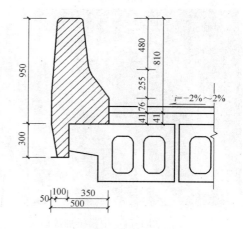

图 1-73 常见的防撞墙形式

钢筋混凝土防撞墙模板支架的合理设计是其质量、安全控制的重点，并且直接影响到施工进度及成本控制。总结市政桥梁工程现场施工经验，根据防撞基本荷载（模板支架、施工人员及结构自重、混凝土振捣荷载等），对钢筋混凝土防撞墙模板支架的设计、选型进行探讨。

2. 落地钢管脚手架

防撞墙落地脚手架通常采用双排钢管脚手架的形式。一般适用于桥面标高较低、桥下场地条件较好的桥梁或桥梁的局部。桥下为河道或场地条件复杂、地下有重要管线的部位不宜采用。若桥面高度超过 8m，则搭设脚手架的钢管用量较大，成本偏高，且双排钢管脚手架搭设过程中难以按照其构造要求进行中间的拉接，存在很大的安全隐患，因而也不宜采用落地脚手架的形式。

采用双排落地脚手架构造如图 1-74 所示。根据脚手架构造，该脚手架的承载力主要由顶层横杆内侧立杆之间的连接十字扣件抗滑承载力控制。单个扣件不能满足要求，因此采用双扣件连接，两个扣件紧密连接，扣件必须拧紧。在脚手架上部每三跨与桥梁进行拉结以确保脚手架的整体稳定。

钢管立杆纵距 1.5m，横距 1.0m，步距不大于 1.5m。验算立杆、横杆承载力及扣件抗滑承载力能够满足要求。顶层横杆上并排架设 2 根 150mm×75mm 方木，再在上面铺设防撞墙底板。按照连续梁受均布荷载验算方木强度及刚度，满足要求。

3. 悬吊式模板支撑

防撞墙悬吊式模板支撑通常采用一端固定于桥面的螺杆，另一端与支撑模板的横梁拉结固定，再通过横梁之间的连杆提高整体稳定性。悬吊式模板支撑体系一般适用于桥面标高较高或桥下场地条件复杂不具备搭设落地脚手架的部位，该支撑形式不适用于预制板梁结构的桥。同落地脚手架相比，其刚度大、稳定性好，有利于防撞墙质量控制，且其适应性更广，支撑体系可周转使用，在桥面标高较高的情况下，更便于成本控制。但也有其缺点，如支撑体系安装、拆除相对复杂，一旦螺杆因质量问题发生断裂，后果不堪设想。

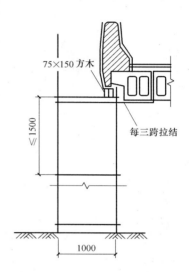

图 1-74　双排落地脚手架构造

防撞墙吊脚手构造如图 1-75 所示。防护栏杆采用钢管，通过通长的防护栏杆增强吊脚手的整体稳定性。按计算简图（图 1-76）核算拉结螺杆和槽钢横梁的强度符合要求。

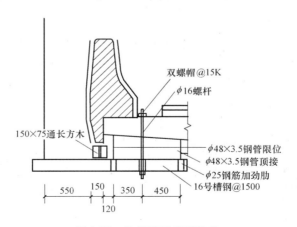

图 1-75　防撞墙吊脚手构造

悬吊式支撑也适用于中央分隔带的防撞墙，一般中央分隔带宽度为 2m，利用其对称性，吊脚手构造可调整为图 1-77 所示。

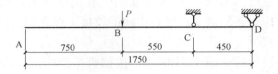

图 1-76 计算简图

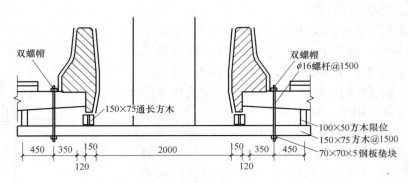

图 1-77 吊脚手构造

4. 三角支架形式模板支撑

该形式的模板支撑是针对桥面采用预制板梁形式的桥梁设计的,在桥面边板预制时预埋螺杆套管,板梁安装就位后拧上预先绞好丝牙的螺杆,再利用螺杆固定三角支架作为防撞墙模板支撑。一般适用于桥面标高较高或桥下场地条件复杂不具备搭设落地脚手架的部位。同落地脚手架相比,其刚度大、稳定性好,有利于防撞墙质量控制,三角支架可周转使用,在桥面标高较高的情况下,更便于成本控制。其缺点为安装、拆除比较困难,一般需挂篮配合。

板梁边板预埋螺杆套管,用螺杆固定外三脚架,在三脚架上搭设施工脚手并支外模,预埋螺杆套管纵向间距为 800mm,上下间距为 250mm,上侧采用 $\phi16mm$ 螺杆,下侧采用 $\phi12mm$ 螺杆。构造如图 1-78 所示。

按计算简图验算三脚架角钢与螺杆强度符合要求,如图 1-79 所示。

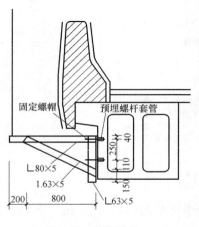

图 1-78 螺杆构造

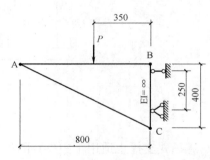

图 1-79 三脚架计算简图

5. 悬挂式钢管模板支撑

该形式的模板支撑采用钢管搭设，在桥面上搭设悬挑钢管桁架，通过桁架悬吊模板形成模板支撑体系。桥面混凝土铺装层施工时预埋抗拔钢筋，抗拔钢筋与钢管之间焊接以防止支撑体系的倾覆。该支撑体系取材方便，适用性广，但由于其刚度不大、构造相对复杂、成本偏高，一般作为其他支撑体系无法实现情况下的应急措施，或用于防撞墙模板支撑体系工作量较小的桥梁。

桥面混凝土铺装层施工时预埋 $\phi22mm$ 抗拔钢筋，纵向间距 $1500mm$。模板支撑体系全部采用 $\phi48mm \times 3.5mm$ 钢管及各种扣件搭设，构造如图 1-80 所示。纵向每三跨设置一道拉结，一方面防止施工水平荷载作用下造成脚手架的晃动，另一方面平衡防撞墙荷载对 M 节点处产生的弯矩，控制在 A 节点处的弯曲变形，增强了模板支撑体系刚度。MN 杆 N 端顶紧梁体侧面，限制单向水平移位。

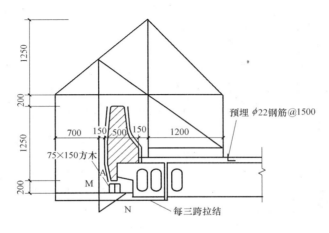

图 1-80 悬挂式钢管模板支撑

结构计算简图及钢管桁架内力如图 1-81 所示，显然，各拉杆强度、压杆强度及稳定性均能满足承载力要求。

1.5.3 一体化模板施工设计

1. 概述

近些年，随着基础设施建设的发展，为了保证行车安全，桥梁附属设计中提高了防撞栏杆的防撞等级及形式。防撞栏杆及挂板早期是预制构件，便于现场安装和施工，但随着日益增长的车流量，对桥梁安全提出更高的要求，因此在高速公路市政道路工程中逐步采用现浇结构，桥梁两侧现浇整体式挂板使之与梁板之间形成整体，提高整体安全性。现浇整体式挂板作为桥面系的重要组成部分，本身施工质量关系到桥梁使用安全和

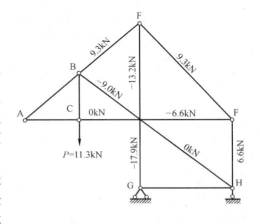

图 1-81 结构计算简图及钢管桁架内力

外观质量。

结构模板的设计、支搭是确保结构质量及安全的重要前提条件。本工程现浇整体式挂板位于桥梁边缘,无法支搭排架,采用一侧悬吊形式的模板浇筑现浇整体式挂板的技术。防撞护栏与挂板在跨河桥上浇筑为整体,对现浇整体式挂板的模板进行专项设计。桥面距离河底平均高度达到15m,现场不具备排架施工条件,模板考虑采用一侧悬吊。结合本工程实际,对现浇地栿挂板的模板进行专项设计。

2. 新型地栿模板结构设计说明

随着建筑施工技术的改进,对模板技术也提出了更高的要求,因此,必须要采用先进的模板技术,才能满足现代建筑工程质量的要求。地栿是桥梁两侧的一个建筑构件,其作为栏杆的基础。在地栿浇筑过程中,往往需要使用模板。而目前还没有专门的地栿模板。因此,为解决上述技术问题,确有必要提供一种新型地栿模板结构,以克服现有技术中的所述缺陷。

根据工程的具体情况,发明了一种新型的地栿挂板结构:

一种新型地栿模板结构,其包括内模、外模以及底模;其中,内模和外模相对设置,该内模的一侧设有一对挑架;外模的一侧设有一对对拉座;底模固定于外模的另一侧,且外模和底模的连接处设有密封胶条,于底模上安装有一面板。这种新型地栿模板结构具有结构简单,便于现场组装,能够重复使用,密封性好等诸多优点,其专用于浇筑地栿结构,如图1-82所示。

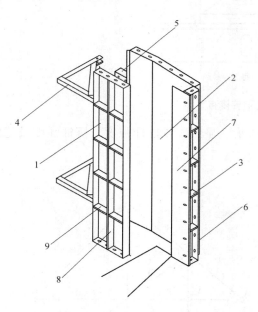

图1-82 新型地栿模板结构的立体图

该新型地栿模板结构,其由内模1、外模2以及底模3等几部分装配而成,上述部件均为独立结构,可在施工现场整体组装,方便运输和使用。其中,内模1和外模2相对设置,内模1的一侧设有一对挑架4,该对挑架4呈三角形结构,其用于将内模1安装固定。外模2的一侧设有一对对拉座5,其和挑架4同侧,其用于将外模2安装固定。底模3固定于外模2的另一侧,且外模2和底模3的连接处设有密封胶条6,从而提高外模2和底模3之间的密封性,以防止漏浆,底模3上安装有一面板7。内模1和外模2的外侧均设有若干竖肋8和横肋9,从而能够增强内模1和外模2的结构强度。内模1、外模2、底模3和面板7均为钢板材质。

图1-83所示模板结构是这种新型地栿模板结构的立体图。

3. 一体化模板稳定性分析

地栿内模架和外模架纵横肋的设计计算大同小异,一般可当作简支梁计算。先初选构件类型(如角钢、槽钢或工字钢等),以内模底脚为基点,计算外模及各种荷载作用下的最大弯矩，在弯矩相互平衡的前提下，反算内模顶斜拉处花篮螺栓的抗拉强度，最终确定构件型号及截面如图 1-84 所示。

一个节段的地袱模板为 1.2m，每节地袱的内模架和外模架有两个挑架、吊架相对应，经计算每个挑架承受的混凝土自重、外模架重量及其他施工荷载合计为 $P_1=6$kN，以内模底脚为基点，P_1 所产生的弯距 $M=2.4$kN·m。因两者弯矩相互平衡，内模顶斜拉处可调花篮螺栓所受拉力 $F=M/d=6.5$kN，该花篮螺栓由 $\phi 8$ 钢筋和钢丝绳共同作用，则该花篮螺栓所用的 $\phi 8$ 钢筋的拉应力为 $\sigma=F/S=128$MPa$<[\sigma]=140$MPa，故悬吊式模架满足拉应力要求如图 1-85 所示。

图 1-83 新型地袱模板结构实物图

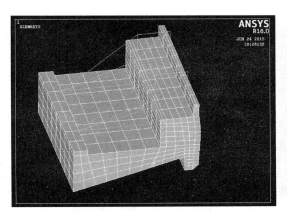

图 1-84 地袱挂板网格划分

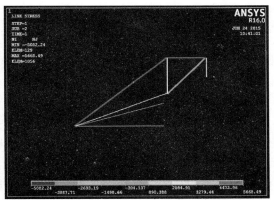

图 1-85 受力分布图 1

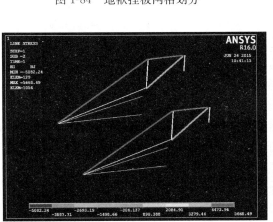

图 1-86 受力分布图 2

在迈达斯中建立地袱挂板模型，划分网格，再将建立好的模型导入到 ANSYS 模型里进行计算，其中混凝土和模板采用 45 号实体单元，杆件采用 188 号梁单元，通过加一个加速度的方式模拟了重力，在重力作用下，计算出了结果，图中下方数字的单位是牛顿，如图 1-86 所示，图中深蓝色部分受到拉力最大，为 5082.24N，采用的是 $\phi 8$ 钢筋，则所受拉应力为 $\sigma=F/S=101$MPa$<[\sigma]=140$MPa；图中绿色部分为支撑住，它的受力为 304N，受力远小于 $\phi 8$ 钢筋的受力，且其尺寸大于

$\phi 8$ 钢筋,所以满足受力要求;图中红色部分为三角钢的受力,为 4473N 的压力,经计算满足要求。故悬吊式模架满足应力要求。

1.5.4 一体式地袱和挂板施工工艺流程

1. 工艺流程

桥梁整体式地袱和挂板一体化施工工法主要工艺流程:施工准备→模板的设计与加工→测量放线→钢筋绑扎→模板安装→混凝土浇筑→模板拆除→混凝土养生。如图 1-87 所示。

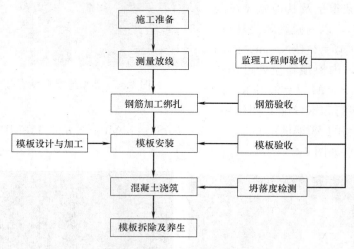

图 1-87　施工工艺流程图

2. 测量放线

(1) 根据现场施工情况,现浇地袱施工前要求将水准点和导线点进行转点加密,标出现浇地袱的内侧边线,拉好高程控制基线。

(2) 钢筋骨架绑扎前,必须先放线测定标高,然后根据测量数据隔一段距离绑扎好钢筋导向骨架,再将这些导向骨架用细线连起来用作绑扎钢筋骨架的导线。钢筋骨架绑扎完后,还必须复核其线型和标高,并加以修正。

(3) 模板安装好后及混凝土浇筑前还必须进行测量复核,以确保防撞墙的质量。

3. 钢筋加工绑扎

(1) 钢筋在进场后,必须进行检验,检验合格方可进行现场加工。

(2) 钢筋在加工场进行加工,加工前要调直并清除表面油渍、锈迹,钢筋的加工必须满足设计要求和规范规定。

(3) 钢筋下料前,首先对施工图中各种规格的钢筋长度、数量进行核对,无误后方可进行下料,根据钢筋原材长度与图纸设计长度并结合规范要求,在满足设计、规范要求下加工制作。

(4) 钢筋焊接前必须进行试焊,试焊合格后方可施焊,焊工必须持证上岗。钢筋接头采用电弧焊焊接方法处理时,两钢筋搭接端部预先折向一侧,使两结合钢筋轴线一致。钢筋接头采用双面焊时,焊缝长度不得小于 $5d$,单面焊时不得小于 $10d$,同一截面上的接头数量不得大于 50%。电弧焊缝所需长度按焊缝厚度 h 不小于 $0.3d$,焊缝宽度 b 不小于

$0.8d$,施焊时药皮要随焊随敲打,钢筋交叉点用火烧丝绑扎结实。受力钢筋的焊接接头应错开布置,满足规范要求。为保证保护层厚度,在钢筋与模板之间要绑扎标准混凝土(塑料)垫块,保证 4 块/m²,垫块与钢筋绑扎要牢固,并相互错开,布距均匀。钢筋搭接长度及钢筋位置要严格按照图纸和规范执行。

(5)钢筋绑扎完毕后经自检合格后,报请监理检验。

4. 模板的设计与加工

地袱模板结构采用外加工定型模板,包括内模、外模以及底模;内模和外模相对设置,内模的一侧设有一对挑架;外模的一侧设有一对对拉座;底模固定于外模的另一侧,且外模和底模的连接处设有密封胶条;底模上安装有一面板。内模和外模的外侧均设有若干竖肋和横肋。内模、外模、底模和面板均为钢板材质。挑架呈三角形结构,其和对拉座同侧(图 1-88~图 1-91)。经过迈达斯和 ANSYS 进行计算,结果受力满足要求。

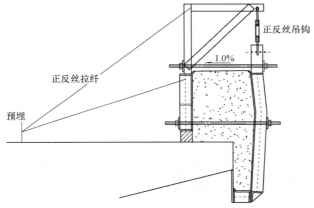

图 1-88 地袱模板立面图

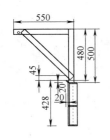
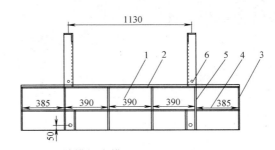

图 1-89 地袱模板内模

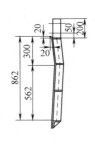
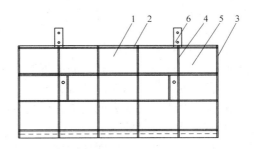

图 1-90 地袱模板外模

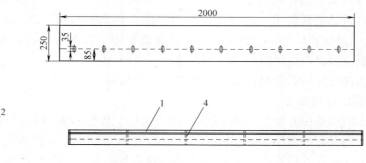

图 1-91 地袱模板底模

5. 模板安装

(1) 对该范围内的混凝土表面进行凿毛、清理混凝土表面残渣及杂物，确保结合混凝土连接质量。

(2) 地袱模板采用外加工定型钢模板，现场整体组装，人工用炮车按照每块地袱模板的安装位置，检查缝宽，并清理模板上的杂物、污垢，模板内侧涂刷脱模剂利于脱模。

(3) 外侧模板底部及接缝用密封胶条压缝，以防止漏浆。内侧模板底部采用填充砂浆防止漏浆，模板安装好后，对模板支撑直顺度及各部尺寸高程等进行检查验收，如图1-92、图1-93所示。

图 1-92 新型地袱模板结构

图 1-93 新型模板安装

6. 混凝土浇筑

(1) 采用 C40 预拌混凝土现场浇筑，混凝土罐车运输，根据现场条件采用溜槽浇筑，坍落度控制在 16～18cm，采用插入式 50 型和 30 型振捣器振捣，施工中要注意均匀下料，浇筑应连续进行，不得中断，分两层浇筑。

(2) 注意浇筑速度不宜过快。选派有经验的混凝土工进行振捣，振捣棒移动间距不大于其振动半径的 1.5 倍，边、角及圆弧部位加细振捣，防止出现蜂窝气泡。做到不漏振，不过振。混凝土浇筑过程中注意要求表面光洁，棱角分明完整，不出蜂窝麻面，观察模板有无漏浆、位移，如发现异常及时处理。

(3) 在混凝土定浆前要随时注意预埋件的位置，如有偏移要及时纠正；混凝土在终凝前进行抹平、压光，并特别对顶面两侧圆顺修饰如图 1-94 所示。

7. 混凝土养护

（1）混凝土浇筑24h后方可拆除模板。拆模时不得硬撬，不得出现损伤、掉角等现象。注意对成品进行保护。

（2）混凝土表面覆盖一层无纺布。必须经常洒水保持混凝土表面处于湿润状态，养护时间不少于7d。养护期间严禁外力碰撞。

（3）栏杆地袱除伸缩缝处断开外，在跨中，墩顶处及每4m设置变形缝，夹5mm厚纤维板断开，变形缝间距可根据桥梁实际长度适当调整如图1-95所示。

图1-94 混凝土浇筑振捣

图1-95 混凝土养护

1.5.5 薄壁混凝土施工质量控制技术

1. 影响混凝土质量分析

由于防撞墙位于桥面系，处于桥梁最直观的位置，因而对其几何尺寸、表面光洁度、平整度等各项质量指标要求比较高。因此，防撞墙的施工质量对于整个桥梁的观感尤为重要。混凝土作为桥梁建设的重要材料，要想得到混凝土原材料的质量控制方法，就要从混凝土所包含的成分入手，每一种成分都进行质量控制，并对过程进行控制最终将会有效地提高混凝土原材料的质量（表1-17）。

影响混凝土质量分析表　　　　表1-17

序号	项目	主要措施
1	水泥质量控制	(1)水泥规格及型号选择；(2)水泥的检测；(3)水泥的存放管理
2	水的质量控制	(1)水要满足混凝土拌合用水标准；(2)不应该含有油、盐、酸、碱以及有机物等
3	集料质量控制	集料质量控制其筛分值、针片状、含泥量、细度模数以及压碎值是否合乎标准
4	外加剂质量控制	外加剂实际生产厂家具有齐全的许可证、质保资料、试验检测报告；各项性能指标标准要求

2. 混凝土配合比研究

（1）混凝土是原材料按照一定比例混合的混合体，单位用水量、黄砂率及水灰比是影响配合比的三个基本要素。具体应遵循的原则为：首先，在满足施工要求的基础上，依据粗骨料的质量和规格确定单位用水量，一般每立方米的用水量应控制在145～160kg，但当坍落度处 170~200mm 之间时，每立方米的用水量应在 160~170kg；其次，混凝土的水灰比，应在满足混凝土的强度和耐久性的基础上确定，一般把 0.34 作为最佳水灰比；最后是砂数量的确定应以填充石子之间的空隙后还富余空间为原则。

（2）由于防撞墙其内部的钢筋布置较密实，浇筑混凝土施工时不利于排除气泡，所以对混凝土的和易性有较高的要求。在大多数情况下，和易性的好坏取决于混凝土配合比设计。在施工中，为了使混凝土的和易性更好，需要对集料的级配进行认真设计和调整，使其达到最佳的级配曲线，可采用适当增加水泥用量及适当提高砂率的方法来处理。但砂率不能太大，含砂量过多，会使混凝土中的气泡难以上升逸出。在拌和混凝土时，要注意拌合时间适当。拌合时间过长，会降低混凝土的和易性。而拌合时间太短，又不能得到匀质的混凝土，且会降低混凝土的强度。

3. 混凝土裂缝控制的施工技术措施

如表 1-18 所示。

原因分析表　　　　　　　　表 1-18

序号	项目	原因分析
1	材料控制	(1)选用水泥时,应以能使所配制的混凝土强度达到要求、收缩性小、和易性好和节约水泥为原则； (2)细骨料要求采用级配良好、质地坚硬、颗料干净；粗骨料。应采用坚硬的碎石,尽可能采用连续级配； (3)拌制混凝土的用水不应含有影响水泥正常凝结与硬化的有害杂质或油脂、糖类及游离酸类等结合使用目的和混凝土浇筑时的季节环境来确定外加剂的使用品种
2	施工工艺质量控制	(1)加强混凝土振捣,增加混凝土流动性； (2)混凝土应严格按配合比计量投料； (3)混凝土分层或分段浇筑时,加强接头部位处理； (4)控制拆模时间,混凝土强度满足要求
3	混凝土的早期养护	(1)使混凝土温度慢慢下降到接近外界气温； (2)尽量晚拆模,拆模后要立即覆盖或及时回填

4. 薄壁混凝土的振捣技术

现浇地袱挂板混凝土施工的质量控制：由于现浇地袱挂板横断面几何尺寸较小，长宽比较大，混凝土振捣难以到位，施工时需改进振捣方式。在道路桥梁施工中，经过拌合、运输和浇筑入模后的混凝土里，会含有很多的空气，由于混凝土本身黏滞性、模板的不同形状、钢筋的阻碍，很难将模板内部充满而不产生空洞。为此利用振动液化的原理对浇筑后的混凝土进行振捣，让其液化后增加流动性，充满整个模板，使混凝土的颗粒紧密地结合在一起，并使滞留在混凝土内部的空气排出混凝土的自由表面，从而达到混凝土密实坚固。混凝土中滞留的空气多少与混凝土的和易性有关，例如混凝土的坍落度为 75cm 时，其含气量为 5%；但当坍落度为 25cm 时，含气量可高达 20%，这表明混凝土的和易性差（如干硬性混凝土），需要更好的振捣。不然，混凝土的质量是无法控制的。

浇筑防撞墙的混凝土坍落度宜控制在 16~18cm 范围内。下部蹄形部位宜采用小坍落度混凝土，以防止太多的气泡生成，进而附着于蹄部前侧表面，同时防止稀浆漏出。蹄部以上宜采用大坍落度混凝土，以利于部分灰浆下渗密实，并填补表面缺陷。在浇筑混凝土过程中应用人工装填分薄层按次序缓慢进行。在向模板内装填混凝土时，自墙体一端开始伸展至另一端。为顺利排除浇筑过程中产生的气泡，可适当减少每一层的浇筑厚度，在填完一层时，开始从一端振捣至另一端，这样使振捣过程中所产生的大量气泡能迅速上升至混凝土表面而逸出。一方面应加密振捣频率，确保振捣到位；另一方面，可用铁皮制作一个扁铲，随着振捣棒的位置在混凝土与模板之间插捣，上下抽动扁铲帮助气泡逸出。必要时也可适当使用振捣棒振动钢筋，通过振动排出气泡并促使混凝土下沉密实。

1.5.6 主要创新成果

（1）研发了一套新型组合模板体系，首次实现了无支架桥梁地袱挂板的一次整体式浇筑施工，提高了地袱的整体性能。

（2）开发了一套薄壁混凝土施工技术和工艺方法，实现了地袱挂板一次整体式浇筑。

（3）针对结构特点，研究调整了混凝土的配合比，改善了混凝土的性能指标，提高了浇筑后的混凝土质量。

（4）该模板体系具有方便拆装、利于调整、受力合理、重复使用、安全经济的特点，可实现标准化施工。

1.6 异形大断面空心混凝土墩柱施工技术

1.6.1 依托工程情况

昌平神华规划四路位于北京市昌平区北七家镇，属规划未来科技城范围内。神华规划四路南起定泗路，北至顺于路西延，道路全长0.92km。道路于桩号0+527.71处与温榆河相交，设置跨越温榆河桥梁一座。桥梁全长547.1m，全桥按两幅桥布置，桥面全宽为30m。桥梁面积为16413m²。

主桥中墩和边墩均采用并列四个平行四边形墩柱，中墩柱底截面3m×4.8m；边墩柱底截面为3m×3.8m，墩柱两侧长出混凝土翼墙呈倒三角状造型，翼墙为单箱三室的箱型结构，墩柱高度9～14m，下翼板圆曲线长度10～18.808m，如图1-96所示。

大悬臂空心薄壁大体积混凝土异形墩柱施工关键技术的研究，分为两部分进行，一是模架支撑系统的研究，再者就是钢筋混凝土的施工。

模架系统的研究分为模架基础研究、支撑体系研究、模板系统研究三个部分，通过加强基础强度，避免不均匀沉降，通过支撑体系的合理设计，有效的控制预拱度和立模标高，通过优化模板系统设计，保证良好的混凝土墩柱外观，曲线圆滑，线条直顺。

1.6.2 方案分析、对比

桥梁施工时，普遍的模架体系所承受的荷载较大，一般都采用满堂红钢管支架或者采用强力柱体系支架，对于异形混凝土结构，具有一定的横向荷载，如采用普通的钢管支架，对于立杆间距要求比较小，支搭和拆除都不方便，而且其整体稳定性能较低；如采用强力钢管柱支撑，有很好的受力和稳定性能，对于应用在荷载相对梁体较小的结构中，使用钢管柱支撑的经济性不好。而且，对于支架的不均匀沉降、模板定位、预拱度的控制都

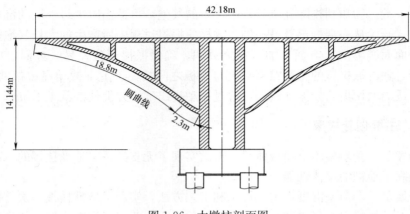

图 1-96　大墩柱剖面图

属于施工的难点。

对于大断面异形空心混凝土结构施工，混凝土的浇筑分段、振捣控制尤其关键，制定有效可行的方案和措施，合理分段，浇筑时配合振捣，保证混凝土外观和混凝土的密实度。

(1) 采用大管径钢管立柱支撑，主要采用 DN300mm 以上钢管作为支架竖向支撑，采用槽钢作为斜向支撑，立柱顶端使用工字钢或 H 型钢作为横向联系梁，其上设贝雷架等上部主受力系统，本工程悬臂变形范围大，可以采用大直径钢管立柱作为支撑体系，需要外租 DN300mm 钢管，根据墩柱形状租赁不同长度的钢管搭配，以控制底模标高。

(2) 采用无落地支架，是在立柱里预埋牛腿及托架杆件，对异形盖梁进行支架施工，本工程主墩两侧悬臂长约 20m，采用无落地支架对悬臂梁受力要求较高，计算复杂、安全度低，且本工程主墩所在地型平坦，主墩变形部分距地面 4~5m，采用支架法比较经济。

(3) 如采用轻型钢管支架施工，对于异形结构，准确地控制标高比较困难，耗时耗力。

(4) 异形结构的模板系统一般采用定型钢模板，以保证外观质量，优点是拼接快速、模板强度高、变形小，缺点是造价高，本工程的异形墩柱结构尺寸大，边角圆滑，表面大部分是平面，可以选用胶合板模板，边角部分定做钢模板，可以节省成本。

(5) 本工程墩柱造型复杂，且为空心薄壁结构，无法一次浇筑成型，所以钢筋混凝土结构分多次施工，可以保证对薄壁异形结构每一段混凝土充分振捣，但是必须处理好施工缝处的衔接，才能保证外观质量。

(6) 支架基础的处理应充分考虑支架承担的荷载，采用桩基础的成本最高，但是承载力最大，根据地质勘探结果，墩柱所处的位置地势平坦，墩柱界面最大处对应承台位置，无需设置临时桩基础，悬臂部位截面渐变越来越小，荷载也随之减小，没有必要再设置桩基础，由于承台施工，墩柱悬臂投影下的地基结构不均匀，所以采用砂石回填处理，为避免基础不均匀沉降，采用钢筋混凝土板基础，通过计算合理设置基础厚度和配筋，保证基础的承载力。

1.6.3 工艺流程及操作要点

1. 施工工艺流程

施工放线→排架基础处理→墩柱下部直顺段钢筋绑扎→墩柱下部侧模安装→分层浇注下部混凝土→混凝土养护→排架施工→铺设底模→二次结构钢筋绑扎→二次结构模板安装→二次混凝土浇筑→三次结构部位钢筋绑扎→三次结构模板→三次浇筑混凝土→四次结构部位模板→四次结构钢筋绑扎→四次浇筑混凝土→养生→拆模养生。

2. 支撑体系地基处理

基础采用80cm砂石处理，分层压实到距现况地面20cm的部位，采用18t震动压路机碾压，施工后表面平整，碾压密实。基础尺寸为墩柱平面投影四周各外延50cm，浇筑20cm厚的C20混凝土基础，内配双层$\phi12$钢筋网片，网片间距25cm×25cm。在混凝土基础中预埋立柱基础，立柱基础位置由测量放线确定，施工过程中不得移动。排架基础四周设排水边沟，防止雨水浸泡排架基础。

3. 排架施工

(1) 立柱采用两根25号槽钢焊接，施工前应仔细核对立柱高度，确保立柱高度准确，满足施工要求。

(2) 根据主墩混凝土腹板位置设置立柱，横桥向设置5排，纵桥向设置4排，立柱下部与混凝土基础中的预埋件焊接牢固。

(3) 横向使用两根$\phi32$钢筋作为横向连接，将立柱焊接成整体，间距1.8m一道。

(4) 纵、横向均采用5号角钢斜向焊接成剪刀撑，以确保支撑体系稳固。

4. 排架顶纵、横梁的布置

墩柱排架顶托上横桥向铺设两根10cm×10cm方钢，通长布设，方钢上铺80mm×80mm×8mm定型龙骨，间距1m设置，方钢与龙骨间夹角使用木楔子固定。龙骨上铺10cm×10cm方木，方木间距25cm，方木上铺1.2cm酚醛覆膜胶合板作为墩柱底模。

5. 模板工程

(1) 模板采用钢木结构，背楞（次楞）采用10cm×10cm的木方，以25cm的间距水平排列。木方上面铺设12mm酚醛覆膜胶合板，作为面板。墩柱侧面支撑背楞（主楞）选10cm×10cm方木与10cm×10cm方钢垂直放置，方木间距25cm，方钢间距1m。对拉采用$\phi20$螺栓，纵横距按1m设置，采取两根并排方管5cm×10cm垂直紧贴主楞上，螺栓从2根方管中间穿过，对拉紧固。

(2) 模板拼装应注意事项

1) 木板、方木在使用前要对其平整度、直顺度进行检查，板面板发生翘曲、变形的不得直接使用，须进行整平处理后方可使用。

2) 对于面板在使用前修整模板四边，使四边保持相互垂直。边角无毛边，面层无起泡、裂纹等现象，表面清理干净。

3) 模板在拼装时接缝须严密、表面平整、接缝高差不大于2mm，拼缝之间嵌入海绵条，防止出现漏浆现象。

4) 模板安装前均匀涂刷脱模剂便于后期脱模。

5) 模板安装前在外侧N1钢筋按9块/m²安装3cm垫块，墩柱垫块随钢筋绑扎及时安装。

6）墩柱侧模矗立后及时安装对拉螺栓，模板外侧四周利用工作平台支架安装水平支撑，确保模板稳定牢固、尺寸准确。模板安装完成后，经验收合格进入混凝土浇筑施工工序。

7）墩柱模板拼装过程中，须注意对侧模和底模接茬处进行局部加固，侧模根部采用 7cm×7cm 角钢与 20 号工字钢焊接锁住侧模楞木，以保证结构物底角平直，棱角分明。

8）模板支护完成后，再次复测模板各部位平面尺寸和高程，局部不符合要求的及时调整达到要求为止。

9）模板允许偏差如表 1-19 所示。

模板允许偏差表 表 1-19

项目		允许偏差（mm）
模板标高	基础	±15
	柱、墙和梁	±10
	墩台	±10
模板内部尺寸	上部构造的所有构件	+5,0
	基础	±30
	墩台	±20
轴线位置	基础	15
	柱、墙	8
	梁	10
	墩台	10
模板相邻两板表面高低差		2
模板表面平整		5
预埋件中心线位置		3
预留孔洞中心线位置		10
预留孔洞界面内部尺寸		+10,0
支架和拱架	纵轴的平面位置	跨度的 1/1000 或 30
	曲线形拱架的标高	+20，-10

6. 模板拼装应注意事项

（1）在模板拼装过程中，一定要注意侧模和底模接槎处，对其进行局部加强，顶角用方木顶紧后，在底角纵桥向设槽钢并固定，保证结构物底角平直，棱角分明，无烂根现象。

（2）对于侧墙用的面板在使用前修整模板四边，使四边保持相互垂直。边角无毛边，面层无起泡、裂纹等现象，表面清理干净。

（3）模板在使用前要对模板的平整度、直顺度进行检查，大板或面板受潮发生翘曲、变形，不得使用。凡模板不合格的严禁直接使用，需进行整平处理后方可使用。

（4）模板之间加海绵条，以免在接缝处产生砂线等模板拼接缝，拆模后影响外观质量。在拼装时，接缝一定要严密、平顺。使两块模板之间没有空隙，防止漏浆。

(5) 两块模板拼缝要符合规范要求。模板接缝处,要求错槎高差小于1mm。
(6) 模板侧面的方木及大板要钉牢固,使其整体受力。
(7) 保护层垫块采用高强度塑料垫块,垫块要与主筋绑扎牢固,采用梅花形布置。防止垫块被压倒,影响外观质量。
(8) 在布设垫块时,要尽量减少垫块外露面,在保证钢筋骨架整体空间位置准确的前提下,尽量少用垫块,以保证结构混凝土的外观质量。

7. 模板及排架的拆除

(1) 拆除模板排架作业前,召开专项安全交底会。对拆除作业做出有关技术、质量、安全、进度的具体要求,明确施工负责人,制订安全可靠的防护措施。要有安全、技术交底。落架时间要在墩柱全部张拉灌浆完成,并支模封锚后进行。
(2) 拆除作业时必须划出安全区,设警戒标志,专人看管,施工人员必须戴安全帽,穿防滑鞋,系安全带,严禁酒后作业,严禁在架上向下抛掷物品和工具,防止发生高处坠落和物体打击事故。
(3) 模板的拆除顺序应遵循先支后拆、后支先拆,先非承重部位以及自上而下顺序的原则。人工配合吊车先拆侧模及内模,后拆底模及排架。材料一步一清,用吊车垂直吊运下桥装车。
(4) 在拆除作业中,如遇四级以上大风、应停止施工,确保安全。
(5) 底模板拆除时,用撬杠将整块的胶合板及5cm厚木板翘起,主次楞上的绑扎铅丝去掉,从两侧按顺序将脱离梁底的模板和方木、型钢逐块拆下抽出,装车运走。
(6) 吊车设专人指挥,严禁违章操作。在吊装过程中,必须将模板和其他材料捆绑牢固,防止在吊车转臂时散落伤人。
(7) 各种材料要及时清运退场,如一时无法退场的,要集中码放,防止出现钉子扎脚等情况。
(8) 作业现场必须有足够的照明设备,防止发生由于照明不足,视线不清,发生意外事故。

1.6.4 工程结果

大断面异形空心混凝土柱的施工,通过研究采用了特定的技术措施,采用了型钢组合模架支撑体系,合理地避免了全部采用钢管柱支架经济上的浪费,通过合理的措施,解决了地基不均匀沉降的问题,也解决了全部使用轻型钢管支撑体系线型控制的难点。通过分段浇筑混凝土并制定振捣措施,解决了薄壁混凝土不密实、外观施工缝处的衔接问题。

1.6.5 主要创新点

(1) 异形墩柱临时支撑体系的设计与施工技术。
(2) 临时支撑体系及模板的差异沉降控制与空间定位控制技术。
(3) 混凝土浇筑技术:
1) 异形混凝土结构浇筑的分块及顺序,施工缝的处理技术。
2) 异形混凝土结构浇筑过程及养护过程的温度控制技术。
3) 保证浇筑混凝土达到设计密实度的振捣技术。

4）大面积异形混凝土结构预防表面裂缝的养护技术。

（4）异形混凝土结构的施工监测技术。

1.7 复合型支撑体系在高大异形桥梁钢结构中的应用技术

1.7.1 依托工程情况

本技术在北京市未来科技城鲁疃西路市政工程跨温榆河桥梁工程中应用，该桥主桥为三跨连续梁拱组合桥，即"提篮拱"形式，拱脚与主梁固结，主梁与V形墩通过支座连接，为了照顾支座受力均匀，边跨40m采用预应力混凝土梁，钢混结合段设在边跨。主桥跨径54m+180m+54m，大桥横桥向设置两片钢拱肋，纵向设置19对吊杆，吊杆中心间距8m。主拱采用提篮形式，横桥向拱肋内倾13.2°，拱肋矢高47.7m，矢跨比1/3.77。主梁采用等截面设计，桥面宽45m，梁高2.68m，钢箱梁跨度180m，主拱跨度在北京市现有钢混梁拱组合桥中为最大的。

钢箱梁重5389t，钢拱肋重3184t。钢箱梁分段加工安装，钢箱梁安装单元为横桥向的1/2，沿纵桥向4m一段，最大安装段重量约60t（标准段），使用运梁车运输，采用大吨位吊车吊装，现场焊接为整体；钢拱肋按8m一段安装，最大分段重量约90t，最高吊装高度约55m，主桥采用"先梁后拱"方法施工。

在钢结构施工时，现场拼装钢结构需要支搭临时支撑体系，以支撑钢结构完全拼装前分块荷载，桥梁钢结构因其设计荷载较大，钢结构本身截面体积大，安装时的分段体积大、自重大，所以针对高大钢结构施工时的临时支撑体系设计承载要求高，因为支撑体系高度大，所以对支架的整体和局部稳定性要求也高。

根据荷载情况和高度，选用两种支撑形式，分别承担不同高度的荷载，各自发挥优点，尽量避免缺陷，达到较好的经济、技术指标。

1.7.2 方案分析、对比

钢拱肋临时支撑常用的方案有：碗扣式满堂红支架、盘扣式钢管支撑、ϕ630钢管支撑、复合型支撑。下面将对这四种方案进行比选。

1. 方案1——碗扣式满堂红支架

常规施工方法是采用ϕ48×3.5mm碗扣式脚手架设计搭设临时支架，以"满堂红"方式搭建。脚手架布置主要支撑钢拱肋支点位置，钢拱肋正下方支撑采用间距30cm×30cm，两拱肋架体采用90cm、120cm间距进行连接。考虑风荷载，对立杆进行压弯构件稳定性验算：$f=251.25\text{MPa}>[f]=205\text{MPa}$，不满足要求，所以该方案不予采纳。

2. 方案2——盘扣式钢管支撑

（1）总体方案

盘扣式钢管支撑架体采用4根立杆满拉斜拉杆的格构柱设置，架体横桥向，钢拱肋下支点处采用0.9m间距排列，两拱肋架体间采用1.5m、3m间距连接，并设置竖向斜杆大剪刀撑。架体顺桥向，钢拱肋下支点处采用0.6m间距排列，每个接缝间的架体采用

1.5m 或 1.8m 间距排列，并采用竖向斜杆设置大剪刀撑，大剪刀撑设置位置为格构柱架体，间隔 1.8m，共 2 道，以保证架体的整体稳定性（如图 1-97 所示）。

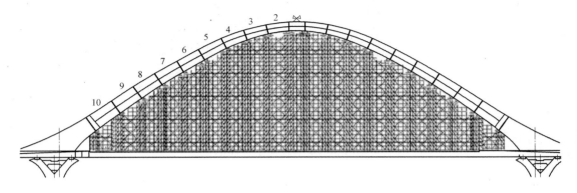

图 1-97　盘扣式支架立面图

（2）力学分析

1）材质特性：立杆材质为 Q345A，型号 $\phi 60 \times 3.2$mm；水平杆及竖向斜杆材质为 Q235B，型号 $\phi 42 \times 2.5$mm。

2）荷载验算：

① 验算最重钢拱肋的支架强度。钢拱肋分配在立杆上的荷载为 48.2kN，荷载组合后 $N=69.24$kN，强度验算 $\delta=121.26$MPa$<[\delta]=300$MPa，符合规范要求，计算得出安全系数为 2.47。

② 验算最高钢拱肋支架的稳定性。距离桥面高度 45m，最不利立杆承受的钢拱肋荷载为 22.5kN，加上工字钢、架体自重及施工动荷载共计为 38.4kN。根据《建筑施工承插型盘扣式钢管支架安全技术规程》JGJ 231—2010 公式 4.2.2，计算得风荷载 $\omega k=0.97$kN/m^2，风荷载对立杆的弯距 $M_w=0.16$kN·m。

长细比 $\lambda=L_0/i=240/2.01=119<150$，满足《建筑施工承插型盘扣式钢管支架安全技术规程》JGJ 231—2010 第 5.1.9 条规定。考虑风荷载，对立杆进行压弯构件稳定性验算：$f=211.8$MPa$<[f]=300$MPa，符合规范要求，计算得出安全系数为 1.42。

（3）成本分析

支架租赁时间为 90d，经过计算，承插型盘扣式钢管支架体积共计 8.9 万 m^3，当时市场租赁综合单价为 0.55 元/d/m^3。租赁费用共计 440.5 万元。

3. 方案 3——ϕ630 钢管支撑

（1）总体方案

钢拱肋支撑体系全部采用钢管作为支撑的受力主体，在钢管顶部搭设安装平台，桥面的钢管支撑、钢箱梁的钢管支撑对应设置，以利于竖向力的传导。

ϕ630 钢管支撑（如图 1-98、图 1-99 所示），每 6 根组成一个主要受力单元，间距 3.7m×4m，钢管柱底座直接焊接在桥面钢板上。ϕ630 钢管布置在钢箱梁横向通长腹板上，位置与桥下 ϕ630 钢管柱轴线对应，将轴力传递至箱梁下支撑的钢管柱上，最终传递至桩基。ϕ630 钢管支撑接口采用标准法兰连接。

（2）力学分析

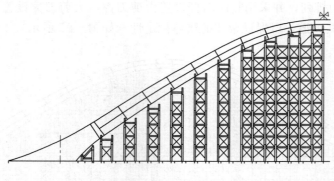

图 1-98 钢管柱支撑立面图

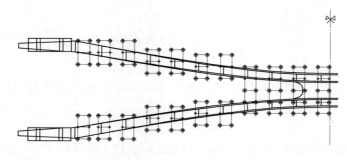

图 1-99 钢管柱支撑平面图

1) 材质特性：$\phi 630$ 钢管、槽钢水平撑及斜拉撑材质为 Q235B。

2) 荷载验算：

① 验算支架强度，按最不利计算，验算中间钢管，钢管柱受力取大值 704kN，荷载组合后 $N=871.2$kN，强度验算 $\delta=34.6$MPa$<[\delta]=205$MPa，符合规范要求，计算得出安全系数为 5.9。

② 验算最高处立柱的整体稳定性。钢拱肋顶处拱段重 230kN，两拱肋之间的联系横梁重 720kN，按最不利工况计算，分配到钢管柱上最佳承载 295kN，荷载组合后得 $N=380.4$kN。根据《建筑结构荷载规范》GB 50009—2012 风荷载公式 7.1.1-1 计算得风荷载 $\omega k=1.63$kN/m^2，风荷载对立杆的弯距 $Mw=12.1$kN·m。

参考《钢结构设计规范》GB 50017—2003 中公式 5.2.1 $N/A_n \pm M_x/\gamma_x W_{nx} \pm M_y/\gamma_y W_{ny} \leqslant f$，考虑风荷载，对立杆进行压弯构件稳定性验算：$f=16.7MPa<[f]=205$MPa，符合规范要求，计算得出安全系数为 12.3。

③ 局部稳定性验算。根据《钢结构设计规范》GB 50017—2003 第 5.4.5 条规定"圆管截面的受压构件，其外径与壁厚之比不应超过 100（235/fy）"所以 $D/t=630/13=48.46<100$（235/fy），符合规范要求。

(3) 成本分析

$\phi 630$ 钢管支撑临时支架总重量 1800t，由专业钢结构公司进行分包，分包总费用为 510 万元。

4. 方案 4——复合型支撑

(1) 总体方案

通过以上分析，使用φ630钢管支撑既能保障临时支撑体系的稳定性，又能保障设计的承载力，但是支架成本费用最高，对于工程总包单位来说不经济；使用碗扣支架费用最低，但对碗扣支架本身而言，在承重体系中极少用到25m高以上，此高度其立杆垂直度难以保障，从而无法保障支架整体稳定性和局部稳定性；盘扣式钢管支撑拆装方便，立杆材质选择高强度的Q345钢，提高了支架本身的承载能力，支架的连接件设计精巧，能够很好地保障立杆的垂直度，但是作为承重体系目前国内最高用到30余米，有专业的队伍负责支架的拆装，施工速度快。

根据以上分析，决定采用承插型盘扣式钢管支撑与φ630钢管支撑结合的复合型支撑，以充分发挥两种支撑的优点，达到确保承载力、稳定性，同时控制成本的目的。35m以下支架采用承插型盘扣式钢管支撑，35m以上采用φ630钢管支撑（如图1-100、图1-101所示）。

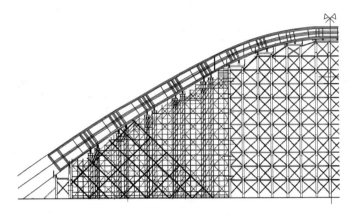

图1-100 复合型支撑立面图

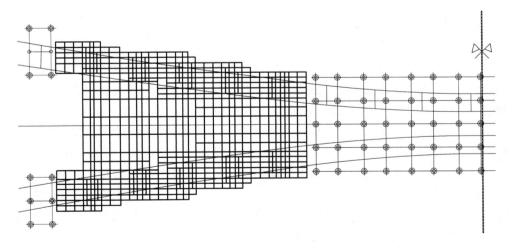

图1-101 复合型支撑平面图

（2）力学分析

1）材质特性：立杆材质为Q345A，型号φ60×3.2mm，水平杆及竖向斜杆材质为Q235B，型号φ42×2.5mm；φ630钢管，配套槽钢水平撑及斜拉撑材质为Q235B。

2) 验算荷载：

① 验算最重的钢拱肋的支架强度。最重的钢拱肋在靠近拱脚附近，采用承插型盘扣式钢管支架支撑，方案2中已进行验算，得到安全系数2.47。

② 验算最高处立柱的稳定性。方案3中已进行验算，得到安全系数12.3。

（3）成本分析

1) 承插型盘扣式钢管支撑租赁时间为90d，经计算，承插型盘扣式钢管支撑体积共计3.2万m^3，当时市场租赁综合单价为0.55元/d/m^3，租赁费用共计158.4万元。

2) ϕ630钢管支撑临时支架总重量700t，由专业钢结构公司进行分包，分包总费用为240万元。临时支架总费用398.4万元。

5. 方案对比

对各支撑方案的稳定性、承载能力和成本进行分析，汇总为表1-20所示。

各种支撑方案经济技术对比汇总表 表1-20

方案名称	安全系数		成本（万元）	优缺点	结论
承插型盘扣式钢管支撑	强度	2.47	440.5	优点：材质强度较大，有斜拉杆设置，可承受一定的水平推力，搭拆方便；缺点：市场不是很成熟，架子工不太熟悉，超过一定高度后抗倾覆不强	不采用
	稳定性	1.42			
ϕ630钢管支撑	强度	5.9	510	优点：支架强度稳定性强，承受较大的水平推力；缺点：施工过程复杂，搭拆需要吊装设备配合，工期要求高	不采用
	稳定性	12.3			
复合型支撑	强度	2.47	398.4	优点：支架强度较大，稳定性较强，搭拆成本较低；缺点：两种支架结合处薄弱	采用
	稳定性	12.3			

通过以上分析，在住房和城乡建设部发布过十项新技术之一的支架中，碗扣式脚手架发布的时间较早，使用的最为普遍，但是钢管材质为普通的Q235，而且钢管规格均为ϕ48×3.5，而盘销式（盘扣式）和插接式钢管脚手架使用的材料等级为Q345，立杆规格为ϕ60×3.2，横杆规格为ϕ48×2.7，按照受力合理分配杆件规格，承载力较碗扣式脚手架大；盘销式（盘扣式）支架和插接式支架特殊的节点连接方式比碗扣式的节点连接方式牢固，易于掌控和检查，更加能够保证支架整体的稳定性。而强力钢管柱支架没有固定的规格，截面较大，承载力较强，常常被用做高大钢结构、混凝土结构等受力支撑系统。因为使用军用墩需满布支搭，支撑总体重量大，且租赁费用也比较可观所以在此次方案选择中没有考虑军用墩支撑。

结合钢拱肋结构大跨度、重量重、吊装高度及支架的特点，方案经过认证、比较结果，根据安全系数、成本费用及支架的优缺点，充分说明承插型盘扣式钢管与ϕ630钢管结合形成的复合型支架具有创新性和先进性。

1.7.3 工艺流程及操作要点

通过对各种支撑方案受力、稳定性和经济性的比选，总结各自的优点，取长补短，发挥盘扣式支架较好的受力性以及拆装方便、经济实惠的优点，配合较高处钢管柱支撑的受力优势、稳定性系数高的长处，形成高大钢结构复合型支撑体系。

1. 支撑架设计

拱脚处及 GL1—GL5—5 上采用 ϕ630 钢管，拱肋 GL10 上 GL5 下采用盘扣式钢管支架，以满足钢拱就位焊接安装。

（1）ϕ630 钢管支撑设计

ϕ630 钢钢管支架，6 根组成一个主要受力单元，间距是 3.7m×4m，钢管柱底座直接焊接在桥面钢板上。ϕ630 钢管布置在钢箱梁横向通长腹板上，位置与桥下 ϕ630 钢管柱轴线对应，将轴力传递至箱梁下支撑的钢管柱，最终传递至灌注桩基础上，钢管 ϕ630 接口采用配置标准法兰连接。

钢管柱相邻之间水平横向采用［25a 槽钢，竖向间距 4m，并确保钢管顶处往下 400mm 处有水平横向槽钢。竖向斜拉撑采用角铁 L100×8，每 12m 设置一道水平剪刀撑 L100×8，并在钢管顶层设置一道水平剪刀撑。水平横向拉撑槽钢［25a 及斜拉撑角铁均与钢管焊接，焊接高度不小于 6mm，钢管顶横桥向放置 3 根并排 I30a，与钢管顶焊接，工字钢上面放入用于上接口处的砂箱，在横向放置的 3 根工字钢上面放置纵向放置 2 组 4 根并排工字钢 I30a，工字钢上面放入短钢管与工字钢组成的板凳式桁架，上面放入用于上接口的砂箱。

每段钢拱肋接口处利用纵横向 30 号工字钢，搭设工作平台，工作平台大小需满足拱肋接口操作要求，拱肋两侧外缘处平台宽度不小于 1.5m；搭建平台框架横肋采用 16 号槽钢与 30 号工字钢焊接，间距不大于 0.8m，槽钢上满铺脚手板如图 1-103 所示。

（2）盘扣式钢管支架体系设计

1）盘扣式钢管支架架体采用四根立杆满拉斜拉杆的格构柱设置，架体横桥向布置为钢拱下支点处采用为 0.9m 间距排列，两拱肋架体间采用间距 1.5m、3m 连接，设置横桥向大剪刀撑保证整体稳定性。架体顺桥向平面布置为钢拱下支点处采用 0.6m 间距排列，每个接缝间的架体采用 1.5m 或 1.8m 间距进行排列，并设置顺桥向大剪刀撑保证整体稳定性。

2）架体承重立杆底座下垫设 8m 长 18 号工字钢，工字钢顺桥向搭设在钢箱梁的钢肋上，由箱梁钢肋分配荷载，以满足架体承载力要求，18 号工字钢与桥面点焊牢固；底座采用 U 形托倒扣在 18 号工字钢上，采用 20 号钢筋焊接固定 18 号工字钢，并对 U 形托限位，防止架体侧滑。

3）架体承重受力单元采用四根立杆满拉斜杆的格构柱形式设置，非主要承重部位立杆采用横撑和大剪刀撑连接；承重部位架体顺桥向剪刀撑每隔 1.8m 一道。

4）架体设置采用钢管扣件设置水平剪刀撑 6m 高度设置一道，最底层及最顶层均设置一道。

5）钢拱采用砂箱作为支点，砂箱下采用 3 根 30 号工字钢横桥向铺设，1.5m 长 18 号工字钢顺桥向铺设，最下层为 18 号工字钢横桥向铺设放在 U 形托上，下部为盘扣架，由工字钢将荷载均匀分配至架体顶部，如图1-102所示。

6) 接近拱脚处横向力较大，设置加强大剪刀撑，剪刀撑钢管传递至桥面板上，如图1-103所示。

7) 盘扣式钢管与φ630钢管采用扣件进行连接一整体。盘扣式钢管承重部位处纵向每排与φ630钢管或横拉撑25号槽钢连接，竖向间隔不大于4.5m，如图1-104所示。

8) 为保证施工人员的安全，在操作平台下铺设一道水平安全网，支撑体系架体每9m设置一道水平安全网，操作平台四周做护栏安全防护并用密目网进行围挡。

9) 钢拱吊装时四面逐层吊装，架体采用整体搭设（图1-104）。

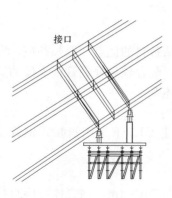

图1-102 接口处砂箱设置图

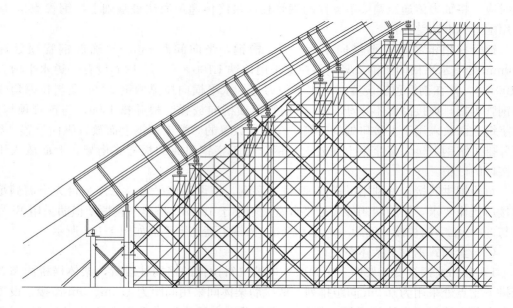

图1-103 接近拱脚处加强剪刀撑布置图

图1-104 复合型支撑体系现场照片

2. 施工工艺流程

(1) 钢管柱搭设：

测量放样→4根一组安装→吊装对接→安装水平斜拉撑→安装工字钢→安装沙箱→钢拱吊装。

(2) 盘扣式钢管支架搭设：

测量放样→铺设工字钢→安装竖杆→安装纵、横向横杆→安装竖向斜杆→安装顶托→安装工字钢→安装沙箱→钢拱吊装。

3. 施工要点

施工前仔细阅读图纸、施工组织设计、仔细了解现场情况，做到搭设支撑架前心中有数；脚手架施工人员进场前，必须进行三级安全教育和相应考核和安全教育培训；各级负责人依据支撑架方案分别对安装人员和使用人员进行技术交底和安全技术交底。

(1) $\phi 630$ 钢管支架搭设

1) 基础放样

将施工面上的物料清理干净，支撑架体下调整底座作用钢箱梁之上。依照支撑架配置图纸上尺寸标注，根据支点、架体搭设起点坐标正确定线放样出各个钢管位置，位置定线确保位置正确。并根据桥面高程、拱肋高程进行配置钢管长度。

2) 支撑制作

钢支撑的制作将采取现场制作的方式进行如图 1-105 所示。应在施工准备期间，尽快完成钢支撑放样和加工工作，为支架安装创造条件。钢支撑分段制作而成，分段之间采用法兰盘与螺栓连接，螺栓采用高强螺栓，现场安全对接，法兰螺栓连接螺栓实在无法串入法兰孔，可采用钢管直接焊接在法兰上，钢管上均布6块三角筋板，焊接高度不小于8mm。钢支撑拼装需要顺直，单节钢管到现场后首先对钢管本身质量进行检查，合格后方可按照设计长度进行拼装，拼装中往往在法兰盘位置有挠曲现象，采用拉线检查及时进行调整，如果调整后依然有挠曲则更换法兰盘。

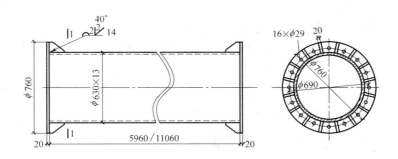

图 1-105 钢支撑标准节

支撑制作时按照钢管柱的标准节进行分单元制作，在地面组成一个井字架体，拼装方法如图 1-106 所示，单元重量 11385kg。根据现场进度要求，向钢管支撑及钢围檩由具有相应资质租赁标准段，其中包括钢围檩、钢管支撑和配件。钢支撑连接必须满足等强度连接要求，满足节点构造图要求。

因施工场地处于现况钢梁两侧，地方狭小，因此钢支撑设置在距离工地 500m 的钢拱脚制作场地进行拼装，拼装完成后，采用40t平板拖车托运至指定起吊位置进行吊装，吊装前在现场进行质量验收，并编号。

3）支架吊装

单元在地面组拼完后，利用150t履带吊进行整体吊装，如图1-107所示，吊装方法如下：150t履带组63m主臂，吊装支架时，吊装半径20m，最高起升高度55m（含地面到桥面的高度），额定起重量26t，支架单元重量11.3t，满足吊装要求，如表1-21、图1-108、图1-109所示。

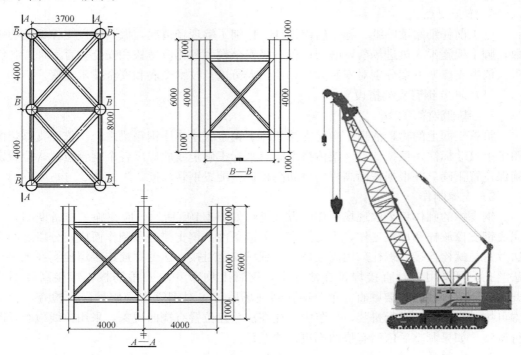

图1-106 钢管柱支撑标准节示意图　　　　图1-107 150t履带吊示意图

150t履带吊起重性能表　　　　表1-21

臂长 m / 横度 m	19.0	22.0	25.0	28.0	31.0	34.0	37.0	40.0	43.0	46.0	49.0	52.0	55.0	58.0	61.0	64.0	67.0	70.0	73.0	760	79.0	82.0
5.0	150.0																					
6.0	140.0	130.0	117.0																			
7.0	119.0	118.0	110.0	106.0	96.0																	
8.0	99.0	95.5	94.0	91.0	88.6	86.8	84.0															
9.0	82.5	80.7	80.5	79.0	77.0	75.8	74.0	72.0	69.4													
10.0	71.0	69.2	69.1	69.0	68.0	66.6	64.6	64.4	64.2	61.0	59.0											
12.0	55.0	54.3	54.4	54.4	54.2	54.0	53.7	52.0	51.0	49.8	49.0	48.0	47.6	42.2								
14.0	45.0	44.6	44.4	44.2	44.0	43.8	43.6	43.4	42.9	42.0	41.0	40.0	39.0	38.8	38.6	38.0	35.0	30.0				
16.0	38.0	38.8	37.6	36.8	36.6	36.4	36.2	36.0	35.6	34.6	33.8	33.6	33.4	33.0	30.0	28.0	26.9	25.0	21.5	20.1		
18.0	32.6	32.0	31.6	31.4	31.2	31.0	30.8	30.6	30.4	30.2	30.0	29.8	29.6	29.2	28.8	28.0	27.2	26.2	24.2	21.4	19.5	

续表

横度 m \ 臂长 m	19.0	22.0	25.0	28.0	31.0	34.0	37.0	40.0	43.0	46.0	49.0	52.0	55.0	58.0	61.0	64.0	67.0	70.0	73.0	760	79.0	82.0
20.0			28.0	27.9	27.7	27.5	27.3	27.1	26.9	26.8	26.6	26.0	25.7	25.5	25.3	25.0	24.8	24.3	23.7	23.2	20.6	18.8
22.0				25.4	25.2	25.0	24.8	24.2	24.0	23.8	23.6	23.4	23.2	23.0	22.0	21.8	21.5	21.3	20.9	20.4	19.9	18.1
24.0					22.0	21.8	21.6	21.4	21.2	21.0	20.8	20.6	20.4	20.0	19.5	19.3	19.1	19.0	18.5	18.1	17.6	16.8
26.0					20.0	19.8	19.6	19.4	19.2	19.0	18.2	18.0	17.7	17.6	17.4	17.1	16.9	16.8	16.6	16.2	15.7	15.2
28.0						17.9	17.6	17.4	17.2	17.0	16.8	16.6	16.4	16.0	15.8	15.5	15.0	14.6	14.1	13.7		
30.0						17.0	16.0	15.8	15.6	15.4	15.9	15.7	15.5	15.0	14.0	13.6	13.4	13.2	13.2	12.8	12.4	
32.0							15.0	14.8	14.6	14.4	14.2	14.0	13.6	13.3	13.2	12.6	12.2	12.1	12.0	11.7	11.2	
34.0							13.9	13.8	13.6	13.4	13.2	13.0	32.6	12.0	11.6	11.1	11.0	11.0	11.0	10.7	10.3	
36.0								12.0	11.8	11.7	11.5	11.2	11.0	10.5	10.5	10.2	10.0	10.0	10.0	9.8	9.4	
38.0									10.8	10.6	10.4	10.1	9.9	9.6	9.4	9.2	9.1	9.0	9.0	9.0	8.6	
40.0											10.0	9.8	9.6	9.4	8.9	8.7	8.6	8.5	8.5	8.4	8.3	8.0
42.0											9.5	9.4	8.8	8.6	8.2	8.0	7.9	7.7	7.7	7.7	7.6	7.4
44.0												8.8	8.0	7.7	7.4	7.3	7.1	7.1	7.1	6.9	6.8	
46.0													7.4	7.2	7.0	6.9	6.9	6.7	6.6	6.5	6.2	6.1

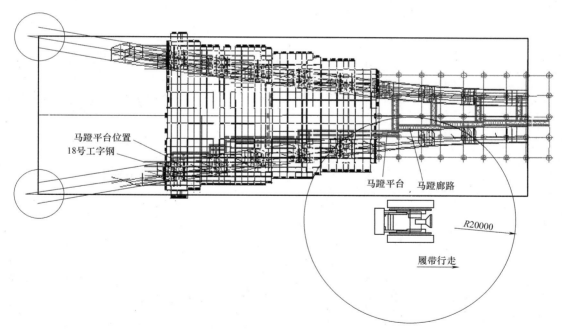

图 1-108　150t 履带吊起现场布置图

4) 横拉撑和斜撑的安装方法

每两个单元吊装完后，之间拉撑必须及时安装，以便形成一稳定体系，保证支架的整体稳定性。拉撑和斜撑安装采用散装法，安装顺序：先安装横拉撑，待横拉撑焊接完后，再安装斜撑，如图 1-110 所示。

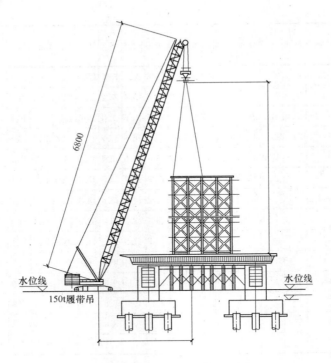

图 1-109　钢支撑吊装立面图

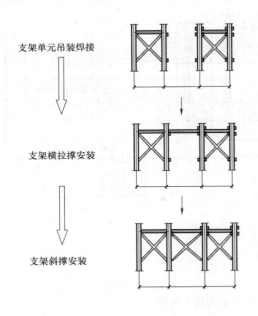

图 1-110　钢支撑安装顺序示意图

5）操作平台

为保证支架安装人员的操作空间，操作平台利用现有的横拉撑进行固定，在横拉撑上并排铺设宽不小于 1m 的木跳板，并在四周设置 1.2m 高的安全绳（高处作业人员需佩戴安全帽、安全带高挂低用）。如图 1-111 所示。

（2）盘扣式钢管支架搭设

1）基础放样

基础放样：将施工面上的物料清理干净，支撑架体下调整底座作用在工字钢或钢箱梁之上。依照支撑架配置图纸上尺寸标注，根据支点、架体搭设起点坐标正确定线放样出各个下调支座，位置定线确保位置正确。

2）检查放样点是否正确。

并对标高进行复测，在场地四角作出一定高度水平标记，拉通线立杆，第一层支撑架组立完成之后，以水平尺或水平测量控制，确保各个调整座达到同一个水平位置。

3）布设立杆及工字钢

1 道桥工程施工新技术

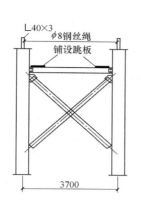 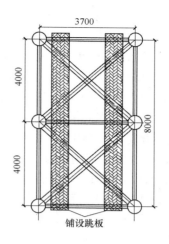

图 1-111 钢支撑安装操作平台示意图

由于立杆承载力较大,钢拱支撑承重架底座下需垫设工字钢,工字钢搭设在钢箱梁的钢肋上,由钢肋进行受力支撑;非钢拱支撑承重架底座下不再设置工字钢,底座直接作用在钢箱梁上;垫板放置平整、牢固,底部无悬空现象。

4)尺寸放样复核完毕后,将调整座排列至定点,再将标准基座的主架套筒部分朝上套入调整座上方。备料人员依搭架需求数量,分配材料并送至每个搭架区域。

5)依支撑架施工图纸组搭支撑架(高处作业人员需佩戴安全帽、安全带并于架上设置脚手板)。

6)搭架高程控制检测及架调整。

7)检查各构件连接点及固定插销是否牢固。

8)各种长短支撑材料检查是否变形或不当搭接。

9)架设安全网并检查是否足够安全。

10)主次龙骨安装。

11)搭设要点。

① 支架可调托座伸出顶层水平杆的悬臂长度不超过 650mm,且丝杆外漏长度不超过 400mm,可调托座插入立杆长度不小于 150mm。

② 支架可调底座调节丝杆外露长度不大于 300mm,作为扫地杆的最底层水平杆离地高度不应大于 550mm。

4. 复合型支撑体系的优化设计

选定方案后,制定了详细的专项方案并组织专家论证,在施工过程中一方面严格遵守专项方案实施,另一方面根据现场实际情况对原有的方案的数据进行验证和修正,为节约成本,对原方案进行优化设计,并再次通过论证。

主要针对费用较高、安全系数较大的 $\phi630$ 钢管柱支撑部分的斜撑(联结杆)进行优化设计。

(1)钢管柱支撑部分原设计方案

$\phi630$ 钢管支撑,横桥向 5 根,间距 4m,顺桥向 15 根,间距 3.7m 或 4.3m,在桥面组成支撑范围在宽16m，长56m，钢管柱顶距离桥面35～45m。

ϕ630钢管支架，壁厚13mm，6根组成一个主要单元，高度12m；间距是3.7m×4m，钢管柱底座直接焊接在桥面钢板上。ϕ630钢管布置在钢箱梁横向通长腹板上，位置与桥下ϕ630钢管柱轴线对应，将轴力传递至箱梁下支撑的钢管柱，最终传递至灌注桩基础上，钢管ϕ630接口采用配置标准法兰连接或焊接。

钢管柱相邻之间水平横向采用[25a槽钢，竖向间距4m，并确保钢管顶处每处有水平横向槽钢。竖向斜拉撑采用角钢L100mm×8mm，每12m设置一道水平剪刀撑L100mm×8mm，并在钢管顶层设置一道水平剪刀撑。水平横向拉撑槽钢[25a及斜拉撑角钢均与钢管焊接，焊接高度不小于6mm，钢管顶横桥向放置3根并排I30a，与钢管顶焊接，工字钢上面放入用于上接口处的砂箱，在横向放置的3根工字钢上面放置纵向放置2组3根并排工字钢I30a，工字钢上面放入短钢管及接口的砂箱。

每段钢拱肋接口处，工作平台大小需满足拱肋接口操作要求，拱肋两侧外缘处平台宽度不小于1.5m；搭建平台框架横肋采用16号槽钢与30号工字钢焊接，间距不大于1m，槽钢上满铺脚手板。

(2) 优化设计内容

ϕ630钢管支撑体系材质、平面位置及高度不变，只是将剪刀撑进行适当的优化。

6根钢管组成一单元，高度12m，进行吊装作业，组装支撑体系，钢管柱支架的水平撑及斜拉撑按原设计进行，即水平横向采用[25a槽钢，竖向间距4m，斜拉撑采用角钢L100mm×8mm，每组单元之间水平撑及斜拉撑进行适当的优化，在16m以下按原设计进行，16～36m之间部位（架体受力较小的中段），受力单元之间的斜拉撑取消，在36m以上及各操作平台下步距处按原设计进行，即设置水平撑及剪刀撑，如图1-112～图115所示。

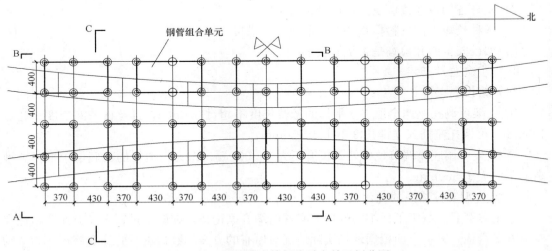

图1-112 钢管柱支撑部分受力单元划分图

(3) 两种架体间的连接设计

盘扣式钢管紧贴ϕ630钢管搭建，并采用扣件式钢管夹住ϕ630钢管连接形成整体，盘扣式钢管承重部位处纵向每排与ϕ630钢管或横拉撑25号槽钢连接，竖向间隔不大于4.5m。

1 道桥工程施工新技术

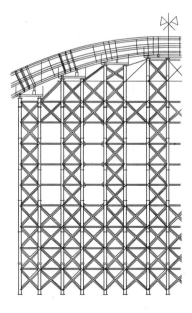

图 1-113 A-A 截面图

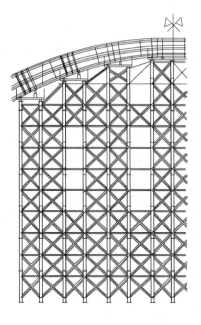

图 1-114 B-B 截面图

（4）马道设计

自架体的两侧拱脚处开始搭设马道，马道宽度不小于 1.2m，坡度为 1∶3～1∶3.5，转弯处休息平台面积不小于 3m²，宽度不小于 1.5m。满铺脚手板并绑牢，搭接部分用双排木，搭茬板的板端搭过排木 20cm，并用三角木填补板头凸楞，斜坡马道的脚手板设防滑木条，防滑条厚度 3cm，间距不得大于 30cm。马道及平台必须设两道护身栏，并设 18cm 高度的挡脚板，里侧拐角及进出口处护身栏不得伸出端柱。马道设置于拱肋内侧，休息平台设置于通向支点位置的马道旁。

1.7.4 工程结果

本技术可应用于高大钢结构的承重支撑体系，尤其是异形结构，也可用于钢筋混凝土异形结构的模架支撑体系，根据不同的荷载和材料采购条件，钢管柱的型号和钢管支架的型式均可调整，充分发挥"扬长避短"的理念。

1. 经济效益

（1）使用承插型盘扣式钢管支架：

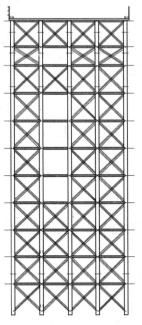

图 1-115 C-C 截面图

支架租赁时间为 90d，经过计算，承插型盘扣式钢管支架体积共计 8.9 万 m³，当时市场租赁综合单价为 0.55 元/d/m³。租赁费用共计 440.5 万元。

（2）使用 φ630 钢管柱支架

φ630 钢管及槽钢水平撑，临时支架总重量 1800t，由专业钢结构公司进行分包，分包总费用为510万元。

(3) 使用复合型支架

1) 承插型盘扣式钢管支架租赁时间为90d，经过计算，承插型盘扣式钢管支架体积共计3.2万m^3，当时市场租赁综合单价为0.55元/d/m^3。租赁费用共计158.4万元。

2) ϕ630钢管及槽钢水平撑，临时支架总重量700t，由专业钢结构公司进行分包，分包总费用为240万元。

临时支架总费用398.4万元。

(4) 根据以上分析，使用复合型支架最少节省费用42.1万元。

2. 社会效益

(1) 此方案为露天高大钢结构的临时支撑体系的设计提供了依据和参考。

(2) 使用复合型支撑系统，既发挥了钢管柱高支撑、大荷载的稳定性，又充分利用了盘扣式钢管支架的方便拆装、自重轻、承载大的优点，盘扣式钢管支架与钢管柱体系之间设连接，提高了盘扣式钢管支架本身的稳定性，扬长避短，既节约了工期，也节约了成本，同时也保证了安全系数。

1.7.5 主要创新点

(1) 盘扣式及钢管柱支架合理过渡连接形成复合式支撑体系；

(2) 强风力及温差作用下，支架水平位移的控制及调整技术；

(3) 高大临时支撑体系在异形结构中的空间定位技术；

(4) 异形曲面结构复合支撑体系的计算与监控技术；

(5) 该技术的核心技术"一种复合型支架"取得了国家实用新型专利，专利号：ZL 201320551998.5。

1.8 湿陷性黄土填料高填方路段快速施工技术

1.8.1 工程简介

太原市太行路工程，是太原市中环路的主干路，全长约为9.82km，道路红线宽50m。太行路位于太原市东山地区，东山山前黄土丘陵地貌，工程沿线地形起伏较大，阎家峰沟位于道路桩号K4+000~K4+360段，路基采用高填方路堤，路堤填方高度最大约29m。

拟建场区地层从上至下依次为杂填土、湿陷性黄土（15~22m）、粉质黏土层。根据勘察报告，场地内素填土及湿陷性黄土层构成本工程的主要湿陷性土层，湿陷系数和自重湿陷系数随深度增加呈减小趋势，湿陷等级为Ⅰ~Ⅲ级。阎家峰沟为自重湿陷性场地，地基湿陷等级为Ⅱ级（中等）。

图1-116为阎家峰沟的原现场照片，图1-117为阎家峰沟填方地形纵断面图。

1.8.2 工程重点难点

太原市太行路阎家峰高填方路堤存在以下施工重难点：

1 道桥工程施工新技术

图 1-116 阎家峰沟原现场照片

图 1-117 填方地形纵断面图

1. 消除黄土填料的湿陷性

该路段填方量较大，只能就地取材，利用工程现场的原状黄土作为填料。该处黄土为典型的湿陷性黄土地基，孔隙比大，土质疏松。因此在高填方的填土施工中必须消除黄土的湿陷性，以保证路基在遇水情况下不发生湿陷引起的附加沉降。

填土主要来自该处的第②层湿陷性黄土（Q_3^{eol}）。根据探井取得原状土的物理力学性质指标如表 1-22 所示。

物理力学性质指标统计结果表　　　　　　　　　　　　　　　　表 1-22

层号	项目	含水量 w %	湿密度 ρ_{O_3} g/cm³	干密度 ρ_{d_3} g/cm³	孔隙比 e	饱和度 S_r %	压缩系数 $a_{0.1-0.2}$ MPa^{-1}	压缩系数 $a_{0.2-0.3}$ MPa^{-1}	压缩模量 $Es_{0.1-0.2}$ MPa	压缩模量 $Es_{0.2-0.3}$ MPa	液限 W_L %	塑限 W_P %	塑性指数 I_P	液性指数 I_L
②湿陷性黄土	最大值	23.3	1.6	1.4	1.375	58.5	0.678		4.62		27.3	17.4	10.3	
	最小值	11.2	1.4	1.1	0.872	25.2	0.306		2.17		25.4	16.0	9.2	
	平均值	17.14	1.49	1.27	1.129	40.61	0.482		3.40		26.09	16.55	9.54	
	标准差	5.06	0.07	0.08	0.140	10.92	0.127		0.94		0.53	0.49	0.28	<0
	变异系数	0.295	0.049	0.065	0.124	0.269	0.263		0.277		0.020	0.030	0.030	
	统计频数	15	15	15	15	15	15		15		15	15	15	

2. 地下管线种类繁多

太原市太行路的地下管线种类繁多，有给水、雨污水、燃气、电力、热力、通信六大类，且各种管线布置错综复杂。高填方路基的沉降量特别是不均匀沉降量如果超过管线的承受能力，就会造成管线的断裂和破坏，其后果不堪设想。因此，复杂的管线铺设对高填方路堤的压实质量和沉降控制方面提出更高的要求。

3. 工期紧张

太行路是中环路的主干路，作为太原市重点工程，在太原市政府的统一规划部署下，其修建目标是当年通车。根据总体工程筹划，阎家峰沟高填方路段开工时间 2013 年 6 月 26 日，在 2013 年 10 月高填方填筑完毕后，要实现太行路当年通车的修建目标。阎家峰高填方路堤没有时间进行跨越冻融期的预压自然沉降，对该道路的施工尤其是高填方的压实效果要求非常高。

1.8.3 主要施工工艺

1. 施工流程

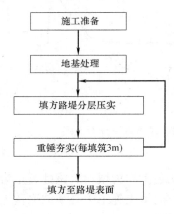

图 1-118 施工工艺流程图

湿陷性黄土填料高填方路段快速施工技术采用分层振动压实与隔层重锤补夯相结合的综合压实技术，施工工艺流程如图 1-118 所示。

2. 施工要点

（1）施工准备

1）施工前应进行场地平整、清表，修建临时道路，排除地表水，施工排水沟等准备工作。

2）调查施工范围内地下构筑物、管线情况及周边建筑物情况，必要时采取开挖减震沟等措施，防止因重夯施工造成损坏。

3）测量放线，定位轴线、场地边线，在不受影响地点设置水准基准点。

4）施工前应按初步确定的工艺参数进行现场试验。通过试验检验效果，确定实施工艺参数。

（2）地基处理

原地面清表后超挖 2m，超挖后土基顶面采用重锤夯实消除地基湿陷性，有效处理深度不小于 1m。基底通长铺筑 1.0m 厚 6% 灰土。

（3）填方路堤分层压实

填方路堤采用振动压路机分层压实工艺，按路基平行线分层控制填土标高，分层进行平行摊铺，采用 18t 振动压路机以 4km/h 的行速碾压，每层填筑厚度不大于 300mm，压实度满足设计及规范要求。

压实方法、虚铺厚度等参数按照试验段结果确定，填料含水量通过击实试验确定。

高填方路堤分层压实施工的工艺流程为：施工准备→运料→摊铺→碾压→检测→下一循环施工。

填方按照横向全宽、纵向分层方法进行。填料采用挖掘机配合自卸汽车运输，推土机、平地机进行摊铺，分层填筑，振动压路机碾压。依据"三阶段、四区段、八流程"作业法组织各项作业均衡进行，合理安排施工顺序、工序进度和关键工序的作业循环，做到挖、装、运、卸、压实等工序紧密衔接连续作业，避免施工干扰、交叉施工。

其中："三阶段"为准备阶段、施工阶段、竣工阶段；"四区段"为填筑区、平整区、碾压区、检验区；"八流程"为施工准备→基底处理→分层填筑→摊铺平整→碾压夯实→检验签认→路面整形→边坡修整。

施工要点：

1）集中力量连续快速施工，分层分段完成；

2）每一层施工完成，该层宽度、填筑厚度、压实厚度、压实度等各项指标检测合格报监理工程师审查批准后，方可进行下一循环的施工；

3) 最大松铺厚度应根据试验确定,且不应超过 300mm,分层压实厚度不得小于 100mm;

4) 从最低处起分层填筑,逐层压实。当原地面纵坡大于 12%或横坡陡于 1:5 时,应按设计要求挖台阶,或设置坡度向内并大于 4%、宽度大于 2m 的台阶;

5) 路堤填方应设置不小于 2%的横坡,利于排水。性质不同的填料应分段填筑,同一水平层路基的全宽应采用同一种填料,不得混填;

6) 分区作业接头部位应交替填筑,搭接长度不小于 3m;

7) 路堤填方过程中边缘应设置间隔开口的挡水埝,开口处设置临时泄水槽至坡脚排水沟。

(4) 重锤夯实(每填筑 3m)

路堤每填筑 3m 重锤补夯一次,单点夯击能 500kN·m。重夯施工机械采用 50t (QU50 型)履带式起重机,10t 圆形铸钢夯锤,直径 2.5m,落距为 5m,配备推土机用于场地平整及推平夯坑。

每次重锤补夯分 3 遍进行,前两遍为点夯,每遍 5~6 击,最后一遍为满夯。第一遍夯击 1 号主夯点,第二遍夯击 2 号副夯点,主、副夯点间隔布置,点距为 1.6 倍锤径,上一遍夯完后,进行推平压实,进行下一步工序。

1) 重锤夯实施工流程

① 测量放线,定位夯点,并进行编号,在施工区域外设置标高基准点,并测量各夯点的相对标高;

② 起重机就位,对准夯点;

③ 测量夯前锤顶高程;

④ 将夯锤起吊到预定高度,待夯锤脱钩自由下落后,放下吊钩,测量锤顶高程;

⑤ 重复起吊下落,完成规定的夯击遍数;

⑥ 用推土机将夯坑填平,并测量场地高程;

⑦ 按上述步骤逐次完成主、副夯点,最后用低能量满夯,将场地表层松土夯实,并测量夯后场地高程。

2) 施工要点

① 工程开工前应通过试夯确定施工方案技术参数,确定最优工艺参数,报监理单位审批后实施。重夯控制标准为最后两击的平均夯沉量不大于 20mm,夯坑周围地面不应发生过大的隆起;不因夯坑过深发生起锤困难。

② 重夯结束后,夯坑周围的土体用推土机推至坑内,振动压实表层松土,直到表面平整、稳定,无明显轨迹为止。

③ 夯击应按顺序依次进行,每次夯击的锤印重叠偏差不得大于 100mm。

④ 按方案要求记录夯点的夯击次数和夯沉量,每个夯点累计夯沉量应不小于试夯时各夯点平均夯沉量的 95%为合格,如不合格,应进行补夯,直至合格为止。

⑤ 高填方路堤施工过程中须进行沉降和位移观测,监测路堤变形情况,控制填筑速率。

1.8.4 工程结果

阎家峰沟高填方路段路堤填方开工时间 2013 年 6 月 26 日,于 2013 年 10 月竣工。本施工技术与传统的施工方案相比，压实效果显著，省去了预压沉降期，至少提前 6 个月通车，社会效益、经济效益显著。通过工后历时 1 年的路堤分层沉降监测，本工程最终沉降值平均值 28.1mm（仅占填土厚度 29m 的 0.1%），远小于类似工程的工后沉降量。充分表明该快速施工关键技术的压实效果显著，可大幅度降低工后沉降。

通过对监测结果分析，总结规律如下：

（1）造成高填方路堤总沉降的主体是填方体的沉降；填方体的工后沉降主要由未完成的固结沉降和蠕变形成，并受车辆荷载及季节性冻土冻胀融沉的影响；填方体各层填土的沉降随时间呈现阶段性增长，并大约在工后 250d 之后趋于稳定。

（2）填土高度是影响高填方路堤工后沉降的重要因素，填土高度越小，路基顶面总沉降越小，且总沉降中原地基所占的比例也越小；填土高度与填方体的平均沉降速率线性相关；地形是填方体工后沉降的又一重要影响因素，位于槽型沟的填方体工后沉降量小于位于平缓地形的填方体。

（3）填方体工后沉降量估算

填方体的工后沉降与时间呈对数关系，即初期沉降较大，最后将趋于平稳。

填方体的工后沉降可用下式可用进行估算与预测：

$$S/H = \mu \lg\left(\frac{t}{t_0}\right)$$

式中　　t_0——竣工时间；

　　　　S——竣工后时间 Δt 时间段内发生的工后沉降量，$\Delta t = t - t_0$；

　　　　H——填土高度；

　　　　μ——常数，μ 的取值与填料性质和施工时填筑方式有关，本工程中可以取 $\mu = 0.15\%$。

式中可作为填方体工后沉降的预测公式，可为类似工程提供参考。

1.8.5　主要创新点

（1）该技术提出了分层振动压实与隔层重锤补夯相结合的综合压实技术，适于黄土填料高填方路堤的施工。

（2）该技术提出了黄土填料填方体的工后沉降对数函数预测公式计算黄土高填方路堤的堤身沉降，为类似黄土填料高填方路堤的沉降计算提供了依据。

（3）该技术具有压实效果显著、沉降变形小等优点，可有效缩短预压沉降期。

2 轨道交通工程施工新技术

2.1 复杂土工环境地铁区间隧道近接施工关键技术

2.1.1 引言

城市交通是城市发展的基础支撑和前提保障。随着可持续发展的理念被世界各国所接受，城市走可持续发展的道路已成为发展趋势。我国大城市所面临的交通拥堵、环境污染和能耗加剧等问题，要求大城市从小汽车主导的城市发展模式转向以公共交通为主导的城市发展模式，改善城市交通状况，遏制无序蔓延的空间扩展态势，实现城市的可持续发展。轨道交通以其大容量、环保和良好的空间引领作用，是城市公共交通的骨架，发展势在必行。以北京为例，截至 2015 年 12 月 26 日，北京地铁共有 18 条运营线路（包括 17 条地铁线路和 1 条机场轨道），组成覆盖北京市 11 个市辖区，拥有 334 座运营车站（换乘车站重复计算，不重复计算换乘车站则为 278 座车站）、总长 554km 运营线路的轨道交通系统。

所以，城市轨道交通的发展极为迅速，但随着国内大城市轨道交通（地铁）网络的不断完善，将出现众多新建隧道与既有隧道之间相互平行、相互重叠以及交叉等情况，我国大部分城市的轨道交通都不同程度地面临这样的发展问题，所以在城市环境条件下地下施工工程，不可避免要进行近接施工。

复杂土工环境地铁区间隧道近接施工关键技术即可有效的解决上述问题，它提出了平顶直墙零距离穿越理念。针对复杂土工环境地铁区间隧道近接施工工程，又提出了隧道上隅角超前注浆加固措施及地层变位分配与控制原理等一系列新的概念与思想，并成功应用于北京地铁近接施工。

该项技术依托实际工程，对复杂土工环境地铁区间隧道近接施工关键技术进行了深入研究。此类工程施工时，由于地铁对开挖比较敏感，易受扰动，使得地铁隧道近接施工不可避免的会引起近邻既有线结构产生附加内力和变形，从而影响既有线列车的正常、安全运营。当新建隧道离既有地铁比较接近时，如果不采取专门对策，将会对既有地铁产生不利影响。另外，由于既有线重要性高，对附加变形要求严格，使得复杂土工环境地铁区间隧道近接施工难度大、风险高。因此，依据既有线保护的要求，采取有效措施来减小变形，确保既有线的安全运营就显得非常必要。

2.1.2 技术特点

（1）对于复杂土工环境地铁区间隧道近接工程，提出了隧道上隅角超前注浆加固措施，对控制既有结构沉降有明显效果。

（2）依据实时监控提出了在初期支护结构上部、两侧及下部采取主动、适时的补偿注浆方法，有效地控制了沉降速率和累计沉降量，保证了复杂土工环境地铁区间隧道近接工程施工期间既有结构安全。

（3）采用远程监控量测系统对轨顶差异沉降、中心线平顺性、隧道变形缝监测、轨距动态扩张、结构沉降、结构裂缝等进行远程自动连续监测。

2.1.3 适用范围

复杂土工环境地铁区间隧道近接施工关键技术适用于开挖断面宽度小于 10m 的暗挖隧道下穿平底既有线结构工程，且既有线结构允许新建隧道零距离下穿。

2.1.4 工艺原理

1. 近接穿越既有线施工方案优化及安全性评估

由于土工环境复杂且穿越施工距离较近或为零距离穿越施工，为安全穿越，需对穿越既有线施工方案进行优化设计，并对既有线结构进行安全性评估。

（1）对穿越既有线施工方案进行优化；
（2）确定变形缝部位导洞施工的优先顺序；
（3）新线与既有线之间夹层土厚度影响分析；
（4）既有结构与轨道结构变形和既有结构变形缝的安全评估；
（5）既有结构承载力检算和轨道强度检算。

2. 近接穿越既有线施工变形控制技术

复杂土工环境穿越既有线施工，关键是既有线的变形控制。在确定穿越既有线的各变形控制基准值的基础上，进行变位分配，而后在施工过程中应采取严密的变形控制措施，确保各步骤变形不超过控制基准值。

（1）分析地层预加固原始设计参数及其存在的问题；
（2）原始设计参数的合理性检验及地层预加固设计参数的优化；
（3）对注浆浆液的适应性进行实验室和现场试验，确定适合该地层的浆液类型；
（4）为降低地下水位，结合既有线周围具体情况进行降水方案设计。

3. 近接施工前试验段的地层响应分析

复杂土工环境地铁区间隧道近接施工风险高，因此为确保安全穿越，有必要通过试验了解浅埋隧道开挖引起的地层响应规律及其对环境的影响程度，进而对正式穿越提供可资借鉴的控制技术。

4. 穿越既有线施工技术

在施工方案优化及地层变形控制技术保障的基础上，制定施工风险预案及保障措施，进行穿越施工，施工内容包括：（1）施工方案及步骤；（2）暗挖施工；（3）地层预加固注浆施工；（4）小导管及注浆施工；（5）锁脚锚管；（6）初衬施工；（7）回填注浆施工；（8）降水施工。

5. 远程监控量测与反馈控制技术

既有线安全关系到人民生命和财产安全，在下穿施工过程中必须实施远程监控量测及信息反馈控制技术。

（1）远程监控量测及反馈控制系统设计，包括监控量测项目设计及布设、监测仪器与现场安装；
（2）对监控量测结果的关键数据进行分析；

(3) 分穿越前、穿越中、穿越后三个过程，对监控量测数据三阶段法分析；

(4) 确定控制值及分步管理值，根据监控量测分析结果实施信息反馈控制。

2.1.5 施工工艺流程及操作要点

复杂土工环境地铁区间隧道近接施工采用交叉中隔壁法（CRD），将大断面隧道分成4个相对独立的小洞室分部开挖如图 2-1 所示，每个导洞采用台阶法进行开挖，遵循"管超前、严注浆、短开挖、强支护、早封闭、勤量测"的方针，自上而下分块成环，随挖随支，及时做好初期支护。

1. 施工工艺流程

(1) 为保证暗挖穿越既有线结构时对地铁运营的影响最小，在开挖断面两侧和掌子面进行小导管超前注浆加固，小导管全长 3.0m，两侧注浆环向间距为 0.3m，纵向间距为 1.0m。注浆材料采用 HSC 单液水泥浆。为保证注浆加固的效果注浆时间尽量选在地铁停运期间。

(2) 平顶直墙段Ⅰ号导洞向前施工，同时喷射混凝土封闭人防段Ⅲ号导洞掌子面，平顶直墙段Ⅱ号导洞跟进施工，完成施工工艺转换。

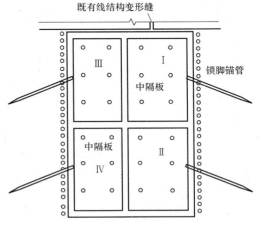

图 2-1 隧道开挖导洞示意图

(3) 上部格栅架设完毕后在上下台阶的拱角打入锁脚锚管并注浆。

(4) 待初衬混凝土稳定后，结合监控量测结果，加强对初衬背后的补注浆施工，保证初衬结构与既有线结构间的密实。

(5) 加强对过既有线初衬墙体中部侧向位移的监测，量测信息及时反馈，指导施工。

2. 超前注浆施工

(1) 注浆浆液优化选择

复杂土工环境地铁区间隧道近接施工极为困难，整个施工过程对穿越段沉降控制最为关键，必须确保既有线的运营安全，因此必须对注浆材料进行深入分析，以选择适合的注浆材料。

1) 浆液类型及适应性

浆液一般可以分为溶液型和悬浮液型。化学浆液（溶液型），理论上可以进入任意小的孔隙，但实际上，如果被注地层的孔隙很小（如细颗粒的砂土），浆液的黏度很大，浆液在孔隙内流动速度将会很慢，扩散的范围非常小，甚至注不进去。

颗粒悬浮型浆液，当浆材颗粒直径大于土颗粒间孔隙的有效直径或岩层裂隙宽度时，在注入过程中，浆液中的粗颗粒在注浆管口附近或岩缝口形成滤层，使其他较小的颗粒无法进入地层。浆液的确定与土质有关，因为在砂质土中为渗透注入，在黏土层中为脉状注入，与上述机理吻合是选定浆液的重要依据。由土质条件选定浆液的一般标准如表 2-1 所示。

对砂质土而言，其注入机理是浆液在压力作用下，取代位于土颗粒间隙中的水，故要求浆液的黏性必须接近于水，同时不含颗粒。

| 选定浆液的一般标准 | 表 2-1 |

浆液种类	适用土质和注入状态
溶液型浆液	适用砂质土层的渗透注入，可望提高土层的防渗能力和土体的内聚力
超细粒状悬浮液	适用于多种注入方式，这种浆液多用来稳定开挖面等注入加固情形
悬浮液	黏土层中的劈裂注入，增加内聚力，填充空洞，卵石层及粗砂层等大孔隙的注入

对黏性土而言，由于注入浆液的走向为脉状，因此构成压缩周围土体的劈裂注入。所以地层中必然出现纯浆液的固化脉。若此纯浆液固结部位的强度很低，则该部位很可能成为滑动面，也就是说存在塌方的危险，从确保整个地层强度的意义上来讲，通常采用固结强度高的悬浮型浆液。黏性土中的劈裂注浆是在钻孔内施加液体压力于弱透水性地基中，当液体压力超过劈裂压力（渗透注浆和压密注浆的极限压力）时土体产生水力劈裂，也就是在土体内突然出现一条裂缝，于是吃浆量突然增加。劈裂面发生在阻力最小主应力面，如图 2-2 所示，劈裂压力与地基中的小主应力及抗拉强度成正比，浆液愈稀，注入愈慢，则劈裂压力愈小。劈裂注浆在钻孔附近形成网状浆脉，通过浆脉挤压土体和浆脉的骨架作用加固土体。

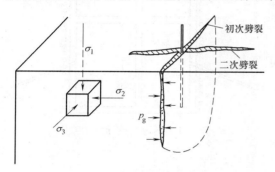

图 2-2　土体中的应力和劈裂面

2）现场注浆试验

依据实验室结果，在现场注浆试验中选用了以下几种具耐久性的浆液材料：

① 普通水泥浆；

② 超细水泥浆；

③ HSC 型水泥浆。

试验目的是进行注浆参数的分析，近接施工前应设置试验段。试验段工作面注浆孔平面布孔采用等边三角形布置，共九个孔（如图 2-3 所示）。各材料的注浆孔直线间距在 2m 左右，保证各其孔有相对独立的效果，孔深 15m。采用单液注浆方法施工，后退式注浆，注入顺序：先注 HSC 浆材，从底部的两孔开始注。

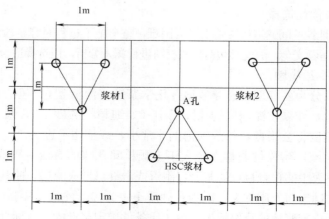

图 2-3　现场注浆试验孔位布置图

选取灌注 HSC 注浆材料的一个钻孔的 p-q-t 曲线进行分析，如图 2-4 所示。

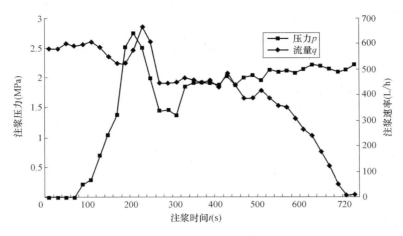

图 2-4 HSC 浆液 $p\text{-}q\text{-}t$ 曲线分析

从图 2-4 中可以看出：

① 土体的劈裂注浆压力为 2.75MPa 左右。

② 在劈裂前，注浆速度基本保持不变，注浆压力逐渐增大。维持一段时间后，注浆压力突然上升，发生第一次劈裂，即在土体内突然出现一裂缝，于是吃浆量突然增加。之后注浆速率继续减小，当注浆压力达到 2.2MPa 左右基本不再发生变化时，地层基本注不进浆。

现场注浆试验结果见表 2-2。

不同浆液材料注浆前后黏土的物理力学试验结果表　　　　表 2-2

材料	容重 γ (kN/m³)	含水量 ω(%)	孔隙比 e	饱和度 S_r(%)	渗透系数 $k(10^{-6}\text{cm/s})$	黏聚力 c (kPa)	内摩擦角 ϕ(°)
原状土	19.25	25.60	0.752	93.50	57.88	25.30	9.6
普通水泥注浆土	20.20	23.08	0.663	91.75	15.58	25.25	10.4
超细水泥注浆土	21.43	19.15	0.589	93.00	10.15	31.53	12.5
HSC 型浆注浆土	21.83	19.58	0.571	91.25	7.56	39.73	13.5

通过实验对比，可以发现注浆后土体的工程性质有所提高。黏土容重提高，孔隙比及含水量降低，其中以 HSC 型浆材效果最为明显。最后决定选择 HSC 型注浆材料作为肥槽段和穿越段地层注浆加固的浆液材料。实践证明，该种浆液可有效满足既有线开挖土体加固和既有线结构沉降控制值的要求。

（2）注浆方案

1）注浆材料及原理：由于暗挖区间断面土质以粉质黏土为主，断面上层有部分粉细砂，土质渗透性较差，采用 HSC 型水泥浆液劈裂注浆。HSC 水泥特性：早强、高强、高流动性、高渗透性，适合在此种地层土体的渗透，保证土体的加固效果。注浆材料水灰比为 1∶1。

2）注浆施工目的

加强开挖掌子面的稳定性，控制地面沉降，保证既有线结构沉降量控制在 18mm 以内。

引排降水盲区内的残余水，起到止水、防水的作用。

增加土体的密实度，提高土体对上部结构的支撑作用，减小开挖过程中土体的变形沉降,同时提高土体的承载力,减小初支沉降。

3) 施工方法选择

采用深孔超前预注浆和小导管超前注浆相结合的方法,人防段和既有车站肥槽段采用深孔超前预注浆,掌子面、顶部、边墙、锁脚及回填采用小导管注浆。

4) 注浆加固范围

注浆加固纵向区域为人防段终点至区间与雍和宫新站接口变形缝处,即暗挖左线平顶直墙段,如图2-5所示。

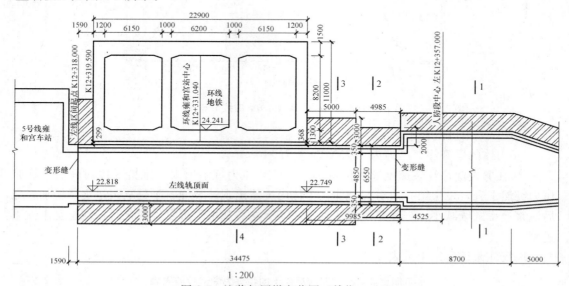

图2-5 注浆加固纵向范围（单位：mm）

1-1 人防段注浆加固范围；2-2 既有线肥槽影响范围内注浆加固

3-3 既有线正下方隧道结构外轮廓线；4-4 掌子面注浆加固

3. 既有线肥槽段注浆加固

利用人防段的调高段作为工作间,对既有线明开的老旧肥槽段进行注浆加固,来控制增强肥槽段土体的强度,改善开挖面的土工条件。

加固范围分两段,前4.985m为既有线两侧平顶直墙段顶部2m,两侧2m范围内土体;后5m为既有线两侧平顶直墙段顶部5m,两侧、下部3m范围内体。如图2-6所示。

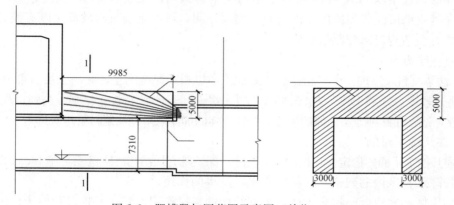

图2-6 肥槽段加固范围示意图（单位：mm）

4. 既有线正下方平顶直墙段注浆加固

加固外轮廓线：平顶直墙结构左、右侧各2m以内的土体，底部为3.0m以内的土体，上部不加固。目的是对隧道周边和掌子面土体进行加固，提高土体承载能力，减少因施工引起的各种沉降或变形值。

(1) 注浆孔的布置

两侧：纵向间距为1m，环向间距为0.3m，倾角30°。注浆管长3m，注浆范围见图2-7。

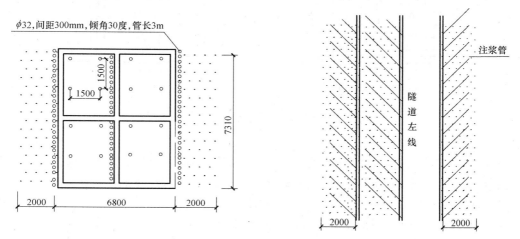

图2-7 既有线正下方段加固范围示意图（单位：mm）

(2) 注浆流程

钻孔：根据设计要求，对准孔位，根据不同的入射角度钻进，要求孔位偏差不大于20mm。

注浆：成孔后，开始注浆，注浆压力为1.0~3.0MPa。

封堵注浆孔，采用黏土和其他材料封堵注浆孔，防止浆液流失。

转入下一孔位施工。

(3) 掌子面

根据隧道断面形式和地质状况，注浆孔与开挖断面上呈梅花形布置。管长3m，纵向间距为2.0m。注浆流程为：

1) 封闭掌子面。

2) 钻孔：根据设计要求，对准孔位，根据不同的入射角度钻进，要求孔位偏差不大于2cm，孔距1.5m。

3) 注浆：成孔后，开始注浆，注浆压力为1.0~2.0MPa。

4) 封堵注浆孔，采用黏土和其他材料封堵注浆孔，防止浆液流失。

掌子面及其周围注浆孔布置见图2-8。

(4) 深孔注浆参数

1) 注浆深度：8~12m；

2) 注浆孔直径：ϕ46mm；

3) 浆液扩散半径：1.2m；

4) 浆液凝结时间：20min~2h；

5) 注浆压力：0.5~2MPa。

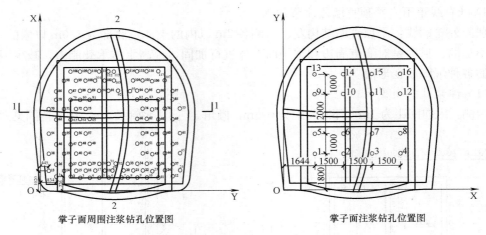

图 2-8 掌子面及周围注浆孔位置（单位：mm）

（5）注浆工程量

根据岩土工程勘探资料分析并结合类似工程注浆数据为提高注浆的效果，综合以上情况取注入率为 30%，现场根据实际注入率计量浆液的注入量，注浆量为下面 3 部分工程量之和。

1）既有线底部隧道两侧和底部加固土体体积。

2）肥槽回填影响范围平顶直墙段加固土体体积。

3）掌子面加固土体体积。

（6）工程质量保证措施

1）钻孔施工：开钻前，严格按照施工布置图，布好孔位，深孔钻机定位要准确，开钻前钻头点位与布孔点之间相差不得大于 5cm，钻杆偏差角度不得大于 2°。

2）配料：采用准确的计量工具，严格按照设计配方配料施工。

3）注浆：注浆一定要按照施工程序施工，每段进浆要准确，注浆压力和注浆数量一定要满足设计要求，注浆压力控制在 0.5~1.0MPa。

4）注浆开始前，采用封堵等措施保证浆液不溢漏。

（7）注浆效果

根据初衬施工过程中，引起沉降变化的主要因素为Ⅰ号、Ⅱ号导洞开挖，在开挖过程中随时根据监测结果进行填充、挤密注浆，在注浆时紧密观测既有结构变化，根据现场观测，注浆时浆液扩散范围一般在 2~5m，在挤密注浆阶段既有结构沉降基本得到控制，并有约 0.4~1mm 回弹，经过 2 天左右基本稳定，直到下一导洞开挖至该位置。

沉降变化曲线形状、最大点位置基本和设计计算一致，初衬完成后沉降槽宽度 50m。

5. 上隅角密布小导管加固注浆

在暗挖穿越既有线段初衬里预留 $\phi 32$ 注浆管，管长 3.0m，位置为上导洞拱顶，间距 1m，注浆管深入初衬与初衬外土壤之间，如图 2-9 所示。浆液材料选用加有微膨胀剂的 HSC 单液水泥浆。注浆压力为 0.5~1.0MPa，注浆时间为初衬锚喷完毕，混凝土达到 100%设计强度后，通过预留注浆管对初衬与底板间进行注浆，起到对环线底板和既有结构间隙填充的作用。

预注浆各孔段的进浆量应小于 50L/min，注浆浆液采用水泥浆，水灰比为 1：0.4~

0.5，水泥中添加2‰~3‰的微膨胀剂，注浆压力根据现场实际情况确定，但不得小于0.2MPa，达到或接近设计终压后稳压10min。

预留注浆孔每施工段2个，布置于顶部。

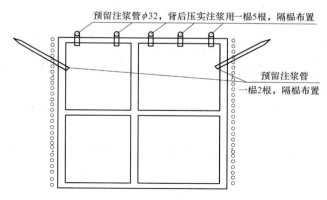

图2-9 预留注浆孔位置示意图

在隧道两侧上余（隅）角范围内，斜上方设小导管，长度1~2m，在新建隧道上隅角密布，注浆加固新建隧道的两侧土体，提高两侧土体的强度，同时对既有隧道起到抬升补偿作用。

注浆施工在夜间地铁列车停运之后进行。

6. 主动补偿注浆

根据本工法研究和借鉴的理论，认为产生邻近结构土体不可复原变形的主要原因是开挖过程中的土体损失，弥补和及时弥补该损失是控制变位的有效手段。采取实时动态的主动补偿性注浆，使地层的状态尽量接近原始状态，使邻近的结构达到或接近原有的受力状态，这种注浆不追求加固土体的强度，只强调填充挤压效果，这种注浆越早效果越好，并应伴随从地层扰动至地层稳定的全过程。

主动补偿注浆是在结构壁后以及结构外土体一定范围内，以一定压力注入浆液，该浆液不以加固土体为目的，而是补偿由于开挖产生的地层损失，以此达到控制地层和邻近结构变位的目的。这种注浆具有以下特点：主动性、实时性、定时定量、监测控制。

（1）主动性

主要区别以往的衬砌壁后充填注浆，如初衬背后注浆、二衬背后注浆，衬砌背后注浆往往以填充背后建筑孔隙为主，注浆压力不大。而主动补偿注浆不但要注满壁后间隙，还要压密壁后的土体，并补偿由于开挖引起的地层损失。所以这种注浆是主动性的，注浆压力要比壁后充填注浆的大。

注浆管的布置一般在隧道上部扇形区域，间距根据土层情况1~1.5m之间，注浆管长度一般在结构外皮1.5~5m，注浆压力在0.35~0.6MPa，即注浆补偿区域在开挖松动圈内。

（2）实时性

补偿注浆应该在隧道封闭后开始，开始越早越有利于沉降的控制，当格栅封闭开始注浆时，其后面的注浆管早已陆续注浆，形成一个注浆带，根据距开挖面的距离，以设定的参数和时间间隔注浆，在其从开挖开始至沉降基本稳定的周期内（一般2周）实时地注浆，依次消减和抵制沉降的波峰和波谷，降低沉降的速率，总体上减小累计沉降值。

补偿注浆具有时效性,第一次注浆越早越能有效地控制初期沉降峰值,注浆持续时间越长,控制沉降的效果就越好。

(3) 定时定量

开挖后的地层损失主要集中在松动圈内,地层损失基本上是均匀的,而补偿注浆以劈裂填充为主,注浆是点的效应,补偿是不均匀的,因此浆液压入后,有一个地层重新再分配的过程。这就要求补偿注浆必须是间断的,要定时定量。

一般距工作面 1~2 倍范围内每天注浆 2 次,2~4 倍以外每天 1 次,4 倍以外视沉降情况而定。

注浆量要少,一般每孔每次注浆 100~500L,要坚持少注勤注的原则。

(4) 监测控制

补偿注浆参数控制必须以量测监控的数据做依据,监测频率和注浆频率相吻合,监测必须包括地表沉降监测、邻近结构监测,以这两项基本监测内容确定和调整补偿注浆参数。

7. 背后回填注浆

由于施工工艺和施工材料的特性,在初支结构和土体之间、初支结构和二次衬砌之间都存在一定的空隙,该空隙的及时回填对控制地层的扰动变形,减小沉降及防渗堵水都是非常有效的。

背后回填注浆分两个阶段进行,第一阶段为初支背后回填注浆,第二次为二衬背后回填注浆。

(1) 初期支护回填注浆

1) 背后注浆管的安设

初支背后注浆管一般采用 $\phi 32$ 普通焊接钢管,管长约 0.5m。注浆管沿拱顶布置,每断面不少于 3 根,纵向间距 3~5m,必要时也可在仰拱下布管,一般均采用预埋方式布管。根据实际情况布设在位移变化较大处或渗漏水处,也可针对性的对某位置用电锤钻孔布管注浆。

2) 注浆工艺

背后回填注浆工艺流程如图 2-10 所示。

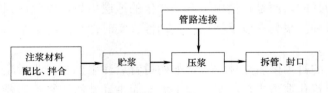

图 2-10 回填注浆工艺流程图

3) 注浆浆液选择及配合比

初期支护背后注浆以及初衬和二衬之间背后注浆材料采用普通水泥浆,其配比为水灰比:0.5~1.0。

4) 注浆设备及压力

初支回填注浆采用液压注浆泵,回填注浆压力不宜过高,只要能克服管道阻力、初期支护间空隙阻力即可,压力过高易引起初期支护变形。水泥浆注浆压力为 0.2~0.4MPa。

5) 注浆施工

注浆之前,清理注浆孔,安装好注浆管,保证其畅通。

注浆必须连续作业,不得任意停泵,以防浆液沉淀,堵塞管路,影响注浆效果。

注浆顺序:注浆应由高处向低处,由无水处向有水处依次压注,以利于充填密实,避免浆液被水稀释离析。

注浆时,必须严格控制注浆压力,以防大量跑浆或使结构产生裂缝。

注浆结束标准:当注浆压力稳定上升,达到设计压力并持续稳定 10min,不进浆或进浆量很少时,即可停止注浆,进行封孔作业。

停浆后,立即关闭孔口阀门,然后拆除和清洗管路,待浆液初凝后,再拆卸注浆管。

为了确实地获取注入浆液质量和数量,必须保管好全部证明书及测量数据等,并根据注浆情况,及时跟踪、变更施工参数。

(2) 二衬背后回填注浆

在二衬结构混凝土浇筑过程中,隧道顶部混凝土在浇筑过程中是靠混凝土泵压入的,顶部混凝土与防水层接触面难免出现缝隙,为防止在此部位形成积水区域,施工时考虑在顶拱处埋设注浆管,注浆管的顶端管口靠近防水层表面,并将注浆管固定,以免混凝土浇筑过程中造成注浆管移位,待混凝土达到设计强度时,采取二次注浆的措施填充空隙,保证结构的防水效果。

8. 暗挖施工

(1) 平顶直墙暗挖隧道零距离穿越结构施工步骤如表 2-3 所示。

平顶直墙暗挖隧道施工步骤 表 2-3

序号	图示	说明
1	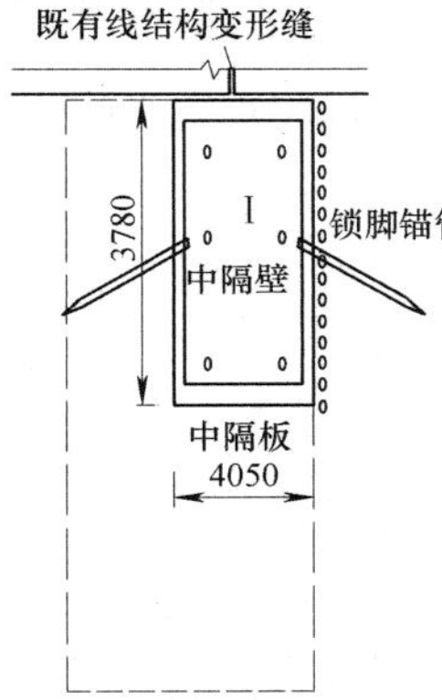	顶部(未进入既有线时)、边墙及掌子面小导管注浆,周边小导管 $\phi32$mm, $t=3.25$mm, $L=3$m,环向间距 300mm,纵向间距 1m,外插角 7°;掌子面小导管 $\phi32$mm、$t=3.25$mm、$L=3$m,纵向间距 2m。 目的是对隧道周边和掌子面土体进行加固,提高土体承载能力,减少因施工引起的各种沉降或变形值,超前加固是控制沉降的关键。 台阶法开挖洞室Ⅰ;施做初衬、中隔板、中隔壁;设置锁脚锚管,增加临时中隔壁周边超前小导管注浆 (本步沉降控制在 5mm)
2	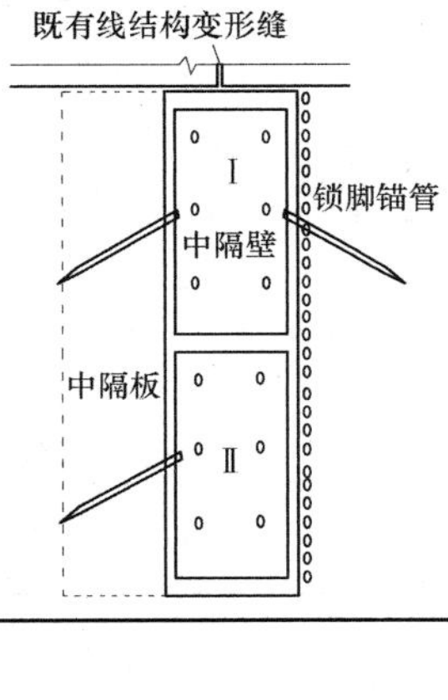	台阶法开挖洞室Ⅱ,和洞室Ⅰ开挖步距保持在 3~5m,施做初期支护及中隔板;设置锁脚锚管,增加临时中隔壁周边超前小导管注浆 (本步沉降累计控制在 10mm)

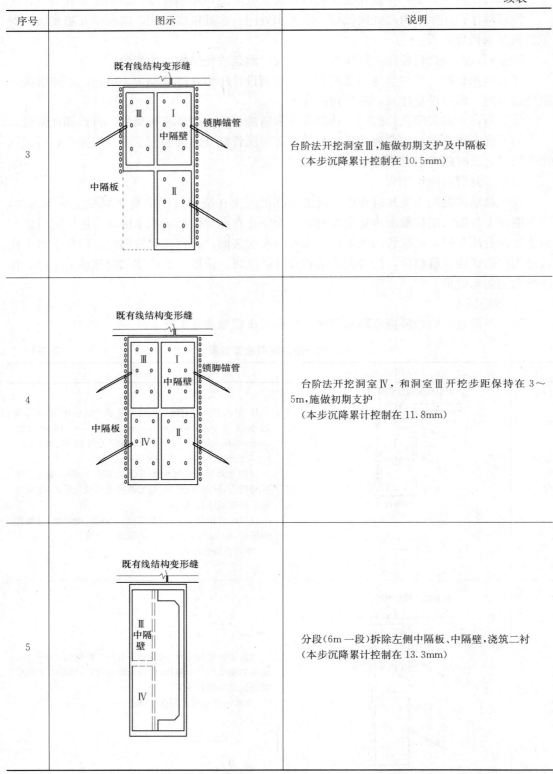

序号	图示	说明
3		台阶法开挖洞室Ⅲ,施做初期支护及中隔板 (本步沉降累计控制在10.5mm)
4		台阶法开挖洞室Ⅳ,和洞室Ⅲ开挖步距保持在3～5m,施做初期支护 (本步沉降累计控制在11.8mm)
5		分段(6m一段)拆除左侧中隔板、中隔壁,浇筑二衬 (本步沉降累计控制在13.3mm)

续表

序号	图示	说明
6	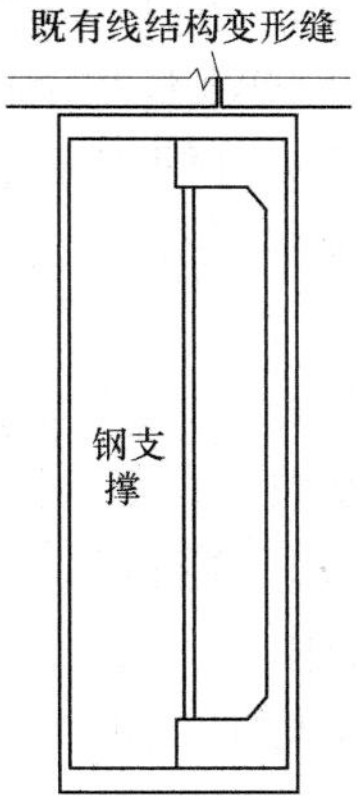 钢支撑	在隧道左侧架设临时钢支撑后,分段(6m一段)拆除右侧中隔板、中隔壁 (本步沉降累计控制在14.8mm)
7	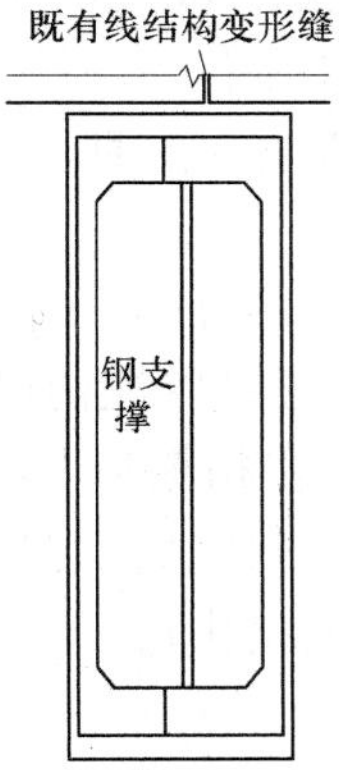 钢支撑	敷设右侧防水层,浇筑二衬
8	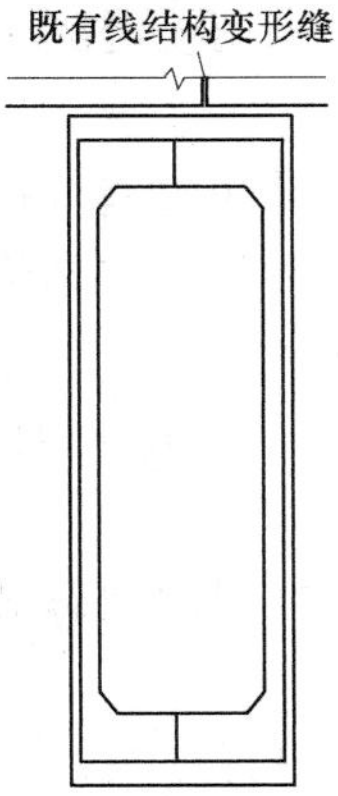	拆除临时钢支撑 (本步沉降累计控制在15mm)

施工顺序为：①Ⅰ导洞超前导管并预注浆,加固两侧和掌子面土体；②上台阶开挖并预留核心土；③上拱支护：架设格栅钢架,挂网；④在上部格栅脚部打入锁脚锚管,喷混凝土,锁脚锚管注浆加固；⑤开挖核心土,施做仰拱初衬,Ⅰ洞室封闭成环,完成一个施工循环；⑥Ⅱ导洞保持步距,跟进施工,施工步骤同上。

施工要点：

1）为控制开挖因素引起的环线地铁沉降，在Ⅰ号、Ⅱ号导洞施工时，缩短两个导洞的开挖步距，减少纵向对土体的扰动距离，及早施工Ⅱ号导洞初衬，完成半侧洞体初衬结构，形成对环线地铁的支撑体系，为Ⅲ、Ⅳ号导洞开挖施工创造有利条件。

2）该段初衬为平顶直墙结构，侧向土体压力较大，在初衬仰拱未封闭前，为控制墙体钢架底端的位移，尽早施工仰拱封闭成环，增加支护结构的稳定性。

（2）土方施工技术要点

1）导洞采用环形开挖留核心土台阶法，台阶长度控制在3m左右。

2）开挖轮廓线充分考虑施工误差、预留变形和超挖等因素的影响，参照以往施工经验及沉降控制标准，拟定超挖量为5cm（顶部除外），施工时可根据监测结果进行调整。

3）开挖前应采取超前预支护和预加固措施，做到预加固、开挖、支护三环节紧密衔接。当地层自稳能力差或开挖工作面停工时间较长时，采取增加临时仰拱、喷混凝土封闭掌子面等辅助施工措施。

4）在开挖断面两侧进行小导管超前注浆加固，小导管长3.0m，环向间距为0.3m，纵向间距为1.0m，外插角30°，注浆材料采用HSC单液水泥浆。

5）上台阶开挖过程中，尽可能多保留核心土；下半断面开挖时，边墙宜采用单侧或双侧交错开挖，仰拱尽快开挖，缩短全断面封闭时间。

6）开挖掌子面需超前进行全断面注浆加固支护，并及时封闭掌子面。

7）过环线地铁处隧道顶板可直接紧贴环线地铁底板垫层，保证初衬厚度。

8）每步格栅应落实到原状土上，并加设垫板，同时每步格栅应与现有结构顶紧，并预留注浆管，当初支封闭后及时注浆回填，尤其第二步初支封闭后，在上导洞顶部回填后进行压浆处理。每步格栅应在两端脚部设置锁脚锚管。格栅接头每环应错开设置，脚部设为L型。

9）作好开挖的施工记录和地质断面描述，加强对洞内外的观察。

10）区间隧道不得欠挖，对意外出现的超挖或塌方应采用喷混凝土回填密实，并及时进行背后回填注浆。

11）开挖过程中必须加强监控量测，当发现拱顶、拱脚和边墙位移速率值超过设计允许值或出现突变时，应及时施工临时支撑或仰拱，形成封闭环，控制位移和变形。

（3）小导管施工要点

本区间暗挖法施工中，超前小导管采用$\phi32$，壁厚3.5mm的钢管，小导管单根长3.0m，纵向间距1m，小导管注浆控制要点如下：

严格控制配合比与凝胶时间，初选配合比后，用凝胶时间控制调节配合比，并测定注浆固结体的强度，选定最佳配合比。

注浆过程中，严格控制注浆压力，注浆终压必须达到设计要求，并稳压，保证浆液的渗透范围，防止出现结构变形、串浆和危及地下构筑物、地面建筑物的异常现象。当出现异常现象时，采取下列控制措施：

1）降低注浆压力或采用间隙注浆；

2）改变注浆材料或缩短浆液凝胶时间，调整注浆实施方案；

注浆效果检查：一方面用进浆量来检查注浆效果，另一方面因为注浆方法为周边单排固结注浆，开挖隧道后检查地层固结厚度，如达不到要求，要及时调整浆液配合比，改善注浆工艺；

为防止孔口漏浆，在花管尾端用麻绳及胶泥（水泥＋少许水玻璃）或喷射混凝土，封堵钻孔与花管的空隙；

注浆管与花管采用活接头联结，保证快速装拆；

注浆的次序由两侧对称向中间进行，自下而上逐孔注浆；

拆下活接头后，快速用水泥药卷封堵花管口，防止未凝的浆液外流；

注浆达到需要强度后方可进行开挖作业。

（4）锁脚锚管施工

为控制格栅安装过程中脚部基础薄弱引起顶拱格栅的整体沉降，在各导洞上部格栅安装完毕后，及时在导洞内各部格栅脚部打锁脚锚管，如图2-11所示。锁脚锚管采用$\phi32$钢花管，长2.5m。锚喷后锚管内注HSC单液水泥浆，压力1.0MPa，考虑到浆液扩散半径约为0.6m，注入率30%；锁脚锚管纵向间距为0.5m，每榀6根。锁脚锚管与格栅焊接。

单根锁脚锚管注浆体积：$3.14×0.4^2×2.5×30\%=0.38m^3$。

（5）初衬施工

隧道采用格栅锚喷网初期支护，初期支护在每步开挖后及时进行，主要有安装格栅、挂网、喷射混凝土，初衬背后注浆等工序。

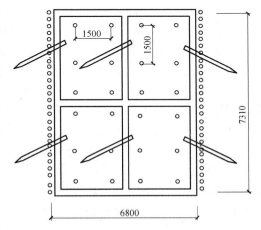

图2-11 锁脚锚管位置示意图

1）格栅钢架及钢筋网安装

在每步开挖后及时安装格栅钢架及挂网，钢格栅间距500mm，钢筋网片分片安装。格栅分片之间先用角钢打眼螺栓定位，然后采用帮条焊连接，格栅之间用纵向连接筋相连。格栅钢架的安装由测量控制；钢筋网需挂靠牢固，在喷射混凝土时不得晃动。

2）喷射混凝土施工

喷射机械安装好后，先通风，清除管道内杂物。

保证连续上料，严格按施工配合比配料，严格控制水灰比，保证供料连续顺畅。

原材料的要求：

① 水泥：采用不低于P·O42.5普通硅酸盐水泥，使用前做强度复查试验，其性能符合现行的水泥标准。

② 细骨料：采用硬质、洁净的中砂或粗砂，细度模数大于2.5。

③ 粗骨料：采用坚硬耐久的碎石，粒径不大于15mm，级配良好。使用碱性速凝剂时，不得使用含有活性二氧化硅的石料。

④ 水：采用不含有影响水泥正常凝结与硬化有害杂质的自来水。

⑤ 速凝剂：使用前与水泥做相容性试验及水泥凝结效果试验，其初凝时间不得大于5min，终凝时间不得大于10min。掺量根据初凝、终凝试验确定，一般为水泥用量的5%

左右。

⑥搅拌混合料原材料的称量误差为：水泥、速凝剂±1％，砂石±3％；混合料应随拌随用。

喷射混凝土作业前，检查断面尺寸，保证尺寸符合设计要求。喷射混凝土作业区有足够的照明，作业人员佩戴好作业防护用具。

喷射混凝土终凝 2h 后必要时开始洒水养护，洒水次数应以能保证混凝土具有足够的干润状态为度；养护时间不得少于 14d。

喷射混凝土表面应密实、平整，无裂缝、脱落、漏喷、空鼓、渗漏水等现象，不平整度允许偏差为±3cm。

3）喷射混凝土控制要点：

① 严格控制混凝土施工配合比，配合比经试验确定，混凝土各项指标都必须满足设计及规范要求，混凝土拌合用料称量精度必须符合规范要求。

② 严格控制原材料的质量，原材料的各项指标都必须满足要求。

③ 喷射混凝土施工中确定合理的风压，保证喷料均匀、连续。同时加强对设备的保养，保证其工作性能。

④ 喷射作业由有经验、技术熟练的喷射手操作，保证喷射混凝土各层之间衔接紧密。

⑤ 复喷射混凝土前先按设计要求完成超前小导管、钢筋网、格栅钢架的安装工作。

⑥ 坚决实行"四不"制度：即喷射混凝土工序不完，掌子面不前进；喷射混凝土厚度不够不前进；混凝土喷射后发现问题未解决不前进；监测结构表明不安全不前进。以上制度由现场施工员负责执行，责任到人，并在工程施工日志中做好记录以备检查。

（6）二衬混凝土施工

1）二衬结构施工方法

隧道二衬钢筋混凝土结构施工是在洞体防水层验收合格后进行，隧道二衬结构分仓分部浇筑，具体施工顺序详见前述。

洞体模板采用组合钢模板。

2）施工步骤

西侧底板防水层铺装及验收→底部钢筋绑扎及验收→支搭模板→浇筑西侧底板混凝土→混凝土养护→西侧墙体、顶板防水层铺装及验收→钢筋绑扎及验收→支搭模板→浇筑墙体及顶板混凝土→东侧中隔板、中隔壁拆除→东侧二衬施工。

3）基底清理与防水层铺设

① 基底清理

喷射混凝土基面粗糙，凹凸不平，钢筋头、锚管头外露，因此对混凝土基面进行补喷，钢筋及凸出的管件等进行割除，并用砂浆抹成圆曲面，基面如有明水则必须先处理渗水，保证无水施工。

② 防水板铺设

先将土工布用射钉铺设固定在混凝土基面上，然后用"热合"方法将 PVC 防水板粘贴在固定圆垫片上，从而做到 PVC 防水板无孔铺设。

4）钢筋加工及安装

① 钢筋加工

二衬钢筋加工前，首先按设计进行配筋设计，根据配筋设计在地面钢筋厂下料加工成型，并分类堆放，挂牌标识，以防混用。按施工顺序先后加工底板及侧墙、顶板钢筋。

② 钢筋连接

二衬钢筋先绑扎底板钢筋（预留出与边墙钢筋的连接筋），后绑扎墙体钢筋。底板钢筋施工时先铺设底层钢筋，后绑扎顶层钢筋，两层钢筋之间用架立筋支撑，以防浇筑混凝土时顶层钢筋塌陷。拱体墙钢筋先绑扎外圈钢筋，后绑扎内圈钢筋。绑扎拱墙钢筋时，搭设钢管作业平台。防水层侧钢筋接头采用直螺纹连接或搭接连接，同一断面接头数量不大于钢筋数量的50%。两接头断面间隔≥35d。绑筋绑扎牢固、稳定，满足钢筋施工及验收规范。

③ 钢筋施工技术要求

a. 衬砌钢筋规格、型号、机械性能、化学成分、可焊性等符合规范规定和设计要求，钢筋进场后必须进行复检、抽样检查，合格后方可投入使用。

b. 钢筋弯曲采用冷弯，不允许热弯。同时钢筋表面洁净、无损伤、锈蚀、油污。

c. 工作人员必须持证上岗。

d. 衬砌受力钢筋采用焊接接头时，接头应相互错开，错开距离为35d（d为钢筋直径），且不少于500mm。受力钢筋接头面积占受力钢筋总截面面积的百分率为：受拉区不超过50%，受压区和装配构件连续处不限制。

e. 连接钢筋接头距弯曲处的距离不应小于10d（d为钢筋直径），也不应位于构件最大弯矩处。

f. 钢筋交叉点应用铁丝全部绑扎牢固，至少不少于90%，钢筋绑扎接头搭接长度及误差应符合规范和设计要求。

g. 钢筋绑扎、锥螺纹连接施工时必须采取必要的防护措施，防止钢筋施工时损伤防水层。钢筋加工完成后，必须对作业区的防水层认真检查，确保无损伤后进行施工，否则必须采取补救措施。

④ 钢筋保护层

钢筋与模板之间、钢筋与防水层之间用与二衬混凝土同强度等级的混凝土垫块支垫，以保证钢筋保护层厚度，混凝土垫块提前预制，以防强度不够被压碎。垫块制作时内插铁丝，以便固定在钢筋上，垫块间距0.8~1.0m，梅花形布置。

5）模板制作及支撑

穿既有线二衬混凝土底板采用吊模，侧墙和顶板二衬混凝土浇筑采用组合钢模板。

模板工程的施工质量需符合《混凝土结构工程施工质量验收规范》GB 50204—2015的要求，各类模板要保证工程结构和构件各部位尺寸及相互位置的正确性。

对模板及支撑结构进行验算，以保证其具有足够的强度、刚度和稳定性，防止发生变形和下沉。模板接缝要拼贴平密，避免漏浆。

模板安装后仔细检查各构件是否牢固，固定在模板上的预埋件和预留孔洞有无遗漏，安装是否牢固，位置是否准确，模板安装的偏差是否符合规范允许值，模板及支承系统的整体稳定性是否良好。

6）二衬混凝土浇筑施工

① 混凝土施工

结构钢筋施工完经监理检查验收合格后,方可施工结构混凝土,每次浇筑长度6m(根据分步开挖、分段衬砌的要求决定)。采用输送泵泵送商品混凝土施工。

② 二衬混凝土施工工艺流程

防水板验收合格→安装端头施工缝遇水膨胀止水条→绑扎钢筋→支搭脚手架→安装模板→浇筑混凝土→混凝土养护→拆模→混凝土养护。

③ 混凝土浇筑注意事项

隧道结构施工前必须复核结构断面尺寸,保证衬砌厚度,同时检验防水层铺设是否符合要求,有无破损,衬砌钢筋保护层厚度能否满足要求。如有上述任何一项问题,不得进行混凝土浇筑,必须经处理满足设计及规范要求后方可进行施工。

混凝土采用输送泵送入模,两侧边墙采用插入式振捣器振捣,底部可采用附着式振动器振捣。

混凝土浇筑连续进行,不得出现水平和倾斜接缝,如混凝土浇筑因故中断,则在继续浇筑前,必须凿除已硬化的混凝土表面松软层及水泥砂浆薄膜,并将表面凿毛,高压水冲洗干净。

混凝土必须达到一定强度后才能进行拆模,拆除模板之后派专人立即进行养护。

混凝土施工前,根据设计要求布置预埋件,预留孔洞,并复核其位置。在施工过程中检查其位置及形状变化,必要时采取措施处理。

7) 二衬混凝土施工技术保证措施

① **质量保证措施**

做好施工人员的质量教育,在施工前先进行技术交底和质量教育,并进行考核,合格者持证上岗,对不合格者,不得参与施工。对参与施工人员,明确其职责,按章施工,标准化作业。

在施工过程中按"三检"制度进行检查,上道工序不合格严禁进入下道工序。

加强对原材料检查、检验,所有进场材料都必须先检验,后施工,不合格材料坚决清理出场。对场地内堆放材料做好防护,并对易变质的材料定期检验,确认其质量满足要求后使用。

在施工过程中,加强对机械设备的保养工作,保证机械设备运转正常,有利于保证施工质量。

在施工中,加强各单位、各工序的协调工作,保证施工各工序协调进行。

② 保证隧道衬砌尺寸的措施

在隧道开挖及支护施工过程中,每隔5m复测开挖断面,保证断面尺寸符合设计要求。

在衬砌施工前,根据设计尺寸对准备衬砌段进行检查。

在施工过程中,加强测量,并由专人负责测量工作,保证隧道中线、高程正确。

施工中加强监测,根据监测分析结果,对局部变形严重,影响隧道结构尺寸处采取加强支护措施,或尽早安排该段衬砌施工,确保施工安全。

9. 穿越既有线远程监控量测与反馈控制技术

(1) 远程监控量测系统

根据监控量测的实施手段及效果,可以将监控量测系统分为传统监控量测系统以及现代远程监控量测系统,传统监控量测技术由于缺少先进的手段传送、处理数据,容易造成工程信息不畅,使得预示工程危险的一些重要数据不能及时送至管理决策人员处,从而失去了许多避免重大工程事故的机会,现代远程自动连续监控量测系统采用现代化计算机管理系统可以有效避免上述缺点。考虑新建隧道穿越既有地铁设施的高风险性,且既有地铁结构为一般具有高密度的地铁行车,对于既有地铁结构的部分监测项目,如轨道平顺性、轨距、轨道水平等,采用传统监测技术无法实施,且很难满足对大量数据采集、分析并及时准确地反馈,故其监控量测系统宜采用现代化远程自动连续监控量测系统,而采取远程自动化监测手段已成为观测新建隧道施工过程中既有地铁的变形情况施工中的必要手段。

远程自动连续监测系统具有数据采集、交换、处理和反馈4个方面的功能,并由现场监测和数据采集系统、主控计算机系统和应用终端系统3部分组成,现场监测和数据采集系统安装在环线车站结构处,主控计算机系统安装在站台办公室,应用终端系统分别安装在监测单位、施工单位和运营单位,其结构见图2-12,该系统具有以下几个特点:

1)监测数据自动连续标准化采集,并按照标准数据格式保存;
2)可靠的数据传输与共享,数据在监测单位、施工单位、运营公司之间能快速传输和共享,防止意外情况而引起监测系统异常,系统所涉及的监测仪器、软件、硬件和网络必须稳定可靠;
3)及时反映被监测结构情况,根据监测数据反映出来的规律调整施工措施与施工参数;
4)先进的后台数据处理与分析判断,并自动进行安全报警;
5)及时进行多方位信息反馈,利用手机短信、电子邮件等信息终端发布信息,使监测单位、施工单位和运营单位在第一时间自动获取需要的信息。

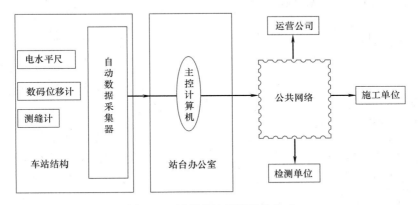

图2-12 远程监控量测系统组成

(2)监控量测项目及布设

主要监测项目与测点布置。既有线的运营期安全监测关系重大,在监测范围、监测项目、测点布设、仪器设备的选用、数据的采集处理和信息的反馈等多方面进行考虑,针对轨道形位变化、隧道结构变化等方面进行全面的监控量测。远程监测的关键部位是轨道的变位监测和二号线变形缝的监测。所以测点布设以以上两个方面为重点,辅以其余方面的监测共同形成一个严密的运营安全监测系统,全程监测及时处理及时反馈。零距离穿越既有线监测项目见表2-4。

轨道沉降根据100m的监测范围采用电水平尺和水准测点进行布设。主要布设原则和方法是以穿越中心线为基准，沿线路纵向前后在受影响的变形缝范围内安排30支电水平尺，在剩余的影响较小的范围内采用水准点按照每天一次的频率进行监测。在左右水平方向上，在穿越中心线处，安排一支横向的电水平尺，以监测安装处线路"左右水平"的变化（上、下行线皆可）。电水平尺用专用的夹紧件固定在道枕上，共用8支电水平尺（均为1m长）。

变形缝是结构变形监测的关键部位，在变形缝附近布设了4个三向测缝计监测变形缝的变位情况。同时在相邻的变形缝上布设测缝计各4支。共布设测缝计30支。

除了上述测点还在轨道上布设了轨距动态扩张监测测点，并利用智能数码位移计实现连续监测，另外利用轨距尺进行轨道方向偏差的监测。

对二号线结构布设了结构沉降观测点。通过在道床中心的水槽底部和侧墙距底板0.6m处分别钻50mm深的孔安装膨胀钉。待凝固后获得沉降初始值后即可按周期进行结构沉降的监测。

由于接触轨和行车轨之间的变位会影响行车的安全，所以在接触轨附近的道床上也布设了沉降水准点与布设在行车轨附近的测点相对照。通过钻孔安装膨胀钉，待凝固后获得沉降初始值后即可按周期进行结构沉降的监测。

零距离穿越既有线地铁车站主要监测项目表　　表2-4

序号	监测项目	监测仪器	仪器精度	监测部位	监测周期	备注
1	轨顶差异沉降	电水平尺	0.005mm/m	轨道	连续监测	动态监测3天至变形速率小于0.2mm/30d时停止监测
2	中心线平顺性（竖向）监测	电水平尺 精密水准	0.005mm/m	轨道	连续监测	
3	中心线平顺性（水平）监测	轨道尺	1mm	轨道	每天一次	
4	轨距动态扩张	智能数码位移计	0.01mm	轨道	连续监测	动态监测3天至变形速率小于0.2mm/30d时停止监测
5	隧道变形缝监测	测缝计	0.01mm	二号线结构变形缝	连续监测	施工结束半月2天一次，施工结束1月后一周一次，施工结束三个月后两周一次。施工结束半年后停止监测
6	结构沉降（底板）	精密水准	0.01mm	二号线结构	每天一次	
7	道床与结构剥离	观察，卡尺			每天一次	
8	结构沉降（侧墙）	精密水准	0.005mm/m	二号线结构	每天一次	
9	接触轨顶面高程变化与水平位移	精密水准	0.01mm	接触轨	每天一次	
10	结构裂缝宽度、长度	裂缝卡、钢卷尺	0.02mm	二号线结构	每天一次	
11	结构渗漏水情况	观察、描绘		二号线结构	每天一次	
12	管线差异沉降	精密水准	0.01mm	消防管线接头处	每天一次	

2.1.6 材料与设备

成桩施工机械：旋挖钻机；
泥浆制备设备：泥浆搅拌机、泥浆泵、空压机；
运输机械：履带式吊车、汽车吊等；
土方机械：挖掘机、装载机、自卸汽车等；
垂直运输设备：电动葫芦、皮带运输机等；
混凝土设备：混凝土搅拌机、泵车、地泵等。

2.1.7 质量控制

认真执行《建设工程质量管理条例》，实行工程质量领导责任制和工程质量终身负责制。项目经理部根据工程质量目标制定本标段工程的质量管理制度及创优规划，认真做好施工组织及各项制度、措施的落实。严格执行"工程质量一票否决制"。

认真贯彻执行"百年大计、质量第一"的方针，加强对施工人员的质量教育，加强施工管理，强化质量意识。在施工中严格按照设计图纸、专用条款明确的规范和标准、国家及北京市有关标准规定的要求组织施工。成立专业防水小组，加强防水施工及管理，保证隧洞不渗漏。

严格执行国家、北京市、甲方代表、监理工程师颁发的各项质量管理办法，接受北京市建设工程质量监督总站、市政工程监督站等单位对建设工程质量实施监督管理。积极参加监理工程师组织的现场例会，认真落实会议纪要。

定期召开内部生产协调会，总结和检查前一阶段工期、质量、安全情况，有针对性的采取改进措施，布置下一阶段工作重点，确保工程质量得到持续改进和提高。

人员组织与安排健全质量管理组织，完善质量保证体系。配齐配足施工管理、技术人员及技术工人，切实做到责任明确、工种齐全、奖罚及时，使每个人的切身利益与工程质量挂钩。

投入本标段的主要管理人员及施工技术人员，均参加过多项地下工程的施工建设，具有丰富的施工经验。为保证本标段工程的建设质量，成立以单位总工程师为组长，有地质、地铁施工、防水、机械、工程试验等方面专家组成的专家组，定期或不定期深入现场，帮助现场优化施工方案、解决施工技术难题。

配备熟练的技术工人，如掘进工、电工、电焊工、木工、混凝土工、架子工、起重工、钢筋工、施工机械操作等技术工人，严格执行持证上岗制度，对规定持证上岗的人员全部进行岗前培训，考试合格、取得岗位证书后上岗。

具体标准如下：

（1）本项目的管理人员，均由取得相应的专业技术职称或受过专业技术培训，并具有一定的地铁施工及管理经验的技术、经济人员组成。

（2）所有特殊工种人员、各种领班以上人员均具有符合有关规定的资质。专业工种人员均按照国家有关规定进行培训考核，获取上岗证及相应技术等级，持证上岗。新工人、变换工种工人上岗前将对其进行岗前培训，考核合格后上岗。

（3）施工中采用新技术、新工艺、新设备、新材料前，编制施工工艺及具体要求，组织专业技术人员对操作者进行培训。

2.1.8 安全措施

坚持贯彻"安全第一，预防为主"的方针，严格遵守国家、北京市颁布的有关安全生产的法律、法规、规范和规范性的文件等要求和规定以及该标段所处的地理环境，并依照《职业健康安全管理体系要求》GB/T 28001—2011 制定实施相应的职业健康与安全方面的制度和措施，切实予以执行。

以安全生产责任制为安全管理制度的核心，建立健全并切实执行安全生产责任制度、安全教育制度、安全检查制度，完善安全保证体系，经理部选配懂业务、事业心强、具有上岗资格证书和足够经验的安全工程师担任安全监督，工班设兼职安全员，责任到人，挂牌作业，及时发现工地安全隐患，制止不符合安全规范的各种操作。项目经理对本项目安全工作负总责，专职安全工程师负责日常安全检查。

明确规定各级安全工作的具体任务、责任和权利，把安全和生产在组织上统一起来，把"管生产必须管安全"的原则在制度上固定下来，做到安全工作层层有分工，事事有人管，人人有专责，办事有标准，工作有检查、考核，真正实现全员、全方位、全过程的安全管理。

在完善各项安全生产管理制度的同时，把安全教育作为全体职工的必修课，采取多种方式，从思想政治、劳动保护方针政策、安全技术知识、典型经验和事故教训等方面进行安全教育，使全体职工知晓做好安全施工对维护社会安定的重要性，使职工在施工生产中自觉地遵守各种安全生产规章制度和施工作业规程，保护自己和他人的安全和健康，实现安全施工。

切实制定落实好安全检查制度，采用定期和不定期安全检查相结合的方法。施工中严格遵守工程建设安全生产有关管理规定，严格按安全标准组织施工，并随时接受行业安全检查人员依法实施的监督检查，采取必要的安全防护措施，消除事故隐患。

为防止意外事故的发生，制定一套安全生产措施和程序。每周至少召开一次所有现场工作人员参加的安全生产例会。

制定和落实安全生产奖惩办法，把安全生产与每个人的切身利益挂钩，提高每个人的安全生产积极性。

对所有参建人员进行安全教育培训考核，人身安全投保，提高参建人员安全生产技能，解决他们的后顾之忧。

施工计划安排和人员、设备配置合理，避免因抢工期或人员劳动强度过大，造成事故隐患。对所有的提升架等垂直和水平运输机械及明挖基础进行安全围挡防护。

对复杂工程项目编制专项安全技术措施，并严格审核批准手续。严格按照安全技术交底的规定进行作业，由项目经理部安全工程师监督检查。按照劳动保护法的要求，为施工人员配发劳保用品。

严格按《特种作业人员安全技术培训考核管理规则》（安全监管总局令第30号）对特种作业人员进行专业培训、考核复验，持证上岗。所有工人在进场作业前进行"三级"教育，考核并颁发安全上岗证。

施工用模板、支架、作业平台、吊装设备等承重结构经过结构检算，确保其有足够的强度和安全系数,并做到稳定、牢固。

施工前,对工程降水,竖井、车站的开挖,高大结构的初期支护,与既有构筑物重叠影响等进行计算和复核,施工中加强监测,确保安全。

工地所有设备定期保养,使其保持良好的工作状态并具有完备的安全装置,所有的操作人员经过严格训练,持证上岗,严格遵守操作规程,严禁违章作业。

施工现场临时用电按《施工现场临时用电安全技术规范》JGJ 46—2005执行,电力线路布设规范,严禁乱接电力线及违章作业,防止误触带电体、漏电伤人,施工危险地段使用安全电压。设专人管理生产及生活区的供电线路,随时检查、维修电力设施。

作好施工现场平面布置和场地设施管理,以及环保、消防、材料、卫生、设备等文明施工管理工作。安全设施齐全有效,不擅自拆除或移动。

施工现场设置安全宣传标语牌,在现场入口的显著位置设立北京市建设行政主管部门规定的"六版一图",危险地点按《安全法》和安全标志摆设要求悬挂标牌,有人经过的坑洞夜间设置红灯示警。对出入现场的车辆实行交通管制,出入口安设标牌并设专人三班倒值勤执行管制。

施工技术交底的同时进行安全交底,按规定要求作业,做到组织、制度、措施三落实,确保作业区的安全。

施工现场的生产、生活区设置足够的消防水源及消防装备,消防器材有专人管理,定期检查。抽调职工组成义务消防队,培训其掌握消防设备的性能及使用方法,各类房屋、场地的消防安全距离符合公安部门的规定,杜绝在存放易燃品的场所吸烟,现场的易燃杂物随时清除。对涉及明火施工的工作制定办理"用火证"等管理制度。

氧气瓶与乙炔瓶隔离存放,间距符合安全要求,两瓶有防止回火的安全装置。

各种车辆严格遵守北京市交通规则,施工场地内行车速度不大于5km/h,杜绝酒后驾车。

施工期间配备人员及设施协助交管部门进行交通疏解工作,并委派专人配合交警作好交通管制,车辆限载等级为汽15t。在既有道路与临时施工便道间设置防护栅、围栏、警告信号和照明。

对不便于人员进出的永久工程的施工区域设立紧急情况下撤离的疏散通道,主要作业场所和临时安全疏散通道设置24V全日安全照明和必要的警示等,以防止各种可能的事故。施工现场设立装备良好的临时急救站,并配备称职的医护人员。

认真做好工程材料、施工设备的管理,材料设备放置稳固,放置地点不对既有设施、临时设施、道路交通产生干扰。严格限制对人体或环境有危害的材料进场和使用。

认真详细调查地上、地下各种管线路,探明位置并进行安全维护,做好施工过程中的监测和已完工程的保护工作,并设立明显的警示标志。冬雨期施工时,对既有管线、设施、已完工程进行调查,制定防冻、防雨措施,保证既有管线、设施的正常使用和已完工程的完好状态。

做好汛期的防汛工作,每天做好气象记录,汛期前,由负责安全的领导组织相关人员对施工、生活区、弃土场进行检查,保证地面排水设施完备、通畅,并备足抽水设备及雨布。遇可能产生汛情的天气,领导干部24h轮流值班。

冬期施工,为施工人员配发防滑靴,设专人对上下坡道、脚手架、基坑、竖井周围进行检查，及时清除冰雪，保证人员设备安全。

所有提升架等垂直和水平运输机械进行安全维护，提升用钢丝绳勤检查、勤涂油、勤更换，所有的机械设备有安全操作防护罩和详细的安全操作要点。

加强施工全过程的安全管理，采用信息化管理手段，不断改进施工工艺，优化施工方案，提高工程质量，保证施工安全。

2.1.9 环保措施

认真学习贯彻国家、北京市政府、甲方、监理工程师及合同条款有关环保法规及规定，明确本标段的环保要求，健全环境保护体系，把环境保护工作作为一项施工管理内容，制定和落实环境保护措施，修建环保设施，处理好施工与环保的关系。

实行环保目标责任制。把环保指标以责任书形式层层分解到个人，列入承包合同和岗位责任制，建立环保自我监控体系。项目经理是环境保护的领导者和责任人，所有施工人员与环保领导组签订环保责任书。

编制施工组织设计时充分考虑环保要求，配置专职环保人员，合理安排各工序作业时间。编制环保手册，加强环保宣传。

加强检查和监控工作，加强对施工现场粉尘、噪声、振动、废气、强光的监控、监测及检查管理，定期组织有关人员进行环保工作评定。施工现场设置专用料库，库房地面、墙面做好防渗漏处理，材料的储存、使用、保管专人负责。

保持施工区和生活区的环境卫生，及时清理垃圾，运至指定地点并按规定处理。生活区设置化粪设备，生活污水和大小便经化粪池处理后才能排入污水管道。施工废水、清洗场地、车辆废水经沉淀处理达标排放。

工程施工完成后，及时进行施工现场清理，拆除临时设施，多余材料及建筑垃圾清运出现场，做到工完场清。

在施工前做好各类市政管线、文物的调查，施工中做好防护工程，防止损坏。

(1) 噪声、光污染控制

1) 严格遵守《建筑施工场界噪声排放标准》GB 12523—2011 的有关规定，施工前，首先向环保局申报并了解周围单位居民工作生活情况，施工作业严格限定在规定的时间内进行。

2) 合理安排施工组织设计，对周围单位、居民产生影响的施工工序，均安排在白天或规定时间进行，空压机、发电机、打夯机等高噪声作业，严格限定作业时间，减少对周围单位居民的干扰。

3) 加强机械设备的维修保养，选用低噪声设备，采取消声措施降低施工过程中的噪声。产生噪声的机械设备按北京市、甲方的有关规定严格限定作业时间。

4) 施工运输车辆慢速行驶，不鸣喇叭。

5) 施工照明灯的悬挂高度和方向合理设置，晚间不进行露天电焊作业，不影响居民夜间休息，减少或避免光污染。

6) 所有施工围挡及产生噪声的机械都设置吸音设备，最大限度地减少施工降低噪声。

(2) 水环境保护

1) 施工前做好施工驻地、施工场地的布置和临时排水设施，保证生活污水、生产废水不污染水源、不堵塞既有排水设施；生活污水、生产废水经沉淀过滤达标排放；含油污水除油后排放。

2) 施工中产生的废泥浆，在排入市政污水管网前先沉淀过滤，废泥浆和淤泥使用专门的车辆运输，防止遗洒，污染路面。

3) 雨期施工，做好场地的排水设施，管理好施工材料，及时收集并运出建筑垃圾，保证施工材料、建筑垃圾不被雨水冲走。

4) 施工中对弃土场地进行防护，保证弃土不堵塞、不污染既有排水设施。

（3）空气环境保护

1) 施工生产、生活区域裸露场地、运输道路，进行场地硬化或经常洒水养护。

2) 装卸、运输、储存易产生粉尘、扬尘的材料时，采用专用车辆、采取覆盖措施；易产生粉尘、扬尘的作业面和过程，优化施工工艺，制定操作规程和洒水降尘措施，在旱季和大风天气应当适当洒水，保持湿度。

3) 工地汽车出入口设置冲洗槽，对外出的汽车用水枪冲洗干净，确认不会对外部环境产生污染后，再让车辆出门，保证行驶中不污染道路和环境。

4) 加强机械设备的维修保养和达标活动，减少机械废气、排烟对空气环境的污染。

5) 施工中，由材料管理人员负责对施工用料进行控制，限制对环境、人员健康有危害的材料进入施工场地，防止误用。

6) 施工中对弃土场地进行平整、碾压，弃土完毕植草防护或按有关要求进行处理。

（4）固体废弃物处理

1) 生产生活垃圾分类集中堆放，按北京市环保部门要求处理。施工现场设垃圾站，专人负责清理，做到及时清扫、清运，不随意倾倒。

2) 施工弃土按设计或北京市环保部门要求运至指定地点堆弃，随弃土随平整、碾压，同时做好防护，保证不因大风下雨污染环境。

3) 加强废旧料、报废材料的回收管理，多余材料及时回收入库。

施工中积极应用新技术、新材料，坚持清洁生产，综合利用各种资源，最大限度地降低各种原材料的消耗，节能、节水、节约原材料，切实做到保护环境。

2.1.10 效益分析

1. 直接经济效益

（1）5号线左线区间下穿2号线雍和宫车站开挖顺序优化带来的经济效益：根据5号线左线区间与2号线雍和宫车站的穿越关系，优化了设计方案和施工方案，使车站结构沉降达到最小，节省地层预加固费用85万和临时支撑费用45万元。

（2）地层预加固参数优化设计带来的经济效益：在肥槽段从注浆方式、台阶长度、核心土两侧最大开挖宽度等方面对预加固参数进行了优化设计，节省了地层预加固费用45万。

（3）由于对施工方案、开挖优先顺序等进行了合理优化，节省了工期40天，带来的经济效益约150万元。

（4）相邻雍和宫站左线站台埋深减少1.5m，节约300万元。

总计直接经济效益625万元。

2. 间接经济效益

地铁5号线2007年通车,之后在地下工程施工中多次采用了零距离穿越方案,如地铁6号线穿越朝阳门站,采用零距离穿越,使下穿隧道埋深减少2~3m,车站及相邻区间埋深减少2~3m,按明开方案计算,工程造价将节约1000万元,若用暗挖方案计算,则降水费用、竖井费用、换乘通道高差及通道长度增加、换乘和行车能耗等费用,工程节约费用估算1000万元。所以无论暗挖或明开隧道,每采用一处零距离穿越都将产生至少1000万元左右的经济效益。

在本课题之后的零距离穿越工程在国内地下工程近接施工中得到了广泛推广应用,现仅统计了朝阳门站,仅一处即可产生至少1000万元经济效益,到目前为止产生的间接经济效益已远远大于1000万元。

2.1.11 应用实例

北京地铁5号线土建工程18号雍和宫站—和平里北街站,左线区间穿越环线地铁为矩形断面,隧道开挖净空尺寸为:高4.81m×宽4.3m,开挖尺寸为高7.31m×宽6.8m,C20早强喷射混凝土隧道初衬厚度为350mm,钢格栅间距为500mm,钢筋网$\phi 6$@150mm×150mm。C30混凝土二衬厚度为800~1000mm。左线区间隧道截面尺寸如图2-13所示。

根据运营安全、相关规范规程以及具体既有线的实际情况,通过分析,确定的穿越雍和宫车站的控制基准值为:轨道方向变位警戒值为4mm/10m;轨道差异沉降为4mm;日变化量(包括以上两项)0.5mm;轨道水平距离变窄2mm;轨道水平距离变宽6mm;既有线结构沉降20mm;变形缝两侧差异沉降5mm。

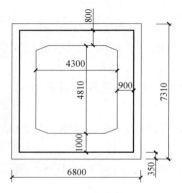

图2-13 左线区间隧道结构断面图

施工中,主要按既有线结构沉降为控制目标进行变位分配与控制。将控制目标按控制值、警戒值及报警值分配各开挖及支护步骤中分层次控制,并分步分阶段采取相关技术措施。

针对地层预加固原始设计参数存在的问题,在肥槽段从注浆方式、台阶长度、核心土两侧最大开挖宽度等方面对预加固参数进行了优化设计,在穿越段从拱脚及工作面正面土体加固、既有地铁结构垫层与新建隧道初支结构潜在间隙的补偿注浆、增设注浆锁脚锚管等方面进行优化设计,保证了预加固地层的稳定性。

暗挖地层粉质黏土和粉细砂为主,渗透性较差,因此对注浆浆液进行了优化配方,开展对比室内实验与现场检验。选择HSC型注浆材料作为肥槽段和穿越段地层注浆加固的浆液材料,能极好地满足既有线开挖土体加固和既有线结构沉降控制值的要求。

对降水方案进行了优化,采用水平辐射井进行降水,即在二环路南北两侧隧道两边施工四眼辐射井,呈矩形布设,水平井南北向放射交叉。考虑到隧道穿越护城河,对穿越护城河降水方案进行了一并设计。通过实施辐射井降水,有效地疏干了地层,保证了安全穿越。

2.1.12 主要创新成果

(1) 提出了平顶直墙零距离穿越理念。
(2) 对于零距离穿越工程,提出了隧道上隅角超前注浆加固措施。
(3) 依据实时监控,在初期支护结构上部、两侧及下部采取主动、适时的补偿注浆方法,控制沉降速率和累计沉降量,保证了施工期间既有结构安全。
(4) 采用远程监控量测系统对轨顶差异沉降、中心线平顺性、隧道变形缝监测、轨距动态扩张、结构沉降、结构裂缝等进行远程自动连续监测。该监测系统具有数据采集、交换、处理和反馈4个方面的功能。

2.2 北京地铁车站盖挖法施工关键技术

2.2.1 引言

地铁车站多位于城市道路交通繁忙地段,采用盖挖法施工可尽快恢复交通,保证道路通行能力,因此在地铁车站施工中经常采用。盖挖车站整体施工顺序为首先施工车站围护结构及钢管柱,之后明挖车站顶板浅基坑土方并施工车站顶板,回填后恢复交通,最后利用顶板预留的出土口进行车站土方开挖及结构施工。

在盖挖车站土方施工中围护结构由两部分组成,分别为:
(1) 车站外侧的围护结构,多采用钻孔灌注桩或连续墙(辅以钢支撑或锚索),其施工方法与明挖车站相同;
(2) 车站内中柱体系,中柱上部一般采用钢管柱,中柱下部基础包括条形扩大基础和钻孔灌注桩。

2.2.2 钢管柱施工技术

1. 工艺流程

中柱要求位置准确,垂直度符合设计要求,其平面位置以线路中线为准,允许偏差为:纵向±25mm;横向±20mm。一般采用机械钻进成孔,在地质条件较好的地段可采用人工挖孔成孔,主要施工流程如图2-14所示。

2. 质量控制要点

(1) 钢管柱原材料(钢管或钢板、连接件)的质量必须符合设计要求。
(2) 钢管制作应在有资质的工厂进行。钢管端平面应与管轴线相垂直;当钢管对接时,竖向焊缝要错位,焊缝质量应达到二级标准,并应达到与母材等强的要求。
(3) 钢管柱加工完毕出厂前,必须进行质量验收,验收内容包括钢管柱的材质,物理力学性能指标,构件长度,垂直度,弯曲矢高等项目。钢管柱的加工质量应符合设计及规范要求方可验收确认并准予出厂。
(4) 钢管内混凝土浇筑宜用微膨胀混凝土,混凝土浇筑不得中断。混凝土的配合比、水灰比、坍落度应经试验确定,混凝土强度必须满足设计要求。
(5) 钢管柱加工制作允许偏差应符合表2-5的规定。

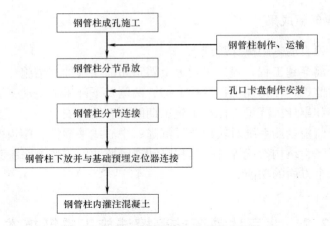

图 2-14 钢管柱施工技术流程图

钢管柱加工制作允许偏差 表 2-5

序号	检查项目	允许值(mm)	说明
1	钢管纵向弯曲矢高	$f \leq L/1000$ 且 $f \leq 10$	L,钢管长度 f,矢高
2	管径椭圆度	$\leq 3D/1000$	D,钢管柱设计直径
3	管端不平度	$\leq D/1500$ 且 ≤ 0.3	D,钢管柱设计直径
4	钢管长度	$\Delta L \leq \pm 3$	ΔL,钢管设计长度与实际长度之差

(6) 钢管柱定位器安装允许偏差应符合以下规定：
1) 定位器中心线偏差不大于 2mm；
2) 定位器标高与管底设计标高偏差：-2mm，+4mm。
(7) 钢管柱安装允许偏差应符合表 2-6 的规定。

钢管柱安装允许偏差 表 2-6

序号	检查项目	最大允许偏差(mm)
1	钢管柱不垂直度	柱长的 1/1000,且 ≤ 15
2	钢管柱中心线	5
3	钢管柱顶面标高	0,+10
4	钢管柱顶面不平度	5
5	钢管柱间距	设计柱距的 1/1000

2.2.3 混凝土盖板施工技术

盖挖车站盖板系统按材料可分为现浇混凝土盖板、军用梁盖板、铺盖板等，其中现浇混凝土盖板为永久结构，在车站使用过程中作为车站结构顶板，军用梁盖板及铺盖板为临时结构。盖板系统按结构形式可分为分幅、整幅施工，根据现场条件确定分幅大小。

(1) 盖挖车站混凝土盖板施工工艺流程如图 2-15 所示。
(2) 施工操作要点：

盖挖车站混凝土顶板底模可采用混凝土地模体系或竹胶板模板体系,当采用混凝土地模体系时必须符合下列条件:

1) 混凝土强度等级应符合设计要求,一般不小于 C15。

2) 地模底面与其下一层结合牢固,不得有空鼓。

3) 地模表面应密实,不得有起砂、蜂窝、裂缝等缺陷。

4) 地模持力层如位于杂填土层、粉细砂层等不稳定地层时,原状地层极易被破坏,需对底模下方地层进行换填,并经机械夯实处理。

5) 地模施工允许偏差:

设计高程加预留沉落量:+10～0mm。

中线:±10mm。

宽度:+15～-10mm。

表面平整度:3mm。

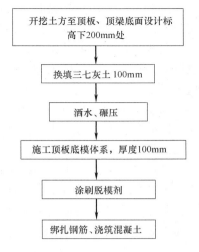

图 2-15 盖挖车站混凝土盖板施工工艺流程图

(3) 当采用竹胶板模板体系时必须符合下列条件:

1) 地模持力层如位于杂填土层、粉细砂层等不稳定地层时,原状地层极易被破坏,需对底模下方地层进行换填,并经机械夯实处理。

2) 底模面层采用竹胶板,下部采用方木、大板进行支撑。其中大板密铺、方木间距 300mm,方木与大板铺设方向相互垂直。

3) 侧墙及顶板下返梁处模板采用砖模,需要先砌砖模基础,再在砖基上支模。

4) 为保证模板表面平整度,模板重复使用次数不得超过两次。

5) 模板施工完成后注意对成型模板的保护,不得在其表面堆放杂物,防止钢筋、架子管等碰撞,确需堆放的应在堆放物品下方铺垫柔性保护,且每一堆放区域内,堆放物品不得超过 300kg。

6) 模板支架安装时参照明挖混凝土结构允许偏差。

2.2.4 盖挖车站土方施工技术

盖挖车站顶板施工完成并恢复交通后,即开始利用顶板预留口进行盖挖土方施工。盖挖土方的施工方法多采用掏槽法开挖,即竖向分层,纵向分块,纵向拉槽,横向扩边。竖向分层,意即按车站的结构形式,将地下土方分层,土层的分界线为梁板结构下边线,待上层梁板结构完成并达到设计强度后,才能转入下层土方的施工,开挖顺序为由上而下逐层开挖;纵向分块,意即沿车站纵轴线方向将土方划分为若干施工单元,以便于组织土方工程及结构工程的流水施工;纵向拉槽,即在每一层的土方施工中,在横断面跨中开中槽,由车站两端沿纵向相向掘进;横向扩边,即中槽纵向贯通后,由中槽向两边跨横向挖土,并由中槽贯通面向开挖面始端背向开挖作业。

施工操作要点及工序质量控制要点:

盖挖车站内如围护结构结构需设置临时钢支撑或锚索时,应按设计位置及时设置。

围护结构采用支护桩时，桩间土护壁应随土方开挖施工，采用喷射混凝土封闭，喷射混凝土内钢筋网应与围护桩桩体连接牢固。

顶板底模随土方开挖进行拆除，拆除模板时按照底模基面施工时安装单元为单位，按块拆除，拆除竹胶板模板体系时为防止破坏顶板结构，在拆除阶段不得使用机械。装拆模板时，上下要有人接应，随拆随转运。

当基坑采用机械开挖至基底时，要预留300mm厚土层采用人工开挖，防止基底超挖，同时禁止开挖过程中扰动基底土，如发生超挖或扰动基底土情况，应按设计规定进行基底处理。

基坑开挖完成后进行验槽工作，并形成地基验槽记录，当基底土质与设计不符时，要根据设计单位意见进行基底处理。

基底应平整压实，其平整度允许偏差应为20mm，并在1m范围内不得多于一处，基底允许偏差应符合表2-7的规定。

土方开挖各部位允许偏差表 表2-7

顶、中、底板土方	基底高程	0，+10mm
	平整度	10mm
其他部位土方	基底高程	+10mm −20mm
	平整度	20mm

2.2.5 盖挖车站楼板、底板及侧墙施工技术

盖挖车站楼板施工时模板体系及钢筋混凝土施工工艺均与顶板施工相同，侧墙浇筑施工重点为与预留侧墙连接部位的浇筑质量，可采用倒簸箕口形式的浇筑方式，使浇筑高度超过施工缝，浇筑前所有缝面应凿毛，清除干净，浇筑完成达到强度后凿除。

现浇钢筋混凝土结构施工质量及验收见现行国家标准《混凝土结构工程施工质量验收规范》GB 50204—2015中模板、钢筋及混凝土的相关内容。

混凝土结构施工时，按照设计图纸要求进行洞口预留，且洞口加强必须满足设计及有关规范要求。

穿墙管应在浇筑混凝土前埋设，并加止水环，管跟部必须做密封加强处理。穿墙管线较多时，可采用穿墙盒，盒的封口钢板应与墙上预埋件焊牢，并从钢板上的浇筑孔注入密封材料。

2.3 北京地铁砂卵石地层浅埋暗挖施工技术

2.3.1 工程概述

北京地铁4号线三期土建工程第12号标段西动区间隧道采用浅埋暗挖施工。隧道在西外大街主路下穿行，沿线下穿既有桥梁3座，过电力、热力、雨水等管线9处，对浅埋暗挖施工土层沉降控制要求十分严格。该段隧道90%穿越砂卵石地层，底板主要位于饱

和的卵石圆砾 7 层、隧道边墙穿过的岩土层上部主要为粉质黏土 6 层、顶板主要位于卵石圆砾 5 层。围岩易坍塌，地层成拱性差，超挖量较大，工作面稳定性难以保证；施工超前注浆小导管时的成孔难度大，施工速度慢。为了保障西外大街交通畅通，确保沿线管线桥梁结构安全，对砂卵石地层浅埋暗挖施工技术进行研究，通过施工方案的优化和不断完善，从整体上解决了砂卵石浅埋暗挖的关键技术难题。工程完工后西外大街地面沉降值控制在 30mm 以内，沿线桥梁、管线安全。

在随后进行的地铁 4 号线新—西区间及德宝天桥过桥段的施工中，"砂卵石地层浅埋暗挖施工"技术得到充分的应用，经过总结形成砂卵石地层浅埋暗挖施工关键技术，可为其他类似工程提供借鉴。

2.3.2 工艺原理及工艺流程

"砂卵石地层浅埋暗挖施工"技术适用于在砂卵石地层进行的地下铁路、隧道及其他地下暗挖工程。结合深孔注浆、CRD 法、双侧壁导洞法可进行砂卵石地层大断面暗挖施工及过桥过路等高风险区域的地下暗挖施工。

1. 工艺原理

（1）施工原则

在砂卵石区间隧道的开挖支护施工中，除应严格执行"管超前、严注浆、短开挖、强支护、早封闭、勤量测"的十八字施工原则外，针对砂卵石地层中施工出现的困难情况，在研究分析浅埋暗挖施工指导"十八字"方针精神实质的基础上，结合工程实践，提出了在砂卵石地层中应遵循的原则：

早封面——在打设注浆小导管前，首先喷射较薄混凝土层，以稳定工作面，避免小导管打设时震动坍塌。

管细短——针对砂卵石地层小导管打设困难，相对一般地层而言，超前注浆小导管参数选择时尽量选用"短"、"细"钢管；"短"指的是在保证 1m 重叠基础上每榀一打，榀距视小导管打设难易进行调整；"细"指的是小导管在保证刚度要求的前提下尽量减小管径，以减少打设摩擦阻力，方便打设，同时少扰动地层；

少扰动——在打设导管和开挖时尽量少扰动地层，防止卵石滑塌。

快凝固——因砂卵石地层浆液易于渗透，且有遇水易塌方特点，在小导管注浆浆液选择时尽量选择早凝固型浆液，以凝固胶结地层，促拱早形成。

固拱脚——砂卵石地层一般在台阶法施工时，较黏土地层台阶长度要稍长，因而成环相对滞后，对上部格栅一定要打设锁脚注浆锚管，以稳固拱脚，改善受力条件，减小地层变形。

侧拉槽——由于砂卵石地层自稳性差，下部台阶很难像地层那样形成规则台阶，需要在台阶中部拉槽，以保证下台阶处于稳定状态，以确保施工安全。

（2）技术要点

根据以上原则，结合工程实践和理论分析，在北京砂卵石地层条件下开挖区间隧道的建议施工参数是：小导管长度 1.8m，每步开挖循环进尺 0.5m。

同时根据砂卵石级配合有无水等情况，结合具体工程特点不断丰富、完善。最终形成如下技术要点：

1) 砂卵石地层超前注浆小导管加固技术

在常规小导管施工工艺中采用 $\phi 42mm \times 3.25mm$ 砂卵石地层小导管打设困难，通过施工实践，针对地层粒径级配的不同，选择不同的导管管径，确定导管的打设长度，从而有效的加快施工进度。小导管采用 $\phi 25 \sim 32mm$ 热轧无缝钢管，壁厚3.25mm。环向间距250mm，管长1.8m，注浆浆液采用水泥水玻璃双液浆。

2) 砂卵石地层格栅榀距优化

根据砂卵石地层围岩稳定性差的特点，结合超前小导管的施工参数优化格栅榀距。根据小导管打设长度确定格栅间距为0.5m/榀，小导管采用一榀一打，仰角及外插角18°～22°，保证超前格栅水平投影距离大于1m。经工程实践证明格栅榀距的优化有效地缩小了围岩暴露时间，减小的围岩坍塌风险。

2. 工艺流程

砂卵石地层浅埋暗挖施工流程如图2-16所示。

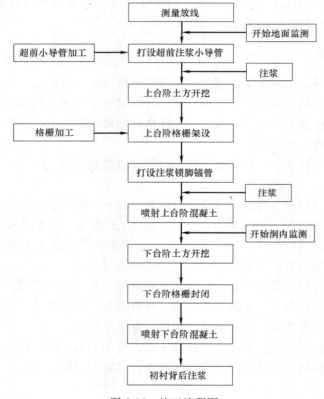

图2-16 施工流程图

2.3.3 施工工艺

1. 工艺概述

砂卵石地层浅埋暗挖施工工艺概述：暗挖隧道共分为两步台阶进行施工，台阶长度取3～5m。上下台阶的分界线在格栅连接点位置，先开挖上台阶土方并喷射混凝土支护，再开挖下台阶土方并支护，支护封闭成环，如图2-17所示。

(1) 上台阶开挖及支护

中间留核心土,开挖上台阶的弧形导坑,弧形导坑完成后即初喷混凝土3~5cm,然后架立格栅钢架,挂钢筋网,喷射混凝土至设计厚度如图2-18所示。核心土留成台状,上台阶开挖高度在3.0m左右,核心土高度1.7m,上口宽1.5m左右,核心土沿掘进方向长度0.75~1.5m,核心土的形状在保

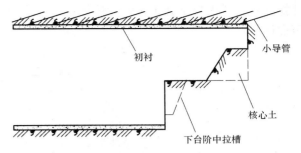

图2-17 台阶法施工示意图

证维持掌子面稳定的前提下,兼作为工作平台,以便于进行格栅安装、喷射混凝土操作为宜。格栅设计间距0.5m,故循环开挖距离0.5m。但在土体不稳定地段格栅加密,开挖步距相应减小。

上台阶施工顺序:封闭掌子面→超前小导管打入→超前小导管注浆加固地层→留核心土开挖上台阶土方→测量开挖断面轮廓→初喷混凝土3~5cm→安装格栅钢架→挂钢筋网→搭设注浆锁脚锚管→复喷混凝土至设计厚度。

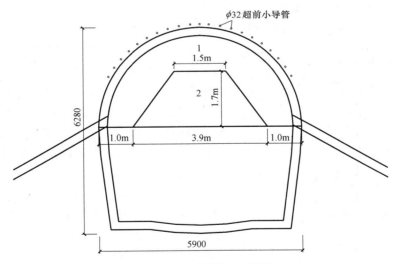

图2-18 上台阶施工示意图

(2) 下台阶开挖及支护

下台阶采用边墙单侧交错方式开挖,先开挖中间的核心土,随后开挖一侧的边墙,开挖步距0.5m,即一个格栅间距,挖至设计轮廓后,立即安装格栅钢架、喷射混凝土;该侧的边墙支护完毕后再进行另一侧边墙的开挖及支护。两边墙均支护完毕后,开挖底板土方,安装仰拱格栅,喷射仰拱混凝土,封闭成环。之后再进行下一循环的施工如图2-19所示。

下台阶施工顺序:左侧边墙土方开挖→测量开挖断面轮廓→初喷混凝土3~5cm→安装格栅钢架→挂钢筋网→复喷混凝土至设计厚度→右侧边墙土方开挖→测量开挖断面轮廓→初喷混凝土3~5cm→安装格栅钢架→挂钢筋网→复喷混凝土至设计厚度→底板土方

开挖→测量开挖断面轮廓→初喷混凝土3~5cm→安装格栅钢架→挂钢筋网→复喷混凝土至设计厚度。

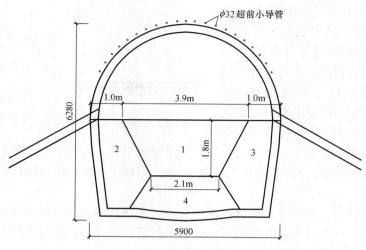

图2-19 下台阶施工示意图

2. 超前小导管注浆施工工艺

(1) 超前小导管施工工艺流程如图2-20所示。

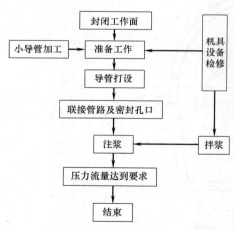

图2-20 小导管施工流程图

在导洞作业面开挖前,喷射混凝土封闭掌子面,沿结构拱部初支内轮廓线通过已安装好的钢格栅腹部打入带孔小导管,然后通过小导管向围岩压注浆,对砂层进行加固封堵,防止施工时涌水、涌砂、坍塌,并在结构轮廓线外形成一个0.4~1.0m厚的弧形加固圈,在此加固圈的保护下安全地进行开挖作业。

(2) 小导管制作:超前注浆小导管采用$\phi 32 \times 3.25$mm普通焊接钢管,管长$L=1.8$m。导管端部封闭并制成锥状,以便减小打入的阻力。尾部采用$\phi 6$mm钢筋焊一圈加强箍,防止施工时导管尾端变形。为了便于浆液扩散,在小导管中部钻$\phi 5$mm@200mm、梅花形布置的小孔。小导管沿拱部环向布置,搭接长度1.0m如图2-21所示。

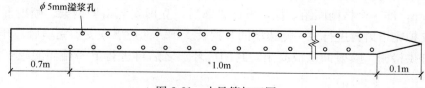

图2-21 小导管加工图

(3) 注浆材料:施工时根据地质情况和试验确定施工配合比。

(4) 注浆工艺:

1) 小导管安设采用引孔打入法，安设步骤如下：
① 用YT-28风钻吹孔，开孔直径为60mm，风压0.5～0.6MPa，深度为2m。
② 用带冲击的YT-28风锤将小导管顶入孔中，然后检查导管内有无充填物，如有充填物，用吹管吹出或掏钩勾出，也可直接用锤击插入钢管。
③ 用塑胶泥（40Be'水玻璃拌合P·O32.5水泥）封堵导管周围及孔口。
④ 严格按设计要求打入导管，管端外露20cm，外露部分焊接在钢格栅上，并可以安装注浆管路。

2) 注浆浆液配制、搅拌：
① 水泥浆采用拌合机搅拌，根据拌合机容量大小，严格按要求投料，根据地层情况和凝胶时间要求一般水泥浆和水玻璃比例为0.8∶1～1.5∶1，pH值5～8之间。
② 搅拌水泥浆的投料顺序为：在加水的同时将缓凝剂一并加入并搅拌，待水量加够后继续搅拌1min，最后将水泥投入并搅拌3min。
③ 缓凝剂掺量根据所需凝胶时间而定，控制在水泥用量的2‰～3‰。
④ 制备水泥浆时，严防水泥包装纸及其他杂物混入，注浆时设置滤网过滤浆液，未经滤网的浆液不进入泵内。

3) 注浆施工时注意以下几点：
① 注浆初压0.1MPa，终压为0.2～0.3MPa。注浆压力不宜超过0.3MPa。
② 进浆速度控制每根导管浆液总进量在30L/min以内。
③ 导管注浆采用定量注浆，可按地层吸浆量计算，如达不到定量浆液，但孔口压力已达到0.5MPa时，即结束注浆。
④ 注浆结束后及时清洗泵，阀门和管路，保证机具完好，管路畅通。

（5）超前预注浆的主要机具设备
1) 注浆管加工设备：金属材料切割机、小型钻床、管螺纹套丝机、电焊机、钻头、铣刀等。
2) 钻孔设备：T28风钻及配套工具等。
3) 制浆机具：搅拌机、储浆桶、滤网、波美比重计等。
4) 注浆机具：注浆泵及其管路、混合器、球阀、专用管接头等。
5) 其他工具：管路扳手、活动扳手、螺丝刀、钢丝钳等。

3. 土方开挖及运输

隧道土方开挖按照前述进行逐次开挖，每次进尺0.5m。采用人工挖土，辅助风镐等工具松动土体，人工装车。下台阶的土方由人工直接装入矿车内。上台阶土方先用手推车倒运至下台阶，再由人工装入矿车内运送至施工竖井，提升至地面土方暂存地，定期进行运弃。

4. 钢格栅施工工艺

钢格栅是浅埋暗挖法增强初期支护强度的有效手段，它与超前小导管一起形成超前支护体系。

（1）施工顺序：钢格栅在初期支护中的施工顺序为：土方开挖→喷射50mm厚混凝土→安定位筋→安设格栅钢架→铺钢筋网→复喷混凝土→复喷混凝土达到设计厚度。

（2）钢格栅构造：钢格栅由四根Φ22主筋及其他钢筋等焊接构成。

(3) 钢格栅的加工：

钢格栅在加工厂加工。加工工作台为 $\delta=20mm$ 的钢板制成，其上根据不同断面的钢架主筋轮廓放样成钢筋弯曲模型。钢架在胎模内焊接，控制变形。

按设计加工好各单元钢格栅后，组织试拼，检查钢架尺寸及轮廓是否合格。

加工允许误差：沿初支结构周边轮廓误差不大于 3cm，平面翘曲小于 ±2cm，接头连接要求同类之间可以互换。

钢格栅各单元明确标准类型和单元号，并分单元堆放于地面干燥的防雨篷内。

(4) 钢格栅的安装：

钢格栅在初喷 3~5cm 后安设。确保主筋外缘有足够的混凝土保护层厚度，在安设过程中当钢格栅和围岩间有空隙时，加钢楔塞紧。

定位筋一端与钢架点焊在一起，另一端埋入围岩中，当钢架架设处有锚杆时，尽量利用锚杆定位。

钢格栅 500mm 一榀，钢架间设 $\phi22mm$ 纵向联结筋分别沿立筋每隔 1m 设一根，交替设置，并与主筋焊接。

钢架拱脚加设径向 $\phi32mm$ 两根锁脚钢管并注浆，防止拱架下沉。

(5) 钢格栅安装标准：

1) 钢架安设前检查掌子面开挖净空，并挖除钢格栅底脚处虚碴，决不用虚碴填充，在超挖拱脚底部，垫型钢进行高差调整，开挖尺寸允许误差 ±5cm。

2) 分段钢格栅用人工在掌子面组成整榀钢架，拧紧螺栓并进行焊接。

3) 钢格栅安装后，中线允许误差 ±3cm，高程允许误差 ±3cm，钢架垂直高度允许误差 ±2°。

4) 拱部钢格栅落底接长在单边交错进行。每次单边接长钢架 1~3 段。在软弱地层可同时落底接长或与仰拱相连并及时喷射混凝土。接长钢格栅和上部通过垫板用螺栓牢固准确连接并焊接，使钢格栅在一个断面封闭成环。

5) 认真安装两榀钢格栅之间的连接钢筋。

(6) 钢格栅的加工焊接要求：

1) 钢格栅的钢筋焊接接头严格根据图纸，按规范标准及要求制作。接头长度要满足设计（或施工规范）要求，并按规定将相邻钢筋的接头错开。

2) 钢筋焊接所用的焊条，焊剂的牌号、性能以及接头中使用的钢板符合设计要求和有关规定。

3) 焊前清除焊缝水锈、油渍等，焊后焊接处无缺口、裂纹及较大的金属焊瘤。

4) 钢筋焊接前，进行试焊，经监理工程师审查合格后方可施焊，焊工有焊工考试合格证，并在规定的范围内进行焊接操作。

5. 锁脚锚管施工

暗挖初衬开挖的过程中，在拱脚部位打入两根锚管，可以有效地减少初衬拱顶下沉，从而减小地表沉降量。锁脚锚管采用 $\phi42$ 钢管，长度 2.0m。

锁脚锚管施工步骤如下：

(1) 用锚管钻机钻孔。

(2) 将安装好锚头的锚管插入锚孔。

(3) 用注浆接头将锚管体与注浆泵相连。
(4) 开动注浆泵,使水泥浆充盈锚孔。

为提高锚固效果,水泥浆水灰比为 0.5～1。注浆压力应为 0.15MPa。锚管施工程序见图 2-22 所示。

6. 喷射混凝土施工工艺

采用湿喷喷射工艺。湿喷是将骨料、水泥和水按设计配合比拌合均匀,用湿喷射机压送到喷头处,再在喷头上添加速凝剂后喷出,如图 2-23 施工工艺图。

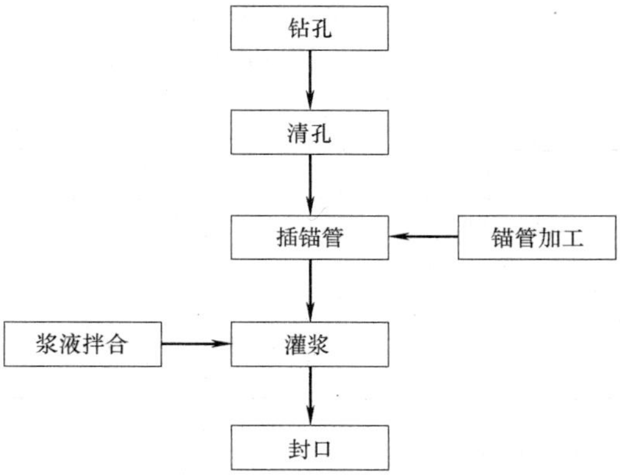

(1) 喷射前准备工作:

1) 检查受喷面轮廓尺寸,并修整,使之符合设计要求,若有松散土,清除干净。

2) 用高压风或水(地质差不用)清洗喷面。

3) 备好工作平台,防护用具。

4) 根据喷射量添加速凝剂,并转动计量泵转盘调节好速凝剂的用量。

5) 接好电源及风管、喷管、速凝管等。

6) 检查喷射机的转子、振动器、计量泵及安全阀、压力表是否完好,并进行试运转。

图 2-22 锚管施工程序图

7) 向喷射机的料斗加入约半料斗砂浆(水泥:砂:水=1:3.5:0.45),开动主电机将砂浆转入转子腔和气料混合仓。

(2) 喷射作业:

1) 严格按以下顺序进行操作

打开速凝剂辅助风→缓慢打开主风阀→启动速凝剂计量泵、主电机、振动器→向料斗加混凝土。

2) 开机后注意观察风压,起始风压达到 0.5MPa,才能开始操作,并据喷嘴出料情况调整风压。一般工作风压:边墙 0.3～0.5MPa,拱

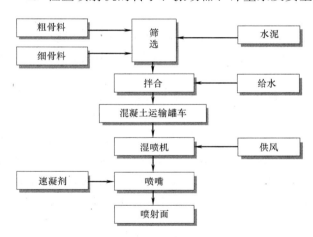

图 2-23 湿喷喷射混凝土施工工艺图

部 0.4～0.65MPa。

3) 混凝土拌合要充分,直径大于 15mm 的粗骨料及时清除。

4) 喷嘴与受喷面尽量垂直,两者的距离一般为 1.5～2.0m,对挂有钢筋网的受喷面,喷嘴略倾斜,距离也相应减少。

5) 喷嘴均匀地按螺旋轨迹,分区段(一般不超过 6m),自下而上,一圈压半圈,缓慢移动,每圈直径约 20cm。若受喷面不平,先喷凹坑找平。

6) 喷射作业须有工作平台,有条件的,最好把喷嘴固定在机械手上。

7）停机前，喷射料斗中的混凝土须全部喷完，并严格按以下顺序关机：关主电机、振动器、关速凝剂计量泵、关主风阀；利用计量泵加水清洗速凝剂管路；再将喷嘴离开受喷面，依次打开主风阀、计量泵电机、主电机，向料斗中加水清洗气料混合仓、混凝土管道，最后关主电机、关主风阀、计量泵、停速凝剂风。

8）清理喷射机表面的混凝土。

（3）湿喷混凝土施工机具如表2-8所示。

湿喷混凝土施工机具　　　　　　　　　　　　　表2-8

机具名称	型号	生产能力	单位	数量
混凝土湿喷机	TK961	$5m^3/h$	台	4
强制式拌合机		$20\sim25m^3/h$	台	2
多功能台架	自制		台	4
空压机	电动空压机	$20m^3/min$	台	3

（4）湿喷混凝土的配合比：

1）水泥：为保证喷射混凝土的凝结时间和与速凝剂有较好的相容性，优先采用42.5级以上的普通硅酸盐水泥，所使用的水泥其性能符合国家现行标准。

2）砂：为保证喷射混凝土的强度和减少施工操作时的粉尘，以及减少硬化时的收缩裂纹，采用坚硬而耐久的中砂或粗砂，细度模数一般大于2.5。

3）碎石或卵石：为防止喷射混凝土过程中堵管和减少回弹量，采用坚硬耐久的细石，粒径不大于15mm。

4）骨料成分和级配：若使用了速凝剂，砂、石、骨料均不含有活性二氧化硅，以免产生碱骨料反应，引起混凝土开裂，为使喷射混凝土密实和在输送管道中顺畅，砂石骨料级配按国家标准控制。

5）水：为保证喷射混凝土正常凝结、硬化，保证强度和稳定性，喷射混凝土用水采用饮用水。

6）外加剂的选用

① 减水剂：湿喷混凝土的坍落度一般为10～13cm，水灰比较大，水泥用量大，且混凝土中水泥水化后多余的水要蒸发，使混凝土喷层产生"干裂"现象，降低喷混凝土的支护能力。在拌混凝土时加入高效减水剂，可以在同样坍落度时减少18%以上的水，从而提高支护质量。

② 速凝剂：在喷射混凝土工艺中，加入速凝剂，可以使混凝土喷到受喷面后迅速凝固，从而形成垫层，减少回弹量，增大喷层厚度，同时混凝土迅速凝固后，便有了强度形成支护能力。

7. 初衬背后注浆

初衬背后注浆有两个作用，其一是初衬背后空隙充填，其二起到一定的防水作用。

因喷射混凝土施工工艺限制，初衬背后存在空洞和间隙在所难免，为减小地表沉降，必须对初衬背后进行注浆充填。

注浆管为$\phi32$的钢管，在初衬施工时提前预埋到衬砌壁内。注浆管在拱部中央和两侧墙各设一根，注浆管纵向间距5m，拱顶的注浆管与边墙的注浆管错开布置，形成梅花状。

每成洞 5m 做一次回填注浆,注浆点距开挖工作面 1~1.5 倍洞径。注浆分两次进行,第一次注浆,注浆压力达到 0.2MPa 并稳压 10min 后停止;待一段时间后进行二次补浆,二次补浆稳压压力应达到 0.3MPa。

注浆填充材料采用水泥浆,初衬背后回填注浆设备选用 100/15(c-232)型注浆泵。

8. 材料与设备

(1) 材料如表 2-9 所示。

主要材料表　　　　　　　　　　　　　　　　　表 2-9

序号	材料名称	材质	规格
1	超前小导管	热轧无缝钢管	$\phi32$、壁厚 3.25mm
2	小导管注浆浆液	改性水玻璃	$35Be'\sim40Be'$
3	纵向连接钢筋	螺纹 22	环向间距 1m,内外双排
4	钢格栅	主筋螺纹 22	格栅间距 0.5m
5	喷混凝土	C20 混凝土	早强混凝土

(2) 机械设备:见表 2-10。

机械设备表　　　　　　　　　　　　　　　　　表 2-10

序号	设备名称	额定功率(kW)	数量	总功率(kW)
1	锚喷机	7.5	4	30
2	电动空压机	132	1	132
3	小导管钻机	10	4	40
4	制浆机	7.5	8	60
5	电焊机	28	4	112
6	注浆泵	3	8	24
7	强制式拌合机	20	2	40

9. 质量控制

(1) 应遵守的标准、规范:砂卵石地层浅埋暗挖施工工法必须遵照执行的标准、规范有《地下防水工程质量验收规范》GB 50208—2011、《城市轨道交通工程测量规范》GB 50308—2008、《地下铁道工程施工及验收规范》GB 50299—1999、《岩土锚杆与喷射混凝土支护工程技术规范》GB 50086—2015 等。

(2) 各工序实施要求:

1) 必须编制关键工序工艺实施细则,明确技术要求和质量检验标准,进行技术交底的同时做好质量记录。

2) 现场管理人员和操作人员,须严格按工序工艺实施细则操作。

3) 所使用原材料或半成品均需符合规定要求,严禁不合格品用于工序使用。

4) 所有计量设备均能在相应标准条件下正常使用和操作,计量数据能准确反映现场实际,所有生产设备均能保证正常运行。

5) 加强工序进行中的信息反馈。

6) 加强对工序的监测工作。利用监测数据分析工序出现异常的原因,利用统计技术方法，通过因果图、排列图、控制图等方法找出影响工序正常的主要原因，采取相应对策，消除影响工序正常的主要原因或不稳定因素。

10. 安全措施

（1）应遵循国家相关法规、条例：《建筑机械使用安全技术规程》JGJ 33—2012、《施工现场临时用电安全技术规范》JGJ 46—2005、《建设工程施工现场供用电安全规范》GB 50194—2014、《建筑施工高处作业安全技术规范》JGJ 80—2016 等。

（2）暗挖隧道的开挖必须制定切实可行的施工方案和安全措施，坚持"先治水、强支护、早衬砌、勤量测"的施工原则。

（3）加强塌方的预测。采用探孔对地质情况及水文地质进行探察，不定期的观测洞内围岩受力及变形状态，及时发现塌方的可能性及征兆。

（4）进行风险辨识，针对砂卵石地层土方坍塌、涌水风险源等制定预防措施及紧急处理预案。

11. 环保措施

（1）施工过程中，对现场实行封闭、半封闭管理，通过对施工过程中人员操作和使用设备的控制，达到减少噪声污染、减少扰民，确保施工生产正常顺利进行。

（2）施工前与所在地区环保管理部门签订环境保护协议，在施工过程中对工程范围以外的土地及植被进行保护，配合环保部门做好施工现场的噪声检测工作；开工前与所在地区的文物保护管理部门取得联系，了解施工范围内文物的埋藏情况，对地下文物进行保护。

（3）通过对"水、气、声、渣"四方面进行辨识，地面大型施工机械较多，施工噪音为防治是环境保护恶的工作重点，具体措施如下：

1）进行噪声作业必须严格控制时间，晚 22：00～早 6：00 不得作业，特殊情况要连续作业时，需按规定办理夜间施工证，并采取降噪措施，配合建设单位按规定在所在地区环保部门备案后再施工。

2）采取有效的管理制度控制人为活动噪声，杜绝人为敲打、叫嚷、野蛮装卸等现象，最大限度地减少噪声扰民。

3）电锯、电刨、搅拌机、空压机等机械安装在隔音工作棚内，工作棚四周设严密围挡。

2.3.4 施工结果

砂卵石地层浅埋暗挖施工工法在砂卵石地层浅埋暗挖施工中具有安全系数高，沉降数值小，工期较短等特点。

（1）地铁 4 号线西—动区间工程

该工程暗挖隧道地处西外大街主路下方，该大街为城市辐射主干道，道路交通繁忙，沿线有桥梁 3 座、重要过街管线 9 处，施工风险点多。"砂卵石地层浅埋暗挖"施工技术通过地层变位分配控制原理，超前、主动、层层分解沉降控制值，最终将西外大街地面沉降值控制在 30mm 以内。与常规做法相比工程施工工期减少 2 个月，同时地层沉降控制合理，施工过程中确保了现况西外大街道路及桥梁的正常使用。

（2）地铁 4 号线新—西区间工程

该工程在西内大街下穿行，该段道路交通繁忙，地下管线众多，且下穿既有建筑物及民房。该段隧道单线断面形式为马蹄形断面高 6.28m 宽 5.9m。在施工过程中，通过地层变位分配控制原理，超前、主动、层层分解沉降控制值，最终将西内大街地面沉降值控制在 30mm 以内。

（3）德宝天桥过桥段隧道工程

该工程隧道两线在德宝天桥中桩两侧穿过，德宝天桥中桩埋深为 13.047m，直径为 1m，距离左隧道外侧为 6.370m，距离右隧道外侧为 1.73m。桥桩与隧道垂直净距 1.39m。该段隧道采用"砂卵石地层浅埋暗挖"技术进行施工，采用深孔注浆技术对施工前方土体进行加固，辅以 CRD 技术分四个导洞进行施工，监测结果显示，该桥桩最终沉降值为 17mm。

2.3.5　技术特点及主要创新点

1. 特点

（1）在砂卵石地层浅埋暗挖施工中合理的选择小管径的超前注浆小导管控制打设长度及频率，与常规使用的 $\phi 48$ 小导管相比具有可操作性强，施工周期短等特点，有效地解决了砂卵石地层暗挖施工的超前支护问题。

（2）通过优化格栅榀距，缩小围岩暴露时间，是砂卵石地层浅埋暗挖施工中安全控制的关键。

（3）下台阶反核心土开挖技术，确保下台阶的稳定。

（4）与常规作法相比，本工法施工安全系数高，土层沉降数值小，工期短等特点。

2. 主要创新点

（1）该技术对工艺参数进行了优化，根据砂卵石级配确定超前注浆小导管施工工艺参数和格栅施工步距，下台阶反核心土开挖技术，有效减少了下部格栅的施工时间，优化格栅施工榀距，减少围岩坍塌风险。

（2）该技术在工期和安全等方面明显优于常规做法。

2.4　地下工程新旧结构接合施工技术

2.4.1　工程概述

随着我国城市地下交通的迅速发展和城市地铁的网络化，必然会在地铁施工中遇到地铁接合问题。目前国内遇到交叉接合施工的情况不是很多，而在地下采用暗挖方式进行新旧结构接合施工的实例更是少之又少。北京地铁四号线三期土建工程第 12 号标段，由西直门车站改造、新街口车站、西直门站—动物园站区间、新街口站—西直门站区间四部分组成。西直门地铁站位于西内—西外大街与二环路交叉路口，站址周围车流量较大，西北方向有城铁 13 号线，华融公司；西南方向有国家药监局，地铁公司，中仪大厦等高层建筑；东南方向为成铭大厦，国二招；东北方向为一片住宅区。西直门车站附属结构的暗挖段上方有重要的市政管线，地面交通繁忙；2 号出入口暗挖段上方有污水管。西直门站同时也是 2 号线和 13 号线换乘站，换乘人流量大。

2.4.2 工程重难点

西直门车站改造施工中，区间隧道需要和既有西直门站对接，有顺接要求。这一新旧接合问题，使得浅埋暗挖法在该处的应用遇到了挑战。

新旧结构断面大小不一、形状不同，需要形成结构的良好过渡，避免受力集中；旧结构采用明挖法施工，经过几十年的沉降固结后沉降应该已经完成，而新建隧道可能会有工后沉降，会有沉降差异。因此需要做好沉降缝，需要保证接口段的防水层不被拉裂，保证不渗漏；施工缝与变形缝历来是车站及区间防水的薄弱环节，而既有车站明挖主体结构与新建出入口及风道接口处、区间隧道与既有结构的接合处以及施工缝和变形缝的防水问题处理。

针对以上难点，为了保证浅埋暗挖法在新旧结构接合施工中的安全经济的应用，研究开发了暗挖隧道结构新旧接合施工工法，并获得了成功。

2.4.3 新旧结合段开挖施工工艺

1. 主要施工工艺流程

标准段采用台阶法施工，人防段采用CRD法施工，标准段向人防段转化时要通过过渡段来实现，过渡段逐步扩大至人防段断面，过渡段采用CRD法施工。人防段施工到与既有结构接头位置时，按人防段结构尺寸向既有结构周围多施工1m（既有结构小于人防段结构），在人防段最后一榀格栅架立完成后，按照端头墙做法及时对掌子面进行支护，并对既有结构周围的端头墙用工字钢与人防段临时中隔栅进行支承，以保证既有结构周围土体稳定，从而减小沉降。具体方法见图2-24和图2-25。人防段施工流程见图2-26。

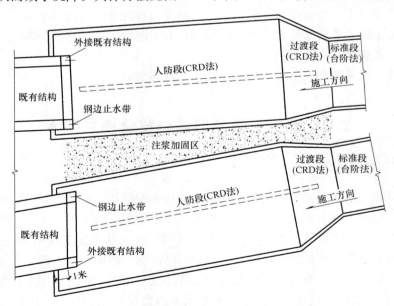

图2-24 人防段与既有结构接合平面示意图

施工注意事项：从标准段过渡到人防段，要抬高、加宽，超前小导管施工角度要适当，注浆加固确保质量。注意做好过渡段防水的铺设，铺挂圆顺，保证防水效果。加快支

2 轨道交通工程施工新技术

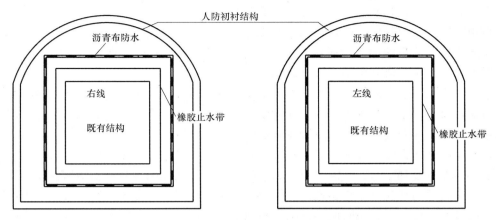

图 2-25 人防段与既有结构接合断面示意图

护封闭，减少土体变形沉降量。注意加强监测，发现异常及时处理。

2. 主要施工工艺

（1）CRD法施工工艺：中隔壁CRD法施工用于新旧结构接合的人防段。CRD法根据断面大小，地质环境、施工环境要求标准不同而选择是两层开挖还是三层开挖。

（2）CRD法施工要点和技术措施：以三层开挖为例说明施工要点和技术措施。

1）CRD法施工时，隧道分成六个部分开挖，各部分开挖施工间隔为：部与部相隔6～8m。各部每次开挖进尺为一个格栅间距，严禁多榀一次开挖。在各开挖分部内，按正台阶法分三台阶开挖支护，台阶长度2～3m。

2）注意控制先行导洞的开挖中线和水平，确保开挖断面圆顺，钢格栅安装位置正确。

3）加强量测监控，做好信息反馈，及时调整施工方法。

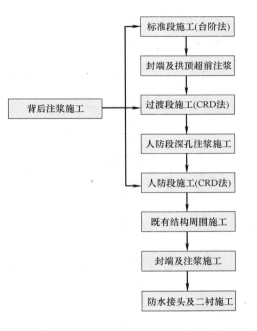

图 2-26 区间人防过渡段施工流程图

4）尽可能缩短开挖台阶和各开挖分部的施工间隔，使初期支护尽快闭合，以控制围岩变形。

5）因为CRD法工序较多，工序转换使得结构受力复杂，为保证拆除临时格栅时的安全，必须保证各部格栅之间的连接质量。

3. 断面过渡的施工方法和技术措施

在区间人防段、西—动区间配线段、西直门站4号出入口的临时通道都存在不同大小的断面过渡，同时也存在施工方法的过渡。尤其配线段，断面形式较多，不仅大小断面之间过渡频繁，而且断面变换面积大；变换过程中，不仅是面积大小的不同变换，也存在施工方法同时变换，因而配线段的受力特征和施工工艺复杂，对地表沉降控制的要求较高，需要采取有效措施,顺利完成断面和工法的转换。

在单线区间主要是标准隧道断面(台阶法)和人防段(CRD法)的过渡。在配线段区间主要是标准隧道断面(台阶法)和配线段区间(CRD法)过渡;配线段区间(CRD法)断面由大到小过渡和由小到大过渡。

(1) 大断面向小断面转换:大断面向小断面转换的施工方法是当大断面施做到设计位置时封端,再进入小断面施工。因为在大小断面间存在应力集中,需要在这个部位进行结构加强;同时需要对扰动的土体进行注浆加固。

(2) 小断面向大断面转换:

从小断面过渡到大断面,需要充分利用超前支护手段加固围岩、利用格栅喷混凝土逐渐加高加宽断面的渐变形式来实现。如果大、小断面是同一种施工方法,可以采用不同大小的格栅过渡;如果大、小断面不是同一种施工方法,需要根据两断面的施工方法确定过渡方案。

从台阶法向CRD法转换是在区间标准断面转换为人防段断面和配线段断面。这两段转换通过上挑、扩宽的方法实现断面过渡。施工转换示意图见表2-11。

台阶法向CRD法(人防段)过渡施工程序表　　　表2-11

序号	图示	施工程序	技术措施
1	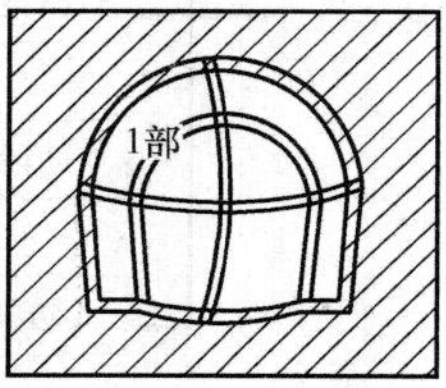	封闭隧道右上部;开挖支护1部	施做超前小导管支护,上挑、拓宽,施做初期支护和临时仰拱
2	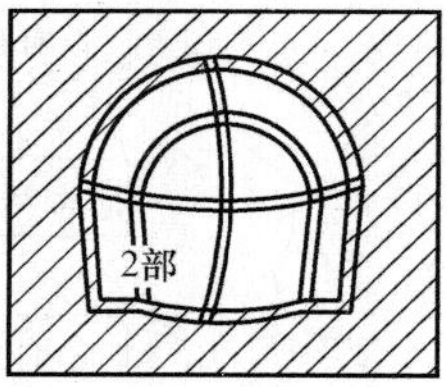	隧道1部掘进到过渡段起点截面,开挖支护2部	拓宽,施做初期支护和临时仰拱
3	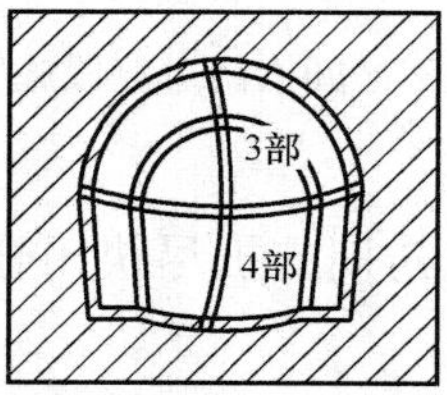	外扩分别进入隧道3部和4部	当中隔壁一侧导坑开挖3~5m后,再开挖另一侧导坑

(3) 断面转换技术措施:断面转换是本工程的难点之一,为确保安全过渡,在施工中需要按照不同的类型考虑应力集中和洞室之间的力学效应,紧扣浅埋暗挖法的基本原则,根据断面间的相互关系和采用工法情况,合理设置变坡坡度,充分利用超前支护手段加固围岩,利用格栅挂网喷射混凝土实现断面过渡。

具体技术措施如下:

1) 合理安排施工顺序,包括开挖顺序,衬砌施作顺序等。

2）合理设置变坡坡度。充分利用超前支护手段加固围岩，利用格栅挂网喷射混凝土逐渐加宽加高断面，在大小不同的断面间架设不同大小的格栅并喷混凝土支护，逐渐过渡到大断面。

3）充分利用超前支护手段加固围岩，加密超前小导管，采用注浆加固措施。

4）配线段过渡段及时对中间土体注浆，以减少后期洞室开挖引起的沉降。

5）及时进行拱背注浆。

6）减少格栅间距，增加纵向连接筋，以增加初期支护刚度。

4. 小导管超前注浆加固技术

小导管超前注浆加固技术是浅埋暗挖隧道在软弱围岩施工中非常重要的手段之一，小导管不仅起到了超前管棚的作用，而且通过注浆工艺改善了围岩的自稳能力，此技术对于控制新旧结构差异沉降也有明显的作用。超前预注浆工艺流程图见图2-27。

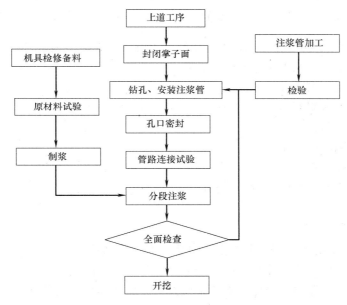

图2-27 超前预注浆工艺流程图

（1）小导管制作：超前小导管采用φ32mm×3.25mm普通水煤气管，管长3.0~3.5m，注浆管一端做成尖形，另一端焊上铁箍，在距铁箍端0.5~1.0m处开始钻孔，钻孔沿管壁间隔100~200mm呈梅花形布设，孔位互成90°，孔径6~8mm（图2-28）。

（2）超前预注浆浆材及配合比选择：粉细砂层颗粒细小，用普通水泥浆只能进行劈裂注浆。对于无水的粉细砂层，可考虑使用改性水玻璃浆液；而对含水粉细砂层来说，应用改性水玻璃效果也不理想。为了应付各种情况，在浆材选择上准备了几种方案，开挖后如果无水，可考虑使用改性水玻璃浆，如果粉细砂层被水浸泡，在拱顶部位考虑使用一部分超细水泥、水玻璃浆液；在中下部位置考虑使用普通水泥水玻璃浆液，并在水泥浆中加少量膨润土，以增加可灌性。总的原则是浆液要满足固结地层，防止涌水的需要。

1）水泥水玻璃浆

超细水泥浆水灰比：1∶1~1.2∶1在施工中可依据现场情况适量调节；

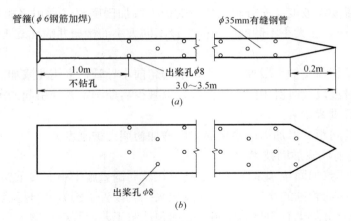

图 2-28 小导管加工示意图
(a) 小导管全图；(b) 小导管展开图

普通水泥浆水灰比：1:1～1.5:1 在施工中可依据现场情况适量调节；
膨润土掺入量（占水泥重量）：5%；
水玻璃浆浓度：35°Bé；
水泥浆与水玻璃浆双液比：1:1～1:0.6 施工中可以调节。
2) 改性水玻璃浆
水玻璃原浆浓度：35°Bé；
改性剂的浓度：20%；
改性水玻璃浆的酸碱度：pH=3～4。
(3) 注浆：
1) 钻孔、打小导管。
2) 注浆：注浆前先挂网喷混凝土封闭掌子面以防漏浆，对于强行打入的钢管应先冲净管内积物，然后再注浆，注浆顺序由下向上，浆液用搅拌桶搅拌。注浆时将两种不同的浆液分别放在两个容器内，使用双液注浆泵按配合比分别吸入两种浆液，两种浆液在混合器混合后注入地层。初凝时间可用不同配合比和少量磷酸氢二钠来控制。

2.4.4 新旧结构防水施工工艺

(1) 新旧接合结构防水实验方案：为解决地铁 4 号线与地铁 2 号线交接处新旧防水材料的搭接的技术问题，计划做一组对比实验，测出用数个不同方法处理的搭接处的抗拉性能以及抗渗性，以便得出最佳的解决方案。

实验方案如下：
1) 先将沥青混合防水材料表面清除干净，在其较干净表面上均匀涂上 P-201 止水材，再将 EVA 防水卷材平铺在上面。（搭接长度 250mm）搭接好后裁剪成实验所需的样式尺寸（搭接处在中间）进行实验。如图 2-29 所示。
2) 先将沥青混合防水材料表面清除干净，将 SBS 防水卷材热融粘结覆盖在其干净表面上，实验方法同上。
3) 先将沥青混合防水材料表面清除干净，在其较干净表面上均匀涂上 P-201 止水材，

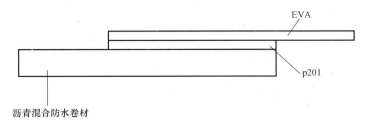

图 2-29 防水层实验搭接示意图

再将 SBS 防水卷材平铺在上面,实验方法同上。

4)将 SBS 防水卷材热融粘结覆盖在 EVA 表面上,实验方法同上。

5)先将沥青混合防水材料表面清除干净,将 BAC 防水材料粘结(自粘)在其干净表面上,实验方法同上。

6)将 BAC 防水卷材粘结覆盖在 EVA 表面上,实验方法同上。

7)对原来的沥青混合防水材料进行抗拉性能以及防水性能的测试。

通过试验对比,使用旧的玻璃布与沥青的混合防水层与 EVA 防水卷材之间选用 SBS 改性沥青防水卷材作为过渡材料;SBS 改性沥青防水卷材与旧防水层的搭接采用乳化沥青作为粘结剂;SBS 改性沥青防水卷材与新防水层的搭接采用热熔式粘结。

(2)SBS 防水卷材与 EVA 卷材的连接:

1)结构外表面沿接缝先行铺设一条 SBS 防水卷材覆盖接头。

2)EVA 防水板热融粘接覆盖在 SBS 防水卷材上。

3)将明挖结构施工时预先留出的 SBS 防水卷材粘接覆盖于 EVA 卷材上。

4)SBS 防水卷材收口处用单面粘异丁基橡胶密封带密封。

具体做法见图 2-30 所示。

2.4.5 监控量测

1. 施工监测目的

(1)了解明挖围护结构、暗挖隧道支护结构和周围地层的变形情况,为施工日常管理提供信息,保证施工安全。

(2)为修改工程设计方案提供依据。

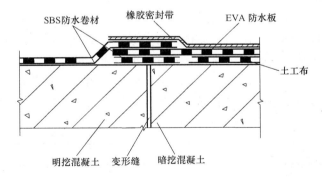

图 2-30 SBS 防水卷材与 EVA 卷材的连接示意图

(3)保证施工影响范围内建筑物、地下管线的正常使用,为合理确定保护措施提供依据。

(4)验证支护结构设计,为支护结构设计和施工方案的修订提供反馈信息。

(5)积累资料,以提高地下工程的设计和施工水平。

监控量测设计原则:在地下工程中进行量测,绝不是单纯地为了获取信息,而是把它作为施工管理的一个积极有效的手段。

2. 量测信息应能

(1) 确切地预报破坏和变形等未来的动态,对设计参数和施工流程加以监控,以便及时掌握围岩动态而采取适当的措施(如预估最终位移值、根据监控基准调整、修改开挖和支护的顺序和时机等)。

(2) 满足作为设计变更的重要信息和各项要求,如提供设计、施工所需的重要参数(初始位移速度、作用荷载等)。施工监测是一项系统工程,监测工作的成败与选用监测方法的选取及测点的布置直接相关,应遵循以下5条原则:

1) 可靠性原则:可靠性原则是监测系统设计中所考虑的最重要的原则。为了确保其可靠性,必须做到:第一,系统需要采用可靠的仪器。第二,应在监测期间保护好测点。

2) 多层次监测原则:

① 在监测对象上以位移为主,兼顾其他监测项目。

② 在监测方法上以仪器监测为主,并辅以巡检的方法。

③ 在监测仪器选择上以光学仪器为主,辅以电测仪器。

④ 考虑分别在地表及邻近建筑物与地下管线上布点以形成具有一定测点覆盖率的监测网。

3) 重点监测关键区的原则:在具有不同地质条件和水文地质条件、周围建筑物及地下管线段,其稳定的标准是不同的。稳定性差的地段应重点进行监测,以保证建筑物及地下管线的安全。

4) 方便实用原则:为减少监测与施工之间的干扰,监测系统的安装和测量应尽量做到方便实用。

5) 经济合理原则:系统设计时考虑实用的仪器,不必过分追求仪器的先进性,以降低监测费用。

监测项目:根据招标文件、设计资料以及现场实际情况,需对场区内及周围环境进行日常的常规监测主要有:地表沉降、地面建筑物沉降、倾斜及裂缝、隧道拱顶下沉及水平收敛、支护结构内力、临时支护内力、地下水位、地中土体垂直位移、地中土体水平位移等。各种观测数据相互印证,确保监测结果的可靠性,为确保周围建筑物的安全,合理确定施工参数提供依据,达到反馈指导施工的目的。监测项目及仪器详见表2-12所示。

施工监控量测表　　　　　　表2-12

监测区段	序号	监测项目	监测仪器	监测目的
明挖基坑	1	地表沉降	全自动电子水准仪、铟钢尺	掌握基坑开挖过程对周围土体、地下管线、钻孔桩和周围建筑物的影响程度及影响范围
明挖基坑	2	地下管线沉降	全自动电子水准仪、铟钢尺	掌握基坑开挖过程对周围土体、地下管线、钻孔桩和周围建筑物的影响程度及影响范围
明挖基坑	3	围护桩顶垂直位移	全自动电子水准仪、铟钢尺	掌握基坑开挖过程对周围土体、地下管线、钻孔桩和周围建筑物的影响程度及影响范围
明挖基坑	4	建筑物沉降	全自动电子水准仪、铟钢尺	掌握基坑开挖过程对周围土体、地下管线、钻孔桩和周围建筑物的影响程度及影响范围
明挖基坑	5	建筑物倾斜	全站仪、反射片	掌握基坑开挖过程对周围土体、地下管线、钻孔桩和周围建筑物的影响程度及影响范围
明挖基坑	6	围护桩水平位移	测斜管、测斜仪	掌握基坑开挖过程对周围土体、围护结构及地下水位的影响
明挖基坑	7	土体水平位移	测斜管、测斜仪	掌握基坑开挖过程对周围土体、围护结构及地下水位的影响
明挖基坑	8	地下水位	水位孔、水位计	掌握基坑开挖过程对周围土体、围护结构及地下水位的影响

续表

监测区段	序号	监测项目	监测仪器	监测目的
明挖基坑	9	主体结构轴力	钢筋计、频率接受仪	了解施工过程水平支撑、主体结构的受力状况
	10	水平支撑轴力	轴力计、频率接收仪	
	11	地表、建筑物、支护结构裂缝	以观测为主必要时用裂缝仪	掌握裂缝的发生、发展过程分析施工的影响程度
暗挖区间隧道	1	地表沉降	精密水准仪、钢钢尺	掌握隧道施工过程对周围土体、地下管线和周围建筑物的影响程度及影响范围
	2	地下管线沉降		
	3	建筑物沉降		
	4	建筑物倾斜	全站仪、反射片	
	5	隧道拱顶下沉	精密水准仪、钢钢尺	了解隧道施工过程初期支护结构变位规律及大小
	6	隧道净空收敛	收敛计	
	7	隧道围岩压力	压力计、频率接收仪	了解隧道施工过程中围岩压力、钢支撑轴力、初期支护及衬砌受力的大小和分布情况
	8	临时及初期支护力	钢筋计、频率接收仪	
	9	二次衬砌应力		
	10	土体分层沉降	沉降仪,沉降管	掌握隧道施工过程周围土体的变位规律
	11	土体水平位移	测斜管、测斜仪	
	12	地下水位	水位孔、电水位计	掌握降水对周围环境影响
	13	地表、建筑物、支护结构裂缝	以观测为主必要时用裂缝仪	掌握裂缝的发生、发展过程分析施工的影响程度

3. 监测测点布置

(1) 监测测点布置原则为：观测点类型和数量的确定结合本工程性质、地质条件、设计要求、施工特点等因素综合考虑，并能全面反映被监测对象的工作状态。

(2) 为验证设计数据而设的测点布置在设计中最不利位置和断面上，为结合施工而设计的测点，布置在相同工况下的最先施工部位，其目的是及时反馈信息、指导施工。

(3) 表面变形测点的位置既要考虑反映监测对象的变形特征，又要便于应用仪器进行观测，还要有利于测点的保护。

(4) 埋测点不能影响和妨碍结构的正常受力，不能削弱结构的刚度和强度。

(5) 在实施多项内容测试时，各类测点的布置在时间和空间上应有机结合，力求使一个监测部位能同时反映不同的物理变化量，找出内在的联系和变化规律。

(6) 根据监测方案预先布置好各监测点，以便监测开始时监测元件进入稳定工作状态。

(7) 如果测点在施工过程中遭到破坏，应尽快在原来位置或尽量靠近原来位置补设测点，保证该测点观测数据的连续性。

(8) 暗挖区间隧道以洞内、地表、管线和房屋监测为主布点；车站以地表、管线、房屋和基坑变形监测为主布点。

监测施工流程如图 2-31 所示。

监控量测数据处理及信息反馈管理程序如图 2-32 所示。

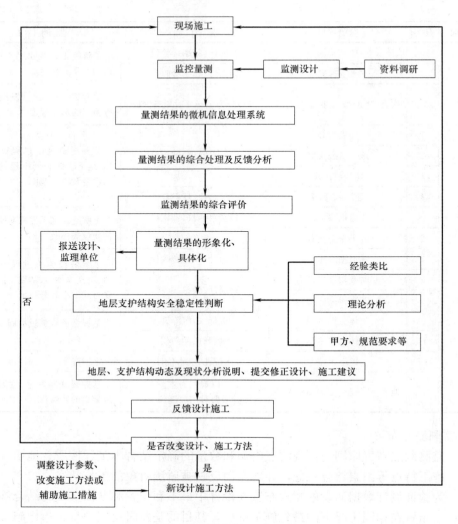

图 2-31 监测施工流程图

监控量测资料均由计算机进行处理与管理，当取得各种监测资料后，能及时进行处理，绘制各种类型的表格及曲线图，对监测结果进行回归分析，预测最终位移值，预测结构物的安全性，确定工程技术措施。因此，对每一测点的监测结果要根据管理基准和位移变化速率（mm/d）等综合判断结构和建筑物的安全状况，并编写周、月汇总报表，及时反馈指导施工，调整施工参数，达到安全、快速、高效施工之目的。

取得各种监测资料后，需及时进行处理，排除仪器、读数等操作过程中的失误，剔除和识别各种粗大、偶然和系统误差，避免漏测和错测，保证监测数据的可靠性和完整性，采用计算机进行监控量测资料的整理和初步定性分析工作。

2.4.6　保障措施

1. 材料与设备

如表 2-13 及表 2-14 所示。

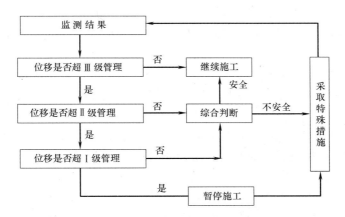

图 2-32 监测资料反馈管理程序图

主要材料表　　　　　　　　　　　　　　　　　　　　　　　表 2-13

序号	材料名称	材质	规格
1	超前小导管	热轧无缝钢管	φ32mm、壁厚 3.25mm
2	小导管注浆浆液	改性水玻璃	35~40Be′
3	纵向连接钢筋	螺纹 22	环向间距1m,内外双排
4	钢格栅	主筋螺纹 22	格栅间距 0.5m
5	喷混凝土	C20 混凝土	早强混凝土
6	防水缓冲层	无纺布	400g/m²
7	防水板	EVA	厚 1.5mm
8	防水板	SBS	厚 4mm
9	密封带	丁基橡胶	厚 3mm

主要机械设备表　　　　　　　　　　　　　　　　　　　　　表 2-14

序号	设备名称	额定功率	数量	总功率
1	锚喷机	7.5	4	30
2	电动空压机	132	1	132
3	小导管钻机	10	4	40
4	制浆机	7.5	8	60
5	电焊机	28	4	112
6	注浆泵	3	8	24
7	热风自动焊接机	2.3	3	6.9
8	自动爬行热合机	2	3	6
9	热风枪	0.25	2	0.5

2. 质量控制

本施工技术的质量控制主要在于新旧结构初支的质量控制和防水工程的质量控制。

（1）暗挖初支的质量控制及措施

1）暗挖开挖前采用小导管注浆超前支护预加固地层，为保证注浆质量，对超前注浆管进行定时抽查。

2）暗挖开挖采用人工配合机械施工，接近开挖轮廓时，禁止用机械开挖，必须采用人工修整从而控制超挖，同时还要控制开挖台阶间距，不超过一倍洞径。

3）格栅钢架工程

① 隧道开挖初期支护的格栅钢架其原材料必须符合设计要求和施工规范规定。

② 加工厂加工的格栅钢架应有出厂质量证明，现场加工的格栅钢架应分批进行验收，合格后方可用于施工。

③ 格栅钢架用于工程前应进行试拼，架立应符合设计要求，连接螺栓必须拧紧，数量符合设计，节点板密贴对正，格栅钢架连接圆顺。

4）喷射混凝土

① 所用材料的品种和质量必须符合设计要求和施工规范的规定，其中水泥需先进行复试，符合有关规定后方可使用。

② 喷射混凝土原材料配合比、计量、搅拌、喷射必须符合施工规范规定。

③ 喷射混凝土的强度必须符合设计要求。

④ 喷射混凝土结构，不得出现脱落和漏筋现象。

⑤ 仰拱基槽内不得有积水、淤泥、虚土和杂物，喷射混凝土结构不得夹泥夹渣，严禁出现夹层。

⑥ 格栅钢架间喷射混凝土厚度应满足设计要求，表面应平整圆顺，无大的起伏凹凸。

（2）防水工程质量控制及措施

防渗漏的原则和要求：地下结构工程的防水遵循"以防为主、防排结合、因地制宜、综合治理"的原则，采用以提高结构本身自防水性能为主，附加防水层为辅，多道防线，层层设防，整体防水的方案。

对防水渗漏的基本认识：充分认识到暗挖隧道工程是常水位中的地下构筑物。防水抗渗效果好坏，涉及管理和技术的各个环节，涵盖了设计、施工的全过程，必须自始至终作为一件大事来抓。除了严格按照技术规范和设计要求的有关规定进行施工操作外，还必须充分吸取类似工程的成功经验和教训，对防渗漏的主要环节有针对性地采取措施。

技术保证措施：

1）严格按照招标文件对结构接缝（变形缝、施工缝）、附加防水层的选材、构造要求、施工工艺、验收标准等规定施工，因地制宜、科学管理、精心施工、确保质量。

2）结构自防水体系必须采取综合措施，保证混凝土的防裂、抗裂、防腐、抗渗达到预期效果。

① 充分认识混凝土防裂、抗裂的机理和重要性，对入模温度、混凝土的浇筑、振捣和养护等与混凝土防裂抗裂密切相关的环节进行控制。

② 混凝土施工前，由专人负责检查二衬厚度，对不符合设计的，不允许混凝土浇筑，待采取措施保证达到设计要求后，方可继续施工。

③ 精心做好混凝土的浇筑、振捣、养护，控制拆模时间，严格按规范要求操作，从而确保混凝土的强度、密实性、耐久性、抗渗等级和抗裂能力。

3) 加强对防水工程成品的保护。

(3) 综合技术措施

1) 成立专业的防水作业工班施作防水层，所有防水施工人员经专门培训，经考核合格后上岗。作业工班配备专业防水工程技术人员，负责技术指导、施工组织、监督及质量把关。

2) 建立防水施工质量体系，严格把好工序关，跟随施工过程经常检查防水施工质量，发现问题及时纠正。做到上道工序质量不合格，不准许下道工序进行，以确保防水施工达到技术标准。

3) 各种原材料符合现行国家和行业标准的规定，并符合设计要求，使用前向监理上报质量证明文件和试验资料，得到监理同意后再用于施工，并在施工过程中经常进行检验试验。

4) 防水混凝土混合料的配比成分和配制方法，必须保证符合设计要求和有关技术标准，并通过试验验证。

5) 防水混凝土和附加防水层施工时，不得带水、带泥进行防水工程施工。

6) 附加防水层施工过程中，当下道工序或相邻工程同时施工时，对已完成部分加强防护，防止破坏。未采取防护措施，质检工程师有权要求停止其下一工序或相邻工程施工。

7) 防水工程完成后，不得在完成的防水层上凿眼打洞，不得已时则须采取稳妥可靠的防水措施，并会同设计、监理确定后实施。

8) 防水工程的施工工艺严格遵循现行国家及行业规范，并符合设计及招标文件相应规定。

3. 安全措施

(1) 安全防护

1) 各种施工、操作人员先进行岗前安全培训，做到持证上岗。班组长在班前进行上岗交底，上岗检查，上岗记录的"三上岗"和每班一次的"一讲评"安全活动。

2) 施工前应根据设计文件复查地下构造物，如地下电缆、光缆、给水排水管道等的埋设深度及走向，并采取相应的措施进行保护。施工中如发现危及地下构筑物、地面建筑物或有危险品、文物时，立即停止施工，待处理完毕后施工。

3) 做好个人防护，进入施工现场人员必须戴好安全帽，当班人员必须穿工作服，戴工作手套，从事 2m 以上高空作业，必须系好安全带。设专职安全员负责各种设备和施工过程中的安全隐患检查工作。

4) 现场照明设施齐全，配置合理，经常检修，保证正常的生产、生活。

5) 竖井周边及明挖段预留孔洞设护身栏杆（高度不低于 1.2m），下坑设置专用楼梯，楼梯上涂安全色，旁边不堆积杂物，严禁向下掷物，设置的上下扶梯牢固。

6) 氧气瓶不得沾染油脂，乙炔发生器必须有防止回火的安全装置，氧气瓶与乙炔瓶要隔离存放。

7) 加强施工过程中的监控量测，及时反馈量测信息，依照量测结果及分析情况，及时调整预加固、预支护措施及支护结构的封闭时间，确保施工安全及地面建筑物安全。

8) 有多道工序平行作业、流水作业的施工项目，必须加强各工序的管理，施工前编制各工序方案。

9) 做好交通运输的安全工作，施工场地设置交通标示灯、交通禁示牌，并安排专职疏导人员，以便疏导行人及车辆。

10) 做好汛期防汛工作，每天做好气象记录，汛期前由负责安全的领导组织相关人员对施工、生活区、弃土场进行检查，保证地面排水设施完备、通畅，并备足抽水设备及雨布等。

11) 冬期施工，为施工人员配发防滑靴，设专人对上下坡道、脚手架、基坑、竖井周围进行检查，及时清除冰雪，保证人员设备安全。

12) 施工场地内行车速度不大于5km/h，杜绝酒后开车。

（2）安全用电

1) 所有施工人员掌握用电常识和所用设备性能，用电人员各自保护好设备的负荷线、接地线和开关，发现问题及时找电工解决，严禁非专业电气操作人员乱动电器设备。

2) 施工现场的临时用电，必须严格按照《施工现场临时用电安全技术规范》JGJ 46—2005的有关规范规定执行。

3) 临时用电线路的安装、维修、拆除，均由经过培训并取得上岗证的专业电工完成，非电工不准进行电工作业。

4) 电缆线路应采用"三相四线"接线方式，电气设备和电气线路必须绝缘良好，场内架设的电力线路其悬挂高度和线间距必须符合安全规定，并架在专用电杆上。

5) 变压器必须设接地保护装置，其接地电阻不得大于4Ω，变压器设置围栏，设门加锁，专人管理，并悬挂"高压危险，切勿靠近"的安全警示牌。

6) 室内配电柜、配电箱前要有绝缘垫，并安装漏电保护装置。

7) 各类电器开关和设备的金属外壳，均应设接地或接零保护。

8) 防火、防雨配电箱，箱内不得存入杂物，并且要设门加锁，专人管理。

9) 移动的电气设备的供电线路使用橡胶电缆，穿过场内行车道时，穿管埋地敷设，破损电缆不得使用。

10) 检修电气设备时必须停电作业，电源箱或开关握柄上挂"有人操作，严禁合闸"的警示牌并设专人看管，必须带电作业时要经有关部门批准。

11) 现场架设的电力线路，不得使用裸导线。临时敷设的电线路，必须安设绝缘支撑物，不准悬挂于钢筋模板和脚手架上。

12) 施工现场使用的手持照明灯使用36V的安全电压，在潮湿的基坑、洞室掘进用的照明灯则采用12V电压。

13) 严禁用其他金属丝代替熔断丝。

（3）机械安全

1) 各种机械操作人员和车辆驾驶员，必须取得操作合格证，不准操作与操作证不相符的机械，不准将机械设备交给无本机械操作证的人员操作，对机械操作人员要建立档案，专人管理。

2) 操作人员必须按照本机说明书规定，严格执行工作前的检查制度和工作中注意观察及工作后的检查保养制度。

3) 驾驶室或操作室应保持整洁，严禁存放易燃、易爆物品，严禁酒后操作机械，严禁机械带病运转或超负荷运转。

4）各种机械有专人负责维修、保养，并经常对机械的关键部位进行检查，预防机械故障及机械伤害的发生，严禁对运转中的机械设备进行维修、保养、调整等作业。

5）机械安装时基础必须稳固，吊装机械臂下不准站人，操作时，机械臂距架空线要符合安全规定。

6）各种机械设备视其工作性质，性能的不同搭设防尘、防雨、防砸、防噪声工棚等装置，机械设备附近设标志牌、规则牌。

7）机械设备在施工现场停放时，应选择安全的停放点，夜间应有专人看管。

8）指挥施工机械作业人员，必须站在可让人瞭望的安全地点，并应明确规定指挥联络信号。

9）使用钢丝绳的机械，在运行中严禁用手套或其他物件接触钢丝绳，并经常上油和检查钢丝绳的完好程度，以确定其安全性。

10）各种自制设备、设施通过安全检验及性能检验合格后方可使用。

11）起重作业严格按照《建筑机械使用安全技术规程》JGJ 33—2012 和《建筑安装工人安全技术操作规程》规定的要求执行。

12）定期组织机电设备、车辆安全大检查，对检查中查出的安全问题，按照"三不放过"的原则进行调查处理，制定防范措施，防止机械事故的发生。

（4）环保措施

1）对施工场地进行详细测量，编制出详细的场地布置图，合理布置施工场地生产、办公设施布置在征地红线以内，尽量不破坏原有的植被，保护自然环境，并且按图布置的施工场地围挡及临时设施要考虑到同周围环境协调。

2）对施工中可能遇到的各种公共设施，制定可靠的防止损坏和移位的实施措施，向全体施工人员交底。

3）对施工有影响的古树采取必要的保护措施，对要迁移的树木须报请园林部门确认后及时向业主报告，由业主委托园林部门进行迁移，不得私自移除或破坏。

4）弃渣运至指定的弃渣场，严禁任意弃渣。

2.4.7 施工结果

本工法合理地利用了主体结构，减少了资源浪费；有效地控制了差异沉降，保证了区间隧道及周边环境的安全；在施工过程中没有影响地铁既有线的安全运营；有效地处理了新旧结构接合处的防水问题，为以后的安全运营提供了保证。目前新旧隧道结构接合施工工程在北京乃至全国越来越多，将遇到更多的类似工程环境条件，该成果具有重要的借鉴作用。

2.4.8 主要创新点

（1）该技术解决了新、旧结构对接、差异沉降、防水层搭接等暗挖隧道工程新旧结构接合施工中的关键技术难题，提出一套完整的施工工艺流程，具有创新性。

（2）该技术可操作性强，功效高，施工质量可靠，经济效益和社会效益显著。

2.5 暗挖隧道弧面侧向开洞及暗竖井施工技术

2.5.1 工程概述

北京地铁4号线12标段西直门站新增东北出入口位于西内大街和二环路的东北角匝道的外侧，施工现场周边交通繁忙环境复杂。该工程由明挖段和暗挖段两部分组成。暗挖部分包括出入口通道和残疾人通道，暗挖通道最大开挖宽度9.2m，长21.9m。残疾人通道在暗挖通道侧墙开洞（洞口高6.25m、宽7.7m）并设置竖井施工平台，在平台底部开设残疾人竖井（竖井长5.7m、宽4.3m）至4号线站厅层标高，再在残疾人竖井壁开洞设置通道同既有车站的换乘通道相接。

残疾人通道上方地面民房等拆迁难以解决，不具备从地面施工临时竖井进行暗挖施工的条件。

2.5.2 工艺流程

暗挖隧道弧面侧向开洞及暗竖井施工技术，在暗挖隧道弧面侧向开洞前，提前构建支撑体系，在两条通道相交位置施作一个三维立体的圈梁体系，减少了施工中多次采用临时支撑进行受力转换的情况。暗竖井施工中以暗挖隧道作为竖井的施工空间，暗挖隧道与暗竖井圈梁施工成一个整体受力体系。

暗挖隧道弧面侧向开洞及暗竖井施工技术施工流程如图2-33所示。

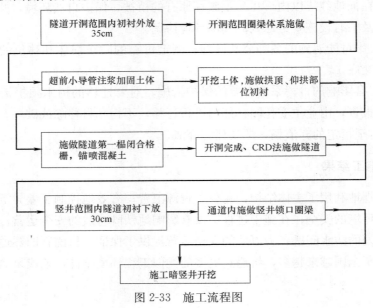

图2-33 施工流程图

2.5.3 施工工艺

1. 洞前支护

在暗挖通道一衬施工至侧墙开洞范围时，将初衬断面在原基础上外放35cm，为施做支护体系预留空间,待初衬完成后施做圈梁连接体系。

初衬完成后,在开洞范围施做支护体系:在两条通道相交位置施作一个三维立体的圈梁体系,并采用四个连接梁(上部3个、下部1个)使圈梁体系闭合。环梁断面尺寸为300mm×300mm,连接梁断面尺寸为200mm×200mm。圈梁体系如图2-34所示。

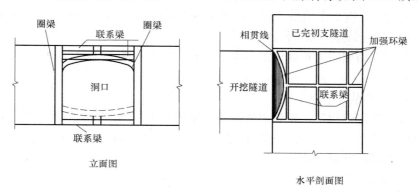

图 2-34 圈梁体系

2. 超前小导管注浆

洞口圈梁体系完成后,采用超前小导管对开洞处拱顶及仰拱土体进行注浆加固。洞口整体支护体系形成后采用"注浆一段,开挖一段,段段推进"方式。

(1) 小导管选用 $\phi32mm$ 热轧无缝钢管,长度 2.5m,壁厚 3.25mm。小导管中间部位钻 $\phi8mm$ 溢浆孔,呈梅花形布置(防止注浆出现死角),间距 110mm,尾部 1.0m 范围内不钻孔防止漏浆,末端焊 $\phi6mm$ 环形箍筋。

(2) 小导管沿两通道相贯线打入,环向间距为 0.33m。采用煤电钻成孔,外插角控制在 30°,风镐打入。

(3) 浆液选用改性水玻璃浆液,水玻璃浓度 35~40°Bé,胶凝时间在 60min 左右。注浆压力控制在 0.5~1.0MPa 之间,形成注浆体直径不小于 0.5m。

3. 洞口土体开挖

(1) 基本原则:尽量少扰动围岩,短进尺,尽快施作初期支护,并使每步断面及早封闭,采用信息化施工,勤量测和反馈以指导施工。

(2) 洞口处土体开挖:开洞时,从两通道相贯线开始进行上部拱顶弧面土体开挖,开挖步距为 50cm,开挖后立即将该断面的格栅与圈梁连接安装,及时锚喷一衬混凝土与圈梁支护体系形成整体,完成初期支护。洞口拱顶处初支体系形成后,即可按顺序进行洞口下拱弧面部分的土体开挖施工。开挖至既有隧道边缘后,沿隧道边缘向通道内开挖格栅宽度范围内土体,并安装格栅,使格栅沿环向闭合并形成独立初期支护后,开洞施工完成。

开挖此处土体时应加强对开挖面地质的观察和记录,判断其稳定性并预报开挖面前方的地质情况。待开挖断面形成马蹄面后,暗挖采用 CRD 法施工,分 4 个导洞人工开挖,人工手推车运输至南端结构预留施工洞处的提升斗内,垂直提升至地面存土场,夜间运出。

(3) 洞口处钢格栅施工:

1) 施工顺序

钢格栅在初期支护中的施工顺序为：土方开挖→喷射50mm厚混凝土→安定位筋→安设格栅钢架→铺钢筋网→复喷混凝土→复喷混凝土达到设计厚度。

2) 钢格栅的加工

四根$\Phi 22$主筋及其他钢筋等焊接构成，按洞口断面形式加工，加工工作台为$\delta=20mm$的钢板制成。钢架在胎模内焊接，控制变形。按设计加工好各单元钢格栅后，组织试拼，检查钢架尺寸及轮廓是否合格。

误差：沿初支结构周边轮廓误差不大于3cm，平面翘曲小于±2cm，接头连接要求同类之间可以互换。

3) 钢格栅的安装

格栅安装包括定位测量、安装前的准备和格栅安装、固定。洞口上、下土体开挖后立即进行格栅的安装工作，格栅应与圈梁焊接连接。连接完成后继续向通道内安装一榀格栅，使其环向成环，开洞完成。

4. 暗竖井施工

(1) 竖井施工步序：

在施工隧道初衬时，暗竖井范围初衬底板下放30cm，为暗竖井圈梁预留空间。同时在圈梁对应处的初衬上预留钢筋。通道初衬施工完成后，进行暗竖井施工。暗竖井施工工艺流程如图2-35所示。

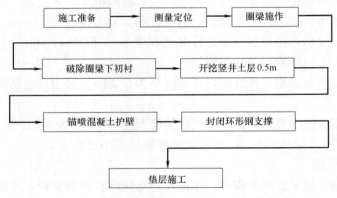

图2-35 暗竖井施工工艺流程

(2) 锁口圈梁：根据测量放线，在通道初衬底板施做锁口圈梁，圈梁长6.3m、宽4.9m。圈梁钢筋绑扎时，将圈梁钢筋与初衬预留筋连接，使竖井锁扣圈梁与通道初支形成整体支撑体系。钢筋绑扎完成后，破除圈梁内通道初衬并向井身预插初衬钢筋接头（方法是向下将预留钢筋钉入土内），然后支搭圈梁模板。在支搭模板的同时将施工竖井的钢梯管线架等预埋铁板安装好后浇筑锁口圈梁混凝土。竖井圈梁模筑混凝土达到强度后，并安装渣土提升架。

(3) 竖井开挖：

竖井施工采用人工开挖装碴。竖井土方分层分步开挖，根据地层条件，每层开挖步距0.5~1m。每层开挖分块进行，先对称开挖左右两侧并喷混凝土支护，再开挖前后两侧并支护，避免竖井初衬底部同时悬空。

竖井开挖的过程中，在竖井中部设置集水坑，以此收集渗出的地下水及施工废水，集水坑内设置潜水泵排水。开挖深度超过7m后,在竖井中部加临时钢支撑及围檩,钢支撑采用18a槽钢,竖向间距1m一道,钢支撑与竖井围檩焊接。

施工竖井采用"锁口圈梁+倒挂锚喷法"施工,竖井横通道马头门拱顶位置设环形加强钢格栅环框暗梁,暗梁钢筋与竖井钢格栅焊接牢固形成整体。同时在洞门上部预打超前小导管。竖井开挖及支护施工至设计标高后,现浇10cm厚混凝土垫层,之后进行竖井二衬底板混凝土施工。

竖井施工至底板下皮标高时,按施工需要开挖提升井土方,然后按设计要求绑扎钢筋,喷射C20混凝土封闭竖井垫层。

5. 竖井暗挖时土的提升运输装置

竖井暗挖时的土要通过此暗挖竖井这一通道全部运出,采用卷扬机提升装置。一次提土大约1.5t左右。在提升运输土的过程中CRD支撑要破除部分范围。CRD支撑可以都破除其中一半,在拆除的支撑部分周围的土体要进行小导管注浆加固。土体提升装置如图2-36所示。

6. 质量控制措施

施工中质量控制的重点为钢格栅的焊接搭接长度、锚喷厚度、开洞施工中支撑体系的受力转换。钢筋格栅和钢筋网采用的钢筋种类、型号、规格应符合设计要求,其施焊应符合设计及钢筋焊接标准的规定。施工过程中应严格按照方案、规范进行,同时做好监控量测工作,指导施工。监测数据应及时整理分析,一般情况下,应每周报送一次,特殊情况下,每天报送一次。监测报告应包括阶段变形值、变形速率、累计值,并绘制沉降槽曲线、历时

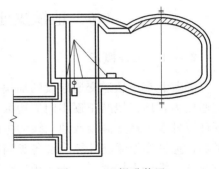

图2-36 土提升装置

曲线等,作必要的回规分析,及时对监测结果进行评价。当沉降、变形超出范围时,立即采取措施改正。

7. 安全控制措施

(1) 开工前,对施工区域做好研究调查,了解施工区域内原有地下构筑物、地下管线、地下建筑物及其他的设备设施的资料。

(2) 对职工进行安全教育,组织有关人员学习防护手册,并进行安全作业考试,考试合格的职工才准进入施工作业面作业。

(3) 暗挖施工前应充分了解工程地质、水文地质勘测资料,对影响暗挖施工的水源应及时治理。

(4) 暗挖施工坚持先护顶后开挖的施工原则,严格按照"管超前、沿注浆、短开挖、强支护、快封闭、勤测量"的原则施工。

(5) 严格控制每循环进尺,开挖形成后及时进行初期支护,取保工序衔接,尽早施做仰拱封闭成环,以改善受力条件。

(6) 加强监控量测,及时对测得数据进行分析,发现异常情况立即上报,并采取相应的防范措施。

(7) 施工现场临时用电的安装、维护、拆除应由取得特殊工种上岗征得专职电工进行

操作。加强通风、照明及防尘措施，保护环境卫生。

2.5.4 施工结果

北京地铁 4 号线第 12 标段西直门站新建东北出入口工程，于 2006 年 3 月 20 日开工，2006 年 6 月 27 日竣工。应用暗挖隧道弧面侧向开洞和暗竖井施工技术，解决了暗挖隧道弧面侧向开洞和暗竖井施工时的初衬结构稳定及开洞过程、暗竖井施工中的安全保证问题，有效地减少了地面沉降，施工工期短、施工安全性高，且工程造价较低。

2.5.5 主要创新点

（1）该技术创造性提出了内设暗环梁法，成功解决了隧道折弯段、变截面、交叉点部位结构的受力转换问题。

（2）该技术可操作性强，功效高，施工质量可靠，经济效益和社会效益显著。

2.6 地铁支座维修及顶升更换施工技术

2.6.1 工程概况

随着北京市轨道交通建设的加快，城区地铁线路在逐年"加密"，日趋饱和，为缓解交通压力，地铁线路正逐步向周边区县辐射蔓延，从目前地铁的整体建设情况来看，四～五环以外多为地上高架或地面线为主，随着运营时间的增加，运力的增强，加上环境因素影响，地铁高架线路陆续出现各类病害，其中以支座问题最为突出，部分支座存在上下钢板脱空、螺栓未拧紧、支座转角超限导致盆式支座钢盆破坏、支座橡胶板串动及剪切变形等现象，上述病害是由施工过程控制不严、后期运营过程中发生梁体震动及环境因素而导致。

本文以北京地铁 5 号线支座病害为例，经过检测单位对该条线路重点的 37 个桥墩 103 个支座病害支座进行检测，共发现 A1 级支座 27 个，C 级支座 2 个，未达到 D 级 54 个，正常支座 20 个，其中，176-2 号支座剪切变形较大，劣化严重，根据检测报告、设计方案及专家论证意见，采用顶梁更换支座橡胶板的处理方案，并将 176-1 号支座同时更换。其余支座病害（支座脱空、螺帽缺失、螺帽未拧紧、螺栓剪断）采取常规修复的处理措施。

由于以往北京地铁桥梁支座的更换通常由运营单位负责施工，专业施工单位少，且桥梁支座顶升更换施工尚无相关的规范、验收标准及施工方案可循，结合本工程实际，研究其施工前的内部准备、外部协调及顶升更换支座施工过程中操作细节，使此方案可对为今后类似施工提供参考。

2.6.2 国内外发展现状

桥梁支座是桥梁结构的关键部分，由于其在桥梁的造价中占据的比重很小而经常被忽视，导致很多桥梁支座在使用过程中出现各种病害，以致支座失效及梁体位移现象屡有发生，严重危及运营安全，影响了桥梁的正常使用。

随着我国交通运输的快速增长，行车密度及车辆载重愈来愈严重，许多橡胶支座出现了转角超限、橡胶板被挤出等一系列问题，对问题的支座亟待更换维修。因此，研究桥梁支座更换技术，延长支座的使用年限是十分必要的。

为推动城市化步伐，带动地区经济增长，有效的缓解交通压力，各大城市目前正在大力新建、改造、扩建基础设施，尤其是一二线城市的轨道交通、城市高架桥、高速公路、高铁的高速发展，在工程建成后运营甚至未通车之前，受前期设计、施工、使用寿命、运营及车辆超载等其他因素影响，短时期内既出现了支座损坏问题，且呈上涨趋势，严重危及运营安全，公共交通惠及民生，各级管理部门对此也高度重视，加大了桥梁支座的检测监控及支座更换力度。

国外对于支座更换及维修研究起步较早，设备及技术先进，施工精度高，国内桥梁支座更换维修在施工中正处于发展阶段，经与专业人士了解，目前全国各地专业施工单位、专业技术人员匮乏，支座更换维修施工市场供不应求，市场相对垄断，其施工周期短、投入少、盈利高，可应用于地铁、城市公路、高速公路及铁路等领域，进入支座更换市场有可观的前景。

2.6.3 工程重点、难点

1. 工程重点

（1）做好病害的前期检测工作，及时出具检测报告，并对现场详细调查，为病害维修方案的确定提供依据。

（2）确定病害后，针对不同病害进行设计方案→施工方案→方案论证等阶段，最终确定切实可行的处理措施。

（3）地铁高架线路多位于现况路内，周边交通流量大，需夜间停运后施工，因此，需做好施工筹划、绿色安全文明施工。

（4）施工前须与地铁运营公司、交通、城管、绿化、设计、监理、检测、监测等多部门的沟通配合，积极办理相关的前期手续。

（5）支座顶升施工前，需严格按顶升操作流程，提前与运营公司各相关部门、监测单位、设计单位做好施工前的演练，以确保在规定时间内完成顶升，确保第二天安全运营。

（6）施工前需制定应急预案，以应对供电中断、恶劣天气、施工超时等情况发生。

（7）顶升过程中需设计及相关专家对现场各项数据进行研判，做好应力及位移双控，以进行下一步操作或停止顶升，采取应急措施。

2. 工程难点

由于支座顶升施工需在地铁停运后进行，施工时间短，配合单位多，需确保第二天安全运营，因此，顶升施工各环节协调配合、施工组织是本工程的难点。

2.6.4 总体施工组织

1. 施工组织机构

根据工程情况及现场需求，抽调骨干力量组建了北京轨道交通地铁5号线支座病害维修工程（以下简称5号线支座病害维修工程）项目部，明确了岗位职责划分，选定了专业施工队伍，项目管理人员共计10人，项目组织结构图如图2-37所示。

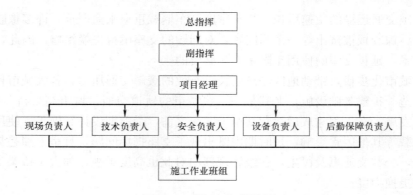

图 2-37　项目组织结构图

2. 现场调查

为编制切实可行的施工方案,项目部在三检测所对支座现场检测过程中,安排专人跟随进行支座病害情况跟踪了解,熟悉了解现场情况,包括支座所在位置、墩柱高度、周边环境及交通流量等信息。在夜间对存在典型病害的支座(螺栓剪断、缺失、螺帽松动、脱空及板式支座变形较大等)进行了现场核查,对支座病害成因及处理措施进行了进一步分析,制订了针对性的施工方案如图 2-38 所示。

为便于支座更换的顺利实施,项目部安排专人再次对 176-2 号支座橡胶板现状的长、宽、高进行了量测,同时对上下钢板的相对位置是否能满足新橡胶板安装及千斤顶顶升空间能否满足要求进行了详细调查。根据现场调查结果,支座压缩量约 3~4mm,经与设计、施工专业单位及相关人员咨询了解,橡胶板压缩量属于正常范围,更换的新支座可按照原设计 6.4cm 高度加工,加工周期约 4~7d。

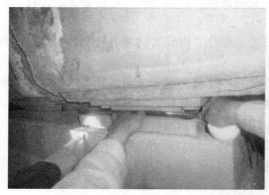

图 2-38　支座夜间现场调查

3. 施工计划安排

根据 5 号线支座检测结果及设计处理方案,本次整治共需对 37 个墩柱共 103 个支座病害进行处理,主要病害分为上、下钢板脱空;螺栓剪断、未拧紧、剪切变形及螺帽缺失;支座垫石破损、抗震钢筋倾斜、梁底漏筋、橡胶圈被挤出等类型,针对工程量大、工期紧、施工难道较高的特点,针对此次病害的实际情况,为确保安全、进度及质量,项目部安排了生产、安全、进度、质控及施工员等相关人员紧盯施工现场,投入了支座注胶、螺栓维修及支座更换、交通维护作业队共 3 支,高峰期用工约 30 人。

施工前对支座病害进行现场复核,提前与运营、建安、交管等部门办理好安全、动火证、占路施工等各项施工前手续,并提前完成各种材料的进场报验工作。在各项准备工作完备并得到进场施工许可后,立即由南向北着手进行支座的维修处理,在9月初至10月初进行C级以下轻微病害的整治,11月31日夜间完成了176-1号、176-2号支座的更换任务,施工周期约两个月。

考虑到地铁的运营安全(24点停运、4点车辆自车辆段进站)及现况路交通流量较大,支座维修全部安排在夜间进行,每天22:00点进场封闭车道施工,凌晨4:00点前撤离现场(其中,支座更换需在3:30分前完成施工),确保活完、料净、场地清。

由于本次尾工整治施工难度较大,数量较多,除去前期准备的工作时间,所剩余的实际施工周期较短,为保证工期,配合业主完成尾工年底清零的目标,施工时现场安排2个工作面同时作业,在增加投入的情况下,项目部按照既定目标在冬施前圆满完成维修任务,施工过程中未发生一起安全、质量事故,未对社会交通及周边造成不良影响。

4. 人员配备情况

施工现场投入管理人员5人,其中安全员1名,技术员1名,质检员1名,试验员1名,工长1名,负责现场协调及指挥。

施工现场操作人员20人,注浆操作人员3名、电工1名,信号工1名、技工3,普工10名、交通协管员2名,以满足现场施工要求。

5. 机械配备情况

考虑本工程夜间施工的特殊性及流动性,现场配备指挥车2辆、金杯车2辆、货车2辆、专业升降车2辆、专业照明车2辆、电焊机2台、气焊机2台、发电机3台、PLC顶升系统1套,200t千斤顶10个(另有足够数量的备用),倒链2个以及其他小型电动工具等,同时考虑应急时的备用设备投入,根据施工需要适时进场,满足现场施工需求。

6. 相关配合

(1) 现况运营地铁5号线周边多为现况道路,交通流量大,支座病害处理过程中采用升降车需占用部分道路,因此在施工前提前与交通队联系,报批相关手续,保证道路交通安全。

(2) 破损支座桥墩位于现况绿化带内或不具备支设升降车的位置选择支搭脚手架(如3号墩柱、310号墩柱)。脚手架拟采用φ48mm钢管脚手架搭设操作平台。施工之前提前与绿化产权单位进行沟通,办理相关手续,经管理单位同意后方可进行施工。

(3) 施工前及施工过程中积极与地铁建安、运营公司进行联系沟通,以保证施工过程中密切配合,使工程顺利进行,按期完成施工任务。

7. 交通导行

现况运营地铁5号线位于北苑路中央隔离带内,周边多为现况道路,交通流量大,支座病害处理过程中采用升降车需占用部分道路,因此在施工前提前与交通队联系,报批相关占路手续,保证道路交通安全。

2.6.5 主要施工工艺

1. 板式支座病害分类及处理措施

如表2-15所示。

板式支座病害分类及处理措施表　　　　　　　　　表 2-15

序号	病害形式	支座数量(个)	处理措施简述
1	钢板脱空	A1 级 5 C 级以下 33	(1)上钢板脱空采取千斤顶密贴主梁灌特种结构胶 (2)下钢板脱空直接灌注特种结构胶
2	螺栓剪断、螺帽缺失	49	维修
3	螺栓未拧紧	38	拧紧、维修
4	螺栓剪切变形	7	维修
5	支座垫石破损	10	修补
6	梁底露筋	6	修补
7	防震钢筋倾斜	3	调直、清理
8	支座串动	19	176-1,176-2 进行更换，其余采取加强观察措施

2. 盆式支座病害分类及处理措施

如表 2-16 所示。

盆式支座病害分类及处理措施表　　　　　　　　　表 2-16

序号	病害形式	支座数量	处理方案简述
1	钢板脱空	3	千斤顶密贴主梁灌注特种结构胶
2	密封圈被挤出	2	设计方案未定
3	螺栓未拧紧	4	拧紧、维修

3. 板式支座病害施工方法

(1) 支座钢板脱空

本工程上钢板脱空采用千斤顶密贴主梁底部作为临时支撑，松开脱空的支座上钢板螺栓。根据脱空高度灌注特种结构胶。下钢板脱空采用与上钢板脱空处里相同的灌注特种结构胶，进行压力注浆。

1) 千斤顶布置

根据设计方案边墩布置四台千斤顶，密贴总顶力 290kN，中墩千斤顶布置六台密贴总顶力 700kN。

脱空处理时，安排施工人员、升降车（个别部位需支搭脚手架）在夜间 22∶00 点后进场进行支座脱空部位缝内清理、封缝及千斤顶安装工作，待 24∶00 点停止运营后开始灌注特种结构胶工作，合理安排时间，于凌晨 2 点前必须停止灌注工作，以保证灌注材料有大于 2h 的凝固时间，确保强度。

2) 按照设计位置安装千斤顶密贴支撑主梁，为了保证千斤顶水平、密贴主梁，在千斤顶底、顶部各铺一块 1cm 钢板，松开脱空的支座上钢板螺栓，将脱空处的上钢板板与梁底接触面，使用气泵吹净，按照脱空高度和范围，灌注特种结构胶。

3) 材料选择

灌注材料选择特种结构胶型号采用 TMS-202，采用压力注胶方式施工，2h 抗压强度≥10MPa，特种灌注结构胶主要性能如表 2-17 所示。

特种结构胶主要性能表　　　　表 2-17

序号	项目		指标要求	保证值
1	配比		\multicolumn{1}{c}{}	2∶1(质量比)
2	与混凝土正拉粘接强度，MPa		≥2.5	3.5
3	抗压强度，MPa	2h	现有标准无要求	可做到 10
		24h	现有标准无要求	可做到 40
		7d	≥65	70
4	抗弯强度，MPa	24h	现有标准无要求	30
		7d	≥50	60
5	适用期，min（20℃）		≥30	30～40

施工前应对进场的注浆材料进行取样送检，合格后报监理工程师审批后方可使用。在正式灌注施工前，进行模拟试验。在试验中获取大量的施工参数，证明施工工艺的可行性。

4) 灌注

① 灌浆前需对脱空部分进行高压空气吹净，脱空部位充分润湿，并清除积水。

② 注胶管根据脱空缝隙的大小、5mm 以上的可直接埋设注胶管，5mm 以下的将注浆管压扁后埋设，埋设深度 150mm 左右，选其中一个作为注胶嘴，其余为排气孔，排气孔的塑料管应高于灌注面 50mm 以上。

根据支座不同情况每面预埋注胶管 1～2 根，管径 6mm。深约为 200mm。

③ 选其中一根作为注胶孔，其余为排气孔，排气孔的塑料管应高于灌注面 100mm 以上。

④ 用封缝胶封堵胶管、钢板与垫石之间的缝隙，保证密封严实，不漏胶。封缝胶的材料和注胶材料一致，配比稍有区别，封缝胶提前一天做好，第二天注胶。

⑤ 待封缝胶凝固、上强度后，调试注胶设备，按灌注特种结构胶的使用说明比例进行调胶，将调好的结构胶用注胶器以 0.1～0.4MPa 的压力从下向上注胶。观察排气孔（管），排气孔（管）有胶液流出时为止，并将其封堵。

⑥ 全部排气孔有胶液溢出时，结束注胶，保证空腔填充饱满，并保持压力 10min。

⑦ 严格控制施工工艺、细化施工时间，保证灌浆完毕到承受列车荷载的时间大于 2 个 h。

⑧ 灌浆应密实、平整、无空洞、无气泡，保证灌浆料与支座下钢板和垫石密贴无缝隙，满足相关的施工验收标准。

（2）螺栓剪断（螺帽缺失）

1) 成因分析

通过现场调查，上钢板螺栓剪断可能是在安装时已破坏；下钢板螺栓剪断，是由于梁体位移造成限位挡板剪切螺栓帽。且板式支座形式分为两种，具体情况如下：

① 第一种，梁底有预埋钢板且螺栓有预埋套筒，如图 2-39 所示。

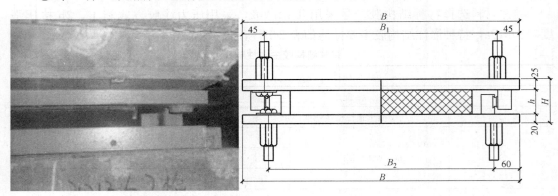

图 2-39 有套筒板式支座结构示意图及照片

② 第二种，梁底没有支座预埋钢板，螺栓直接预埋梁底，在梁内无预埋钢板及套筒，上下座板由锚栓直埋于梁内固定如图 2-40 所示。

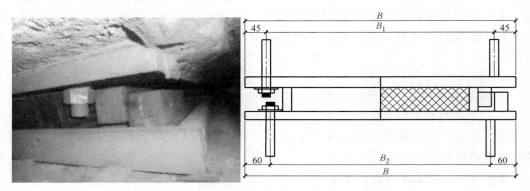

图 2-40 无套筒板式支座结构图示意图及照片

2）螺栓剪断处理方案

根据现场情况，将继续影响支座位移，继续剪切下支座板锚固螺栓的部分限位挡板进行局部切削处理（3cm），如图 2-41 所示。将损坏的锚固螺栓清理出来，方法是在剪断的螺母上焊接带螺母的杆件，用扳手将螺栓分 2～3 次取出，更换上新的螺栓和螺母，用扭矩扳手拧紧螺母如图 2-42 所示。

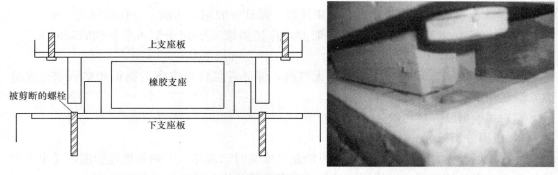

图 2-41 螺栓剪断修复前示意图及照片

图 2-42 螺栓剪断修后前示意图及照片

（3）螺栓未拧紧

1）成因分析：施工时支座未拧紧；预埋套筒与螺栓不同心；丝扣不标准；螺栓变形，造成螺母未能拧入，根据现场调查，螺母与螺栓已经点焊。

2）处理方案：用扭矩扳手将螺栓拧紧，对于无法拧紧的螺栓，将螺栓取下，重新套丝，换新螺栓或螺母安装。

（4）螺栓剪切变形

1）成因分析：施工期间，预埋螺栓时未固定牢固，造成脱落，在箱梁位移的情况下变形。

2）处理方案：根据现场的情况，将多余螺杆采用切割机切除，使螺杆复位，加垫圈拧紧。不具备修复条件的维持现况。

（5）支座垫石破损

1）成因分析：施工期间，混凝土浇筑时振捣不密实，箱梁在受力的情况下造成垫石破损露筋。

2）处理方案：支座下垫石露筋锈破损，将垫石锈蚀钢筋采用钢丝刷进行除锈，并将四周凿毛清除干净，喷水润湿，涂刷界面剂，采用水泥砂浆掺修补专用胶进行修补。

（6）梁底露筋

1）成因分析：施工期间，混凝土浇筑时振捣不密实，造成露筋或是未达到保护层厚度。

2）处理方案：采用钢丝刷进行除锈，并将四周凿毛清除干净，喷水润湿，涂刷界面剂，采用砂浆掺修补专用胶进行修补。

（7）防震钢筋倾斜

1）成因分析：有可能施工期间防震钢筋未固定牢固松动倾斜或者桥梁受力情况下变形。

2）处理方案：根据现场情况调直，不能调直的保持现状，将防震钢筋预埋套筒周边杂物清除钢筋。

（8）支座串动

1）成因分析：因桥梁热胀冷缩引起的位移。

2）处理方案：根据检测报告内容，现场支座均设置有限位装置，且无变形、破损情况。根据设计方案，除 176-2 号支座剪切变形较大需进行更换外，其余支座串动采取加强观察的处理方式。

4. 盆式支座病害施工方法

（1）支座钢板脱空

1）成因分析：支座安装时预埋钢板与上钢板之间未水平，造成支座上钢板脱空。

2）处理措施：采用千斤顶密贴主梁底部作为临时支撑，松开脱空的支座上钢板螺栓，根据脱空高度灌注特种结构胶。具体详见板式橡胶支座钢板脱空施工方法。

（2）密封圈被挤出

1）成因分析：支座在安装前可能密封圈就挤出，或是梁体在动载反复作用下将支座密封圈挤出。

2）处理方案：密封圈不参与支座的受力工作，功能为防止雨、雪、灰尘等进入盆体结构，污染橡胶块从而降低盆式橡胶的使用寿命，但并不影响使用工程。根据《铁路桥隧建筑物劣化评定标准》TB/T 2820.3—1997 相关内容，密封圈挤出并不属于支座劣化评定内容。经检查，挤出橡胶的密封圈仍具有密闭的作用，按照设计要求，保持状态，采取加强观察措施。

（3）螺栓未拧紧或缺失

1）成因分析：施工时支座未拧紧；预埋套筒与螺栓不同心；丝扣不标准。

2）处理方案：用扭矩扳手将螺栓拧紧，对于无法拧紧的螺栓，将螺栓取下，换新螺栓安装，在以上措施均无法实施的情况下，维持原状。

5. 板式支座顶升更换橡胶板

176 墩均位于北苑路北—立水桥南区间，墩两侧均为 $3m\times30m$ 连续梁，支座情况如表 2-18、图 2-43 所示。

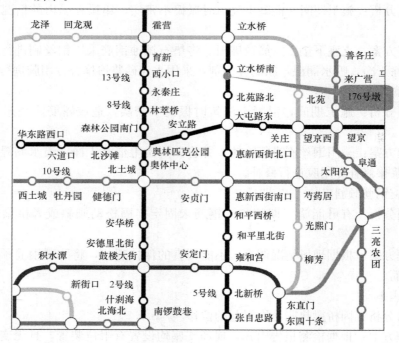

图 2-43　支座更换位置图

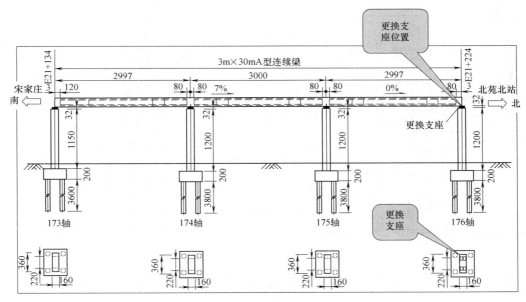

图 2-43 支座更换位置图（续）

支座更换位置表　　　　　　　　　　　　　　　　　　表 2-18

176-1 176-2	K22+551.0	173～176 墩为 3m×30m 连续梁	BTBZ2400	400×600×64

（1）施工准备

1）方案编制、论证、审批并上报运营公司；

2）与建安公司办理安全协议、开具动火证、配备灭火器材；

3）与交通管理部门办理占路施工手续；

4）对施工人员进行安全技术交底；

5）人员资质报验；

6）材料进场报验；

7）橡胶板进场前进行压缩试压，压缩控制值 2mm；

8）机械设备进场报验及安装调试记录；

9）操作平台支搭及排架验收如图 2-44 所示；

10）现场调查（包括橡胶板四周高度、上下钢板是否串动、墩顶至梁底高度、抗震设施是否变形等）；

11）伸缩缝及墩柱顶面清理；

12）提前 1～2 天安装千斤顶、百分表及顶升系统；

13）现场搭设帐篷作为指挥部，帐篷大小 6m×12m；

14）由于顶升作业现场基本无电源接口，为防止顶升过程中意外断电，需提前租赁大功率发电机，并配备 2～3 台小型发电机组、移动灯车、电闸箱；

15）编制《顶升操作手册》。各项准备工作就绪后并提前进行 3 次以上演练，并与监测单位完成联合演练，通过演练确保各设备运转正常，数据传输可靠；

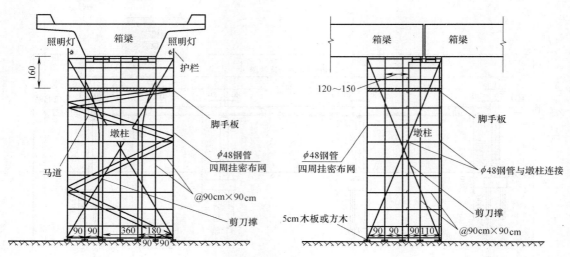

图 2-44 操作平台支搭示意图

16）根据千斤顶与油表配套标定结果确定总控顶力（kN）与油表读数（MPa）关系曲线。

（2）施工安排

如表 2-19 所示。

顶升施工时间控制　　　　表 2-19

序号	作业项目	计划持续时间	计划时间 开始	计划时间 结束	实际施工时间 开始	实际施工时间 结束
1	支搭工作平台安装千斤顶	顶升开始前 1~4 天完成				
2	轨道断电打印监测数据	10min	00：00	00：10	00：10	00：20
3	轨道扣件放松	20min	00：10	00：30	00：20	00：30
4	顶梁、换支座、调平、落梁	115min	00：30	02：25	00：30	02：00
5	固定轨道扣件,施工完成后对各个部件的检查	20min	02：25	02：45	02：00	02：20
6	轨道车压道	15min	02：45	03：00	02：20	02：45
7	各设备单位进行复查，监测单位将桥面监测点拆除	30min	03：00	03：30	02：45	03：30
支座顶升、更换、落梁等总计		210min				

（3）支座更换的施工步序

施工准备→搭设支架、施工平台→盖梁顶面清理→支座调查与复检→去除原限位装置→焊接加长原支座底钢板→安装千斤顶→顶升系统调试、试顶→梁体同步顶升→移出旧橡胶板→新橡胶板板底涂粘结胶、安装同规格新橡胶板→安装临时限位装置→落梁→轨道车压道→恢复限位装置。

为便于施工操作，施工过程中在 175 轴、176 轴墩位支搭脚手架作为工作平台，同时升降车占用北苑路最内侧一条车道配合更换支座，以保证更换支座顺利进行。

（4）施工机械、工具准备

1）液压千斤顶：根据设计单位提供的千斤顶布置，投入 10 套 200t 的液压千斤顶，并备有 1 倍数量的替换设备。

2）液压泵站系列：包括泵站、油管、分配器等。

3）支撑钢板：$\phi300mm \times 30mm$ 钢板 40 块以上；一处顶升采用柴油/汽油发电机 3 台。一般桥梁附近没有外接电源，需要施工自备发电机，以保证施工和生活需要。发电机数量应保证足够的备用，以应付现场情况。

4）电焊机、割炬系列设备。

5）电动葫芦等临时牵引和提升装置。

6）其他必要的小型设备：水钻、冲击钻、电钻、扭矩扳手、活动扳手、扳手套筒等。

（5）材料准备、人员配备

1）材料准备，新支座，粘结胶，铅丝，焊条，电料等。

2）人员配备

人员准备（每组配备人员）：指挥 1 人；液压泵操作人员 1 人；每个或相邻 2 个液压千斤顶配备监控技术人员 1 名，需要 4～6 人；壮工若干名；焊工至少 1 人；电工 1 人。

（6）盖梁顶面清理

1）清理盖梁顶面沉积的土石块及混凝土、砂浆块，必要时可采用钢钎对杂物进行清除。

2）用钢丝刷和扫帚对盖梁顶面进行清洁，保证支座更换时作业面干净整洁。

3）清理伸缩缝内沉积的垃圾和杂物，以防止顶升内梁体间互相挤压。

（7）千斤顶的布置及选择

如图 2-45～图 2-47 所示。

1）176 墩柱两侧均为 $3m \times 30m$ 连续梁，依据设计方案，边墩支撑反力为 2952kN，中墩支座反力为 7044kN，边墩布置 4 个千斤顶，中墩布置 6 个千斤顶。单个千斤顶的顶力边墩不超过 780kN，中墩不超过 1300kN。边墩设置四套 200t 千斤顶，中墩设置六套 200t 千斤顶，拟选择 QFB200/100 液压油缸千斤顶，每块千斤顶的顶部设置 2 块 3cm 厚 $\phi30mm$ 钢板，千斤顶的底部设置 1 块 3cm 厚 $\phi30$ 钢板。

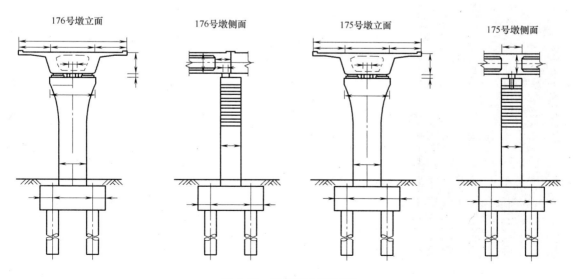

图 2-45 千斤顶立面布置

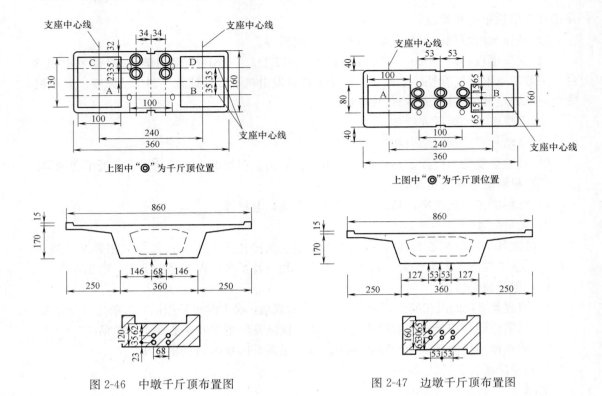

图 2-46 中墩千斤顶布置图
图 2-47 边墩千斤顶布置图

2）顶升系统设计，如图 2-48 所示。

根据本工程特点，选用计算机同步顶升系统进行顶升，顶升系统由 PLC 智能控制系统、油泵、相关油管及信号线组成，系统通过对压力及位移的可视控制实现对梁体的精确顶升，各点顶升误差控制在 0.5mm 内。顶升液压顶、油泵、油表、油管、分配器、发电机等设备进行调试，发现问题及时修理或者更换。

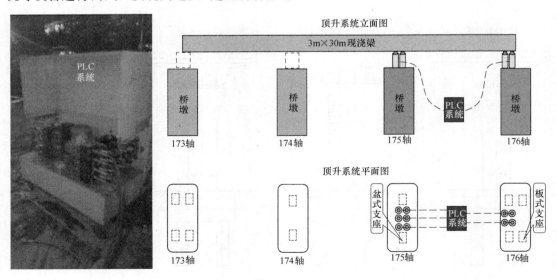

图 2-48 支座顶升系统平面示意图

(8) 预顶

根据设计方案顶升前需提前进行预顶试验，预顶位移不超过 2mm，检查各环节是否可控。顶升时，以位移控制为准，同一桥墩上的千斤顶在顶升时保持同步，每个千斤顶的顶升位移差值不超过 0.5mm。在顶升前对梁体现状进行检查。

试顶前的检查千斤顶安装是否垂直牢固，影响顶升的设施是否已全部拆除，顶升部分结构与其他结构的连接是否已全部去除。

(9) 支座顶升

1) 顶升系统启动后现场各组人员各就各位，密切观察桥梁是否有异常状况出现，设备、仪表是否正常工作，显示读数是否在合理范围内。

2) 控制顶升速度不超过 1mm/min，最大顶升高度不超过 8mm。

3) 顶升就位后，持荷 10min，观察梁体及设备状况。如有异常情况，应立即回油、落梁，问题解决后再进行试顶，直至梁体受力及设备运行正常。

4) 顶升就位后，根据控制系统显示的顶升重量复核支座型号及各支座承受的压力，如有异常，则应考虑调整支座型号。

5) 试顶正常后，应平稳落梁。

顶升顺序：

第一步：先边墩顶升 3mm，后中墩顶升 2mm。

第二步：先边墩顶升 3mm，后中墩顶升 2mm。

第三步：边墩顶升 2mm，此时边墩共顶升 8mm，中墩共顶升 4mm。边墩和中墩纵向顶升的高差不得大于 5mm。

(10) 支座拆除

1) 用铁勾、倒链配合人工取出旧支座，如旧支座已与支座钢板粘结而较难取出可用钢钎、铁锤敲击松动后取出。取出旧支座前应拍照记录其缺陷状况。

2) 用人工配合钢丝刷清洁支座钢板表面，如有锈蚀，则应打磨去除铁锈。

(11) 既有支座钢板调平及涂粘结胶

1) 在支座钢板上根据设计图纸标出支座位置中心线，同时在橡胶支座上也标出十字交叉中心线。

2) 在支座钢板上新橡胶板底涂环氧树脂胶。

(12) 新支座安装

1) 将新的橡胶支座安放在支座钢板上，使支座的中心线与墩台的设计位置中心线重合，支座就位准确。

2) 所有支座更换完毕后，再对安装的新支座进行全面检查，确保各项指标满足设计及规范要求。

(13) 安装临时限位设施

为防止新安装的橡胶板在落梁后不产生滑移串动，落梁前需设置临时限位钢板

(14) 落梁

1) 落梁顺序（如图 2-49 所示）：

第一步：先边墩落梁 2mm。

第二步：中墩落梁 2mm，后边墩墩落梁 3mm。

第三步：中墩落梁 2mm，后边墩墩落梁 3mm。

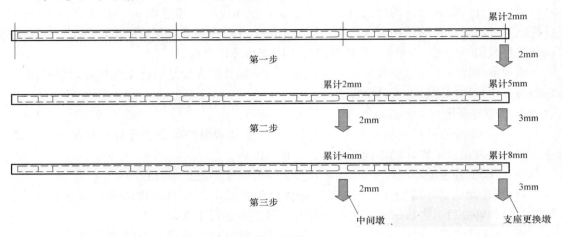

图 2-49 落梁步序图

2) 操作过程：

① 开启同步顶升系统，平稳降落梁体。

② 梁体就位后检查支座上下钢板与垫石、梁底之间的密贴情况，应尽量保证支座上下面全部密贴。如果支座出现偏心受压、不均匀支承或脱空的现象，则应重新顶升梁体，并在支座下钢板下加设薄钢板进行微调（厚度规格为 1～3mm），直至支座上下面全部粘贴紧实。

③ 支座检查合格后拆除千斤顶、临时支承钢板等顶升设备。

④ 取出梁体与挡板间木板，清理施工废物及垃圾。

(15) 恢复限位装置

按照原位置安装限位装置，如果现场未设限位装置，按照设计要求，根据设计文件，通过焊接加长原支座底钢板，恢复原支座四周限位钢箍。新加钢板前，先将垫石表面除去灰尘，后采用环氧砂浆与垫石表面进行粘贴，并与原有钢板进行点焊，焊点不少于四个。放置限位装置时，使用环氧砂浆将限位装置与墩顶粘贴紧密，保证平整。

2.6.6 支座更换监测内容及频率

监测工作一般由运营单位或第三方检测机构进行，施工单位负责配合，主要进行桥梁监测、轨道监测、接触轨监测工作。

1. 监测内容

(1) 桥梁监测内容

1) 连续梁在顶升过程中的竖向位移和横向位移。

2) 主梁纵向应变，梁端以及中横梁处应变。

(2) 轨道监测内容

1) 轨面标高。

2) 扣件松开及复拧时轨温和轨道位移爬行量。

3) 钢轨应力。

(3) 接触轨监测内容

1) 对被顶升梁端部前后各10m范围的接触轨及其附件进行监测。
2) 监测接触轨顶面至走行轨顶面垂直距离的偏差,绝缘子是否破损。
2. 监测频率
(1) 落梁后连续5d监测连续梁横向和竖向位移。
(2) 监测落梁后监测支座变形,监测次数为15次,时间宜早、中、晚分开。
(3) 如某监测参数达到预警值时,监测组组长在确认仪器设备和程序正常情况下直接将预警结果报告第三方监测技术负责人,并由技术负责人汇报指挥部,由专家进行研判。

2.6.7 相关配合单位及各方职责

地铁5号线支座更换工程由建管公司负责组织实施,运营公司负责运营配合组织协调。为加强领导,落实好方案和保证桥梁安全,成立5号线支座更换工程指挥部,人员由运营公司领导、房产部、建管公司、专家组、设计单位(市政院)、施工单位、监测单位、监理单位、运一分公司及各专业分公司领导组成。施工现场配合单位有运营公司相关部门单位、线路公司、建安公司、通号公司、供电公司及机电公司。各方职责如下:

1. 专家组
负责技术指导,现场各节点数据的研究汇报。

2. 运营公司
公司各相关监管部室包括:房产部、设备部、调度中心、安监室。职责为检查、监督工程的实施。

3. 建设单位
负责本工程的总体指挥和协调工作。监督各单位施工组织、施工人员、机具、应急预案的制定和落实,施工时的现场指挥、联络,及突发事件恢复协调配合工作。

4. 运营公司职责
(1) 运营公司主管经理:负责本工程的总体现场配合、运营指挥和协调工作。
(2) 安质部:负责检查、监督各单位施工组织、施工人员、机具、应急预案的制定和落实。负责施工配合单位的现场指挥、联络及突发事件协调配合工作和安全监管。
(3) 生产调度室:负责本工程施工计划上报,协调本公司内部与施工相关各部门联系工作,突发事件时,按总调命令协调调度本单位人员组织抢险救援工作。
(4) 营销部:突发影响运营事件时,负责与站区联系,按客运组织相关预案、方案实施客运组织工作。
(5) 乘务中心:负责乘务中心司机的安全教育工作。负责应急备用车辆整备工作。
(6) 站区:负责施工区段相邻车站开关门工作,配合施工单位做好施工登记注销手续,负责轨道车转线工作。做好各项客运组织预案的演练工作,并适时组织实施。

5. 监测单位
确保监测数据真实可靠,及时收集上报工程重要节点相关数据,为工程顺利完工做好数据基础。

6. 监理单位
确保本工程的工程质量,掌握工程进度,监督检查施工中各工序、各节点施工情况,并及时整理收集工程资料。

7. 运营公司相关配合单位

(1) 建安公司

对顶梁处附近桥梁步行板，栏杆设施的连接部位进行全面检查，调整到正常设备状态；负责本专业施工期间各节点汇报工作；配合监测单位进行土建监测布点；顶升完毕后检查本专业设备是否满足正常运营要求；做好土建专业相应应急处理。

(2) 线路公司

顶升完毕后对工作范围内钢轨、扣件、道床接触轨、感应板等进行全面检查，调整到正常设备状态；按照设计要求对轨道防护区段内走行轨、接触轨进行必要的防护措施；负责本单位施工安全，做好安全防护；施工前对线路设备设施联结零件的拆除及施工后对线路设备设施联结零件的恢复工作；支座更换完毕，待线路设备设施恢复后，使用轨道车压道不小于两次，以确保线路状态；根据钢轨爬行量必要时在锁定轨温范围内进行应力放散；负责本专业施工期间各节点汇报工作；配合监测单位进行轨道监测布点；顶升完毕后检查本专业设备是否满足正常运营要求；做好轨道专业相应应急处理。

(3) 通号公司

施工前对顶梁处附近通讯信号设备设施进行全面检查，调整到正常设备状态；按设计要求对防护区段内通号设备采取必要的防护措施；负责本单位施工安全，做好安全防护；顶升完毕后检查本专业设备是否满足正常运营要求；负责本专业施工期间各节点汇报工作；做好通号专业相应应急处理。

(4) 供电公司

施工前对顶梁处附近供电设备设施进行全面检查，调整到正常设备状态；负责本单位施工安全，做好安全防护；顶升完毕后检查本专业设备是否满足正常运营要求；负责本专业施工期间各节点汇报工作；做好供电专业相应应急处理。

(5) 机电公司

施工前对顶梁处附近机电设备设施进行全面检查，调整到正常设备状态；负责本单位施工安全，做好安全防护；负责本专业施工期间各节点汇报工作；顶升完毕后检查本专业设备设施是否满足正常运营要求；做好机电专业相应应急处理。

2.6.8 主要创新成果

(1) 根据病害工程特点，研究制定了支座螺栓剪断（螺帽缺失）的施工工艺，实现了病害的彻底整治。

(2) 针对桥梁支座钢板与混凝土及支座钢板与橡胶板小面积脱空病害，研究采用了一种专业的特种结构胶注胶处理施工技术。

(3) 桥梁支座更换过程中选用计算机同步顶升可视系统进行位移及顶力双控，实现对梁体的精确顶升及落梁，各点顶升误差控制在 0.5mm，实现了桥梁支座当天更换、处理及确保第二天的安全运营。

2.7 无水漂卵砾石地层盾构施工关键技术

2.7.1 工程概况

1. 工程简介

丰台东大街站—丰台北路站区间沿丰台东大街下方设置，整体呈南北走向，隧道覆土9～12m，左线长1030.95m，右线长1083.75m，区间平面有半径分别为$R=2500m$、$R=3000m$两段曲线，竖曲线$R=5000m$。区间隧道采用盾构法施工，由两台$\phi 6140mm$加泥式土压平衡盾构机完成区间隧道施工，丰台东大街站始发，丰台北路站接收，先进行左线施工，间隔一个月进行右线施工。隧道为盾构普通衬砌环结构，环宽1200mm，由6块预制钢筋混凝土管片错缝拼装构成。

2. 工程地质条件

隧道主要穿越卵石⑤层、卵石⑦层，穿越层420mm左右粒径卵石较为常见，最大粒径不小于650mm，一般粒径20～80mm，粒径大于20mm的颗粒约为总质量的55%～75%，卵石单轴抗压强度87.74～165.16MPa，是典型的力学不稳定地层，其颗粒间的空隙大，没有黏聚力，颗粒之间点对点传力，地层反应灵敏，受扰动后极易引起地表大面积沉降。

3. 工程水文条件

沿线潜水水位标高在19.03～24.00m之间，水位埋深在21.49～28.30m之间。主要接受大气降水补给和侧向径流补给，盾构掘进区间内无地下水。

4. 地下管线情况

区间有多条地下管线，包括雨水管、污水管、电信、电力和天然气管道，管线埋深较浅，隧道施工对其影响不大，管线统计表如表2-20所示。

区间管线统计表　　　　　　　　　　表2-20

序号	管线类型	位置	与隧道平面关系	与隧道断面关系	尺寸(mm)
1	雨水管	K6+285	相交	管底距离隧道顶部8m	1600×1380
		K6+288			1000×330
		K6+291			3200×2000
		K6+294			2600×2000
2	电信	K6+264	相交	管顶距离隧道顶部8.5m	20×20
		K6+273			40×33
		K6+277			56×32
3	电信	K5+324～K6+242	平行	管顶距隧道顶部8m	74×48
4	天然气	K5+429	相交	管顶距离隧道顶部6.2m	$\phi 500$
		K5+532			$\phi 400$
		K5+591			$\phi 400$
		K5+680			$\phi 300$
		K5+685			$\phi 200$
5	电力	K5+518	相交	管顶距离隧道顶部7.8m	900×400
		K5+737			4×$\phi 80$
6	污水	K5+795	相交	管顶距离隧道顶部6.6m	$\phi 2200$
		K5+849			$\phi 300$

5. 隧道穿越主要建筑物

区间隧道在K6+275.5～K6+299.5下穿万丰桥。万丰桥主线为东西走向，上跨万丰路，全桥 12 孔，其中 11 孔简支 T 桥梁，1 孔钢箱桥梁，桥梁基础为钢筋混凝土桩基，万丰桥桥桩基承台埋深 2.5m，桥桩深 37m，万丰桥桥桩距地铁隧道水平净距最小 3.76m，隧道覆土 11.8m 如图 2-50、图 2-51 所示。

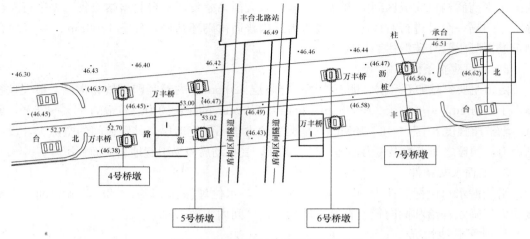

图 2-50　隧道与万丰桥平面位置关系

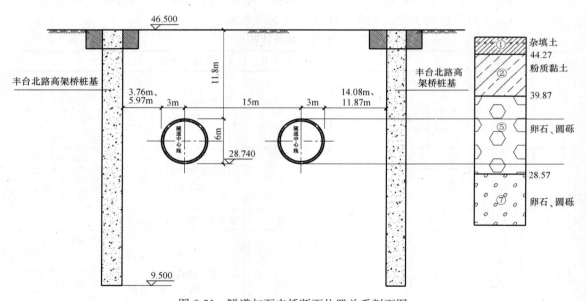

图 2-51　隧道与万丰桥断面位置关系剖面图

2.7.2　工程重点、难点

1. 重点一：盾构机选型

盾构机选型是否正确，是无水漂卵砾石地层盾构施工能否正常进行的关键，根据本工程地质条件盾构机选型遵循以下原则：

（1）刀盘型式及刀盘开口率

1）辐条式刀盘结构优于面板式刀盘，刀盘设计应优先选用辐条式刀盘结构。采用辐条式刀盘结构时，要充分考虑辐条的刚度和强度。

2) 当选用面板式刀盘结构时，刀盘设计应尽量增加刀盘的开口率，一般在38%以上。

3) 无论何种刀盘形式，都应增加刀盘、刀体、土舱、螺旋机等的耐磨性，进行适当的堆焊耐磨层或加强耐磨性能。

(2) 盾构机刀具配置

1) 为适应卵砾石地层掘进，在进行刀具设计时，应配置撕裂刀、刮刀、周边刀、仿行刀等，特别要加强周边刀具的配置，增加撕裂刀数量，在刀盘边缘处增加保护刀等。

2) 同一种刀型根据需要应考虑采用高低差布置的原则，各自先后承担切削土体的功能，增加掘进距离，满足一个区间内尽量不换刀的要求。正面先行刀具以高出刮刀20~30mm为宜。

3) 无水卵砾石地层掘进，盾构推进阻力很大，为减少盾构机壳与土体摩擦力，宜适当增大刀盘开挖直径，一般以增大30mm左右为宜。

4) 为及时了解刀具磨损情况，宜在刀盘上布置刀具磨损检测装置。

(3) 盾构机渣土改良措施

1) 对于卵砾石地层，宜优先选用膨润土为渣土改良材料，也可以采用膨润土与泡沫混合液作为渣土改良材料。

2) 加泥（泡沫）孔应尽可能多一些（特别是刀盘前面），以保证能分别注入刀盘前方、土舱内及螺旋输送机内，使被开挖渣土得到充分拌和。

(4) 其他施工技术要求

1) 当地表环境条件复杂时，盾构机应配备超前注浆装置，以便必要时从洞内进行地层加固。

2) 螺旋输送机应采用带式大直径无轴螺旋输送机，使切削下的大粒径卵石能直接排除，避免土压仓内卵石堆积，对刀盘、土压仓等造成反复研磨。

3) 无水砂卵石地层中掘进，刀盘、螺旋输送机扭矩较大，应提高刀盘、螺旋机功率和扭矩。

4) 转弯半径较小的区间隧道，应使用主动铰接盾构，以利于掘进轴线控制。

2. 重点二：盾构下穿建筑物，控制地表沉降

盾构隧道穿越道路、桥梁以及多条地下管线等对地面沉降十分敏感、地面沉降要求严格的特点，为确保地面建筑物安全，施工中必须保证盾构隧道开挖面稳定，实施同步及多次注浆，保证注浆效果，切实有效的控制地面沉降。

采取的措施如下：

(1) 建立完善的变位监制系统，在隧道的两侧、建筑物基础及周边埋设沉降观测点，进行系统、全面的跟踪测量，实行信息化施工。根据监测结果及时调整盾构的掘进施工参数，保持盾构开挖面的稳定，从而从盾构施工工艺上控制地层损失，减少建筑物变形。

(2) 根据建构筑物位置及地层，在穿越前，在类似地层设立试验段，得出相应施工参数。

(3) 在曲线段，为减少盾构轴线与线路轴线偏角过大，造成因超挖及地层损失过大而

引起的地面变形，在穿越前调好盾构机姿态，在穿越过程中"勤纠偏，小纠偏"，减少蛇行，严格控制盾尾间隙，选择使用好楔形环管片。达到纠偏目的、降低对周边土体的扰动。

（4）在盾构施工中，及时进行注浆。在衬砌环脱出盾尾的同时，进行同步压浆，并适当加大压浆量，填充隧道和地层间的建筑空隙；同时，还应加强盾尾的密封，并在盾构后约10环处再向衬砌背面进行二次注浆，以弥补同步压浆的不足。

3. 技术难点：盾构穿越卵石层的塑流化改造

工程实践表明：盾构在卵砾石地层掘进，对刀具磨损、扭矩影响较大，因此，通过塑流化改造对减少刀具磨损、降低扭矩起到极为重要的作用；通过塑流化改造，能够达到很好的止水效果，从而能较好控制地表前期沉降；盾构通过土体塑流化改造，能使无轴螺旋排渣顺畅，实现快速掘进。

塑流化改造主要应对措施：

（1）合理选择塑流化改造材料

加泥材料主要由膨润土、流化剂以及水组成。

发泡剂属阴离子表面活性剂，由烷基磺酸盐发泡剂和羧甲基纤维素增粘剂以及其他助剂复配形成。

（2）做好塑流化材料试验

对各种塑流化材料进行试验。首先是进行材料的性能试验，确认进场材料的适用性；其次进行塑流化效果的判断：

1）开挖面是否稳定。

2）土体的塑性流动性情况。

3）开挖面土体及切削下土体的止水性。

4）防止切削土砂黏附在刀盘及螺旋输送机内，避免闭塞现象，减轻机械负荷，降低刀盘扭矩，同时也提高了掘进速度。

5）对刀盘、螺旋输送机起减磨冷却作用。

（3）合理选择加泥及加泡沫的注入点及注入量

本工程选用盾构机一共有9个加泥口（同时也可以为泡沫添加口），加泥口为鱼尾形刀头上1个，密封舱隔板上2个，螺旋输送机上2个；泡沫添加口为刀盘辐条上4个。根据实际塑流化改造情况可相应增加密封舱隔板上加泡沫口。根据以往类似工程施工经验，加泥与泡沫量的总和一般为土方开挖的30%～40%。

（4）加强塑流化改造的管理

随时把握土压仓内渣土的塑流性，以对盾构进行反馈控制。一般按以下方法掌握塑性流动状态。

1）按渣土砂性状管理

目视或取样试验测定土砂的坍落度，以把握土压仓内土砂的流动状态。采用的坍落度管理值取决于土质、改良材料性状与土的输送方式，多按5～12cm管理，在砂砾质地层，多取10～15cm。

2）按渣土输送效率管理

按螺旋输送机转数计算的排土量与盾构掘进速度计算的排土量进行比较，以判断开挖土砂的流动状态。一般情况下,土压仓内土砂的塑性流动性好,盾构掘进速度就正常,两者高度相关。

3) 按盾构机械负荷管理

根据刀盘电流、刀盘扭矩、螺旋输送机扭矩等机械负荷变化,判断渣土的流动状态。

2.7.3 主要施工工艺流程

盾构施工工艺流程图如图 2-52 所示。

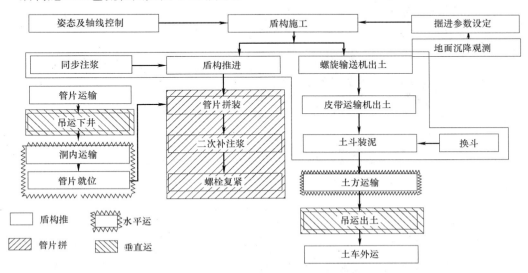

图 2-52 盾构施工工艺流程图

2.7.4 主要施工工艺

根据本工程地质水文及施工特点,从盾构机造型、土体改良、施工措施等几方面进行了针对性措施,具体如下。

1. 盾构机选型

(1) 盾构机刀盘采用辐条式,中间支撑,开口率72%。大开口率可有效减少卵砾石对刀盘、刀具的磨损。针对本工程地质条件的特点,有针对性地分三层配置刀具,刀盘配置有先行刀、刮刀、周边刀、超挖刀、鱼尾刀等。在刀圈周边加焊网格状耐磨材料,提高其耐磨性。为了保证刀具的正常使用功能,在刀具两侧布置了嵌合金式抗撞击挡块,刀具保护措施如图 2-53 所示。

图 2-53 刀具保护措施

（2）在刀盘辐条上设置动搅拌棒，在土压仓面板上装备有静搅拌棒，对进入腔内渣土进行搅拌，防止产生淤积，刀盘结构形式图如 2-54 所示。

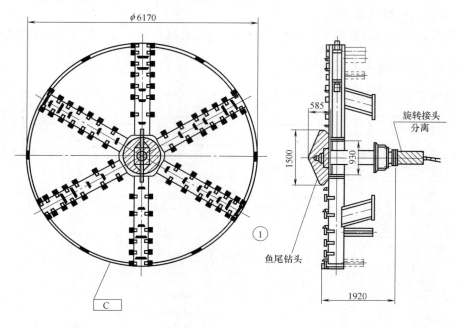

图 2-54　刀盘结构形式图

（3）在刀盘辐条上有四处泡沫注入孔，在刀盘中心处有一处膨润土注入孔，通过向切削面和土仓内加注适量的膨润土泥浆、泡沫等润滑材料，提高土体的流塑性，降低切削土体对刀具的磨损。同时通过改变膨润土、泡沫的注入压力、流量进而控制土压力的稳定性，泡沫、泥浆注入口如图 2-55 所示。

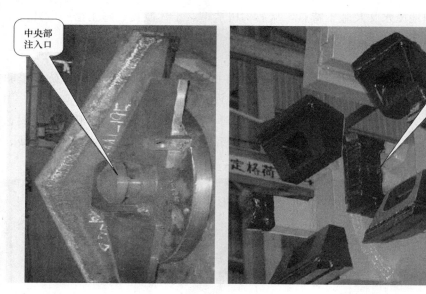

图 2-55　泡沫、泥浆主入口

(4) 盾构在卵砾中推进时，对刀盘扭矩和推力要求高。本工程刀盘驱动形式选用电机驱动，共12台电机，有效增加刀盘扭矩，脱困扭矩达到7538kN/m。盾构机共有16台主推千斤顶，最大推力为40000kN，能够满足在卵砾地层中掘进的要求。同时，在盾构机前盾和中盾的外周圈各有6个减阻泥浆注入孔，以便在推力增大时通过注入减阻泥浆和聚合物来减小推力。

(5) 为便于大粒径卵石的排出，螺旋机采用无轴螺旋并适当增大螺旋机直径如图2-56所示。螺旋叶片直径为φ900mm，螺距1100mm，最大有效排土能力达到307m³/h。

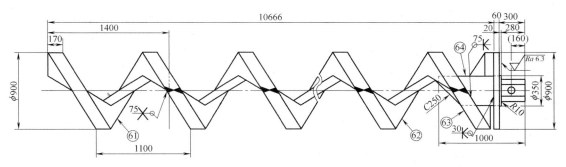

图 2-56 带式无轴螺旋输送机

(6) 为有效控制盾构机掘进姿态，采用主动铰接形式，铰接选用12台千斤顶，最小拐弯半径250m，同时配合区压等操作，使盾构机满足小半径曲线施工。

(7) 盾构机的注浆系统采用双液注浆，浆液初凝时间短，能快速填充管片与土体间空隙，能够保证盾构在穿越桥梁和道路时对地面沉降的控制，确保盾构安全穿越。同时也配备二次补注浆系统，必要时进行二次补注浆或多次补注浆，如图2-57所示。

(8) 在注浆管路的末端安装了浆液压力传感器，它能实时检测注浆各部位浆液的压力变化情况，并将此压力信号转换成电信号以数字形式显示在注浆机的控制面板上。以便注浆操作人员根据注浆压力的变化情况，通过自动或手动控制注浆量，使管片与隧道的环向间隙能够及时被浆液填充，并达到足够饱和度。

2. 土体塑流化改良技术措施

卵砾石地层，土体改良对盾构的正常掘进有着重大影响，特别对于土压平衡盾构而言，在砂卵砾石地层开挖隧道，土体改良效果的好坏直径影响盾构施工的成败，严重影响

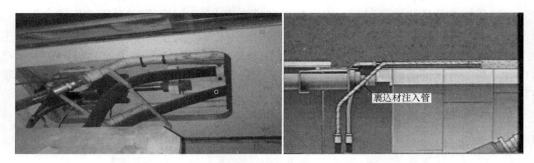

图 2-57 同步注浆系统示意图

施工质量，施工进度及施工成本控制。土体改良不仅影响刀盘、刀具磨损，开挖面稳定，土体改良的效果好坏还对盾构施工参数控制有着重大的影响。在大粒径卵砾石地层开挖隧道，土体改良不好，容易出现土压平衡无法建立、刀盘扭矩、推力异常的现象，如图 2-58～图 2-60 所示为土体改良不佳给施工参数控制造成的影响，严重影响了盾构掘进效率，因此，为了确保盾构施工参数合理，提高盾构掘进效率，降低盾构隧道修建成本，选用优质的土体改良材料对土体进行流塑性改造是十分必要的。

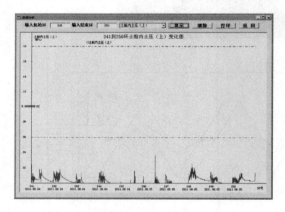
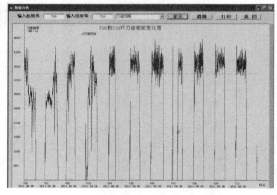

图 2-58 盾构施工无法建立土压平衡　　　　图 2-59 盾构施工扭矩异常

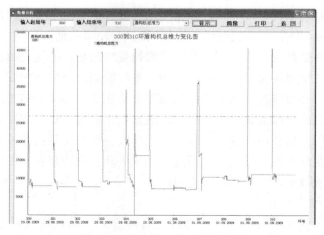

图 2-60 盾构施工推力控制异常

(1) 泡沫剂对刀盘、刀具磨损的改良作用

泡沫剂主要由空气、水、活性剂、聚合物等组成。其中活性剂有助于形成大量泡沫，在工程中起到改良土质、润滑冷却和减少磨损作用。

泡沫加注系统由控制系统、泡沫剂浓缩液、水、储存罐、空气压缩机和各种管道、泵等所组成。通过控制系统将泡沫剂浓缩液和水混合并送到储存罐，打入压缩空气，形成泡沫并加注到工作区域。泡沫剂用量、泡沫膨胀率、泡沫注入比是泡沫的重要参数。在实际施工中，泡沫在渣土改良中主要从以下几个方面降低刀盘、刀具的磨损：

1) 降低卵砾石地层的内摩擦角，减少刀盘、刀具与土体的摩擦。

2) 对刀盘及刀具起一定的润滑和冷却作用。盾构掘进过程中，刀盘在一定转速和压力条件下进行地下挖掘，刀具承受非常高的工作压力和温度，温度过高容易使刀具合金脱落，注入泡沫剂对刀具起到一定的冷却作用，防止刀具的非正常损坏。

3) 调整土体的塑性流动性。土体性质直接影响盾构的顺利掘进，切削后渣土具有良好的塑性流动性，不仅可以使得开挖面维持较好的支护压力，使得开挖面土体快速进入土舱，而且保证排土顺利，连续的工作程序可以有效降低土体与刀盘面板、刀具的二次或多次接触摩擦，同时避免发生"泥饼"、"堵塞"等问题的发生，提高盾构掘进效率。

(2) 膨润土对刀盘、刀具磨损的改良作用

加入膨润土是土体改良的另外一种重要有效的方法，主要向土舱内添加为主，向刀盘及螺旋输送机上添加为辅。特别是卵砾石地层，加入膨润土后土体改良效果更加明显。加入膨润土进行土体改良，有效改善了卵砾石的颗粒级配，使土舱内土体塑性流动性大大提高，提高渣土排出的效率；同时，加入膨润土后，可以在卵砾石表面有泥浆保护层，降低了渣土的透水性和对刀盘、刀具、螺旋输送机的磨损，增加了盾构掘进长度，减少换刀次数，即保证了施工顺利进行，又节约了成本。

卵砾石地层中，通常将膨润土与泡沫一起使用，通过向掌子面及土舱内注入优质泡沫、优质膨润土及水（适当加入）的综合措施进行全断面大粒径卵砾石地层土体改良。

(3) 膨润土、泡沫作用效果对比

在无水砂卵石中，塑流化改造的效果直接影响到刀盘扭矩的大小和土压力的平衡。在掘进初期，为使土体具有良好的流动性，向开挖面注入大量泥浆，结果在施工中发现泥浆量过大使螺旋排出的土过稀，甚至出现喷涌，土压力波动较大。同时，土压仓内大粒径砂卵石会在重力作用下沉至底部，使土体搅拌不均匀，增大了刀盘扭矩和刀具的磨损。经过分析后，减小泥浆注入量，增大泡沫注入量，同时提高稀释液的黏度和泡沫的发泡率，能使刀盘扭矩大大降低，建立稳定的土压力，参数更改前后施工效果对比如表2-21所示。

由以上分析可得出：在卵砾石地层中，泡沫能够大大改善土压平衡盾构机的掘进性能，泡沫注入量加大以后刀盘扭矩明显减小，调整好泡沫和泥浆的注入比，才能使开挖土体得到有效改良。

3. 盾构施工关键技术措施

(1) 土压力设定

膨润土、泡沫作用效果对比表　　　　　表 2-21

泥浆注入量 (L/环)	泡沫注入量 (L/环)	土压力 变化情况	刀盘扭矩 (kN·m)	推进速度 (mm/min)	渣土改良情况
10000	4000	土压力不稳定，波动范围较大	4500～5500	20～30	出土稀，有喷涌现象，不均匀，出土量超标
5000	12000	土压力稳定，基本无波动	3000～4000	60～80	出土均匀，出土量稳定

土压力值设定主要依据计算土压力及初始掘进摸索出的规律，卵砾石地层设定土压值一般取主动土压与被动之间值。螺旋输送机的控制方式定为自动，这样螺旋输送机即可根据盾构土仓内的土压自行调节转速，始终保持土仓内的土压相对稳定。

(2) 出土量控制

出土量大小直接关系到开挖面能否稳定，欠挖是土仓压力大于开挖面土压，地层将隆起，超挖是土仓压力小于开挖面土压，地层将会下沉，出土量通过螺旋输送机控制，出土量公式为：

$$V = Lk\pi D^2 / 4$$

式中　k——松散系数，圆砾层取 1.07，粉土、粉质黏土层取 1.2；
　　　D——刀盘外径；
　　　L——每环掘进长度 (1.2m)。

根据土层及出土情况，及时调整螺旋机的控制模式，控制掘进过程出土量大小，严禁超挖、欠挖。

(3) 土压仓塑流化改造

按照确定的加泥、加泡沫的量进行控制，随时观察刀盘、螺旋输送机的扭矩及螺旋输送机排出的土的状态（即塑流性），对泥浆、泡沫的加入量进行调节控制，始终让刀盘扭矩及螺旋输送机油压保持正常的数值。

(4) 推进速度

推速一般控制为 45～60mm/min，但推速受到推力、刀盘扭矩等多方因素制约，施工原则是匀速均衡推进。

(5) 同步注浆

盾构法施工中，管片环脱出盾尾后会与土体形成空隙，如果该空隙不能得到及时填充，就会影响地面的建筑与地下管线的安全。一般通过同步注浆来填补该空隙。同步注浆常用的有单液浆及双液浆，由于双液浆比单液浆凝固时间短，早期强度好，能更好地保证成型隧道的质量，能更好地稳定地层，有效地控制地面沉降，对保护地面建筑和地下管线起到了积极作用，因此本工程采用双液同步注浆系统。

同步注浆量理论计算公式为：

$$Q = \left[\frac{\pi(D_1^2 - D_2^2)}{4}\right] L \cdot K$$

式中　D_1——刀盘直径；

D_2——管片外径；

L——每环掘进长度；

K——填充率。

其中填充率 K 由多重因素影响，难以用数值精确表示，一般根据施工经验和分析施工实际情况得出。

因无水卵砾石颗粒之间空隙大，浆液在土体之间的流动性好，扩散较快，因此要求浆液凝固时间较短，故宜选用双液注浆（水泥、粉煤灰浆液＋水玻璃）。通过分析施工参数及监测数据等相关数值，本标段同步注浆填充率 K 取 110%～160%，同步注浆压力范围设定为 0.2～0.3MPa。

（6）二次补注浆

二次补注浆量控制在 500～600L，为防止成型管片变形，二次补注浆的压力范围设定为 0.3～0.45 MPa。考虑到地面沉降控制、成型管片变形等因素，同步注浆以总量控制为主，二次补注浆以压力控制为主。

（7）管片拼装

首先测量盾构与管片之间间隙以及管片与设计轴线的关系，进而确定采用何种形式的管片及拼装角度，然后方可拼装。

（8）盾构运行监控

施工时，为了保证盾构机沿隧洞设计轴线推进，提高盾构施工的精度，保证施工质量，盾构的运行共采用了两套监控系统。

1）井下监控

随时监控盾构机的姿态以及轴线偏差，并及时反馈到盾构机的中心控制系统，由中心控制系统对数据进行分析，通过对该反馈数据与掘进前已输入隧洞轴线控制数据的分析比较，将这些数据及盾构设备状态数据反映到盾构操作台，供操作手操作时参考。

2）地面监控

即：将采集到的数据通过数据线传输给地面的电脑监视器，这些数据包括反映盾构姿态、轴线的数据和盾构设备状态的参数，电脑将其保存下来，可作为以后查询及参考的资料。

4. 开挖面稳定控制技术措施

开挖面稳定控制技术是盾构施工的关键技术之一，本工程除控制土压及出土量之外，还需采取以下几方面措施：

（1）合理选择刀盘的结构形式，根据本工程地质条件采用大开口率的辐条式刀盘，其好处在于：

1）大开口率刀盘能直观反映地层真实土压力，因而有利于建立实时土压力；

2）刀盘刀具切削通畅，不会产生附加滑动距离，因此能减少因为切削对卵砾石的力的传递，降低对地层的扰动。

（2）增大螺旋的排土直径，尽可能采用无轴螺旋，这样能避免因为土仓堵塞，而造成掘进与排土的不平衡性，同时土仓内辅以动、静搅拌棒结合，充分土仓内的土体搅拌。这样就能降低因为刀盘对土压仓的土体的搅拌而产生的扰动。

（3）合理调整刀盘前的加泥及加泡的注入控制。目前，在无水卵砾石地层施工，对土体塑流化改造,仍存在误区。只是一味单纯的加入泡沫或者聚合物来进行土体的塑流化改造,泡沫注入对刀盘的扭矩降低有很好的作用。实际上,泡沫的注入对卵砾石的"液化"效应影响最大,要严格控制泡沫液中气体量及压力的注入。在无水卵砾石地层中,空气是这种地质"液化"的直接推手。当土压力未能平衡时,大流量、高压力空气的注入的直接后果就是造成地层的漏斗式塌陷。在添加泡沫液的同时,应添加泥浆类的塑流化改良材料,这样能更加降低盾构掘进对土体的扰动。

(4)采用盾构机上力路减阻注入孔,往盾构机壁外注入减阻浆液,减少盾构机壁外的摩擦阻力降低推力,同时降低对土体的水平的位移,减少土体的扰动。

(5)合理提高推速,减少掘进时间。对于掘进速度而言,盾构在掘进过程中对土体的扰动度会随着时间而增大,而且地表沉降、土性变异都有一定的滞后性,因此适当加快掘进速度能减小对土体的扰动。

2.7.5 施工结果

攻克了大粒径漂卵砾石地层盾构施工"世界难题",填补了无水漂卵砾石地层盾构施工空白,实现最快日掘进36环,成功下穿万丰桥及多条地下管线,开创了无水漂卵砾石地层盾构施工先例,为后续类似工程工法选择提供理论和实践依据。

研制了第一台"大开口率的辐条式盾构设备",推动盾构机产业化由"北京组装"向"北京创造"发展。

2.8 高架地铁车站多专业系统综合施工统筹管理

2.8.1 工程概况及特点

1. 工程简介

北京地铁房山线为连接北京中心城区与房山新城的市郊线路,起于地铁9号线郭公庄站,止于苏庄大街站。线路全长24.728km,其中高架线21.430km,全线设车站11座(高架站9座,地下站2座),平均站间距2.3km。高架车站为岛式站台或侧式站台(图2-61)。

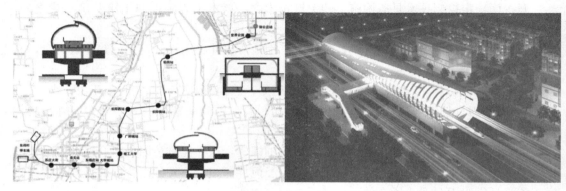

图 2-61 北京地铁房山线项目概况图

2. 车站专业系统组成

一般高架地铁车站至少包换六大专业系统工程，35个子系统工程，典型车站系统如下：

（1）土建专业（系统）：主体结构系统、金属屋面系统、建筑装饰系统。

（2）供电专业（系统）：牵引供电系统、降压变电所系统、电力监控系统、杂散电流防护系统。

（3）机电专业（系统）：低压动力照明系统、车站给排水系统、通风空调系统、综合接地系统、火灾报警系统、环境与设备监控系统、电扶梯系统、门禁系统、安全门系统。

（4）通信专业（系统）传输系统、公务电话系统、专用电话系统、专用无线系统、闭路电视子系统、广播子系统、时钟子系统、专用电源系统、集中告警系统。

（5）信号专业（系统）：ATS系统、ATP系统、CI系统、ATO系统、UPS电源设备。

（6）运营专业（系统）：自动售检票系统、乘客信息系统、旅客向导系统、综合监控系统、办公自动化系统。

3. 多专业系统综合施工特点

一般高架地铁车站多专业系统综合施工均具备系统复杂、专业接口多、专业施工单位多、材料多、空间狭小、交叉作业多、技术协调难度大等特点，房山线地铁工程特点如下：

系统复杂、专业接口多：高架车站工程装修及设备安装阶段车站内涉及土建、通信、信号、供电、机电、运营共六大系统，35个子系统施工，各子系统之间均有不同程度的接口联系。

专业施工单位多：总包单位1家，7大系统专业合同承包单位一共11家，7大系统施工单位的专业分包及劳务分包单位约27家。

材料品种多：其中装修甲供材料厂家6家，甲控4家；风、水、电甲供材料15家。

空间狭小、交叉作业多：车站空间有限，每个车站站房共56间，同时容纳多家施工单位、存放各种材料设备，空间和时间占用达到极限。

技术协调难度大：在时间短（3～5月）、空间有限、系统复杂、总包执行力难度大的情况下，需要完成各系统的交叉施工管理和协调，解决各系统交叉的技术问题。

2.8.2 地铁车站专业系统工程组成及功能介绍

1. 土建专业系统及功能

（1）主体结构（ME，Major Structure Engineering）

主体结构是建筑物的骨架，在轨道交通房山线高架车站工程中由钢筋混凝土结构（一、二层的框架梁板柱）、砌体结构（一、二层的填充墙及隔断墙等）及钢结构（顶层）三种形式组成，如图2-62所示。包含的专业为土建专业（混凝土结构、砌体结构）及钢结构专业。在主体结构内需要预埋一些设备安装及装修工程的预留管线、预埋件及孔洞，因此施工时需要穿插进行，如图2-63～图2-66所示。

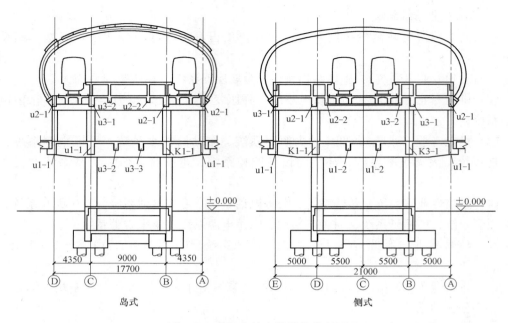

图 2-62 高架车站主体结构横断图

图 2-63 基坑及承台垫层

图 2-64 承台

图 2-65 立柱

图 2-66 主体框架

(2) 建筑装饰（DE，Decoration Engineering）

装饰装修工程是建筑物的外衣，直接反映建筑物的外表形象及建筑风格，其施工部位和涉及的专业繁琐复杂。分为公共区装饰和非公共区装饰，在高架车站主要包括：地面、抹灰、门窗、吊顶、轻质隔墙、饰面板（砖）、幕墙、涂饰、细部及厕浴防水等项目如图 2-67～图 2-74 所示，施工时要与设备安装各专业穿插进行，同时要为设备安装预留好相关预埋设施。

图 2-67　站厅层石材地面

图 2-68　站台层橡胶地面

图 2-69　非公共区走廊

图 2-70　瓷砖墙面

图 2-71　塑钢门

图 2-72　断桥铝窗

图 2-73　站厅层吊顶

图 2-74　办公间吊顶

（3）金属屋面（MRE，Metal Roof Engineering）

金属屋面是高架站特色的体现，主要起到挡风遮雨的作用如图 2-75 所示。轨道交通房山线高架车站为铝镁锰金属板与玻璃幕墙组合而成的屋面，材质较轻，屋面外观新颖，是屋面照明的载体如图 2-76 所示。

图 2-75　金属屋面

图 2-76　玻璃幕墙屋面

2. 机电专业系统及功能

地铁机电设备是地铁运营的一个重要组成部分，主要包括：通风空调系统、给水排水系统、动力照明系统、防灾报警系统、低压配电系统、自动扶梯及其监视系统、环控自动化系统、防灾报警灭火系统等，主要作用是提供车站通风、空调、给排水、照明、扶梯等基本功能，同时由环控自动化系统对这些机电设备进行自动监控，在意外灾害下，有防灾报警灭火系统对车站进行控制，并将站内与防灾无关的设备自动切断保护。

（1）给水排水系统（WSAD，Water Supply And Drainage System）

给水排水及消防系统由室内、外消防给水系统、生活给水系统及污废水系统组成，站内设消防泵房一座、给水泵房一座。生活给水负责卫生间、开水间、清扫间、洒水栓等生活给水；消防给水负责站内、站外共 22 个消火栓给水，污废水系统负责站厅站台地漏、扶梯基坑、卫生间等生活污废水排水，如图 2-77～图 2-82 所示。

（2）通风空调与采暖系统（VACH，Ventilation，Air Conditioning Heating System）

图 2-77 消防稳压罐

图 2-78 消防水管道

图 2-79 生活水泵房

图 2-80 消防水泵

图 2-81 卫生洁具

图 2-82 生活水泵房

通风系统由正常排送风系统和排烟系统、新风系统组成，负责车站站厅走廊排烟、消防泵房正常排送风、专业设备房间内正常排风，控制室及办公用房内排送风。公共区利用站厅、站台可开启的外窗进行自然通风。通信、信号机房、站台候车室、隔离开关柜室、配电室、站厅检票室、值班室就近与站厅管理用房等设机械排风自然进风系统。通信仪表间、配电间、综控配线间等设机械排风、机械补风系统，补风送至走廊。UPS 电源室设机械排、进风系统。变电所设置机械通风系统排除余热。地下一层消防水泵房设置机械进排风系统。该类房间冬季采用电暖器采暖。站厅层设备管理用房区域内走廊设置机械排烟系统，如图 2-83~图 2-88 所示。

图 2-83　送风设备

图 2-84　排烟系统

图 2-85　空调室外机

图 2-86　通排风管道

图 2-87　通风管道

图 2-88　排烟管道

（3）电扶梯系统（EES，Elevator And Escalator System）

电梯是在建筑物内安装的垂直运输的设备，为人们上下楼及物体垂直运送提供方便，轨道交通房山线高架车站主要有自动扶梯和轮椅升降梯两种类型如图 2-89、图 2-90 所示。

2 轨道交通工程施工新技术

图 2-89 自动扶梯

图 2-90 轮椅升降梯

(4) 火灾报警系统（FAS，Fire Alarm System）

系统介绍：火灾报警系统（FAS）具有自己的网络结构和布线系统，以实现在任何情况下，该系统都可以独立的操作、运行和管理如图 2-91、图 2-92 所示。随着计算机技术和网络技术的发展，火灾报警系统已具有同楼宇管理系统（BMS）联网的能力，并提供楼宇自控系统、综合保安管理系统、广播系统以及有线、无线通信系统等在发生火灾时提供相应的联动功能。

系统功能：火灾报警功能自动喷淋灭火功能，报警联动功能。

系统组成：火灾监控管理中心；控制盘、楼层显示盘；探测器：离子式感烟探测器、光电式感烟探测器 感温探测器、复合探测器等；模块：监视模块、控制模块、隔离模块等；手动报警器、警铃、火警电话等。

图 2-91 烟感探测器

图 2-92 FAS 模块箱

(5) 环境与设备监控系统（BAS，Building Automation System）

系统介绍：环境与设备监控系统定义为："对地铁建筑物内的环境与空气条件、通风、给水排水、照明、乘客导向、自动扶梯及电梯、屏蔽门、防淹门等建筑设备和系统进行集中监视、控制和管理的系统"，如图 2-93、图 2-94 所示。

系统功能：1) 机电设备监控：具有中央和车站二级监控功能；BAS 控制命令应能分别从中央工作站、车站工作站和车站紧急控制盘（IBP）人工发布或由程序自动判定执行，并具有越级控制功能，以及所需的各种控制手段；对设备操作的优先级遵循人工高于自动的原则；具备注册和权限设定功能。

2) 执行防灾及阻塞模式功能 能接收 FAS 系统车站火灾信息，执行车站防烟、排烟模式；能接收列车区间停车位置信号，根据列车火灾部位信息，执行隧道防排烟模式；能接收列车区间阻塞信息，执行阻塞通风模式；能监控车站逃生指示系统和应急照明系统；能监视各排水泵房危险水位。

3) 环境监控与节能运行管理功能通过对环境参数的检测，对能耗进行统计分析，控制通风、空调设备优化运行，通过地铁整体环境的舒适度，降低能源消耗。

4) 环境和设备管理功能：能对车站环境等参数进行统计；能对设备的运行状况进行统计，据此优化设备的运行，实施维护管理趋势预告，提高设备管理效率。地铁 BAS 监控内容：正常运营模式的判定及转换；消防排烟模式和列车阻塞模式的联动；设备顺序启停；风路和水路的联锁保护；大功率设备启停的延时配合；主、备设备运行时间平衡；车站公共区和重要设备房的温度调节；节能控制；运行时间、故障停机、启停、故障次数等统计；配置数据接口以获取冷水机组和水系统相关信息；若冷水机组带有联动控制功能，则空调水系统冷冻水泵、冷却水泵、冷却塔、风机、电动蝶阀的控制程序由冷水机组承担，BAS 仅控制冷水机组的投切、监测空调系统的参数和状态、冷量实时运算、记录及累计，如图 2-95、图 2-96 为 BAS 温度传感器，管道温度控制箱。

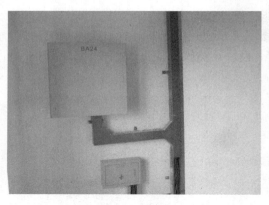

图 2-93　BAS 模块箱

图 2-94　BAS 模块

图 2-95　温度传感器

图 2-96　管道温度控制箱

(6) 安全门系统 (PSD, Platforms Screen Door)

系统介绍：地铁安全门系统是现代化地铁的必备设施，它沿地铁站台边缘设置，将列车与地铁站台候车区隔离。通常安全门系统门体结构主要分为可以开启的活动门和不能开启的固定门两部分。活动门与地铁列车门一一对应，列车进站并停稳后，活动门会与列车门同时打开，乘客上下列车后，活动门又会与列车门同时关闭，而后列车驶离站台，通过控制系统控制其自动开启。

系统功能：主要功能是人车隔离，提高了候车乘客的安全，还能起到一定的降低噪声作用。

系统组成：安全门系统主要由以下部分组成：门体设备（包括框架、固定门、活动门（含安全装置、应急门、端门等）、门机设备（包括驱动机构、传动机构、锁紧机构和限位装置等）、电源设备（包括 AC380V 电源箱、UPS（含蓄电池）等）和控制系统（含软件等），地铁车站设有安全门控制室，如图 2-97、图 2-98 所示。

图 2-97　地铁安全门（1）

图 2-98　地铁安全门（2）

(7) 门禁系统 (ACS, Access Control System)

门禁系统在主要设备和管理用房设置门禁系统，在功能相同的设备用房及门套的设备管理用房可设一套门禁。门禁系统分为中央和车站两个管理级，及现场控制级。门禁系统的门禁卡与地铁员工票合用，作为进入授权区域的门禁卡，门禁系统有独立的通信信道，门禁系统的设备都独立使用于本系统内。门禁系统是实现员工进出管理的自动化系统，通过门禁系统可实现自动识别员工身份、自动根据系统设定开启门锁、自动记录交易、自动采集数据、自动统计、产生报表；并可通过系统设定实现人员权限、区域管理和时间控制等功能。

系统功能：

对通道进出权限的管理：进出通道的权限就是对每个通道设置哪些人可以进出，哪些人不能进出，进出通道的方式就是对可以进出该通道的人进行进出方式的授权，进出方式通常有密码、读卡（生物识别）、读卡（生物识别）＋密码三种方式，进出通道的时段就是设置可以该通道的人在什么时间范围内可以进出。

实时监控功能：系统管理人员可以通过微机实时查看每个门区人员的进出情况（同时有照片显示）、每个门区的状态（包括门的开关，各种非正常状态报警等）；也可以在紧急状态打开或关闭所有的门区。

出入记录查询功能：系统可储存所有的进出记录、状态记录，可按不同的查询条件查询，配备相应考勤软件可实现考勤、门禁一卡通。

异常报警功能：在异常情况下可以实现微机报警或报警器报警，如：非法侵入、门超时未关等。

反潜回功能：就是持卡人必须依照预先设定好的路线进出，否则下一通道刷卡无效。本功能是防止持卡人尾随别人进入。

防尾随功能：就是持卡人必须关上刚进入的门才能打开下一个门。本功能与反潜回实现的功能一样，只是方式不同。

消防报警监控联动功能：在出现火警时门禁系统可以自动打开所有电子锁让里面的人随时逃生。与监控联动通常是指监控系统自动将有人刷卡时（有效或无效）录下当时的情况，同时也将门禁系统出现警报时的情况录下来。

网络设置管理监控功能：大多数门禁系统只能用一台微机管理，而技术先进的系统则可以在网络上任何一个授权的位置对整个系统进行设置监控查询管理，也可以通过IN-TERNET网上进行异地设置管理监控查询。

逻辑开门功能：简单地说就是同一个门需要几个人同时刷卡（或其他方式）才能打开电控门锁。

系统构成如图2-101所示：

1) 门禁控制器：门禁系统的核心部分，相当于计算机的CPU，它负责整个系统输入、输出信息的处理和储存，控制等。

2) 读卡器（识别仪）：读取卡片中数据（生物特征信息）的设备。

3) 电控锁：门禁系统中锁门的执行部件。用户应根据门的材料、出门要求等需求选取不同的锁具。主要有以下几种类型：①电磁锁：电磁锁断电后是开门的，符合消防要求。并配备多种安装架以供顾客使用。这种锁具适于单向的木门、玻璃门、防火门、对开的电动门。②阳极锁：阳极锁是断电开门型，符合消防要求。它安装在门框的上部。与电磁锁不同的是阳极锁适用于双向的木门、玻璃门、防火门，而且它本身带有门磁检测器，可随时检测门的安全状态。③阴极锁：一般的阴极锁为通电开门型。适用单向木门。安装阴极锁一定要配备UPS电源。因为停电时阴极锁是锁门的。

4) 卡片：开门的钥匙。可以在卡片上打印持卡人的个人照片，开门卡、胸卡合二为一。

5) 其他设备：

出门按钮：按一下打开门的设备如图2-99、图2-100所示，适用于对出门无限制的情况。

门磁：用于检测门的开关安全状态等。

电源：整个系统的供电设备，分为普通和后备式（带蓄电池的）两种。

3. 供电专业系统及功能

(1) 牵引供电系统（TPS，Traction Power Supply System）

电气化铁路向电力机车供给牵引用电能的系统。主要由牵引变电所和接触网组成。牵引变电所将电力系统通过高压输电线送来的电能加以降压和变流后输送给接触网，以供给沿线路行驶的电力机车能，高架车站内均有至少一个牵引变电所。变电所内有高压开关柜室、低压开关柜室、UPS电源室、隔离开关柜室、直流配电屏、值班室等专用房间。

图 2-99　门禁按钮（1）

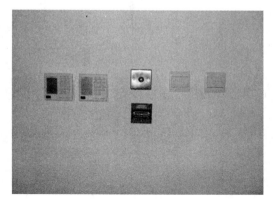
图 2-100　门禁按钮（2）

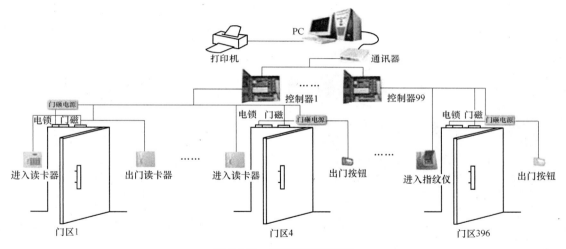
图 2-101　门禁系统原理图

地铁供电变电站按功能划分主要有4种类型：主变电站、牵引变电站、降压变电站和跟随变电站。主变电所将110kV电网电压降为35kV，给牵引变电站和降压变电站供电（电压等级仅为参考值，进口一次设备可能略有差异，以下同）；牵引变电站则是将35kV交流电经变压器、整流器转换为直流1500V/750V，给接触网、接触轨供电；降压变电站则是将35kV电网电压降为400V，提供车站的动力和照明电源，同时也是跟随变电站的进线电源；跟随变电站无变压器，是降压变电站400V侧在地理上的延伸，是为离降压变电站较远的地铁设备供电。

主变电站、降压变电站、跟随变电站与交流电网上的其他变电站并无本质的区别，无论是电气接线方式还是运行方式均与普通变电站类似，只有直流牵引变电站是地铁供电系统所特有的。地铁变电站自动化系统的很多独特之处也多与直流牵引变电站有关。图2-102是典型的牵引变电站的电气接线图电气供电设备如图2-103～图2-106所示。

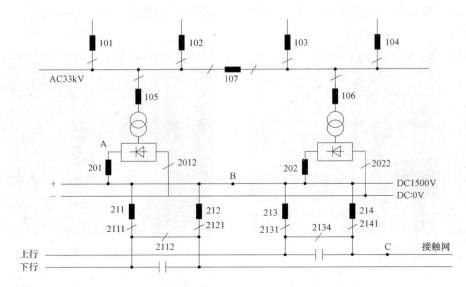

图 2-102 典型的牵引变电站的电气主接线

图 2-103 变压器

图 2-104 开关柜室

图 2-105 低压开关柜室

图 2-106 高压开关柜室

（2）低压动力及照明系统（LVPL，Low-voltage Power And Lighting System）

低压动力照明专业由低压照明系统和动力系统组成，施工范围包括车站的降压变电，包括车站内所有低压动力及照明配电和相邻上下行两个半区间照明及动力配电。在车站站厅两端及站台层中间分别设动力照明配电室如图2-107、图2-108所示，向车站公共区及附属房间的照明及较小容量的动力设备配电，同时也向区间动力照明配电，站厅、站台及板下电缆较集中处设电缆井上下贯通；站台板设置纵向贯通的电缆通道如图2-109~图2-112所示。

图 2-107　配电室

图 2-108　配电箱

图 2-109　电线管

图 2-110　电缆

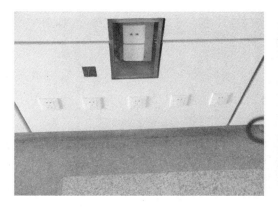

图 2-111　用电插座

图 2-112　接地母牌

4. 通信专业系统及功能

通信系统（TEL，Telecommunication System）：

地铁通信系统由传输、无线、公务电话、闭路电视、专用电话、广播、时钟等子系统组成，构成传送语音、文字、数据、图像等各种信息的综合业务通信网，是运营指挥的重要手段，同时在出现异常情况时，能迅速转变为供防灾救援和事故处理的指挥通信使用如图 2-113、图 2-114 为通信布线与通信接地系统。

专用通信系统功能：为本专业其他子系统及其他相关专业提供信息传输通道，信息包括语音、文本、图像，其他专业包括信号 AFC、PSCADA、BAS、FAS 等；为中心、车辆段、车站调度员与列车司机、防灾、维修、公安等移动用户之间提供通信，同时满足行车安全、应急抢险需要。中心调度员与车站、停车场、车辆段值班员以及办理行车业务直接相关的工作人员进行调度通信。

为控制中心调度员、车站值班员、列车司机提供有关列车运行防灾、救灾及乘客疏散等方面的视觉信息。

中心调度员和车站值班员向乘客通告列车运行及安全向导等服务信息，向工作人员发布作业命令和通知。

为各线、车站提供统一的标准时间信息，为其他系统提供统一的定时信号。

为乘客播放运营、商业信息。

将子系统网管中的报警信息统一汇集到告警终端，进行统一管理如图 2-115、图 2-116 所示为通信设备机房，车站控制室。

分为专用通信系统、民用通信系统、公安通信系统。

专用通信系统：分为传输系统、无线系统、调度电话系统、公务及专用电话系统、视频监控系统、广播系统、时钟系统、办公自动化系统、乘客信息显示系统、集中告警系统、电源及接地系统、通信线路、安防系统。

商业通信系统：分为传输系统、移动电话引入系统、集中告警系统、电源及接地系统、通信线路。

公安通信系统：分为传输系统、公安视频监控系统、警用集群无线系统、计算机网络系统、有线电话系统、集中告警系统、电源及接地系统、通信线路。

图 2-113　通信布线

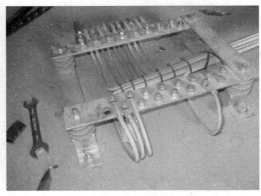

图 2-114　通信接地系统

图 2-115 通信设备机房

图 2-116 车站控制室

5. 信号专业系统及功能

信号系统（SIG，Signaling System）：

信号系统是地铁运输生产的基础设备之一，是实现集中统一指挥列车运行的重要手段，是保障行车安全、提高运输效率和运营管理水平的重要设施，先进的信号系统不但可以保证列车运行安全，而且可以最大限度地提高行车效率，减小列车运行间隔，提高旅行速度和列车运行正点率，实现行车指挥自动化和列车运行自动化，对于降低建设、运营管理成本，为乘客提供安全、快捷高质量服务起到积极作用。

信号系统是现代大运量、高密度的轨道交通自动控制系统中的重要组成部分，起到保证列车和乘客的安全，对列车高速、有序运行起到重要的作用。城市轨道交通信号系统的核心是列车自动控制（ATC）系统，它由列车自动防护（ATP）子系统、列车自动驾驶（ATO）子系统、列车自动监控（ATS）子系统和联锁（IL）组成，各子系统间相互渗透，实现地面控制与车上控制结合、现地控制与中央控制结合，构成一个以安全设备为基础，集行车指挥和运行调整等功能为一体的列车自动控制系统。

信号设备的主要作用是保证行车的安全和提高线路的通过能力，满足运营及行车组织要求，在控制中心能对全线列车集中监控，自动或人工运行调整，实现列车自动驾驶或有超速防护的人工驾驶，具有必要的降级或后备控制模式。

包括信号装置、联锁装置、闭塞装置等如图 2-117～图 2-120 所示。信号装置是指示列车运行条件的信号及附属设备；联锁装置是保证在车站范围内，行车和调车安全及提高设备的通过能力；闭塞装置是保证在区间内行车安全及提高设备的通过能力。

6. 运营专业系统及功能

（1）自动售检票系统（AFC，Automatic Fare Collection）

是一种由计算机集中控制的自动售票（包括半自动售票）、自动检票以及自动收费和统计的封闭式自动化网络系统。

工作原理：自动售检票系统（AFC）是基于计算机、通信、网络、自动控制等技术，实现轨道交通售票、检票、计费、收费、统计、清分、管理等全过程的自动化系统。国外经济发达城市的轨道交通，已普遍采用了这种管理系统，并发展到相当先进的技术水平。我国城市轨道交通车站的自动售检票设备，最初是来自外国，近年来我国已进行了大量的开发研制工作，提出了多种形式的产品，技术水平也在不断提高。国内轨道交通 AFC 系统的发展经历了从无到有的过程，随着计算机技术和软件的发展，我国城市轨道交通 AFC 的技术已与城市一卡通接轨，实现城市甚至城市区间的一卡通。

图 2-117　信号布线

图 2-118　信号防雷开关箱

图 2-119　信号集中站

图 2-120　信号设备机房

AFC 系统开通后增加了自助服务功能，一是在原有人工售票基础上，增设了自动购票机实现了乘客自助购票，并可减少排队等候时间。二是增加了自动查询机的数量，方便乘客自助查询。三是增设了一卡通卡自动充值机，实现自助充值，方便乘客。

主要有 CC：Central Computer（中央计算机），SC：Station Computer（车站计算机），E/S：Encoder/Sorter（编码/分拣机），BOM：Booking office machine（人工售票机），EFO：Excess Fare office machine（人工补票机），TVM：Ticket Vending machine（自动售票机），Gate：闸机（进、出口检票机）如图 2-121 为闸机基础。CVM：card vending machine（自动加值机），主要由线路中央 AFC 系统、车站 AFC 系统、终端设备和车票四部分组成。终端设备包括出、入站检票闸机如图 2-122 所示、自动售票机如

图 2-121　闸机基础

图 2-123 所示、车站票务系统、自动充值机、自动验票机等现场设备。车票有单程票、储值票、特殊票。

图 2-122　AFC 闸机

图 2-123　自动售票机

（2）乘客信息系统（PIS，Passenger Information System）

乘客信息系统依托媒体网络技术，以计算机系统为核心，车站、车载显示终端为媒体向乘客提供信息服务，可以随时向乘客提供乘车须知、服务时间、列车到达时间、列车时刻表、管理者公告、政府公告、出行参考、股票信息、媒体新闻、赛事直播和广告等实时动态的多媒体信息，在火灾、阻塞及恐怖袭击等非正常情况下，提供动态紧急疏散指示。

乘客信息系统项目引入是以提高地铁运营和乘客服务水平为目的，通过引进先进的数字媒体以及互联网技术，为地铁乘客带来实时的运营服务信息和多元化商业广告信息，极大地丰富和活跃地铁的品牌形象，扩大地铁的社会和经济效益。

地铁运营信息主要是为了方便乘客乘坐地铁而设置的，主要显示下一列车到达车站的信息、列车时刻表、地铁票务票价信息等，这些信息从地铁 ATS 系统中自动获取，同时根据不同的需要，在站厅、站台内分别显示不同的内容，如换乘信息，政府公告，电视台节目、公益广告、商业广告等高品质的媒体节目，天气预报等各类生活资讯，临时通告或紧急通告，股市行情、外汇牌价，铁路航班时刻表，车载视频监控子系统，其系统结构示意图如图 2-124 所示。

信息源：根据地铁运营要求接受采集旅客信息、公共信息、商业广告和有线电视信息、移动电视接受信息、时钟信息等，形成 ODBC 数据接口。

信息编辑中心层：接受、存储和转发地铁外部信息，广告列表的制作和发布，按广告客户的要求制定好广告列表，并下发到各个车站，定义本线模板文件，调度发布播放列表，监视本线系统运营。

车站播出控制层：接收发布乘客导乘及公共信息，通过播放控制器对本车站或本线列车的 LCD 显示终端和交互多媒体查询机播放信息，并统一控制和管理，监视本站本车系统运营。

车站播出设备：LCD 液晶显示屏，如图 2-125 所示。

车载传输设备：具有同一传送内容的断点续传功能，实现运行列车通过无线局域网及时有序的接收信息内容，并且车载设备利用车-地无线通信系统，有线传输网络将车上监视图像传送到控制中心。

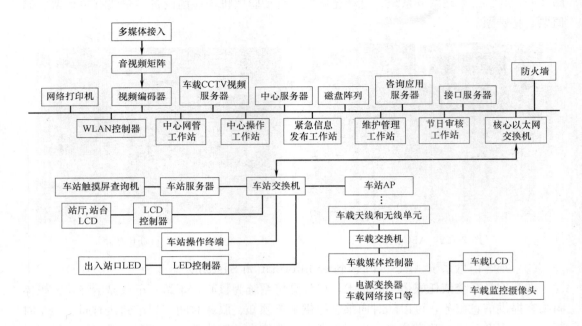

图 2-124 系统结构示意图

(3) 旅客向导系统 (PIIS, Passenger Information and Indication System)

地铁乘客导向标识系统主要功能是引导乘客安全顺利、迅速的完成整个旅程，避免乘客滞留在车站内引起拥堵，在紧急疏散时，导向标识能清晰的引导乘客顺利的离开危险区域或车站。

主要有 PIIS 屏、LCD 屏、引导标识、周边地形标识和交通标识等如图 2-126～图 1-129 所示。

(4) 综合监控系统 (ISCS, Integrated Supervisory Control System)

综合监控系统是一个分布式的、先进的控制系统，集成范围主要是轨道交通系统中的各设备监控系统，系统采用主备、分层和分布式结构，将供电系统、FAS、BAS、信号系

图 2-125 显示屏

图 2-126 PIIS 屏

图 2-127　LCD 屏　　　　　　　　　图 2-128　引导标识，周边地标识

图 2-129　交通标识

统、通信系统、自动售检票系统、紧急出口控制系统、安全门系统、车辆管理信号系统等与行车指挥、防灾、设备监控管理及乘客咨询服务等运营维护、管理相关的信息综合，通过集成系统的软硬件平台进行相关的信息处理，采取相应的控制模式，保证系统整体功能的实现如图 2-130、图 2-131 为车站控制室实图。

图 2-130　车站控制室（1）　　　　　图 2-131　车站控制室（2）

车站各集成系统原有功能；车站联动功能：
正常情况：早上启运、晚上停运、列车到站离站、节目、节电、维护模式。
非正常情况：车站紧急疏散、列车区间火灾、列车站台火灾、车站站台火灾、车站站厅火灾、水灾模式、安全门故障、车站照明供电故障。

综合后备盘（IBP）功能。

车站综合监控管理系统主要包括：车站现场设备的数据采集和监控子系统、维护管理子系统、车站数据转换和数据传输子系统。

2.8.3 地铁车站多专业系统综合施工接口管理技术

地铁车站各部位的专业系统较多、施工队伍密集，一些专业相互交叉，相互渗透，没有严格的界限，这样给施工的管理增加了很大的难度，界限不清、各专业队伍职责不明确，就会造成管理混乱，直接影响施工进度和质量，给安全生产造成隐患，同时还会导致返工和材料浪费现象，造成施工成本增加。因此，明确地铁车站各部位专业系统的工作界面对施工管理相当重要。

1. 地铁车站各专业接口界面划分原则

将各专业接口界面以协议书的形式进行明确和划分，相关单位在协议书上签字认可，各专业按照协议书中明确的接口界面及职责组织施工和管理，施工总承包单位统筹管理，监理单位监督执行，从而使各专业系统的工作有条不紊（图2-132），专业系统接口界面划分应遵循以下原则：

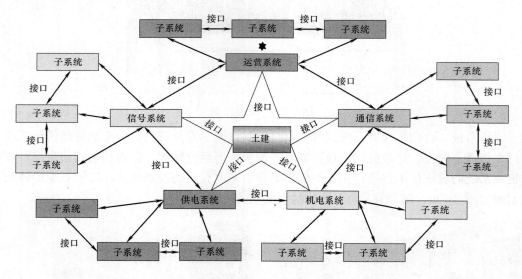

图2-132 地铁各专业系统接口示意图

（1）划分时需清晰明确，需要明确接口的位置、接口的分工、接口的责任。

（2）本着各专业之间影响最小、上下接口衔接紧密、便于工作面展开、便于管理的原则。尽最大限度的发挥各专业队伍的工作效率。

（3）重点抓住土建与供电、通信、信号、机电、运营五大系统之间的界面划分，明确各大系统之间的接口位置及双方责任。

（4）专业与专业之间、子系统与子系统之间的界面尽量依托设计接口原则。

2. 接口协议书主要内容

（1）明确各专业之间的接口界面

将各专业系统之间相互交叉、相互渗透及相互影响的工作项目明确给某一专业完成，或由相关专业共同完成，但必须要明确各专业在接口项目中的工作界面。

(2) 确定接口条件

即为下一个专业衔接及施工创造好条件，根据相关专业的施工图纸、施工规范及验收标准，由接方专业提出，并与交方专业达成一致后，予以明确，如：

1) 各专业系统在土建专业内的预埋件、管道、管线等预埋设施，要明确预埋位置、外露部位要求、施工环境要求等。

2) 紧急疏散系统与动照专业的接口条件：紧急疏散系统配电电源应为消防应急电源系统，电源电压应为 AC220V（+7%，-10%）带 PE 保护线；电源线预留长度不少于 150mm，并在动照施工完毕后在线缆末端安装 86 型接线盒，接线盒固定牢固，并把末端线缆藏于接线盒后，用匹配的盖板封堵，做好成品保护措施；悬挂式紧急疏散平台接线盒安装位置为悬挂点的水平距离不少于 1m。

(3) 接口的实施及相关工作

明确各专业在实施过程中的工作内容，以便各专业队伍合理的组织好人员、材料及机械设备等工作，为下一接口专业施工做好准备，如：

1) 土建专业与钢结构、设备安装及装饰装修的接口实施。所有预埋于土建内的材料、管材、管线、预埋件由各专业提供给土建专业，土建专业负责安装、预埋，各专业系统负责过程指导与检查。

2) 紧急疏散系统与动照专业的接口实施：紧急疏散平台系统负责标志牌的产品提供及安装，包括所需现场安装件、支架和配件，负责连接标志牌引出的软线管及电线到动照提供的接线盒内，完成接线工作后，自行封堵接线盒盖板，在动照管线施工分项通过有关部门验收后，作为紧急疏散平台的工作条件，双方履行交接手续，和动照专业共同参与调试工作，和动照专业及相关单位一起参与消防验收工作；动照专业负责管线材料、管线敷设及接线盒安装，配合紧急疏散系统调试工作，配合紧急疏散系统的消防验收工作。

(4) 接口的验收、验证及测试

接口界面的工作项目完成后，为了保证与下一专业施工的衔接，应对其进行验收、验证及测试。由总承包单位组织，监理单位监督，各相关专业队伍参加，验收结束后，形成记录，各方签字认可，合格后交给下一专业队伍施工，未通过，则限期整改，直至合格，再交给下一专业队伍。

1) 土建专业与钢结构、设备安装及装饰装修的接口项目的验收，检查土建专业为其他各专业预埋的管线、管道、预埋件、预留孔的位置是否正确，预埋件是否牢固，管道是否畅通，是否符合设计图纸、施工规范及验收标准。

2) 紧急疏散系统与动照专业的接口项目的验证及测试：接口的验证及测试由动照专业和紧急疏散系统双方协助、配合完成，测试的内容及步骤如表 2-22 所示。

两专业测试内容及步骤　　　　表 2-22

类别	动照专业	紧急疏散专业
安装测试	电源箱至紧急疏散指示牌的接线盒之间管线敷设是否正确安装，接线盒安装是否真	接线盒至电光源型紧急疏散指示牌的接线是否正确
功能测试	测试通电线路的正确性	牌体是否正常工作

3. 接口冲突的解决

在接口项目实施过程中,可能会出现一些问题或矛盾,各专业施工方无法协商解决,如接口实施过程中,某一项或几项工作不符合规范规定,导致施工受到影响,这时需要施工总承包方出面调解,监理单位代表建设单位监督解决过程,相关专业及供货商一起讨论并确认该冲突的性质,每个施工方独立评估该冲突给各自项目造成的影响,并就如何使各自的工程项目的影响降至最小提出解决方案,具体解决措施如下:

(1) 如果其中一方未遵守已签字的、符合接口功能设计及相关规范标准的专业接口协议,则未遵守方为责任方,负责修改及承担后果;

(2) 如果其中一方未遵守建设单位、监理单位签证下发的接口协议或文件,则未遵守方为责任方,负责修改及承担后果;

(3) 公开讨论冲突问题的解决方案,确保问题尽快解决,并使影响降至最小;

(4) 冲突问题的解决过程及结果验证均需要相关各方见证、确认。

以上为"接口界面划分协议书"的内容,该方法已在轨道交通房山线高架车站组织各专业施工中得到了应用,在工期紧、质量标准高、专业系统繁多、施工队伍密集、各专业施工相互交叉的条件下,顺利完成了施工任务,取得了良好的效果。

4. 高架车站典型接口

(1) 车站接地装置接口

接口位置:车站变电所电缆夹层内接地引出端子。接口分工:车站变电所电缆夹层内接地引出端子由土建施工单位完成,车站变电所内接地工程由供电系统施工完成。

(2) 车站杂散电流防护接口

接口位置:杂散电流收集端子;接口分工:全线预埋在建筑结构中的排流网由土建施工,并预留杂散电流测试及排流端子并负责连接。

(3) 设备安装预留预埋接口

接口位置:各专业设备安装所需的预留空洞,接口分工:土建施工单位负责系统设备安装所需的孔洞预埋,设备安装基础预埋件由设备施工单位提供。

(4) FAS、BAS专业接口

接口位置:各个受控设备控制电缆端子,接口分工:受控设备端控制电缆接线端子以下由 FAS、BAS 专业完成,以上部由受控设备安装单位完成,移交时由双方现场检测确认。

(5) 动力照明系统与各系统接口

接口位于变电所 0.4kV 低压配电柜馈出断路器下口,低压配电柜安装调试及断路器灵敏度校核由供电系统完成。车站站台板下及电缆井内的电缆支架或桥架由供电系统安装。

与综合接地装置的接口:整个车站设置综合接地装置,由供电专业完成,动照专业与车站综合接地网的接口在车站强电,弱电接地母排的出线端。配电室、卫生间、各类水泵等的局部等电位端子箱属动力照明专业,至各设备用房的接地端子之间接地电缆属动力照明专业,各设备房接地电子以下部分的接地电缆由各专业完成。

与扶梯专业接口:在电梯、自动扶梯自带控制箱的进线端。配电箱及电缆属车站动力照明专业设计。电梯井道内或扶梯检修通道下的照明检修插座由设备厂商负责。

与信号专业、公安通信、AFC等专业接口:在各专业所提供进线开关处,进线电缆属于车站动力照明专业，各专业配电箱自带。

与FAS等的接口：在动照专业所提供的双电源箱进线开关下口。

与安全门专业接口：在安全门双电源切换箱馈出开关下口，进线电缆及双电源切换箱属于车站动力照明专业。

(6) 门禁系统接口

门禁的电锁在防火门门框上固定安装，门禁厂家提供电锁样品及安装大样图，由防火门厂家负责在门框内预留电锁固定用钢板，钢板厚度不小于8mm，门框内的钢板上对应电锁的每处安装孔预留内扣。电锁的线缆由门体顶部经门框向下引至电锁内，线缆穿越门框时，由门体厂家在门框内预留SC15钢性套管。电锁在门体上的安装定位等要求以门禁设计提供的《双扇门局部施工图》、《单扇门局部施工图》和《电锁装修接口图》要求为准。其余未尽事宜与门禁专业及时沟通。

(7) 安全门系统接口

全线站台安全门外一米范围内的绝缘地板施工由安全门专业完成，站台板厚度按基标测量后不符合安全门设计标准（公差0~20mm）的由土建单位整改完毕。

(8) AFC系统接口

与UPS专业接口在AP箱馈入侧。

与动力照明专业接口在JP箱的馈入侧、车站JD箱的馈出侧，以及控制中心JD箱的馈入侧。

与通信专业接口在通信综合配线柜接线端子外侧，由此起算线缆需预留15米长。

与ISCS专业接口在IBP盘接线端子外侧。

与FAS专业接口在紧急按钮控制箱接线端子外侧。

(9) PIIS系统接口

紧急疏散系统与动照专业的接口条件：紧急疏散系统配电电源应为消防应急电源系统，电源电压应为AC220V（+7%，-10%）带PE保护线；电源线预留长度不少于150mm，并在动照施工完毕后在线缆末端安装86型接线盒，接线盒固定牢固，并把末端线缆藏于接线盒后，用匹配的盖板封堵，做好成品保护措施；悬挂式紧急疏散平台接线盒安装位置为悬挂点的水平距离不少于1m。

紧急疏散系统与动照专业的接口实施：紧急疏散平台系统负责标志牌的产品提供及安装，包括所需现场安装件、支架和配件，负责连接标志牌引出的软线管及电线到动照提供的接线盒内，完成接线工作后，自行封堵接线盒盖板，在动照管线施工分项通过有关部门验收后，作为紧急疏散平台的工作条件，双方履行交接手续，和动照专业共同参与调试工作，和动照专业及相关单位一起参与消防验收工作；动照专业负责管线材料、敷设及接线盒安装，配合紧急疏散系统调试工作，配合紧急疏散系统的消防验收工作。

2.8.4 地铁车站多专业综合施工统筹管理技术

1. 地铁车站各专业系统的施工顺序

地铁车站各专业的施工及施工单位进场顺序应随着地铁车站各部位的展开而逐步进

行，以土建装修工程为核心，统筹安排展开其他专业施工计划，确保各专业间衔接紧密，步伐统一，有效利用空间和时间，并最终保证工程的竣工通车时间，以房山线车站为例，整体施工流程如图 2-133 所示。

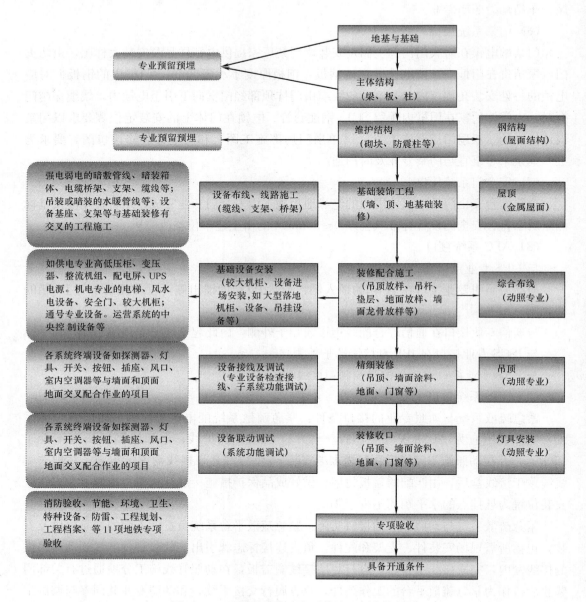

图 2-133 地铁车站各专业系统施工顺序流程图

2. 地铁车站多专业施工统筹管理

地铁车站是地铁建设中重要的组成部分，投资大、设计施工技术复杂，是集土建、机电、供电、通信、信号、运营六大系统为一身的综合系统工程，在建设中需要多个专业分包同时施工。因此，如何在施工中将各专业分包有序的组织起来，完成各专业各系统之间接口协调、交叉作业组织协调，实现工程进度、质量、安全目标，是摆在建设单位及总包单位面前的问题。

施工前需要根据施工情况及特点,制定完整的管理办法对工程进度、安全、质量、甲供材料、综合协调、工程检查整改考核等方面统一全面管理,管理办法需具有实用价值和可操作性。可参考以下几方面进行:

(1) 明确各专业施工管理各方职责:明确业主各管理部门、总包单位、专业施工单位单位、专业施工监理单位、设计单位、供货商等各方在装修、设备安装阶段的职责。在专业集中、交叉施工的复杂项目管理过程中,必须要捋顺建设单位、设计单位、监理单位、施工总承包单位、专业承包单位及材料供应商之间的关系,明确各方职责和义务,以建设单位宏观控制、监理单位监督落实、施工总承包单位组织实施为主线,最终将施工目标得以实现。

(2) 施工质量管理办法:明确设备材料供应管理、施工过程质量管理、装修和设备安装重点工序质量管理要求和方法、各种验收签证制度。在施工质量管理上,首先把好材料的质量关,由建设单位和设计单位明确好材料的品种、规格、质量标准及要求,然后由施工总承包单位对所有进场材料(包括甲供材料)负责进场验收和管理,监理单位监督验证,并及时履行好验收手续。这样明确了各方职责,保证了材料的进场质量。

(3) 文明施工管理办法:明确各方在安全施工、文明施工、成品保护方面的管理责任,管理的原则。在安全及文明施工管理方面,建设单位明确了施工总承包方及专业承包方之间的管理责任,实行了先向施工总承包方签订责任书,进场施工的管理制度,明确了"谁接管谁管理、谁接管谁负责"的原则,保证了施工现场的安全及文明施工。

(4) 施工进度管理办法:明确三级进度计划制订、调整、控制的原则和方法。

(5) 甲供材料及设备管理办法:甲供材料设备的总体计划、阶段计划的编制要求、审核审批要求、调整执行要求、材料封样要求、进场验收要求、仓库管理要求等。

(6) 综合协调机制及管理办法:综合协调机制的建立运行、专业施工进场管理、施工现场场地协调、临水临电协调、专业施工配合协调、工程例会等综合管理协调制度。在综合协调管理上,坚持建立问题解决协调机制,执行专业施工单位进场管理、施工场地协调管理、施工现场临水临电协调管理、装修及设备安装各专业施工的配合、工程例会制度,才能确保工程有条不紊地进行。

(7) 工程检查、整改与考核办法:各种月检查、周检查制度,奖惩制度等。

2.8.5 大型多专业系统综合工程施工管理技术展望

(1) 目前,地铁车站施工各专业管理水平还较低,主要以现场管理为主,以后应向信息化管理发展,应用网络及信息技术对工程进行科技管理,使其达到信息化、网络化,从而使项目的管理更优化,效率更高。

(2) 各专业接口界面的划分还需进一步的完善。本文中总结出来的划分原则及划分方法是在已完工的工程中摸索出来的,其内容还需在以后的工程项目中进一步的丰富和完善。

(3) 在空间管理方面,进一步利用BIM技术,从设计阶段建模,实现资源整合、数据共享，施工前先进行碰撞检查，避免各专业工程之间的冲突。

2.9 跨越既有轨道交通线新建地铁风险控制技术

2.9.1 工程简介

轨道交通××工程××站是双侧式换乘车站，该车站为轨道交通 A 线的南起点与 B 线的换乘站。其中 A 线为高架线，现况 B 线为地面线。新建车站结构南北两侧分别为××大街和××北路，两条路分别下穿城 B 线和 C 线铁路。新建 A 线××站南侧 33m 为既有 B 线××站，既有车站东侧为 C 线铁路相距 20.5m，如图 2-134、图 2-135 所示。

2.9.2 施工风险辨识及分析

1. 风险源辨识

根据本工程的风险分类将风险因素进行筛选，筛选出符合本工程特殊性的风险因素，主要是指跟其产生事故后果与 B 号线有关的风险因素。具体的风险因素识别见风险因素辨识汇总表，如表 2-23 所示。

2. 风险源评价

根据风险的辨识结果，本工程的风险除了常规的建筑施工风险外，主要的风险后果集中在以下几个方面：

（1）第三方损失

第三方损失是指工程施工引起周边的建（构）筑物，包括建筑物、道路、管线及其他建（构）筑物等发生破坏或影响其正常使用功能所造成的经济损失，包括可能对非参与工程建设人员的意外伤害。

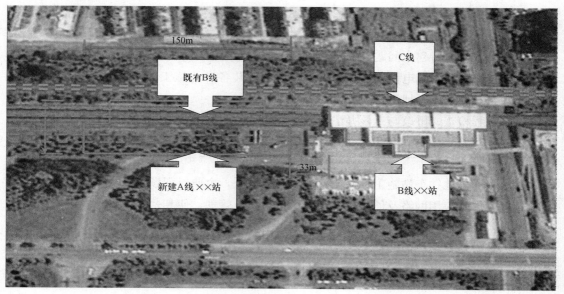

图 2-134　新建××站平面图

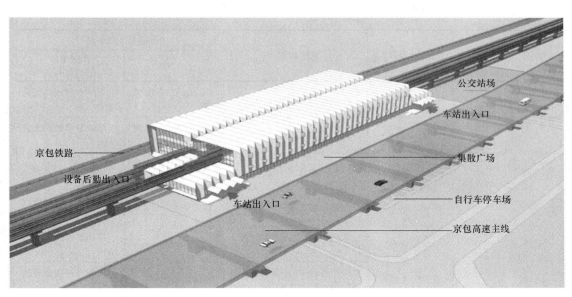

图 2-135 车站效果图

风险因素辨识汇总表　　　　　　　　　表 2-23

序号	施工部位	活动内容	危险因素	可能导致的事故	
				直接事故	间接事故（与B号线有关的）
A1	结构基础 B1	土方开挖	土方开挖及支护方案有漏洞和缺陷	土方坍塌	轨道道床沉降人员伤亡
A2			排水、止水方法不当	土方坍塌	轨道到床沉降
A3			施工机械失控	结构或区间破坏	轨道被破坏
A4			各种地下管线未在地面设置明显标志。施工前未对各种现况地下管线采取可靠保护措施或改移	管道或线路被损毁	电力系统瘫痪通信系统中断
A5			超挖现象	土方坍塌	轨道道床沉降
A6	桩基 B2	钻孔施工	施工机械失控（打桩机倾覆）	结构或区间破坏	轨道被破坏
A7		钻孔或开挖施工	地下管线未调查清楚，并未进行改移或设置明显标志	管道被损毁	影响管线的正常使用
A8	混凝土主体结构 B3		模板上荷载超重或堆料不均匀	高处坠落	损坏B号线设备或结构
A9	结构站台板 B4	钢结构吊装	施工组织不当，未按计划完成	不能及时清理施工现场	影响B号线运营
A10			吊装机械失控	落物进入轨道内	影响B号线运营
A11			人员违章操作	落物进入轨道内	影响B号线运营
A12		钢结构焊接	在无隔离防护设施的易燃易爆物邻近作业	火灾	损坏B号线设备或结构
A13		钢梁安装	测量失误	导致钢梁长度侵限，碰到列车	严重影响B号线正常运行

续表

序号	施工部位	活动内容	危险因素	可能导致的事故	
				直接事故	间接事故（与B号线有关的）
A14	结构站台板 B4	包括预制板安装	料具遗落在封闭区	无法及时清理现场	影响B号线的正常运营
A15		地面铺装	料具遗落在封闭区	无法及时清理现场	影响B号线的正常运营
A16	钢天桥施工 B5	钢天桥吊装	吊装机械选型不当	不能完成吊装任务	影响B号线运营
A17			吊装机械失控	高空坠物	损坏B号线设备或结构
A18	索膜钢结构施工 B6	索膜结构吊装	氧气、乙炔泄露、暴晒、倾倒等	火灾、爆炸	损坏B号线设备或结构
A19			焊接过程中，杆件支撑不稳倾倒	物体打击	损坏B号线设备或结构
A20			吊装过程中机械操作不当	杆件坠落或碰撞其他设施	损坏B号线设备或结构
A21		索膜安装	高空焊接过程中火星掉落	火灾	损坏主体结构和已有设施
A22			脚手架没按规范搭设	倒塌、高处坠落	损坏主体结构和已有设施
A23			施工人员工具照看不到位	高处坠物	损坏主体结构和已有设施
A24	装饰装修 B7	天桥吊顶	材料坠落	高空坠物	短时间影响B号线正常运营

由于新建××车站的施工区域与原有车站交叉重合，导致可能造成第三方损失的风险因素成了重要风险因素。例如，上述识别的24条风险因素中，有8条是物体坠落，在普通施工过程中，一般小型物体坠落不能构成重要风险因素，但在本工程中，一旦坠落物体进入城铁13号线运营界限，造成的后果是非常严重的，因此所有与之有关的风险因素均识别成重要风险因素，需要根据运营方的界限要求设计界限保护方案。

（2）经济损失

经济损失是指引起的直接经济损失费用和事故修复所需的各种费用。由于本工程的特殊性，施工过程中一旦发生事故，造成的经济损失不仅仅是施工本身的损失，还包括运营环境所遭受的损失，两项损失叠加后，后果是十分严重的。

（3）社会信誉损失等级标准

任何灾害或事故的发生都会引起社会负面压力，严重影响公众和政府对工程建设的良好意愿，从而导致工程建设参与单位发生社会信誉损失。社会舆论与公众评价对地铁及地下工程的建设进展影响巨大，社会信誉损失是建设参与单位潜在风险损失的重要部分。社会信誉损失与不同风险事故的后果密切相关。特别是如造成第三方损失或对周边区域环境造成损害，将会引起严重的社会信誉损失。

综合考虑以上三种风险损失，经过轨道交通施工方面、运营方面、管理方面的专家进行评分，得到了最末层风险因素概率分布表，如表所示。分析方法采用模糊综合分析法和矩阵评分法。

3. 利用模糊综合分析法进行风险评估

（1）建立地铁施工安全风险综合评价体系，通过查阅大量地铁施工资料及对地铁施工事故原因的分析，同时考虑工程实际需要和风险评价的操作性，地铁施工安全风险评价体系。

（2）应用 CIM 模型由于地铁施工安全风险综合评价体系具有多层次、多因素、评估模糊性等特点，对各类风险因素的直接量化较为困难，因此选用层次分析法确定评估指标权重，采取模糊评价确定最末层风险因素的概率分布如表 2-24、表 2-25 所示。

多种风险因素影响的风险因素概率分布表　　　　　表 2-24

风险因素	高	较高	适中	较低	低
结构基础 B1	0.00036	0.32364	0.276	0.3	0.1
钢结构吊装 B2	0.018	0.374	0.337	0.271	0
钢天桥吊装 B3	0.03	0.51	0.26	0.2	0
索膜结构吊装 B4	0.002	0.073	0.437	0.298	0.19
索膜安装 B5	0.012	0.233	0.565	0.19	0

利用矩阵法进行风险评定分级我们将风险评分从 0.2～0.6 分为 5 级。

风险因素矩阵分析　　　　　表 2-25

风险损失	风险后果 概率	≤0.2	0.3	0.4	0.5	≥0.6
需考虑的	结构损坏		A23	A6, A22	A21, A3	
严重的	设备损坏	A19	A8, A20	A18	A12	A5
非常严重的	轨道沉降，线路破坏		A2			A4, A7
不能容许的	侵限后运营中止	A15	A24	A9, A11, A13	A14, A17	A1, A10, A16

其中：绿色区域：一般风险，需要加强管理不断改进；黄色区域：中度风险，需制定风险削减措施；红色区域：重大风险，不可忍受的风险，纳入目标管理或制定管理方案。

4. 风险因素评价结果分析

由多种风险因素影响的风险因素概率分布表和风险评价矩阵图可以看出，风险发生概率较高的分险因素主要集中在以下几个施工过程中：B1 结构基础，B2 钢结构吊装，B3 钢天桥吊装。

根据风险因素评定分级汇总表，将重大风险所产生的事故结果进行统计，得出各类事故所占比例，统计结果如表 2-26 所示。

根据以上分析可以看出，占事故比例最大的是侵限后导致运营终止这类型的事故，其次是轨道沉降和线路破坏，因此施工过程风险管理主要集中在这三个方面，需要制定相应的管理措施和方案设计，如表 2-27 所示。

事故结果所占比例分析 表 2-26

序号	事故类型	危险因素数量	在重大风险中所占比例（%）
1	结构损坏	0	0
2	设备损坏	1	8
3	轨道沉降	2	15
4	线路破坏	2	15
5	侵限后运营中止	8	62

事故控制措施表 表 2-27

事故类型	事故控制措施
轨道沉降	采取边坡防护、边坡稳定措施
线路破坏	采取管线改移或管线保护措施
侵限后运营中止	封闭式界限保护措施

在工程施工阶段，建立有效的风险管理机制和工作流程，及时了解、沟通工程风险信息。在现场应完备的风险管理框架，明确岗位部门的设定、权限和流程，使风险处理方案在施工各方迅速达成共识并及时实施。工程施工阶段应遵循的风险管理流程见图 2-136。

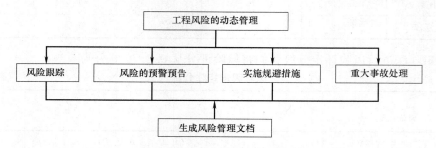

图 2-136 风险管理流程图

通过对××车站期间可能与正在运营的 B 号线相互影响带来的施工风险进行了辨识，并采用模糊综合分析进行了风险评估，并采用矩阵分析法进行了风险评价，最终将基坑施工和吊装施工作为重点控制的施工步骤。分析事故结果将轨道作为重点防护部位，为下一步风险前评估确定模拟对象。

2.9.3 基坑支护及轨道监测技术

1. 基坑支护技术

由于新建车站基坑距城铁 B 号线路基较近，施工期间为保证城铁 B 号线路基稳定，施工能够顺利进行，对城铁 B 号线区间两侧路基分别采用钻孔灌注桩和土钉墙护坡进行加固。西侧基坑长 150m，采用护坡桩和锚索形式，桩顶设钢筋混凝土冠梁，混凝土等级 C30，桩间采用挂网喷射混凝土护面的形式，设置腰梁和锚索。B 号线东侧基坑长 130m，采用土钉墙护坡形式如图 2-137 所示。

2. 监控要求

由于基坑深度较深，且紧邻城铁 B 号线，基坑围护安全等级为一级。

2 轨道交通工程施工新技术

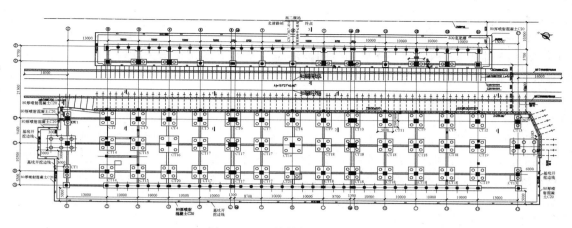

图 2-137 围护结构平面示意图

（1）监测意义

监控量测是施工的重要组成部分。通过监测掌握支护结构、地表及建筑物的动态，及时预测和反馈，用其成果调整设计，指导施工，并为以后类似工程做技术储备。

（2）监测依据

依据北京市标准《地铁工程监控量测技术规程》DB 11/490—2007，监测内容及各项指标如表 2-28 所示。

监测内容及各项指标　　　　　表 2-28

监测对象	监测项目		计量单位	点数	次数	预警值	报警值	控制值
B号线运行监测	实时监测	路基沉降监测	点·次	6	2130	1.8	2.0	2.5
		轨道差异沉降监测	点·次	6	2130	1.4	1.6	2.0
	静态监测	轨道轨顶沉降	点·次	20	90	1.8	2.0	2.5
		轨道轨距、水平	点·次	20	90			
		轨道高低、方向	点·次	20	90			
	防护棚	基础沉降监测	点·次	30	90	1.8	2.0	2.5
××线施工监测	基坑监测	基坑内外观察	组日	1	90	—		
		桩体水平位移	点·次	7	90	7.0(4.9)	8.0(5.6)	10.0(7.0)
		桩顶垂直位移	点·次	7	90	7.0	8.0	10.0
		土层锚杆受力	点·次	7	90			
		土钉墙顶垂直位移	点·次	7	90	2.4	2.8	3.5

3. B号线的运行监测

（1）路基沉降监测

1）监测内容在基坑施工约 150m 长的变形区内，既有线路两侧路基或路肩适当部位各布设一排静力水准仪，对运行中的线路基沉降进行连续监测。

2）监测仪器设备采用 BGK-6880 型 CCD 高精度静力水准仪，该仪器适用于要求精度高的垂直位移或沉降监测。

3）测点布设在既有线变形区约 150m 的线路两侧设置 3 个监测剖面，在防护棚中心线、两侧的路基、路肩等适当位置上各布设 1 个监测点，每侧布设结构沉降监测点 3 个，基准点 1 个；既有线左右线共布设监测点 6 个。安装 8 台静力水准仪，对线路路基的沉降进行连续监测。

(2) 轨道差异沉降监测

1) 监测内容 在既有线两条轨道之间的混凝土轨枕上，安装梁式倾斜传感器，通过监测轨道之间的倾斜，连续监测轨道的差异沉降。

2) 监测仪器设备 采用 JTM-U600JB 电子梁式倾斜仪，配套使用 Datertaker615 数据采集仪。

3) 测点布设 在左右线变形区约 150m 线路内设置 3 个监测剖面，在防护棚中心线、两侧的轨道之间分别设置轨道差异沉降监测点，每条轨道线路布设 3 个轨道差异沉降监测点；既有线左右线共布设监测点 6 个。安装 6 台梁式倾斜仪，对轨道的差异沉降进行连续监测。

(3) 轨顶沉降监测

1) 监测内容 监测基坑及施工影响区内既有线 4 根钢轨轨顶的沉降。

2) 监测仪器 采用人工 DiNi12 数字水准仪，铟钢尺（2 把）。

3) 测点布设 在基坑开挖 150m 长的范围内既有线钢轨轨顶部，按照间距 5m 布设 4 排沉降监测点，左右线共布设 120 个沉降监测点。

(4) 轨道轨距、水平监测

1) 监测内容 轨道几何形位监测包括轨道静态轨距、静态水平监测两方面内容。

2) 监测仪器 采用 JTGC-G 铁路轨距尺。

3) 测点布设 监测点按照间距 5m 布设，左右线共布设 60 个轨距监测点、60 个水平监测点。

(5) 轨道高低、轨向监测

1) 监测内容 静态轨道线路高低是为了解钢轨纵向平顺性而进行的监测，静态轨向是为了解单根钢轨纵向弯曲程度而进行的测量。通过对其进行测量，可以了解钢轨的高低差和纵向扭曲程度。

2) 监测仪器 采用 10m 弦线、钢直尺。

3) 测点布设 每根轨道按照间距 5m 进行高低、轨向监测，左右线共进行 120 点高低监测，120 点轨向监测。

4. 基坑监测

(1) 基坑内外观察

1) 监测内容 基坑开挖后，对基坑施工影响区内地层的工程地质、地表及地表裂缝情况；地下水类型、渗水量大小、位置、水质气味、颜色等；围护桩、锚杆状况；基坑周边建构筑物等情况进行观察。

2) 监测仪器 采用人工目测方式。

3) 测点布设 观察范围是基坑影响区 150m 内区域。

(2) 桩顶垂直位移监测

1) 监测内容 监测基坑护坡桩顶部的垂直位移。

2) 监测仪器 采用人工 DiNi12 数字水准仪，铟钢尺（2 把）。

3) 测点布设 在 150m 长基坑护坡桩冠梁上，按照 20m 的间距设置监测剖面，埋设桩顶垂直位移监测点，共埋设 7 个垂直位移监测点。

4）测点布设在 150m 长基坑护坡桩冠梁上，按照 20m 的间距设置监测剖面，埋设桩顶垂直位移监测点，共埋设 7 个垂直位移监测点。

（3）桩体水平位移监测

1）监测内容将专用测斜管预埋入基坑护坡桩体，利用测斜仪监测护坡桩的水平位移。

2）监测仪器采用美国 SICON 公司生产的数显式测斜仪。

3）测点布设在既有线与××线之间的 150m 长基坑护坡桩内，按照 20m 的间距设置 7 个监测剖面埋设测斜管，共埋设 7 根测斜管。

（4）土层锚杆受力监测

1）监测内容对于采用桩-锚支护体系的基坑，在每层锚杆中须选择若干有代表性的锚杆进行监测，监测剖面与护坡桩相同。

2）监测仪器采用 MSJ-201 锚索测力计作为一次传感器，ZXY-2 频率巡检仪作为二次测量仪器。

3）测点埋设杆的监测剖面与护坡桩体相同设置 7 个监测剖面，在既有线与××线之间的 150m 长基坑护坡桩冠梁侧，按照 20m 的间距设置监测剖面，安装锚杆测力计，共埋设一层 7 个锚杆测力计。

（5）土钉墙顶垂直位移监测

1）监测内容监测 B 号线东侧基坑土钉墙顶部的垂直位移。

2）监测仪器采用人工 DiNi12 数字水准仪，钢钢尺（2 把）。

3）测点布设在既有线东侧与 150m 长基坑土钉墙顶部，按照 20m 的间距设置监测剖面，埋设墙顶垂直位移监测点，共埋设 7 个垂直位移监测点。

2.9.4 既有线轨道防护棚施工技术

本次施工为跨越式的送料施工，因为临近铁路一边地面不具备承载大型机械施工的条件，所以一切的材料是由另一侧用吊装机吊送，因此对既有线轨道采用防护棚施工。

1. 防护棚结构形式设计

（1）防护棚基础设计

防护棚基础采用条形基础，位于两层道床中间位置，基础宽度为 600mm，高度为 600mm，混凝土标号为 C25。

考虑因素：B 号线为双层碎石道床结构，路基内存在地下管线，不可采用桩基等形式。

（2）结构形式

防护棚采用钢框架结构，主梁和立柱为 H 型钢，隅撑，柱间支撑采用钢管，楼面板采用 4mm 和 6mm 厚钢板，钢材选择 Q235B 材质，侧面采用双层钢丝网。防护棚由多个单元组成，每个钢构件单元宽 10m，高 5.1m，长 6m，如图 2-138 所示。

2. 防护棚施工方案

（1）施工测量

本工程是在既有城铁区间上增加防护设施，施工中对测量工作要求高，为使工程实现预定的质量目标，我项目部在工程的初始就对基础测量工作给予足够的重视，合理配备设备、人员，使测量工作达到预期目标。

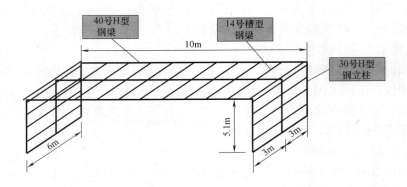

图 2-138 防护棚结构示意图

(2) 施工通道开设

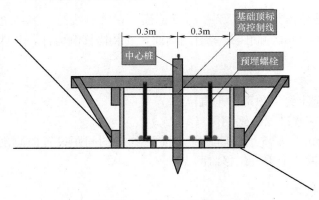

图 2-139 施工通道示意图

防护设施施工前需要在封闭护网上修建施工进出口,如图 2-139 所示,施工进出口间距为 50m,两侧护网共开设 6 处,便于施工人员和施工材料进入。进出口设置大门,列车停运断电后,由地铁运营公司管理人员打开大门,施工人员进入施工。铁路运行前 30min 施工人员撤离施工区,由施工单位负责人检查施工现场,确定封闭区域内没有施工人员和施工机具后,将进出口大门封闭,施工人员不能再进入城铁运行封闭区域。

(3) 防护棚基础施工

防护棚基础布置在轨道碎石基础两侧,基础为条形基础,条基截面尺寸为 60cm×30cm,每侧基础长 190m,每间隔 20m 设置伸缩封,缝宽 2.5cm。由测量员测放和控制基础线位和高程,如图 2-140 防护棚基础示意图,以 B 号线两条外侧轨道为基准线,基准线外侧 2.35m 为基础中线。基础采用 C25 混凝土为现场搅拌,首先安装模板、地脚螺栓,随后浇筑混凝土条基,严格控制基础线位和顶面高程。

(4) 防护棚基础加固

(5) 防护棚钢结构吊装就位

1) 吊装准备

施工放线:根据上道工序提供的测量资料,确定柱网平面的轴线位置和标高,使基准轴线的定位准确;控制点标高误差控制在规范允许范围之内。

柱底埋件需要设置地脚螺栓以便安装钢柱时进行固定,并利于钢柱垂直度的调整。钢柱上要设置上下用的临时爬梯,在地梁柱节点处要设置钢梁安装用的临时脚手架。

吊装前垫平场地并压实,对照图纸,将拼接好的构件就近放置。所有安装设备运至现场,并进行检查,做到确实安全可靠。检查吊装设备,严禁用机具不全的设备进行吊装,

2 轨道交通工程施工新技术

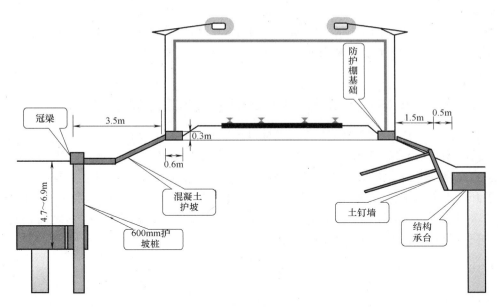

图 2-140　B 号线两侧边坡防护示意图

确保设备及构件的安全性。

钢构件确信拼装已完成,并符合质量要求。

所有设备及安装人员到位,现场指挥明确,手势、信号要统一。

2)吊装计划

凌晨 1∶00～3∶00。

3)钢构件吊装

钢构件进场之后,要对其几何尺寸、外观质量进行复检,无误后方可进行整体安装,依次吊装剩余单元,如图 2-141 所示。钢结构全部安装就位后要重新检查钢柱的垂直度和中心处是否发生位移。对于本工程而言,事前控制尤为重要。

2.9.5　工程结果

逐步城市快速轨道交通网的建设中必然遇到众多的节点车站,这样也必然存在车站及区轨道的相互穿越的工程问题。该工程在保证既有线正常运营的情况下顺利完成施工,并运营和施工的安全风险控制合理,在施工整个阶段,项目部定期对施工现场进行安全检查,排除危险情况,在施工风险分析并控制的体系

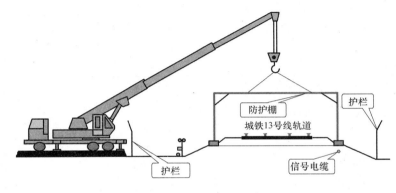

图 2-141　防护棚吊装示意图

下未发生一起危险事故,施工到一定阶段后进行总结、分析,找出方案实施中的不足并排查危险因素,将风险管理工作落到实处。主体工程结束后,对风险管理工作进行评价,不仅能发现风险管理的不足之处,还能总结出类似工程的风险控制技术。

2.10 北京地铁车站 PBA 施工关键技术

"PBA"工法的物理意义是：P——桩（pile）、B——梁（beam）、A——拱（arc），即由边桩、中桩（柱）、顶底梁、顶拱共同构成初期受力体系,承受施工过程的荷载；其主要思想是将盖挖及分布暗挖法有机结合起来,发挥各自的优势,在顶盖的保护下可以逐层向下开挖土体,施做二次衬砌,可采用顺作和逆作两种方法施工,最终形成由初期支护＋二次衬砌组合而成的永久承载体系。由于其形成的结构体系跨度大,对地面影响小的特点,在城市繁华区域地铁车站施工中应用广泛。

2.10.1 工程简介

1. 工程概况

达官营站为7号线中间站,在湾子站与广安门内站之间。车站位于三里河南延路和广安门外大街交叉路口以东,沿广安门外大街东西向布置。广安门外大街双向六车道,交通流量很大。三里河南沿路目前向北尚未打通,路上车辆较少。站位周边基本实现规划。车站北侧自西向东依次为：在建国家话剧院剧场,一层平房（房屋质量较差）,北京工业设计院（距离道路红线有一定距离）,北京十四中。车站南侧自西向东依次为：远见国际公寓,华联商场,中设大厦,邮政家属楼。

车站起点里程 K2＋006.700,车站终点里程 K2＋242.700,全长 236.000m,宽度 22.9m（局部 23.1m）,车站为地下二层三跨岛式站台车站,地下一层为站厅层,地下二层为站台层。车站拱顶覆土厚度约为 9～9.2m。车站主体为地下两层直墙三连拱结构,采用 PBA 工法、逆筑施工。车站共设置 4 座出入口,一处换乘通道（预留）,2 组风亭、风道。其中,1号风道采用 CRD 法施工,2号风道采用明、暗挖结合法施工；明挖部分基坑围护采用钻孔灌注桩＋内支撑体系。出入口出地面部分采用明挖法施工,桩撑支护,其余部位采用 CRD 法施工。车站两端区间均为暗挖。车站位置如图 2-142 所示。

2. 车站结构形式

（1）主体施工方法及结构形式如表 2-29 所示。

车站主体施工方法及结构形式表 表 2-29

项目		材料及规格	结构尺寸
初期支护	超前大管棚	$\phi 108 \times 6, L=9m$	环间距：0.3m,与小导管交错布置
	超前小导管	$\phi 42 \times 3.25, L=3m$	每两榀钢支撑打设一环；环间距：0.3m
	钢筋网	$\phi 8, 150 \times 150mm$	全断面铺设
	喷射混凝土	C20 喷射混凝土	0.25m,0.35m
	格栅钢支撑	HRB335 钢筋	纵间距 0.5m
$\phi 1000$ 护壁桩		C30 钢筋混凝土	桩间距 1.6m
钢管柱		$\phi 800, \delta=16mm, C50$ 混凝土	纵间距 7m

1）初期支护结构设计

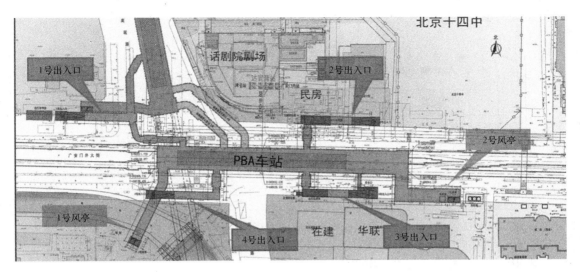

图 2-142 地铁达官营站平面示意图

2) 车站二衬结构形式：

达官营站结构为两层三跨结构，标准段宽 22.9m，车站主体结构顶拱厚 0.6m，底板厚 1.2mm，中板厚 0.4m，边墙厚 0.7m，中柱 $\phi 800$ 钢管柱。车站主体采用 PBA 暗挖法施工。

(2) 出入口施工方法及结构形式

车站共设置 4 个出入口，1、2 号出入口位于车站北侧，3、4 号出入口位于车站南侧。出入口设计分暗挖和明挖结构，对于埋置较深、受管线影响及施工场地限制较大的地方采用暗挖施工，其他部分采用明挖施工。暗挖结构采用复合式衬砌。出入口口部埋深较小，采用明挖施工，大于 3m 的基坑围护采用 $\phi 600@1200$ 钻孔灌注桩，小于 3m 基坑采用放坡开挖，网喷支护。矩形框架结构，敞口段采用 U 形框架结构。其中 2 号出入口与车站主体临时施工通道结合设置。

(3) 风道施工方法及结构形式

车站共设置 2 组风亭，均设置于车站南侧。1 号风井设置在莲花河南岸的绿地内，采用倒挂井壁法施工。1 号风道下穿 2400mm×1300mm 污水沟、$\phi 1050$mm 污水管、电力、电信、上水等多条管线及莲花河，采用 CRD 法施工。2 号风井设置在中设大厦门前绿地内，风道下穿电信、上水等多条管线，采用暗挖法施工。由于 2 号风井尺寸较大，采用明挖法施工，围护结构采用 $\phi 800$mm@1400mm 钻孔灌注桩结合钢支撑。

施工期间，利用 1、2 号风道和风井作为施工通道和施工竖井。1 号风道为单跨双层拱形结构，采用浅埋暗挖法施工，复合式衬砌，最大开挖跨度为 10.1m，开挖高度正常段为 14.4m。采用 CRD 法施工。2 号风道为单跨单层拱形结构，局部为双层，采用浅埋暗挖法施工，复合式衬砌，开挖高度正常段为 14.4m。采用 CRD 工法施工。

3. 工程地质与水文地质

工程范围内自上而下可分为人工填土层、新近沉积层、第四纪晚更新世纪冲击层及第三系岩层共四大类，主体结构主要穿越新近沉积的粉细砂②3 层、卵石层②5 及第四纪晚更新世冲洪积的卵石层⑤、中粗砂层⑤1、卵石层 7、中粗砂层 71，开挖范围内地下水位于卵石 7 层，透水性好，静止水位标高 17.15～18.47m（水位埋深 24.60～27.50m），如

图 2-143 所示。

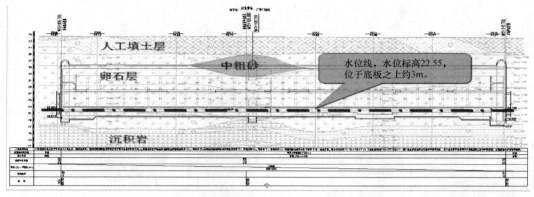

图 2-143　工程范围

2.10.2　工程重点与难点分析

车站地面周边环境繁华，地下存在多条重要地下管线，暗挖工法多，施工工艺复杂，体系转换频繁，施工期间确保地上构筑物和行人安全及地下管线的正常使用是本工程的重点及难点。

1. 工程规模

本工程车站采用暗挖法施工。暗挖部分包括附属暗挖风道、出入口通道、紧急疏散通道、主体临时横通道、主体三跨双层结构及区间隧道等。

车站主体结构主要是二层三跨岛式车站，主体结构跨度大、净空高，车站长 236m，标准断面总宽 22.9mm，总高达 16.95m。

2. 工法多，工艺多样

本工程暗挖采用台阶法、CRD 法、PBA 法且以上工法相互衔接，断面相互过渡，即小断面向大断面过渡，大断面向小断面过渡。车站主体采用多种暗挖工法结合施工，导洞数目多，马头门开设多，初衬向二衬过渡与体系转换频繁。

3. 环境复杂，风险源多

（1）地面周边环境繁华：

本标段全部工程位于北京市区内，施工区域道路交通繁忙，地上临近多处建（构）筑物（多数为高层建筑物），广安门外大街为城市主干道，施工中对周围环境扰动及地层沉降均提出了更高的要求，同时存在施工扰民问题，因此做好现场文明施工至关重要。

（2）地下管线复杂，风险源多：

达官营车站地下管线网密集，包括给水、污水、雨水、电信、电力、热力、煤气等在内的数十条地下管线，纵横交错，非常复杂。对车站施工影响较大的管线主要有 $\phi1600mm$ 的雨水管、1600mm×180mm 电力管沟、$\phi800mm$ 雨水管、$\phi800mm$ 污水管、5000mm×3000mm 热力方沟、$\phi600mm$ 给水管等如图 2-144 所示。

另外，车站主体暗挖下穿人行过街天桥，结构顶与人行天桥基础底距离约为 4.3m；1号风道暗挖下穿莲花河，开挖跨度 10.1m，距离河底 4.85m，拱顶位于卵石圆砾层中。以上均为环境风险源一级。

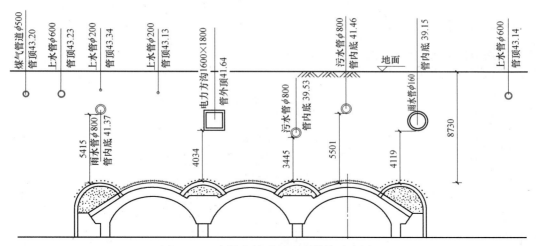

图 2-144　车站穿越现况地下管线示意图

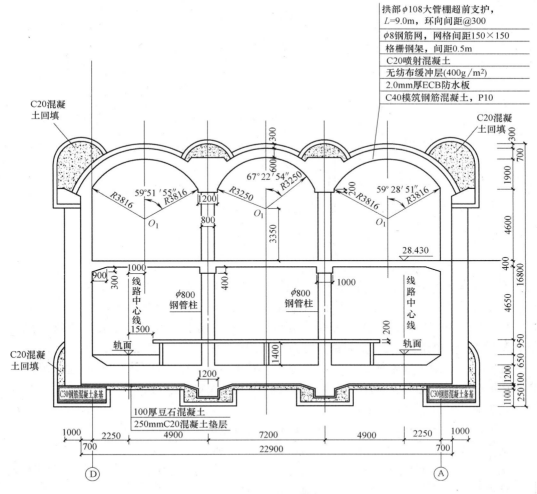

图 2-145　车站双层段横断面图

2.10.3 主要施工工艺流程

车站双层标准段结构剖面如图 2-145 所示。
PBA 车站施工流程图如图 2-146 所示。

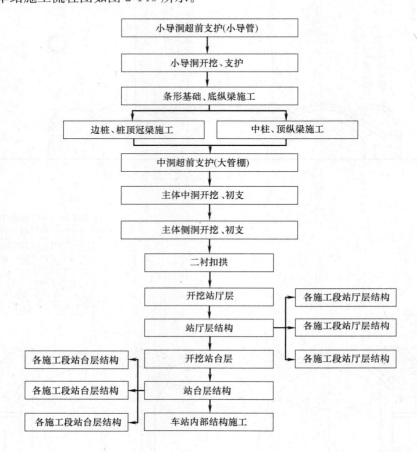

图 2-146 PBA 车站施工流程图

车站主体双层段结构采用 PBA 法施工，主要施工步骤有：
(1) 开挖下、上 8 个导洞，施作网喷混凝土临时支护结构；
(2) 浇筑下部导洞内的条形基础，在导洞内从上往下进行人工挖孔，浇筑边桩及冠梁，浇筑钢管柱的底纵梁，安装钢管柱及浇筑顶纵梁；
(3) 开挖柱间上部土体，施作拱部初期支护和拱部二衬，且施做梁间临时横撑；
(4) 拆除导洞临时支护结构，采用地模技术施作车站中层板；
(5) 浇筑站厅层混凝土；
(6) 开挖下部土体，浇筑站台层混凝土，注浆充填结构外空隙。

达官营车站主要施工步序如图 2-147～图 2-155 所示。

第一步：超前预注浆加固底层，台阶法开挖导洞施工，初期支护。开挖导洞时，先开挖下导洞后开挖上导洞，先开挖边导洞后开挖中间导洞。

2 轨道交通工程施工新技术

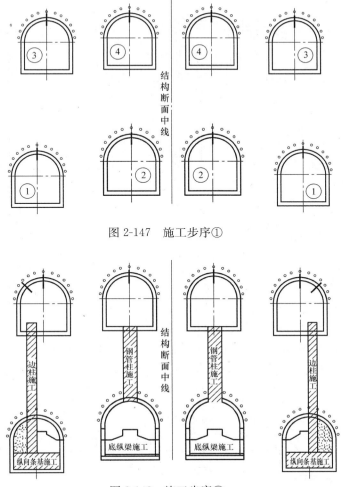

图 2-147 施工步序①

图 2-148 施工步序②

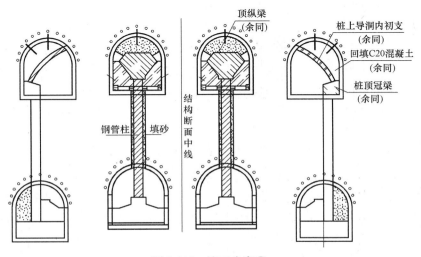

图 2-149 施工步序③

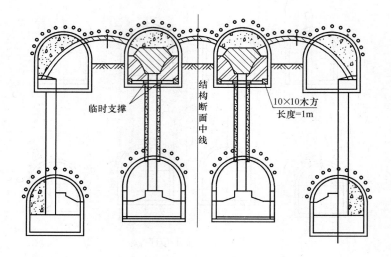

图 2-150 施工步序④

第二步：下导洞贯通后，施作下边导洞内桩下条形基层。在上边导洞内施作边桩及桩顶冠梁，边桩外侧与导洞间混凝土回填。中间导洞内钢管柱挖孔护壁及底纵梁施工。

第三步：上边导洞内冠梁及大拱脚回填施工；中间导洞内施作钢管柱及顶纵梁。

第四步：上导洞内加固顶纵梁，超前预注浆加固地层，采用台阶法开挖导洞施工，施作拱部初期支护、仰拱。

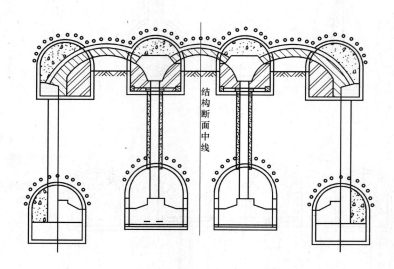

图 2-151 施工步序⑤

第五步：待初支贯通后，铺设防水层，浇筑顶板混凝土。

第六步：待拱顶混凝土达到设计强度后，沿车站纵向分层向下开挖至站厅板底标高，桩间喷射混凝土。分段施作地模，铺设侧墙防水层，浇筑中板结构、站厅层侧墙。

第七步：中板混凝土达到设计强度后，沿车站纵向分层向下开挖3.5m，桩间喷射混凝土。

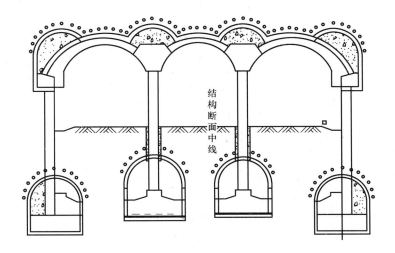

图 2-152 施工步序⑥

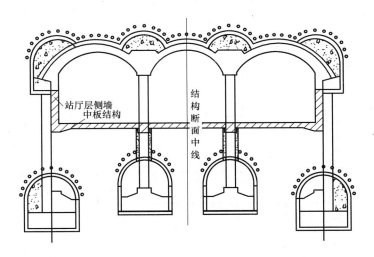

图 2-153 施工步序⑦

第八步：分段开挖至底板下，破除下层小导洞结构，施作垫层、防水层及防水保护层，及时浇筑底板二衬。铺设侧墙防水层，浇筑侧墙混凝土。

第九步：混凝土达到设计强度后，施工站台层内部结构，完成车站结构施工。

2.10.4 主要施工工艺

1. 导洞施工

（1）导洞横断面布置

车站主体结构共布置上下 8 个导洞。

（2）导洞施工顺序

导洞的开挖支护需要考虑群洞效应所引起的地面沉降，因此把控制地面沉降作为导洞

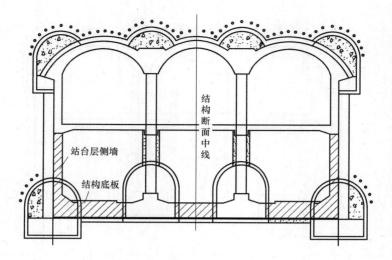

图 2-154 施工步序⑧

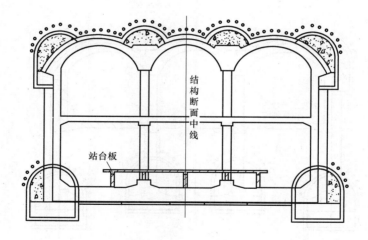

图 2-155 施工步序⑨

施工的关键,先下导洞后上导洞施作,先边导洞后中导洞施作,下导洞超前上导洞10～20m。边导洞与中导洞之间纵向拉开15m。

(3) 导洞开挖与支护

小导洞采用台阶法施工,台阶长度1D(D为导洞开挖跨度)。预留核心土,长度不小于2m,按设计格栅间距一次开挖进尺50cm。开挖后先初喷混凝土封闭掌子面,架设格栅钢架,打设θ42mm锁脚锚管,挂网喷射混凝土至设计强度。超前小导管两个循环(进尺1m)施打一次,长L=3.0m、环向间距300mm。小导管从格栅之间穿过,视地质和水及周边构筑物情况采取加密导管间距并通过小导管注浆加固底层,如图2-156所示。

上台阶进尺1D后后开挖下台阶,先开挖两侧土方,再开挖中部土方,人工清理开挖面,安装格栅后喷射混凝土,车站主体平面总体施工工序如表2-30所示。

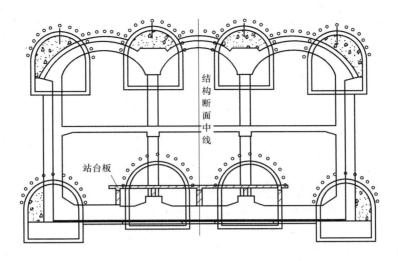

图 2-156 导洞横断面布置

车站主体平面总体施工工序　　　　表 2-30

序号	图　示	工程步序说明
1	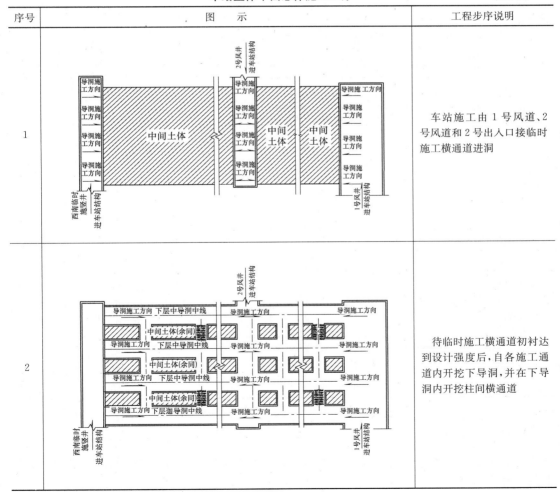	车站施工由 1 号风道、2 号风道和 2 号出入口接临时施工横通道进洞
2		待临时施工横通道初衬达到设计强度后，自各施工通道内开挖下导洞，并在下导洞内开挖柱间横通道

续表

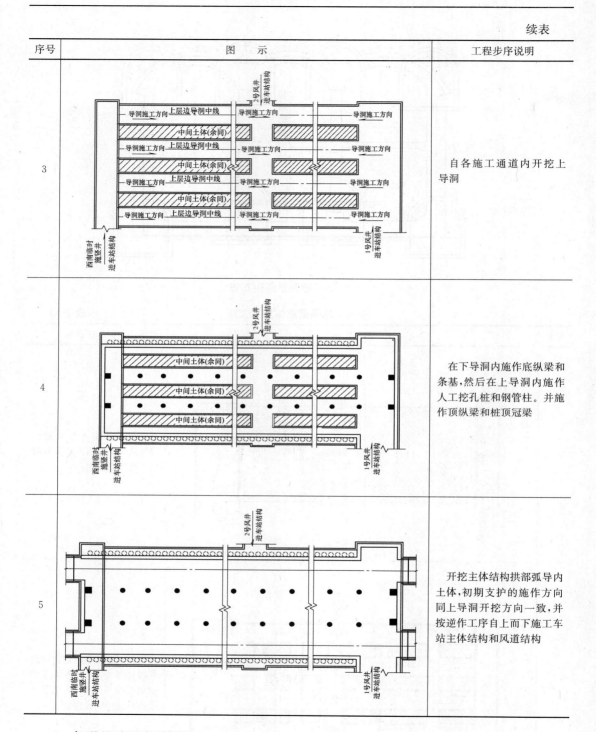

序号	图示	工程步序说明
3		自各施工通道内开挖上导洞
4		在下导洞内施作底纵梁和条基,然后在上导洞内施作人工挖孔桩和钢管柱。并施作顶纵梁和桩顶冠梁
5		开挖主体结构拱部弧导内土体,初期支护的施作方向同上导洞开挖方向一致,并按逆作工序自上而下施工车站主体结构和风道结构

2. 条形基础及底纵梁施工

下导洞形成后,在洞内施作边桩条形基础及中柱底纵梁。预埋中柱定位器,安装调平基板,在中柱位置预留钢管柱底座及钢筋接头,绑扎钢筋,通过竖井送料灌注混凝土。条形基层和底纵梁混凝土分层浇筑,每层浇筑厚度30cm。

3. 边桩、中柱及冠（顶）梁施工

（1）洞内桩概况

车站边导洞内设 $\phi1000mm@1600mm$ 的车站主体结构围护桩，车站中导洞内 $\phi800mm@4000mm$ 的钢管柱。边桩、中柱采用人工挖孔施工。

（2）边桩、中柱施工

边、中导洞形成后，分别从上导洞往下开挖桩孔、柱孔。根据地质条件，桩所处底层粉质黏土，采用人工挖孔护壁。车站桩孔、柱孔数量较多，为了缩短挖孔工期，采取平行作业的办法。为防止产生坍塌，同时挖孔的两桩净间距应大于 4.8m。边桩挖孔时采用跳孔法施工，跳开 3 个桩孔进行。为了防止坍孔，在下导洞需要开挖桩孔、柱孔部位的四周，打设 $\phi42mm$ 超前小导管，进行预注浆加固底层。

本工程车站主体结构中柱采用 $\phi800mm$ 钢管混凝土柱，其纵向间距 6.5m，横向间距 7.2m，钢管柱内灌注 C50 微膨胀混凝土。钢管柱由工厂加工，由于上导洞净空限制，钢管柱加工需分节，每一根钢管柱由两节 3.2m 及另外一节调整钢管组成。

（3）边桩冠梁施工

车站主体围护桩的上部与冠梁均高于导洞底板面，在导洞内架设支撑模板分段浇筑冠梁及部分边拱。按设计高度架设支撑，然后绑扎冠梁钢筋，模板采用定型组合钢模板。冠梁采用商品混凝土，混凝土泵车配合浇筑。混凝土浇筑完毕，将表面抹平，及时进行养护。

（4）中柱顶梁施工

在顶梁下设置 600mm×600mm 钢管支架，在钢管顶部 U 形托内放一根 15cm×15cm 方木，在纵向方木上铺设钢模板（钢管柱托盘处使用 5cm 厚的木模）作为底模，然后绑扎天梁钢筋，封闭侧模，并预留与顶拱二次衬砌相连的钢筋、排气孔和注浆管。排气孔和注浆管采用 $\phi25$ 钢管，每隔 3.0m 埋设一对，在天梁部位对称埋设。侧模采用Ⅰ16 工字钢作为骨架，加工成天梁形状，每隔 1.5m 设置一对，用 $\phi22$ 钢筋拉杆拉紧，两侧用方木将侧模顶紧在导洞壁上，混凝土采用 C30 自流平豆石混凝土。天梁上部空隙采用 C20 混凝土进行回填，当混凝土达到一定强度后通过预留注浆管压注水泥浆（添加适量微膨胀剂）使天梁顶部充填密实。

柱顶梁采用分段浇筑，分段长度 15~20m，分段位置在顶纵梁 1/3~1/4 跨处，其截面与梁中心线垂直。

4. 车站主体拱部施工

（1）土方开挖与初期支护施工

车站承载结构和传力结构形成后，即进行车站拱部的开挖与初期支护。

1）开挖前拱部超前加固

首先，在拱部搭设钻机平台，打设 $\phi108mm$ 大管棚，管棚选用 $\phi108$ 热轧钢管，钢管内灌注 0.6∶1 水泥砂浆。

土方开挖前打设 $\phi42mm$ 超前小导管，由于拱部底层为饱水土层，超前小导管采用无缝钢管，管长 3m，管的环向间距 0.3m（过管线段加密至 0.2m），每立 2 榀拱架打设 1 次（过管线段加密至每一榀打设 1 次），每次开挖 0.5m，架设 1 榀格栅拱架。

2）开挖方法

顶拱采用弧形导坑开挖方法施工，留核心土。开挖后及时架设上弧初衬格栅，与小导洞初期支护格栅通过预埋的节点板连接，设临时竖向支撑和底部横撑，纵向采用$\phi 22$钢筋将格栅连城整体，环向间距1m，挂网喷射C25早强混凝土厚35cm。在开挖工程中，中柱上导洞初期支护不得破除，以保证柱上天梁的可靠受力。

3）施作临时横撑

临时横撑的安装落后掌子面核心土开挖约1.0m。及时施作临时横撑。确保拱的推力平衡。临时支撑采用Ⅰ20a工字钢，横向临时支撑撑在顶梁部位。

4）初支背后回填注浆

为保证拱部一衬与土体密贴，必须及时进行后背回填注浆，以减小地层沉降。初期支护施作时，在拱部预埋$\phi 42mm$回填注浆管，环向间距2m，纵向间距3m一排，梅花形布置。管长70cm，外露15～20cm，管口用棉纱堵塞。待初期支护封闭3～5m后，喷射混凝土封闭掌子面，及时进行初支背后回填注浆。浆液采用水泥砂浆，注浆压力控制在0.3MPa以内。待隧道贯通后，用地质雷达全线探测，发现不密实的地段及时补充注浆。

（2）车站主体拱部二衬施工

根据"初期支护先行、二次衬砌紧跟"的施工原则，一般当初期支护长度完成，即开始施作二次衬砌，施作中拱二衬之前，先拆除中柱上导洞内与其相邻两侧的格栅，拆除长度4～6m。拆除格栅之前，加强掌子面拱脚部位（即破除小导洞格栅部位）超前注浆加固：主要做法是：在小导洞欲破前，沿小导洞破除面纵向布设一排长度为1.5m的径向小导管，小导管径向间距为30cm。在破除小导管格栅前，提前注浆加固土体。

施作二衬之前，先拆除边导洞与中导洞与其扣拱相邻两侧的格栅，拆除临时中隔壁，拆除长度6m。采用18a型钢组成可拆卸组合型钢满堂红模架，型钢步距90cm、横距137m、横杆层距90cm。立杆定型钢支撑采用I18工字钢加工，现场组装，钢支撑间距为137m。拱部模板采用弧形可调模板，钢模板型号为600mm×900mm，厚3.5mm。

为保证结构稳定，二次衬砌扣拱施工必须分段、跳仓进行，分段长度不大于6m。施工时拆除一段导洞隔壁及临时中隔壁支护、紧跟着衬砌一段拱部二次衬砌，拱部衬砌完成一段达到设计强度后才允许拆除紧邻段中隔壁支护。为防止混凝土灌注对顶纵梁形成偏压，在扣拱初衬施工前将顶纵梁下部侧面提前进行临时支撑。灌注口设在外侧起拱线和拱顶部，端头堵头板埋设回填注浆管兼作排气管，混凝土采用高性能混凝土，对称浇筑以免偏压。

5. 站厅层施工

为使站厅层施作的各道工序能形成流水作业，先开挖站厅层中跨土方至站厅板位置，然后在开挖边跨土方至站厅板位置。每开挖20m左右（分段灌注混凝土的长度），用人工清理余土到中楼板底部标高，进行夯实，施作素混凝土垫层，垫层上铺木模板并绑扎钢筋，同时预留、预埋各种孔洞等。负一层的土方采用小型挖掘机开挖，配以人工清理余土及拆除导洞支护临时支撑。运土采用小型自卸车。中楼板混凝土达到设计强度后进行中楼板以上边墙二次衬砌，模板采用大型钢模板，利用移动式单侧支撑系统进行支撑。

6. 站台层施工

采用先底板后边墙的施工方法。

（1）土方开挖

负二层土方开挖先从中跨开始，中跨沿高度分三步进行，第一步中楼板以下 1.7m 范围内人工开挖，同时凿除中楼板地模；第二步开挖到底梁顶面，采用机械开挖，配以人工拆除下导洞初期支护，施作底板结构；第三步开挖两侧，并施作底板及侧墙。边跨土方开挖要两侧对陈开挖，随开挖随施做边跨桩间的挂网喷混凝土支护。

（2）垫层施工

垫层混凝土施工前，首先对基底进行处理，垫层采用 C15 商品混凝土，由混凝土输送泵布料杆直接卸料至基底，人工摊平并振实。

（3）底板施工

基底垫层完成后，先铺设防水层，绑扎底部钢筋，同时预留站台板构造柱钢筋，底板钢筋与柱基预留钢筋连接。底板施工时同时施工边墙至倒角以上 10cm，便于钢筋及防水的预留，有利于边墙支架的安装。边墙支撑采用型钢支架，模板采用定型钢模，纵向按模板模数一次施工长度 9.6m 或 10.8m，在断面变化及伸缩缝处根据实际情况调整。

底板混凝土施工中，始终保证排水系统及抽水设备的正常使用，防止基坑积水，确保混凝土浇筑质量。底板混凝土的强度等级为 C40。底板施工时不留水平施工缝，纵向分段的垂直施工缝设置在结构受剪力较小且便于施工的部位，并注意保证车站内部设施（如水池、电梯井、出入口等）的尽量完整性。

（4）站台层边墙的施工方法

边跨底板混凝土达到 75% 的强度后，边墙衬砌紧跟，边墙衬砌 10m 左右一段。边墙模板采用逆作插模法施工。

7. 二衬背后注浆施工

暗挖车站拱顶混凝土灌注采用泵送挤压混凝土施工工艺，拱顶有时会产生混凝土不密实等现象，因此在拱顶预埋注浆管，一是作为排气孔，排除拱部空气，减小拱部泵送压力；二是通过灌注过程观察流浆情况检查混凝土灌满程度；三是作为注浆口，对二衬实施回填注浆，以弥补混凝土因收缩或未灌满造成拱顶空隙。且进一步堵截渗漏水。

2.10.5　监控量测

1. 车站监测项目

车站监测项目内容有：洞内外观察；初期支护结构拱顶沉降；初期支护结构净空收敛；地表沉降；周围建（构）筑物沉降、倾斜及裂缝；地下管线沉降；围岩压力；钢架压力；钢筋应力；钢管柱混凝土应力。

2. 量测技术要求

（1）测量计算工作的要求

依据正确（对原始数据要认真仔细地逐项审阅与校核）、方法科学（各项计算要在规定的表格中进行）、计算有序（各项计算前后有联系时，前者经校核无误后，后者方可开始）、步步校核（各项计算由不同的人用不同的方法独立进行，结果正确后方可进行下一步工作）、结果可靠（计算中所用的数据与观测精度相适应，在满足精度的前提下，合理地删除多余数字，以便提高计算速度，多余数字的删除遵循"四舍、六入、五凑偶"的原则）。

（2）测量记录工作的要求

原始真实（不允许抄录），数字正确（不允许有涂改现象），内容完整（表头填齐，附有草图和点志记图等），字体工整。

（3）工程自始至终保持等精度观测

观测人员、记录人员、仪器、测量方法和测量路线等基本保持不变。

（4）测量放线和验线工作必须独立进行

测量放线和验线工作必须满足工程精度要求，严格依据测量规范进行。工作积极主动，团结协作，为工程的顺利进行提供保障。

（5）测量技术资料的收集与整理

测量人员在执行安全、保密等有关规定的前提下，用好、管好设计图纸和相关资料，同时还要及时收集与整理资料。

3. 监控量测数据处理及信息反馈

监控量测资料均由计算机进行处理与管理，当取得各种监测资料后，能及时进行处理，绘制各种类型的表格及曲线图，对监测结果进行回归分析，预测最终位移值，预测结构物的安全性，确定工程技术措施。

取得各种监测资料后，需及时进行处理，排除仪器、读数等操作过程中的失误，剔除和识别各种粗大、偶然和系统误差，避免漏测和错测，保证监测数据的可靠性和完整性，采用计算机进行监控量测资料的整理和初步定性分析工作。对每一测点的监测结果要根据管理基准和位移变化速率 mm/d 等综合判断结构和建筑物的安全状况，及时反馈指导施工，调整施工参数，达到安全、快速、高效施工目的。

2.10.6 风险控制措施

1. 自身风险控制措施

本工程自身风险为车站各类暗挖工法，包括 PBA 法、CRD 法、台阶法等。故应从两方面进行控制。一方面是暗挖施工期间控制路面沉降及隆起；一方面是由于暗挖工法多，开挖断面多，体系转换、断面过渡期间的控制。

达官营站位于现况广安门外大街主路下。站位周边为居民小区、办公大厦及商业场所。隧道施工时引起地面下沉的原因主要有地下水土的流失，隧道施工时围岩应力释放底层变形。隧道施工时底层变形的主要表现在开挖后未支护时的应力释放以及后期由于初支背后有空隙或初期支护基础承载力不足引起的；而地下水土的流失除了地下水自身流动的原因外，地下管线保护不当产生漏水也是一个重要因素。鉴于隧道上方地面现况交通以及地面建（构）筑物、地下管线的重要性，控制隧道地面沉降及隆起是自身风险控制的重点，主要措施如下：

严格遵守"管超前、严注浆、短进尺、强支护、紧封闭、勤测量、速反馈"的技术要领。

（1）土方开挖前应按照施工方案及设计要求进行地质超前探测（一般 3~5m 为一循环）并做好探测记录。对影响范围内的雨水、污水、燃气及热力等管线进行详尽的调查，包括位置、埋深、结构形式、直径及管内流量等。对于影响车站主体或附属结构的管线，采取改移；对于不影响车站的结构，在施工影响范围内的管线进行必要的加固。防止施工破坏管线或产生过大沉降出现裂缝而漏水，影响隧道施工的安全。

如遇到拱部土体自稳性较差的地段，应按设计要求对拱部土体打设超前小导管、管棚进行土体预加固。小导管打设须在喷射混凝土完成后进行，初支施作时预埋套管。根据不同的地层采用不同的导管（一般情况下，拱部为砂层时采用 $\phi 42$ 钢花管，拱部为卵石层时采用 $\phi 25$ 钢花管，长度根据打设原则确定）；为保证注浆效果，防止注浆过程中工作面漏浆，小导管超前注浆前，上台阶开挖工作面采用挂单层网片（150mm×150mm，$\phi 6$mm 网片）锚喷封闭掌子面。锚喷厚度 50mm。探明掌子面的前方存在残留水或较长时间的停工或工序转换时，要全断面采用挂单层网片（150mm×150mm，$\phi 6$mm）封闭掌子面。锚喷厚度 80mm。

当地层或风险工程变形达到橙色预警值时，要全断面采用挂单层网片（150mm×150mm，$\phi 6$mm）面封闭掌子面。锚喷厚度 80mm。

遇到较差底层时，为了保证工作面稳定，应及时喷射混凝土封闭掌子面。

在开挖掌子面拱顶打入小导管进行超前注浆加固支护；对于明挖进入暗挖及暗挖大断面进入小断面的洞门位置，采用大管棚进行加强超前支护，为防止大管棚之间的土体及大管棚下方的土体坍塌，在大管棚间隙铺以小导管超前支护并注浆加固。

小导管采用外径 $\phi 42$mm，$t=3.25$mm 钢焊管；小导管间距两榀或一榀打设一次，沿隧道纵向搭接长度为 1m，环向间距 300mm；如遇见特殊底层或拱顶距离既有管线（构筑物）较近时，可根据现场情况一榀打设一次。主体下层小导洞拱顶采用单排小导管注浆超前支护。打设范围为起拱线以上或拱顶大于 120°范围，下穿重要建（构）筑物及管线时、暗挖结构侧墙位于砂卵石地层是可采用小导管侧向超前注浆；若全断面为砂层则应根据现场情况扩大打设范围，保证工作面稳定。

（2）超前管棚施作前，应选取有资质的施工队伍进行管棚施工；管棚布设的数量、环向间距、管棚长度及外插角应遵循设计要求。每一节管棚的长度应根据现场条件选取并遵循经济、合理的原则；棚孔位布设时应根据管棚施工长度、角度及精度合理布设，距开挖轮廓不宜过大起不到棚护效果，不宜过小防止管棚侵入开挖轮廓；施作过程中应实时跟踪、监测管棚钻进精度；

管棚注浆一般采用水泥浆（水灰比 0.5～1）或者水泥砂浆（配比 1∶0.5～3），浆液须填充满钢管，注浆压力根据管棚长度、地层情况及设计确定，为保证填充效果可加入少量微膨胀剂。

（3）在每一循环土方开挖前，现场当班技术员必须对现场的作业安全条件进行自检，填写"暗挖工程作业面土方开挖动土令"并向作业班长签发，作业工班只有在接到当班技术员的土方开挖动土令后方可进行土方开挖作业；土方开挖要严格按照设计要求控制每一循环的开挖步距；容许误差严格遵循规范及设计的要求。土方开挖过程中，当班技术员应加强对掌子面地层情况的观察和记录，与地勘资料进行对比分析。

（4）土方开挖后应锚喷临时封闭掌子面（5cm 厚），及时施作初支，避免土体长时间裸露。严格控制格栅加工、进场质量。现场格栅首榀验收合格后方可批量生产，投入使用，首榀试拼容许误差必须符合规范及设计要求。

进场格栅存放应垫高，雨雪天气应覆盖；格栅安装要严格控制法兰连接质量，确保每个螺栓拧紧，法兰盘处主筋帮焊到位，以满足等强连接原则；

格栅内外侧交错设置，环向间距按照设计要求设置。纵向连接筋与格栅主筋焊接连接。纵向连接筋分段连接采用搭接焊，搭接长度满足规范及设计要求。

严格控制进场钢筋网焊接质量。布置原则按照设计要求并应与隧道断面形状相适应，并与格栅、连接筋牢固连接；搭接不小于一倍网格。

锁脚锚管下料、加工应按照设计要求。打设原则应按照设计要求。管内压注浆液应按照设计要求。

(5) 混凝土喷射用料用至具有资质的实验室进行试验合格后，按照试验室给出的配合比进行喷锚。

格栅喷锚过程中，喷锚料应同时拌制，确保格栅架设完成后能够及时喷锚施工，保证工序衔接，但应注意喷锚料不宜过早拌制堆放在现场。锚喷施工应分段、分片、由上而下进行，喷射过程中应及时修整喷射混凝土表面。开挖时超挖、掉块或者坍塌的部位应用锚喷填充。

初支施作时要严格按照设计要求埋设初支背后回填注浆管。初支拱顶喷混凝土较厚，为防止喷的过厚因自重回落，在钢格栅架立完施喷前，用垫块将拱部格栅拱架与土体之间及大管棚之间的空隙垫实，然后施喷，并紧跟回填注浆。开挖时，超挖或者出现坍塌的部位要预埋初支背后回填注浆管；在上半断面施工时，拱脚处会有浮渣或虚土，如处理不好，往往会造成上部结构下沉，为此需在此拱脚处打锁脚锚管，并注浆固结，同时为减小拱脚处的压力，在下半断面封闭前，现场安设临时仰拱，增加受力面积，待下半断面封闭后拆除。

根据施工步序，每个台阶设置锁脚锚管，每处打设 1 根，在下穿重要管线及地下建（构）筑物时，每处可打设 2 根。

封闭成环后及时进行初支背后的回填注浆，注浆距开挖工作面 5m，封闭掌子面，对后方一衬背后进行注浆加固，浆液采用水泥浆，注浆压力控制在 0.3~0.5MPa。待贯通后，用雷达全线探测，发现不密实的地段及时补充注浆，根据监测情况，变形发生黄色预警时，进行多次初支背后注浆。一般暗挖段注浆段采用 $\phi 42mm$ 钢焊管，注浆孔沿隧道拱部即边墙布置，环向间距为：起拱线以上 2m，边墙 3m；纵向间距为 3m，梅花形布置，注浆深度为初支背后 0.5m。

初支封闭成环后，应自拱顶打设垂直探测管（一般 2m 为一循环），探明拱顶土层情况及水位情况，做好详细的探测记录，探测管长度根据地层、水位情况现场确定。

初、二衬之间注浆在二衬混凝土强度达到设计强度的 75% 以上进行。在防水板上预留注浆圆盘，利用注浆圆盘进行背后注浆。注浆环向间距小于 3m，纵向间距小于 5m，起拱线以上梅花布置。浆液采用微膨胀水泥浆。

加强监控量测工作，切实做到信息化施工。对特殊施工地段，应加密测点布置和加大监测频率。对所穿越建（构）筑物应确定监测警戒值，并制定相关的保护方案。通过加强施工工程的监控量测，把对地面沉降的控制落实到每一个关键工序。对所有观测数据，均实行信息化管理，并由富有经验的专职人员根据不同的观测要求，绘制不同的数据曲线，并记录相应表格，预测变形发展趋势，及时反馈并进行施工调整，确保安全施工。

(6) 车站有三个竖井，由施工竖井进临时横通道的马头门是暗挖结构的最薄弱部位，易发生坍塌，本车站马头门开挖数量多且尺寸大，故马头门施工是重点之一。临时横通道有全断面开挖和上下通道贯通中部分离开挖两种。

马头门施工采用从上至下分部进行，待竖井临时封底或永久封底后根据监控量测信息，待支护结构沉降。收敛稳定后方可进行马头门施工。

竖井初支在横通道拱部上密排 3 榀格栅，在被开洞侧井壁横通道初支两侧各 0.1m 处设置 4 根纵向连接筋，与密排格栅形成暗梁与暗柱。

在井壁上放出横通道开挖外轮廓线的位置，并标出超前小导管的位置。拱部小导管采用 $\phi 42$mm 钢焊管，长度 4m，环向间距 300mm，水平打入超前注浆加固地层。

由马头门拱顶格栅开始由上至下破除竖井环向格栅（破除高度以首层洞室一半高度，方便开挖上导坑进洞为宜），连立三榀格栅钢架，焊接纵向连接筋，将井筒格栅水平、竖向断开，钢筋与第一榀格栅钢架焊接牢固，拱部及侧壁挂钢筋网喷射混凝土。

上台阶正常开挖 5m 以后，再进行下台阶开挖；马头门处的纵向连接筋应与竖井格栅用 L 型钢筋连接焊牢。为便于格栅连接，上导洞（台阶）施工格栅，要提前预埋加强筋，加强筋与下导洞（台阶）钢筋焊接牢固。

2. 环境风险控制措施

本工程达官营站采用暗挖 PBA 工法施工，工程位于市区，车站下穿广安门外大街，车流量大；附近为居民生活区。地下两层三跨框架结构。车站主体暗挖下穿人行过街天桥，结构顶与人行天桥基础底距离约为 4.3m；1 号风道暗挖下穿莲花河，开挖跨度 10.1m，距离河底 4.85m，拱顶位于卵石圆砾层中。车站主体采用 PBA 法施工、附属结构采用暗挖施工，土方开挖施工较困难。而且主体结构下穿大管径雨、污水管线，容易塌方。主要采取措施：

施工前详查管线位置，并编制详细施工方案，提出道路和管线的沉降控制值和工程预案。在雨季施工期间需对雨水管施做防水内衬。当暗挖至现有管线下方施工时，做好超前小导管注浆加固，管线或构筑物净距过近的位置增加大管棚与小导管结合超前支护；并严格执行开挖步距，上层边跨开挖双排小导管超前注浆。

人行天桥下部均为混凝土结构，桥上部主体为钢结构，桥下设有 4 棵墩柱，基础为现浇混凝土，桥上部为三跨连续梁，面层为连续混凝土桥面。车站结构顶板距桥桩基础底约 4.3m。为保证在隧道施工过程中人行天桥的安全和稳定，施工时严格遵循"十八字方针"开挖，施做大刚度超前支护，并对拱部地层进行超前注浆加固，同时加强衬砌刚度，增设临时支撑措施，严格控制地面沉降。并进行实时监控，根据监测结果及时调整施工参数和加固措施。暗挖通过期间封闭天桥，并在桥下架设临时支撑。桥墩下打设注浆管，暗挖通过后根据监测情况，必要时在桥墩下注浆。

2.10.7 工程效果

本工程在城市地铁建设中"暗挖逆筑法"施工有典型代表性，少占地面空间，减小对地面交通影响，车站二衬一次扣拱跨度较大，达官营站是 PBA 地铁车站施工的成功范例，如图 2-157～图 2-160 所示。

达官营车站采用了 3 条横通道，PBA 工法采用 8 条小导洞暗挖施工，导洞施工、挖桩、扣拱、结构施工的工序转换与衔接将直接影响工期及对周边环境的影响程度，本工程 PBA 技术取得了良好效果。

图 2-157　站厅层结构成型效果

图 2-158　站台层结构成型效果

图 2-159　站厅层装修效果

图 2-160　站台层装修效果

2.11　复杂环境条件下地铁基坑施工技术

2.11.1　工程简介

1. 工程概况

北京地铁 10 号线长春桥站位于南北向的蓝靛厂南路与东西向的远大路立交桥—长春桥下，西邻金源燕莎购物中心，东邻京密引水渠。长春桥站为地下两层岛式车站，有效站台宽 12m。车站结构型式为地下两层三跨箱型结构，基坑约有 50m 长位于长春桥 2 号跨正下方，如图 2-161 所示。

1 号桥墩桩基与车站结构最小净距为 3.8m、与围护桩最小净距为 2.7m；2 号桥墩桩基外皮与车站结构最小净距为 10.92m，与围护桩最小净距为 9.82m；基坑开挖深度为 15.7m、基坑底标高为 35.880m，车站基底与 1 号桥墩桩底相对高差为 13.1m、与 2 号桥墩桩底相对高差为 24.1m，图 2-162 为长春桥 2 号跨现状图。

基坑标准段开挖深度为 16.5m，两端头盾构井深度 18m，一级基坑。支护结构：桥区采用 $\phi1000mm@1300mm$ 围护桩＋$\phi810mm@2500mm$ 钢支撑，其他范围采用 $\phi1000mm@1600mm$ 围护桩＋$\phi609mm@3000mm$ 钢支撑，竖向三道撑。

围护结构采用钻孔灌注桩 $\phi1000mm@1300mm$，内钢支撑为 $\phi810mm@2500mm$；车

图 2-161 长春桥站示意图

站结构形式为地下两层三跨箱型断面。

桥下采用通常钻机成孔的施工方法不可行；盲目进行基坑开挖会对周边土体扰动，从而导致长春桥发生倾斜或坍塌，风险等级为一级如图 2-163 所示。

图 2-162 长春桥 2 号跨现状图

2. 工程地质与水文地质

主要为砂卵石层，基底位于卵石⑤层。含水层为卵石⑦层，低于基底 9m 以下，地下水对施工基本无影响如图 2-164 所示。

2.11.2 工程现状分析

1. 立交桥下明挖法施工

（1）施工重难点

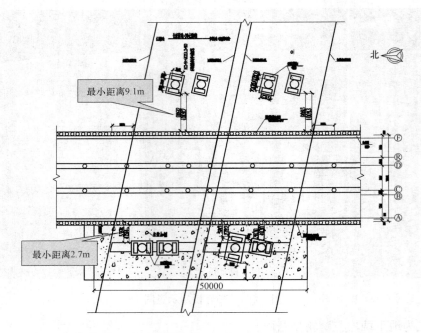

图 2-163 长春桥桥桩与基坑平面位置示意图

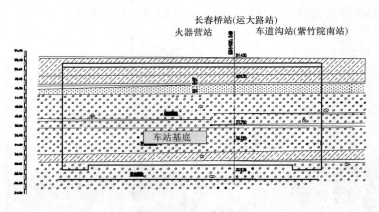

图 2-164 地质实图

桥梁桩基为摩擦桩，桩基四周土体对桥桩基产生的摩擦力的影响范围未提供。基坑开挖后，为1号桥墩桩基提供摩擦力的土体临基坑侧剩余2.7m宽、为2号桥墩桩基提供摩擦力的土体临基坑侧剩余9.82m宽如图2-165所示。

根据评估报告，基坑开挖深度约17m，考虑桥梁桩基承载力变化、桥梁下部结构水平位移和桥墩不均匀沉降三种情况：

1）桥梁桩基承载力满足荷载要求，但是其评估报告内未考虑破裂角以上土体由提供正摩阻因地表沉降变为负摩阻的工况影响。

2）桥梁下部结构水平位移考虑1mm、温度变化20℃，桩基满足抗弯受力要求。

3）桥墩柱盖梁（横桥向）因基坑施工产生不均匀沉降10mm的计算结果满足变形要求。

(2) 长春桥变形控制指标

桥梁墩台基础纵桥向不均匀沉降控制值为 15mm；桥梁基础横桥向不均匀沉降控制值为 5mm；桥梁墩台基础水平不均匀沉降控制值为 5mm；桥梁墩柱倾斜度不大于 1/1000。

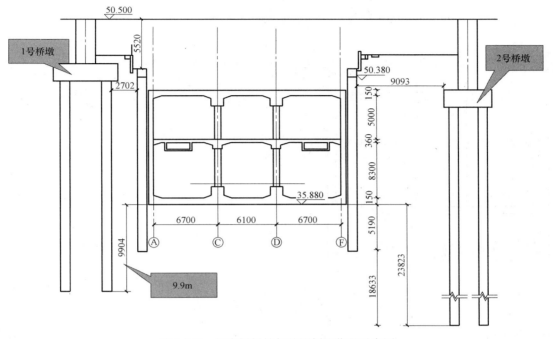

图 2-165　长春桥桥桩与基坑剖面位置示意图

(3) 车站基坑变形控制指标

地面沉降控制值为 10mm；基坑围护桩桩顶最大沉降控制值为 10mm；基坑围护桩顶最大水平位移控制值为 10mm；基坑围护桩最大水平位移控制值为 12mm。

2. 临近运河明挖法施工

京密引水渠宽约 45m，两侧铺有 100mm 厚固坡砖，上部植草；河底为 100mm 厚现浇混凝土隔水层，其下为 50mm 厚聚苯板。河底标高约为 46.35～46.41m，水面标高约为 48.70m，水深约 2.3m，渠内的水为流动水，并有游船行驶。车站基底标高在 36.180m，京密引水渠水位比车站基坑高 12.68m，车站围护桩与京密引水渠最近净距约 13m，如图 2-166 所示。

(1) 京密引水渠防水形式为刚性防水，抗扰动能力较差，再加水为流动水，且有游船行驶，会增加水头压力。结合车站基底为砂卵石地层，承载力大，但是该层的密实度较差，施工过程当中基底会受到扰动。因此会对京密引水渠刚性防水层产生不利影响。

(2) 基坑内支撑为钢支撑，设计最大轴力为 480kN/m，基坑开挖后与京密引水渠侧的土体为 12m 宽的梯形断面的土堤，该土堤是否能承受基坑钢支撑施加的轴力，设计未定。

(3) 根据施工规范和设计图纸要求，地面变形控制在 30mm、围护桩桩顶沉降控制在 10mm、围护桩桩体位移控制在 20mm 之内。

基坑施工在设计允许变形范围内，无法确定是否会引起京密引水渠防水层的破坏，在施加设计轴力作用下，也无法预测临京密引水渠侧的土体是否产生位移或变形而引起其防

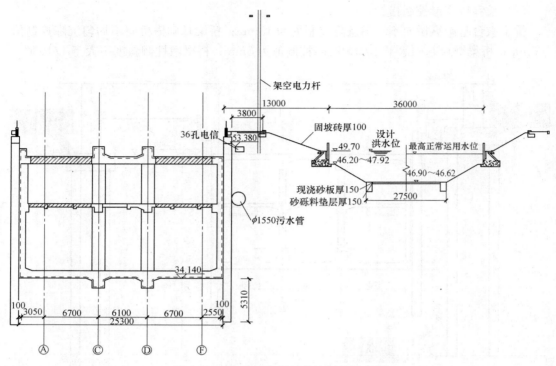

图 2-166 京密引水渠与基坑剖面示意图

水层的破坏。

若在基坑设计允许变形范围内和施加的钢支撑轴力下，会引起京密引水渠防水层的破坏，此处地层为砂砾地层，透水性强，京密引水渠的水位比基底高 12.68m，再加水为流动性水，且有游船行驶，水头压力大，一旦水渠防水层发生破坏，水就会顺着砂砾层的空隙灌入基坑，将会发生无法想象的安全事故，因此应采取适当的加固措施。

3. 周边高风险管线明挖法施工

（1）管线情况：

蓝靛厂南路有 5 条影响较大的管线。

1）2400mm×2200mm 雨水方沟东西走向，沟顶埋深 5.2m，距车站南端结构最小距离为 6.88m，为新建。

2）ϕ1200mm 雨水管线南北走向位于车站东侧，管顶埋深 3.77m，距车站东侧结构最小距离为 0.45m，车站北段为既有管线，南段 98m 长为新建。

3）ϕ700mm 污水管线南北走向位于车站东侧，管顶埋深 5.36m，距车站东侧结构最小距离为 0.45m，为新建。

4）36 孔电信管线（孔道为钢管）南北走向位于车站东侧，管顶埋深 17.5m，距车站东侧结构最小距离为 1.5m，为新建。

5）10kV 架空电力南北向位于车站东侧，电缆距地面高度为，距车站东侧结构最小距离为 5.2m。

以上管线设计未确定风险等级。由于管线距离基坑较近，综合确定风险等级为二级。

（2）施工重点、难点：

1) 污水管线埋深 5.36m，且距车站东侧结构最小距离为 0.25m，污水管线常年有水。雨水管（沟）管底标高低于京密引水渠水位标高，管线在京密引水渠处闸阀无法关闭严密，京密引水渠水会产生倒灌，因此雨水管（沟）内常年有水，无法确保雨污水不渗漏，如图 2-167 所示。

2) 两条雨水管（沟）合管后管与京密引水渠连通，内底标高分别为 47.73m。京密引水渠水面标高约为 48.70m，因此管（沟）内水位一直保持与京密引水渠水位一致。当暴雨天气时，随着京密引水渠水位升高，当高于管顶标高时，管（沟）内会出现一定的水压力。

3) 由于管线距基坑最近距离仅有 45cm，管线接口为承插口。根据设计所给定的变形值、施工工法及工艺，基坑施工会引起雨、污水管线的变形，管线承插口接口会拉裂，产生漏水，水会向基坑内产生渗漏，使基坑存在安全隐患。

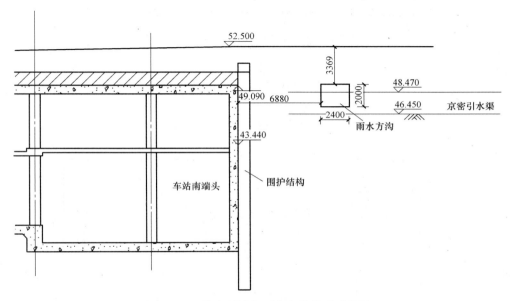

图 2-167 长春桥站与雨水方沟关系示意图

2.11.3 关键技术措施

长春桥车站的主体结构采用明挖顺做法施工。

1. 注浆加固

（1）加固方法

根据本工程所处位置及地面施工条件，采取垂直钻杆回抽注浆法为主，倾斜钻杆回抽注浆法为辅。在地面无障碍时采用垂直钻杆回抽注浆法，其特点：均匀布孔，垂直钻孔，易操作及控制，浆液扩散分布比较均匀，加固止水效果好，如图 2-168、图 2-169 所示。

（2）注浆材料

其特性对地下水而言，不易溶解；对不同地层，凝结时间可调节；高强度、止水。

（3）注浆材料配比

如表 2-31 所示。

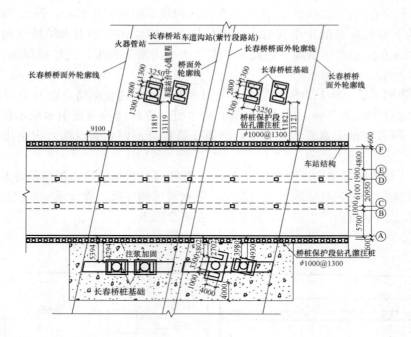

图 2-168 长春桥承台顶土体加固平面示意图

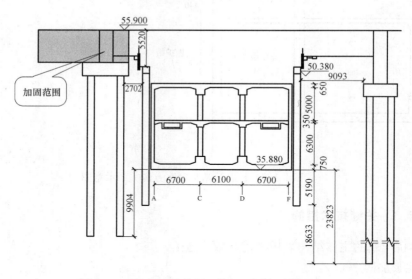

图 2-169 长春桥承台顶土体加固剖面示意图

注浆配比表   表 2-31

A 液	B 液	C 液
硅酸钠 100L 水 100L	Gs 剂 8.5% P 剂 4.5% H 剂 6.7% C 剂 7.1% 水	水 泥 42% H 剂 4.6% C 剂 3.2% 水
200L	200L	200L

注：溶液由 A、B 液组成；悬浊液由 A、C 液组成

1) 注浆时，将根据现场实际情况适当调整配合比，并适当加入特种材料以增加可灌性和堵水性能。

2) 注浆孔的布置及注入顺序原则：根据注浆扩散半径计算，孔距一般为 1~1.5m，平面布孔采用交联等边三角形布置，洞内采用放射型布置，采用从外到内隔孔跳注顺序进行施工。

3) 主要注浆参数：注浆深度 3.7m；注浆孔直径 $\phi 46$mm；浆液扩散半径：1m；浆液凝结时间：20s~30min；注浆压力 0.3~1MPa；注浆循环段长 12m；开挖循环段长 10m；预留止水盘段长 2m。

2. 设置水位观测井

在车站基坑与京密引水渠之间设置 4 眼水位观测井，配合日常监控量测对京密引水渠是否产生渗漏实施监控。

在一般情况下，日测 2 次。有水位上涨、自然洪水、自然结冰、流冰和有冰雪融水补给河流时，增加观测次数，使测得的结果能完整地反映水位变化的过程。

井管管段制作方法为：①在 PVC 管段和螺纹套管的外壁上分别固接粗糙布料层；②在粗糙布料层上满粘水泥砂浆层，形成所述井管的管段；③在水泥砂浆层终凝前，在对应滤水部位的井管管段上钻出水孔，出水孔贯穿粗糙布料层和水泥砂浆层以及所述 PVC 管。

3. 加强监控量测

主要监控量测项目包括：

(1) 基坑内、外观测；(2) 基坑周围地表沉降；(3) 桩顶水平位移；(4) 桩体水平位移；(5) 地下管线及建构筑物；(6) 钢支撑轴力等。

主要监测项目及监测频率见表 2-32。监控量测布点平面示意图见图 2-170 所示。

主要监测项目及监测频率表　　　　　　　　　　表 2-32

工程范围	序号	监测项目	监测仪器	监测频率
长春桥站基坑	1	基坑内外观察	—	基坑开挖后 1 次/1 天
	2	桩顶水平位移	全站仪	基坑开挖期间：H≤5m，1 次/3 天；5m<H≤10m，1 次/2 天；10m<H≤15m，1 次/天；15m<H，2 次/天
	3	围护桩体位移	测斜管、测斜仪	
	4	钢支撑轴力	轴力计、频率接收仪	基坑开挖完成后：1~7 天，1 次/天；7~15 天，1 次/2 天；15~30 天，1 次/3 天；30 天以后，1 次/周；经过数据分析确认达到基本稳定以后，1 次/月。出现异常情况时，增大监测频率。拆撑时也适当加密
	5	地表沉降	精密水准仪、铟钢尺	
	6	重要建筑物、管线沉降	精密水准仪、铟钢尺	

注：根据现场实际施工状况和变形情况的需要增加或减少观测次数，随时报告监测信息给施工单位。

4. 严格控制基坑施工过程

立面施工顺序

支护桩施工→土方摘帽→冠梁及挡土墙施工→第一层土方开挖→桩间喷射混凝土→架

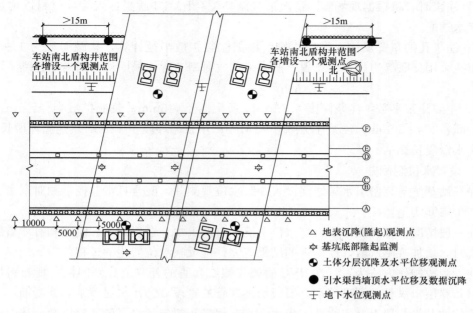

图 2-170　监控量测布点平面示意图

设第一道钢支撑→第二层土方开挖→第二层桩间挂网喷射混凝土施工→安装第一道钢围檩→架设第二道钢支撑→第三层土方开挖→第三层桩间挂网喷射混凝土施工→安装第二道钢围檩→架设第三道钢支撑→第四层土方开挖→第四层桩间挂网喷射混凝土施工→人工检底、钎探、验槽。如表 2-33 所示。

土方、锚喷、钢支撑安装、结构之间应相互协调，配合施工。上一道工序应为下一道工序施工创造作业条件。土方开挖每一小层开挖深度不得大于 1.5m，为桩间喷射混凝土创造作业条件；土方每层开挖长度不小于 12m 且不大于 13m，为钢围檩的安装创造作业条件。下一道工序施工不能影响上一道施工工序的作业，工程管理人员应协调好各队伍的交叉施工。

立面施工顺序表　　　　　　　　　　　　　　　　表 2-33

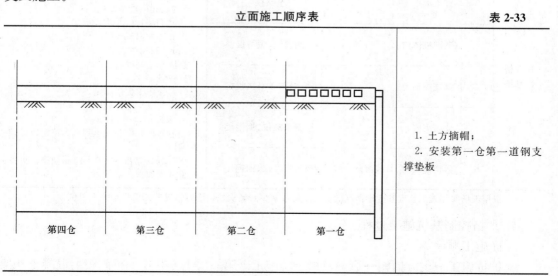

1. 土方摘帽；
2. 安装第一仓第一道钢支撑垫板

续表

图示	施工步骤
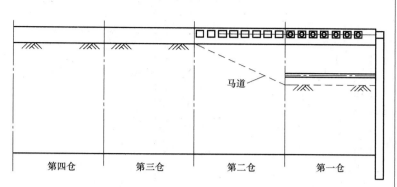	1. 开挖第一仓第一层土方； 2. 安装第一仓第一道钢支撑； 3. 安装第二仓第一道钢支撑钢垫板； 4. 安装第一仓第二道钢支撑的钢围檩
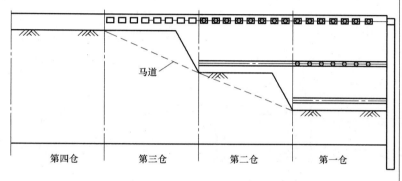	1. 安装第三仓第一道钢支撑钢垫板； 2. 安装第二仓第一道钢支撑； 3. 开挖第二仓第一层土方； 4. 安装第二仓第二道钢支撑的钢围檩； 5. 安装第一仓第二道钢支撑； 6. 开挖第一仓第二层土方； 7. 安装第一仓第三道钢支撑的钢围檩
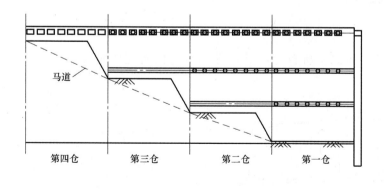	1. 安装第四仓第一道钢支撑钢垫板； 2. 安装第三仓第一道钢支撑； 3. 开挖第三仓第一层土方； 4. 安装第三仓第二道钢支撑的钢围檩； 5. 安装第二仓第二道钢支撑； 6. 开挖第二仓第二层土方； 7. 安装第二仓第三道钢支撑的钢围檩； 8. 安装第一仓第三道钢支撑； 9. 开挖第一仓第三层土方； 10. 第一仓人工检底、验槽

5. 周边管线保护措施

综合以上风险分析，为了确保各管线的安全，依据《长春桥站风险源专项设计》的要求严格施工，结合区间及管线加固，对车站端部土体进行预加固处理。注浆加固详见图 2-171～图 2-174 所示。

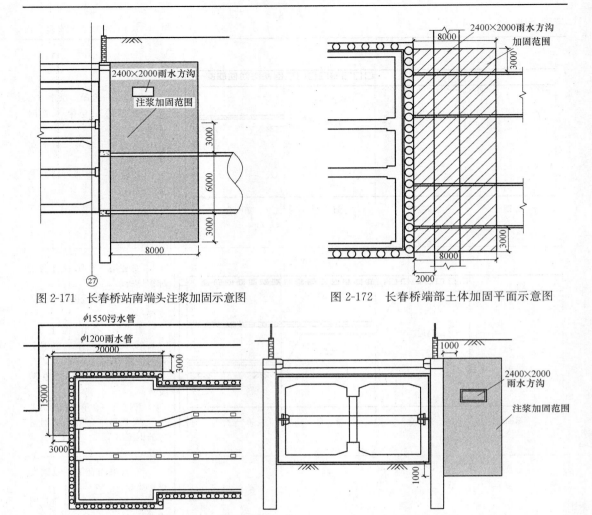

图 2-171　长春桥站南端头注浆加固示意图　　图 2-172　长春桥端部土体加固平面示意图

图 2-173　长春桥站北端注浆加固示意图　　图 2-174　长春桥站 2 号风道处注浆加固示意图

车站东侧 $\phi1550$ 污水管线距离基坑较近，因此约 30m 范围管道内做柔性内胆防水处理。详见图 2-175 所示。

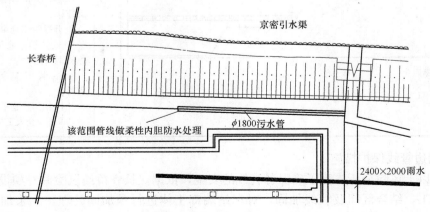

图 2-175　长春桥站东侧管线处理示意图

基坑开挖应严格遵循分层分步开挖,加强管线监测。

2.11.4 施工效果

(1) 地铁车站在复杂环境中采用明挖法施工的特殊性及可行性。通过重点部位的注浆加固、严格控制施工质量、紧密的施工步序及现代化的监控量测措施,研究针对既有地上结构和周围水文地质条件下的预加固技术。

(2) 针对车站与立交桥基础近距离相邻的条件,分层开挖、加强基坑内支撑管理的措施,确保了立交桥的正常使用及车站基坑施工的安全。

(3) 对基坑周边土体内不良因素进行分析,采取预注浆方式确保基坑无渗漏水及相应应急措施,为今后北京地区施工提供一定的借鉴性。

(4) 为确保下穿长春桥安全,重点在基坑施工时做好基坑及周边环境的变形监测控制,使得基坑开挖过程实施受控,同时研究地表沉降规律及差异沉降进行监测,总结其变化规律,以便于根据监测内容及时调整施工参数,最终监控量测结果见表2-34。

最终监控量测结果　　　　　表2-34

监测项目	设计允许值(mm)	施工最终值(mm)	结果
桩顶位移	±30	-7.15	允许范围内
桩体沉降	±23	-7.28	允许范围内
桥桩沉降	±20	-3.32	允许范围内
桥桩倾斜	±3	0	允许范围内

2.11.5 工程结果

通过对基坑周边复杂环境注浆加固技术、基坑开挖对周边土体扰动控制技术及监控量测技术进行研究,有效地控制了基坑支护桩顶位移、桩体沉降、长春桥桥桩沉降及桥桩倾斜,并较原设计方案大大降低了施工成本,为长春桥站施工任务的顺利施工提供了强有力的技术保障和支持。对今后类似工程施工提供了宝贵的经验,具有良好的借鉴作用和较高的推广应用前景。

2.12 预制箱梁支架体系施工技术

2.12.1 工程简介

北京轨道交通房山线三标桥梁工程为双幅单线变截面混凝土连续箱梁。单幅宽度为5.3m,梁高为3.5～1.8m变化,跨径为35m+48.3m+35m,架体搭设最大高度约为15m左右。顶板厚度25cm,腹板厚度为50～45cm,底板厚度为40～25cm。箱梁梁体重291t,箱梁断面底宽1.8m、顶宽4.4m、梁高2.3m、翼板宽1.45m,箱梁混凝土标号为C50。采用双线大断面箱梁、线上无砟轨道结构;

为了提升高架桥梁施工进度和质量,施工中采用了一种新型支架——ADG模块式脚手架，桥梁支架横断面图及纵断面图见图 2-176、图 2-177 所示。

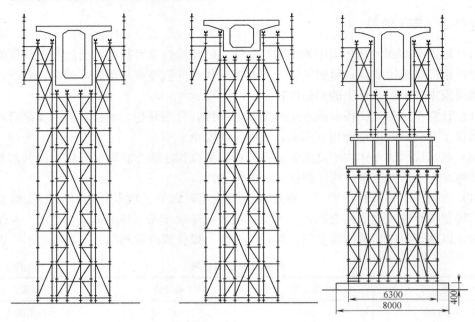

图 2-176　桥梁支架横断面图

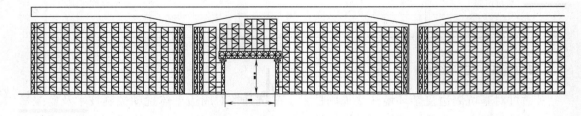

图 2-177　桥梁支架纵断面图

2.12.2　ADG 模块式脚手架的应用特点

1. ADG 模块式脚手架在本工程中的应用

ADG 模块式脚手架 60 系列为主要承重结构，架体高度约为 15m，跨路位置采用 700 塔架及军用梁设置门洞并配合 ADG 脚手架为承重结构；边跨采用普通满堂架形式为支撑。

该桥纵断面为变截面箱梁，根据其荷载特点支架在荷载较大的位置进行顺桥向加密处理，全桥横断面支架布置形式不变。该桥存在一定平面曲线，需根据桥平面曲线将支架分段搭设，每段长度不得大于 15m。该支架主龙骨为双拼铝梁，顺桥向置于顶托，次龙骨为 10cm×10cm 木方，横桥向铺设于工字钢上（靠近墩柱位置要求满铺，其他位置要求间距不大于 30cm）。

2. ADG 系列支撑脚手架主要构件

可调底座——结构主要构件之一，用于调整架体结构的水平高度保证一致，使立杆保持垂直承载；分散立杆的集中荷载到基础上。在看台日常维护中，通过调节螺母保持各立杆受力均匀，补偿地基变形影响。

立杆——结构主要承重构件之一，垂直荷载的主要传递者；由 $\phi 48.3 \text{mm} \times 2.7 \text{mm}$ 材质 Q345B 的钢管和 $\phi 40 \text{mm} \times 3 \text{mm}$ 的连接套管构成主体，其上每间隔 0.5m 焊接有一组 U 形卡，用于与横杆、斜杆连接。

横杆——结构主要构件之一，水平荷载的主要传递者；由 $\phi 48.3 \text{mm} \times 2.7 \text{mm}$ 材质 Q345B 的钢管和经冲压成型的 C 形卡焊接而成，在 C 形卡内安装有可自动旋转的楔形扣件。

斜杆——结构主要构件之一，通过安装该件将横立杆构成的矩形非稳定结构分割成稳定的三角形结构，保持连接节点在该立面内的稳定；由 $\phi 38 \text{mm} \times 3 \text{mm}$ 的钢管和安装在端部的 T 型锁销、垫圈及楔形扣件构成。

水平斜杆——保持架体在水平面内的稳定；由 $\phi 38 \text{mm} \times 3 \text{mm}$ 的钢管和焊接在端部的 48 扣件构成。

连接螺栓——防止立杆松脱，立杆受拉力时，由其承受剪力，确保结构成为一个整体。

图 2-178　横、立、斜杆联接节图

连接节点——横、立、斜杆交汇联接处如图 2-178 所示，由立杆上焊接的 U 形卡与横杆上焊接的 C 形卡相套，通过挂在横杆上的楔形扣件栓销楔紧，形成横、立杆之间的连接；由挂在斜杆上的 T 形锁销穿入焊在立杆上的 U 形卡蝶形孔内旋转 90°钩住立杆，再将 T 形锁销尾部穿挂着的楔形扣件楔紧形成立杆与斜杆的连接。该结构节点连接受人为因素影响小，连接紧凑、可靠，横立杆连接完全在平面内，立杆与斜杆连接偏心极小，节点计算模型误差小。

2.12.3　ADG 模块式脚手架施工关键技术

1. ADG 脚手架的搭设

受地基承载力的限制必须将荷载平均分散到较大范围的地基上，在地面上施工钢筋混凝土基础。

（1）脚手架搭设前应在现场对杆件、配件再次进行检查，禁止使用不合格的杆件、配件进行安装。

（2）脚手架安装前必须进行技术、安全交底方可施工。统一指挥，并严格按照脚手架的搭设程序进行安装。

（3）在架体搭设前必须对搭设基础进行检查，基础周围要求铺设木板或木方，对基础不符合安全施工的部位坚决不准许施工，待基础处理合格后方可施工。

（4）先放线定位，然后按放线位置准确地确立摆放地脚的位置，将扫地杆，第一步横杆和斜杆锁定在立杆上，保持其稳定；再用水平尺或水平仪调整整个基础部分的水平和垂直，挂线调整纵、横排立杆是否在一条直线上，用钢卷尺检查每个方格的方正；检验合格后再进行上部标准层架体的搭设。在施工中随着架体的升高随时检查和校正架体的垂直度（控制在3‰内）。锁销一定要打紧。

（5）搭设根据工程进度灵活调整，随着脚手架的搭设随时进行校正。

（6）在搭设过程中不得随意改变原设计、减少材料使用量、配件使用量或卸载。节点搭设方式不得混乱、颠倒。现场确实需要改变搭设方式时，必须经项目负责人或脚手架设计人员同意签字后方可改变搭设。

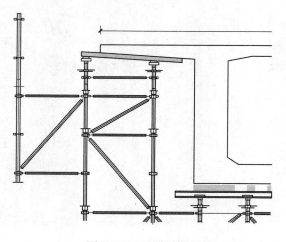

图 2-179 马道示意图

2. 桥梁与京良路斜交，需设置门洞

门洞高度约 7m，跨径为 13m（门洞净跨为 12m），采用贝雷梁为主梁，ADG 承重 700 塔架为墩柱设置。

具体方案如下：

每段架体的定位主要是依靠已经存在的桥墩为定位基准，进行放线定位。

箱梁荷载主要由平面尺寸为 1.5m×1.5m 和 1.5m×0.7m 的 60 塔架或立杆支承，在每段内，塔架沿纵、横向等间距 1.5m 布置，并布置一定数量的斜杆；在桥面梁高度范围内，架体两侧通过悬挑提供 1m 宽的马道，如图 2-179 所示。

架体底部采用可调底座，以调节基础平面高差，底座下铺设 30cm 宽度、5cm 厚的通长木垫板，见图 2-180、图 2-181。

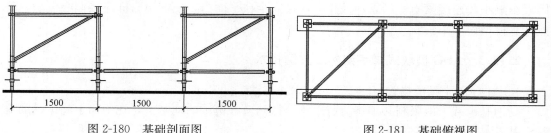

图 2-180 基础剖面图　　　　　图 2-181 基础俯视图

架体顶部设置顶托，在顶托顺桥向上铺设双拼铝梁，工字钢上铺设 100mm×100mm 木方及施工模板。

3. ADG 脚手架拆除

(1) 脚手架拆除前应派专人检查脚手架上的材料、杂物是否清理干净，脚手架拆除前必须划出安全区，并设置警示标志。派专人进行警戒，架体拆除时下方不得有其他人员作业。

(2) 脚手架拆除顺序与安装顺序相反。遵循后搭设的先拆，先搭设的后拆的原则。

(3) 拆除的脚手架杆件及配件用安全的方式逐层拆除、分类、打包、运输装车，并保护现场物品安全。在拆除时做好协调、配合工作，禁止单人拆除较重杆件、配件。严禁向下抛掷脚手架杆件、配件。

(4) 脚手架拆除时，为使架体保持稳定，拆除的最小留置区段的高宽比不大于 2∶1，拆除的每根杆件都用安全绳和安全钩放置地面，决不能抛掷。在每个步距内要先拆除斜杆，其次是横杆，最后将立杆拆除以此类推。

4. 支架预压及沉降观测

(1) 支架预压

箱梁底模安装后分别对大跨径及满堂架体进行全断面预压，预压时采用与箱梁混凝土重加施工荷载（施工人员、设备、冲击荷载等）同等重量的砂袋进行，砂袋用吊车吊卸。雨季预压时，随时注意天气变化，并准备足够的防雨用品（如塑料布），避免雨淋致使砂袋超重。支架下沉量在正式施工前完成，预压时间为 7d，以支架弹性变形值控制在 2mm 以内为准完成支架预压。

(2) 沉降观测

支架预压前在底模对称设置沉降观测点（每跨纵向在支点、1/4 跨、跨中和 3/4 跨处 5 个断面，横向布设 3 个点，每跨共计 15 个观测点）进行观测，每天观测 2 次。测量底模顶标高 H_0，卸载前测量原测点底模顶标高 H_1，卸载后测量原测点底模顶标高 H_2。基础、支架、模板弹性、非弹性变形值计算如下：基础、支架、模板非弹性变形值 $\delta_1 = H_0 - H_2$ 基础、支架、模板弹性变形值 $\delta_2 = H_2 - H_1$ 在预压前、卸载前、卸载后和预压过程中定期用全站仪和水平仪观测每跨控制点的变形情况，并检查支架各杆件的受力情况，沉降稳定后开始卸载（卸载前安排专人逐个检查顶托的受力情况，若有个别顶托未受力，人工通过调节杆调整，保证支架各顶托受力一致）。根据观测数据计算支架的弹性和非弹性值，通过 U 形可调托座调整底模标高（设计标高+弹性变形值）。在预压过程中没有发现支架有不可恢复的变形，支架基础没有发生大的沉降、开裂、塌陷即证明支架及基础承载力满足设计要求。混凝土浇筑时在每跨跨中和 1/4 跨处支架顶部设置。

2.12.4 ADG 支架体系计算

1. 1-1 截面

1-1 截面支架搭设情况：横向间距 0.6m，纵向间距 0.6m，步距 1.2m。

(1) 施工荷载：

1) 截面面积为：24.142m²，每平方米钢筋混凝土重量为：

$$24.142 m^2 \times 1 \times 2.6 t/m^3 \div (13.6 \times 1) = 4.62 t/m^2$$

2) 倾倒新浇混凝土产生的荷载：0.4t/m²
3) 施工机具、人员荷载：0.25t/m²
4) 模板重：0.4t/m²
5) 梁底纵向 10cm×10cm 方木为：0.02t/m²
6) 脚手架荷载：0.2t/m²

(2) 相关部位受力检算

1) 梁底横向方木受力检算，按简支结构计算

① 作用在脚手架底层方木上的均布荷载（按 10cm×12cm 方木检算）：
$q=$（①+②+③+④+⑤）×1.2×0.6=41000N/m；

② 作用在底层方木上的应力检算
$$M=ql^2/8=41000×0.6^2/8=1845\text{N}\cdot\text{m}$$
$$W=bh^2/6=0.1×0.12^2/6=0.00024\text{m}^3$$
$$ó=M/W=7.7\text{MPa}<[ó]=11\text{MPa 强度满足要求}$$

③ 底层方木刚度计算（10cm×12cm 方木）
$$F=5ql^4/384EI=5×41000×0.6^4/(384×1×1010×0.1×0.123/12)$$
$$=0.5\text{mm}<0.6/400=1.5\text{mm}$$

2) 梁底纵向方木受力检算，按简支结构计算

① 作用在脚手架顶层方木上的均布荷载（按 10cm×10cm 方木，间距 0.3m 检算）：
$q=$（①+②+③+④）×1.2×0.3=20412N/m；

② 作用在顶层方木上的应力检算
$$M=ql^2/8=20412×0.3^2/8=230\text{N}\cdot\text{m}$$
$$W=bh^2/6=0.1×0.1^2/6=0.00017\text{m}^3$$
$$ó=M/W=1.35\text{MPa}<[ó]=11\text{MPa 强度满足要求}$$

③ 顶层方木刚度计算（10×10 方木）
$$F=5ql^4/384EI=5×20412×0.3^4/(384×1×1010×0.1×0.13/12)$$
$$=0.3\text{mm}<0.6/400=1.5\text{mm}$$

3) 支架验算

支架在工作中只受压力的作用，故可压杆处理，验算其稳定性。

支架的步距1.2m，两端铰接，故计算长度 $L=1.2$m，支架为 48mm×2.7mm 的钢管，故 $i=15.95$mm。

每平方米受力：（①+②+③+④+⑤+⑥）×1.2=7.07t/m²

每根立柱受力：7.07t/m²×0.6×0.6=2.55t

回转半径：$i=15.95$mm

长细比：$\lambda=L/i=1200/15.95=75.23$ 查《路桥施工计算手册》，再内插可得 $\phi=0.68$，钢材容许应力 $[\sigma]=215$MPa，故根据压杆临界力的经验公式得，立杆的临界力为 $[N]=\phi A[\sigma]=0.745×424\text{mm}^2×140\text{MPa}=4.036$t；根据支架的步距为1.2m，查《路桥施工计算手册》p438 页并内插可得钢管支架容许荷载 $[N]=29.7$kN。$N=2.55$t<2.97t<$[N]=4.036$t。

4) 地基承载力检算

① 每平方米受力：（①+②+③+④+⑤+⑥）×1.2=7.07t/m²

② 每根立柱基础受力：$F=7.07t\times0.6\times0.6=2.545t$
③ 基础承载力检算：$\sigma=2.545/(0.6\times0.6)=0.07MPa$
基础承载力夯至：0.2MPa。

2. 2-2 截面

2-2 截面支架搭设情况：横向间距 0.9m，纵向间距 0.6m，步距 1.2m。

(1) 对腹板处进行计算：

1) 截面面积为：2.21m²，每平方米钢筋混凝土重量为：
$$2.21m^2\times1\times2.6t/m^3\div(2.4\times1)=2.4t/m^2$$

2) 倾倒新浇混凝土产生的荷载：0.4t/m²

3) 施工机具、人员荷载：0.25t/m²

4) 模板重：0.4t/m²

5) 梁底纵向 10cm×10cm 方木为：0.02t/m²

6) 脚手架荷载：0.2t/m²

(2) 相关部位受力检算

1) 梁底横向方木受力检算，按简支结构计算

① 作用在脚手架底层方木上的均布荷载（按 10×12 方木检算）：
$q=(①+②+③+④+⑤)\times1.2\times0.9=37476N/m$；

② 作用在底层方木上的应力检算
$$M=ql^2/8=37476\times0.6^2/8=1686N\cdot M$$
$$W=bh^2/6=0.1\times0.12^2/6=0.00024m^3$$
$$\acute{o}=M/W=7.03MPa<[\acute{o}]=11MPa，强度不满足要求$$

③ 底层方木刚度计算（10cm×12cm 方木）
$$F=5ql^4/384EI=5\times37476\times0.6^4/(384\times1\times1010\times0.1\times0.12^3/12)$$
$$=0.4mm<0.6/400=1.5mm$$

2) 支架验算

支架在工作中只受压力的作用，故可压杆处理，验算其稳定性。

支架的步距 1.2m，两端铰接，故计算长度 $L=1.2m$，支架为 48mm×2.7mm 的钢管，故 $i=15.95mm$。

每平方米受力：$(①+②+③+④+⑤+⑥)\times1.2=4.404t/m^2$

每根立柱受力：$4.404t/m^2\times0.6\times0.9=2.38t$

回转半径：$i=15.95mm$

长细比：$\lambda=L/i=1200/15.95=75.23$ 查《路桥施工计算手册》，再内插可得 $\phi=0.68$，钢材容许应力 $[\sigma]=215MPa$，故根据压杆临界力的经验公式得，立杆的临界力为 $[N]=\phi A[\sigma]=0.745\times424mm^2\times140MPa=4.036t$；根据支架的步距为 1.2m，查《路桥施工计算手册》，内插可得钢管支架容许荷载 $[N]=29.7kN$。$N=2.38t<2.97t<[N]=4.036t$。

3. 3-3 截面

3-3 截面支架搭设情况：横向间距 0.9m，纵向间距 0.9m，步距 1.2m。

(1) 腹板处的施工荷载

1) 截面面积为：1.25m²，每平方米钢筋混凝土重量为：
$$1.25m^2\times1\times2.6t/m^3\div(2.14\times1)=1.52t/m^2$$

2）倾倒新浇混凝土产生的荷载：$0.4t/m^2$
3）施工机具、人员荷载：$0.25t/m^2$
4）模板重：$0.4t/m^2$
5）梁底纵向 $10×10cm$ 方木为：$0.02t/m^2$
6）脚手架荷载：$0.2t/m^2$

（2）相关部位受力验算

1）作用在脚手架底层方木上的均布荷载（按 $10×12$ 方木检算）：
$q=(①+②+③+④+⑤)×1.2×0.9=27972N/m$；

2）作用在底层方木上的应力检算
$$M=ql^2/8=27972×0.6^2/8=1259N·M$$
$$W=bh^2/6=0.1×0.12^2/6=0.00024m^3$$
$$ó=M/W=5.25MPa<[ó]=11MPa \text{ 强度满足要求}$$

3）底层方木刚度计算（$10×12$ 方木）
$$F=5ql^4/384EI=5×27972×0.6^4/(384×1×1010×0.1×0.123/12)$$
$$=0.3mm<0.6/400=1.5mm$$

（3）支架验算

支架在工作中只受压力的作用，故可压杆处理，验算其稳定性。

支架的步距1.2m，两端铰接，故计算长度 $L=1.2m$，支架为 $48mm×2.7mm$ 的钢管，故 $i=15.95mm$。

每平方米受力：$(①+②+③+④+⑤+⑥)×1.2=3.35t/m^2$；

每根立柱受力：$3.35t/m^2×0.6×0.9=1.81t$

回转半径：$i=15.95mm$

长细比：$λ=L/i=1200/15.95=75.23$ 查《路桥施工计算手册》，再内插可得 $φ=0.68$，钢材容许应力 $[σ]=215MPa$，故根据压杆临界力的经验公式得，立杆的临界力为 $[N]=φA[σ]=0.745×424mm^2×140MPa=4.036t$；根据支架的步距为1.2m，查《路桥施工计算手册》p438页并内插可得钢管支架容许荷载 $[N]=29.7kN$。$N=1.81t<2.97t<[N]=4.036t$。

（4）地基承载力检算（按腹板处）

1）每平方米受力：$(①+②+③+④+⑤+⑥)×1.2=4.764t/m^2$；
2）每根立柱基础受力：$F=4.764t×0.6×0.9=2.573t$
3）基础承载力检算：$σ=2.573/(0.6×0.9)=0.05MPa$

基础承载力夯至：$0.2MPa$。

2.12.5 ADG脚手架的质量要求及验收标准

1. ADG脚手架杆件要求

产品所用主要配件为U形卡和C形卡，其材料用WL510，机械性能指标：屈服强度 $355\sim475N/mm^2$、抗拉强度为 $420\sim560N/mm^2$、延伸率最小值为24%。

楔形扣件、锁销材质采用45号钢，通过热模锻压成型。

本产品件材料采用的是低碳合金钢（Q345B），具体机械能指标，屈服强度大于等于

$345N/mm^2$,延伸率大于等于21%。杆件表面质量:产品外表要求光洁,不准许有裂缝、焊渣飞溅物等妨碍使用的明显缺陷。

2. 焊接要求

目测合格率要达到100%、焊缝高度不低于4mm、焊入卡内侧2mm、两侧焊缝高度不小于3mm。

3. 镀锌要求

插口内无锌瘤、锌皮。

ADG脚手架的质量要求及验收标准表见表2-35。

ADG脚手架的质量要求及验收标准表　　　　　表2-35

项　　目		允许偏差(mm)
垂直度	每步架　$\phi48mm$系列	62.0
	脚手架整体　$\phi48mm$系列	$H/1000$及650
水平度	一跨内水平架两端高差　$\phi48mm$系列	$6l/600$及63.0
	脚手架整体	$6L/600$及650

注:h—步距;H—脚手架高度;l—跨度;L—脚手架长度。

2.12.6 安全文明施工

1. 安全注意事项

(1) 搭设由持证人员进行安装,并避开立体交叉作业。严格按照施工方案及相应安全规范、标准施工。控制好立杆的垂直,横杆的水平,并确保节点位置符合要求。

(2) 进入施工现场进行施工的人员必须使用安全带,正确戴好安全帽。凡在2m以上无法采取有效防护的作业人员必须正确使用安全带。

(3) 作业人员必须严格执行安全技术交底和上岗前的工作安排,没有特种操作证的人员不得从事架上高空作业。确需交叉作业时要有有效的防护措施。确保交叉作业人员的安全。

(4) 施工人员严禁在脚手架上奔跑、跳跃、退行、打闹、倚靠护栏或坐在杆件上,避免发生碰撞、闪失、失衡、脱手、滑跌、落物等安全隐患。严禁在架上吸烟和酒后作业。

(5) 从事高处作业的人员要求不得有以下疾病:高血压、心脏病、癫痫病,恐高症和不适应高处作业的其他疾病。高处作业人员衣着简便,禁止穿硬底,带钉和易滑的鞋,高处作业人员的工具要放入工具袋中或用安全钩挂于腰间,防止坠落。

(6) 严禁在脚手架上堆放杂物,影响施工人员移动,不得将脚手架作为卸料平台。

(7) 遇六级以上大风或大雨、雾、雪禁止脚手架使用。雨、雪停止后杆件清理干净、防滑才可上架施工。

(8) 脚手架施工过程中出现安全隐患时,必须立刻停止一切作业、施工,并立刻组织撤离现场,将情况及时上报,不得冒险作业。现场出现伤亡事故,应立刻组织抢救,并上报、保护好现场。

(9) 做好成品保护工作,施工人员在现场施工时一定要保护好现场的各种设施,如配电箱、模板、上下管线、混凝土结构、钢结构、砌体等临时或永久性的成品及半成品构、配件。

2. 安全技术措施

（1）对施工人员进行三级安全教育，并实行考试成绩合格者准许上岗，对考试不合格的人员实行再教育、再培训、再考核直至合格方可上岗。

（2）安全技术实行全员管理、群众监督、举报有奖；安全负责人经常组织检查、现场巡视对违章者予与处罚。

（3）物资码放整齐，在架上的施工物料码放有序；为防止架体超重，施工用料随用随上，操作层上不留浮动的物料，消除安全隐患。

（4）在架下有施工的人员时，必须搭设临时防护设施。

（5）给每个作业人员配备防滑手套、防滑鞋和放置工具的安全钩或工具袋；高空作业必须正确使用安全带，所有进场人员必须正确佩戴安全帽。

（6）现场不吸烟、不饮酒、不随地大小便；保证工人的饮食卫生，宿舍内轮流值班搞好室内卫生，不私拉乱接电线。

2.12.7　工程结果

ADG模块式脚手架技术是一项新型技术，通过采取一系列措施使ADG模块式脚手架搭设达到了表2-35所述标准。在该ADG模块式脚手架施工过程中，对脚手架的搭设、拆除及斜交门洞、脚手架的技术研究，并制定了相关的生产操作标准和质量验收标准，做到全过程质量控制和管理，加强了成品保护和维护，搭设的脚手架通过实验证明其结构完全满足设计要求，满足了桥梁施工需要。ADG模块式脚手架技术为今后类似工程提供了可借鉴经验。

3 管道工程施工新技术

3.1 下穿河道浅埋电力隧道盾构施工技术

3.1.1 引言

目前对于盾构端头加固技术的研究主要集中于地铁隧道和过江隧道等大中直径盾构隧道,而小直径盾构端头加固技术研究相对较少。目前小直径盾构端头加固范围多为通过已有理论进行计算,结合工程经验设定,设计加固范围一般偏于保守,或者是纵横向加固范围不是很合理。相对于大直径盾构隧道,虽然小直径盾构隧道进出洞的安全性更容易得到保证,但在保证安全的前提下,考虑到经济因素,合理地设定小直径盾构隧道的加固范围可以有效节约造价,实际意义重大。同时考虑到小直径盾构隧道埋深一般相对较浅,加固深度相对较浅,合理地选择小直径盾构端头加固施工方法和工艺也是需要研究的问题。本项目可为广泛应用于不良地质条件下穿越现况河道采用盾构施工提供技术指导,为保证下穿河道浅埋隧道能够安全、经济并满足施工工期要求,提供从小直径隧道端头的加固技术、过河段施工参数优化与防突水控制技术、防水质量控制技术、施工安全监测技术等一套针对不良地质条件下穿越现况河道采用盾构施工的技术体系

3.1.2 工程概况

1. 工程简介

顺于路西延电力隧道穿越温榆河工程起点位于温榆河昌平区北七家镇段拉斐特城堡正门东北侧,终点为北岸清滩高尔夫球场最南端处,电力隧道从道路桩号 K4+218.760～K4+507.342 段斜穿温榆河,因需下穿温榆河,为保证河道安全,采用盾构法施工,如图 3-1 总平面图、图 3-2 总断面图、图 3-3 断面图所示。

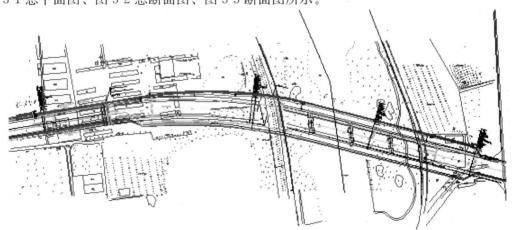

图 3-1 顺于路西延电力隧道穿越温榆河盾构工程总平面图

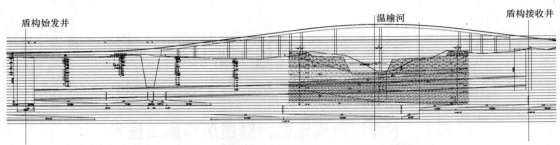

图 3-2 顺于路西延电力隧道穿越温榆河盾构工程总断面图

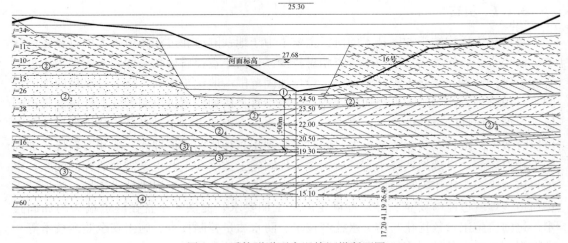

图 3-3 盾构隧道下穿温榆河纵断面图

盾构机由温榆河西侧空地的始发端出发,向东掘进约 892.742m 至温榆河东侧空地处进入接收井并提升出地面。隧道平面由两段直线连接一段半径为 800mm 的圆曲线组成,纵断面从始发端出发以 0.35% 的纵坡爬升,过温榆河后以 1.662% 的纵坡爬升至接收井,隧道覆土厚度约 6.4~13.5m,与温榆河河底最小竖向净距约 6.4m。

盾构隧道采用 C50P10 钢筋混凝土管片,其内径 3.0m,管片厚 250mm,环宽 1.0m。

本工程共设置电力检查井两座,均先利用为盾构工作井。盾构始发端的平面净空尺寸为 6.0m×30.0m,井深约 19.55m。盾构接收井的平面净空尺寸为 5.0m×10.5m,井深约 15.5m。

2. 工程地质

工程区域场地为河流地貌,河水深约 2.3~2.7m,河道上口宽约 80.0~100.0m,勘察期间测量的钻孔孔口地面标高为 28.35m(水下)~32.61m。

在最大勘探深度(70.00m)范围内的地层按沉积年代和成因类型可分为:人工堆积层、新近沉积层和一般第四纪沉积层三大类,按照岩性,物理力学性质及工程特性,本场区地基土共划分为八个大层。根据本工程岩土工程勘察报告,该段地层为厚度不大人工堆积的杂填土、素填土,人工堆积层以下为新近沉积土层、一般第四纪冲洪积成因的黏性土、砂土交互沉积层,颗粒较细,成层性较好。土层自上至下分述如下:

人工填土(Q4ml)

① 黏质粉土素填土:暗褐色,稍湿,稍密;含植物根茎及少量砖屑。

①$_1$ 杂填土：杂色，稍湿，稍密；由碎石砖块及黏性土混合而成，硬杂质含量约60%。
①$_2$ 细砂素填土：暗褐色，稍湿，稍密；含少量砖屑及黏性土混合而成。
新近沉积土（Q42）。
② 细砂：黄褐色，湿~饱和，稍密~中密，石英、长石颗粒为主，含云母碎屑。
②$_1$ 粉质黏土：褐黄色，可塑，含氧化铁及云母碎屑。
②$_2$ 砂质粉土：黄褐色，稍湿，中密，含云母碎屑。
②$_3$ 中砂：黄褐色，湿~饱和，稍密~中密，石英、长石颗粒为主，含云母碎屑
③ 黏土：灰色，可塑，含云母碎屑。
③$_1$ 粉质黏土：灰色，可塑，含云母碎屑。
③$_2$ 砂质粉土：褐灰色，湿，中密，含云母碎屑。
③$_3$ 细砂：灰色，饱和，密实，石英，长石颗粒为主，含云母碎屑。
一般第四纪沉积土（Q4al）
④ 中砂：灰色，湿~饱和，密实，石英，长石颗粒为主，含云母碎屑。
④$_1$ 黏土：灰色，可塑，含云母碎屑。
④$_2$ 砂质粉土：灰色，密实，含云母碎屑。
④$_3$ 粉质黏土：灰色，可塑，含云母碎屑。
⑤ 重粉质黏土：灰色，硬塑，含云母碎屑。
⑤$_1$ 细砂：灰色，饱和，密实，石英，长石颗粒为主，含云母碎屑。
⑤$_2$ 粉质粉土：灰色，湿，中密，含云母碎屑。
拟建隧道及竖井基础在③$_1$ 粉质黏土、③$_2$ 砂质粉土、③$_3$ 细砂。

3. 水文地质

在勘察深度范围内揭遇的两层地下水为潜水，场地的含水层主要为全新世冲积的②细砂、②$_2$ 砂质粉土、②$_3$ 中砂、③$_1$ 粉质黏土、③$_3$ 细砂、④中砂层。

第1层地下水为潜水，温榆河以西1~16号钻孔主要含水层为②细砂、②$_2$ 砂质粉土、②$_3$ 中砂、③$_1$ 粉质黏土，静止水位埋深0.2~2.5m，绝对标高27.04~28.15m；温榆河以东16-19号钻孔主要含水层为①黏质粉土素填土、①$_1$ 杂填土，静止水位埋深4.2~4.6m，绝对标高28.01~28.25m。主要受地下向径流及大气降水补给，以侧向径流和自然蒸发为主排泄方式。

第2层地下水为层间潜水，温榆河以西1-16号钻孔主要含水层为④中砂，静止水位埋深14.0~15.5m，绝对标高14.35~15.15m；温榆河以东16-19号钻孔主要含水层为③$_2$ 砂质粉土、③$_3$ 细砂、④中砂层，静止水位埋深13.5~14.0m，绝对标高18.58~19.11m。主要受侧向径流及越流补给，以侧向径流和越流方式排泄。

4. 工程周边环境情况

（1）始发井周边情况

盾构始发井位于拉斐特城堡内，东侧为简易临建，其他均为一般草地，没有各种管线。

（2）接收井周边情况

接收井位于玉米地中，西侧有简易临建，东侧有蔬菜大棚，周边没有各种管线等。

（3）盾构隧道穿越影响区域

电力盾构隧道自西向东掘进，穿越温榆河。

3.1.3 工程特点难点

1. 工程特点

（1）开挖隧道所选用盾构机直径较小，盾构始发和到达井的设计和施工是本工程中应解决的首要问题。

（2）隧道埋深较浅，隧道拱顶距河底约6.4～13.5m，这就对盾构选型和盾构掘进参数选择提出了要求。

（3）隧道使用期间地下水非常丰富，这就对防水提出了很高的要求，因此，防水的设计和施工也是本工程的关键。

2. 工程难点

（1）隧道下穿河道，河水深约2.3～2.7m；隧道覆土厚度约6.4～13.5m，与温榆河河底最小竖向净距约6.4m，覆土较浅，施工风险较大。

（2）目前，由于小直径盾构隧道总体应用不多，小直径隧道端头加固设计普遍偏于安全，如何在同时考虑安全性和经济性的情况下，合理地选择小直径隧道端头的加固范围和加固方式，成为目前工程中的一大难题。

（3）由于覆土较浅，在高水头压力情况下，盾构刀盘前方土压平衡不容易建立。河水易从扰动土体的裂缝中经刀盘开口及盾尾进入盾构机，造成盾构淹水。

（4）盾构在水下浅覆土中推进时上下受力不均衡，盾构姿态易上扬，压坡困难、隧道上浮，轴线难以控制。拼装完成的管片脱开盾尾后，由于上部压载及自重无法抵抗地下水引起的浮力使隧道上浮。如果不采取相应加固对策，极易引起隧道局部开裂，漏水。

（5）隧道顶端有一层易液化砂质粉土，在盾构推进刀盘旋转切削挤压扰动下，液化砂土可能会随地下水沿盾尾管片间隙处渗漏进入隧道内，如不及时采取措施，可能出现局部地基掏空、隧道下沉、螺栓断裂、隧道破坏等。

（6）超浅埋隧道下穿河道时，地层含水量较高，必将受到地下水的有害作用，如果没有可靠的防水、堵漏措施，地下水就会侵入隧道，影响其内部结构与附属管线，甚至危害到地下工程的运营和降低隧道使用寿命。

3.1.4 施工工艺原理

对小直径盾构隧道端头加固的合理加固范围和加固工艺以及小直径过河段施工参数控制、防水质量控制及安全监测等进行了研究。

1. 小直径盾构端头加固设计原理

尽量减少拆除围护结构（地连墙或围护桩）时振动对土体的影响。盾构始发和到达过程中拆除围护结构时会对地层产生较大的振动，这种振动对地层稳定是非常不利的。地层加固的一个重要作用就是增加土层的自稳性，尽量减少拆除围护结构时振动对土体稳定带来的不利影响。

在盾构始发进入洞门前地层能够稳定。盾构始发前破除围护结构会使开挖面土体处于暴露状态且保持一定时间（3～7d），且围护结构破除后，盾构刀盘需要一段时间（2～4h）才能进入洞门，顶到开挖面上，所以地层加固一定要确保地层能够在较长时间内保持稳定。

减小土体的渗透性,防止发生突水、涌砂等事故。土体的渗透性是影响地层稳定的重要因素,地层加固除了提高地层土体的强度和稳定性外,还要减小土体的渗透系数;如果单纯提高土体强度而不减小土体的渗透系数,则由于地下水的作用可能会发生突水、涌泥、涌砂,进而导致塌方等事故的发生,严重影响盾构始发和到达施工的安全。

防止土压建立困难引起过大的地面沉降或坍塌。盾构始发进入洞门后,在一定的掘进距离内土仓压力较小,不足以维持开挖面压力的平衡,地层加固必须确保盾构在土压建立起来以前开挖面不会因为平衡压力不足而引起地面过大沉降或坍塌。

2. 盾构机选型

隧道工程的难易,围岩地层条件多起到决定性的作用。盾构隧道设计时,应特别需要注意的地质条件是:在土质地层中,影响盾构设计的主要参数为颗粒级配、密度、内摩擦角、黏聚力、渗透系数、地下水位、黏土矿物成分、液限、塑限、含水率、石英含量、弹性模量、侧压力系数、钻孔取芯率。

工程环境因素对盾构选型的影响,盾构选型除主要考虑工程地质条件外,盾构的外径、覆土厚度、线形(曲线施工时的曲线半径等)、掘进距离、工期、竖井用地、线路附近的重要构造物、障碍物等工程地域环境因素的考虑也至关重要。当然还应考虑安全性和成本,通常要求按上述综合考虑选定合适的盾构。

3. 覆土厚度确定

满足隧盾构正常掘进的最小的覆土厚度为 1.5~2D(为隧道直径),根据设计值确定的最小覆土厚度为 6.4m。现在工程已结束,施工过程中未出现由于覆土厚度选择不当造成的工程事故,说明最小覆土厚度选择比较合理,可用于指导以后类似工程设计与施工。

4. 隧道衬砌防水设计原理

盾构隧道施工防水措施要包括衬砌外注浆防水、管片结构自防水和管片接缝防水。

(1) 衬砌外注浆防水

由于衬砌管片与围岩间存在 70mm 的空隙,盾构推进后,盾尾空隙在围岩坍落前及时进行同步注浆和二次注浆填充空隙,不但可减少地面沉降,而且可以形成稳定的管片外围防水层,将管片包围起来,形成一个保护圈,成为隧道的第一道防水层。

(2) 管片结构自防水

对管片结构的钢筋采用隔离法进行保护,采用高精度钢模,钢模制作允许误差为 ±0.5mm。应做好管片自防水。

(3) 管片接缝防水

嵌缝防水即在管片内侧嵌缝槽内设置嵌缝材料,构成接缝防水的第二道防线。

3.1.5 施工工艺流程及操作要点

1. 盾构端头加固方法

(1) 单管旋喷桩施工工艺流程

施工工艺流程为:施工准备→测量定位→机具就位→钻孔至设计标高→旋喷开始→提升旋喷注浆→旋喷结束成桩。

(2) 操作要点

1) 施工准备

先进行场地平整，清除桩位处地上、地下的一切障碍物，场地低洼处用黏性土料回填夯实，并做好排浆沟。

2) 测量定位

采用全站仪根据高压旋喷桩的桩号放出试验区域的控制桩，然后使用钢卷尺和麻线根据桩距传递放出旋喷桩的桩位位置，用木桩做标记，并撒白灰标识。

3) 钻机就位

用水平尺和定位测锤校准桩机，使桩机水平，导向架和钻杆与地面垂直，垂直度偏差小于1.0%。为了保证桩位准确，必须使用定位卡，钻孔位置与设计偏差不得大于50mm。

4) 钻孔与插管

采用76型震动钻机时，插管与钻孔两道工序合二为一，即钻孔完成时插管作业同时完成。在插管过程中，为防止泥砂堵塞喷嘴，高压水喷嘴边射水、边插管，水压力一般不超过1MPa，至设计标高后停止钻进。

5) 试管

当注浆管插入预定深度后，应进行清水试压，到设备和管路情况正常后，则可开始高压注浆作业。

6) 旋喷高压注浆

浆液输送开始时应先在桩底边旋转边喷射，当达到预定的喷射压力及喷浆量时，旋转喷浆30s，水泥浆与桩端土充分搅拌，钻孔内黄色泥浆排完后，再边喷浆边反向匀速旋转提升注浆管，直至距桩顶1m时，放慢搅拌速度和提升速度，保证桩顶密实均匀。

7) 喷射结束及拔管

注浆至设计高度后，拔出喷浆管，注浆结束，浆液填入孔中，多余的清除掉，拔管要及时，不可久留孔中。

8) 冲洗

喷射施工完成后，应把注浆管等机具设备采用清水冲洗干净，防止凝固堵塞。管内、机内不得残存水泥浆，通常把浆液换成清水在地面上喷射，以便把泥浆泵、注浆管和软管内的浆液全部排除。

旋喷工艺中的基本要求：

旋喷过程中返浆量应控制在10%～25%之间。

旋喷过程中如发现浆液不足，影响桩体直径时，应进行复喷。

注浆管提升搭接时，应保证有不少于0.1m的旋喷搭接长度。

施工注意事项：

施工前预先准备排浆沟及泥浆池，施工过程中应将废弃的冒浆液导入或排入泥浆池，沉淀凝结后集中运至场外存放或弃置。

浆液搅拌时间不少于5～6min，水泥浆应随拌随用。

在插入旋喷管前先检查高压设备和管路系统，设备的压力和排量必须满足设计要求。各部位密封圈必须良好，各通道和喷嘴内不得有杂物，并做高压水射水试验，合格后方可喷射浆液。

每次旋喷时，均应先喷浆后旋转和提升，以防止浆管扭断。

高压喷射注浆过程中出现骤然下降、上升或大量冒浆等异常情况时，应查明产生的原因并及时采取措施。

旋喷作业系统的各项工艺参数都必须按照预先设定的要求加以控制，并随时做好关于旋喷时间、用浆量，冒浆情况、压力变化等的记录。

2. 盾构机选型

（1）盾构机分类

盾构的分类方法很多，可按盾构切削断面的形状、盾构自身构造的特征、尺寸的大小、功能、挖掘土体的方式、开挖面的挡土形式、稳定开挖面的加压方式、施工方法、适用土质的状况等多种方式分类，但根本区别是其应用的设计原理。根据稳定开挖面的原理不同进行分类，盾构分为开敞式盾构、气压盾构、泥水盾构、土压平衡盾构和复合式盾构。

（2）盾构机选择

本工程盾构主要穿越地层为粉质黏土、黏土、粉土、中砂，可挖性较好，考虑到加入泡沫和泥浆会有较好的塑流性，黏土也会有较好的离散性。同时地层渗透系数在 $10^{-7} \sim 10^{-4}$ m/s 之间，泥水平衡盾构机与土压平衡盾构机均能适应本工程地质条件。但因隧道覆土较浅，泥水平衡盾构机泥水压力很难保证，且泥水输送、分离设备庞大，还存在环保问题，土压平衡盾构机在本工程有更大的优势，能够满足地质条件、工程条件、环境条件与工期等要求。

3. 合理覆土厚度的确定

（1）覆土厚度确定必要性

隧道顶部与岩石表面之间的距离即隧道覆土厚度是控制隧道纵断面设计的一个非常重要的参数。若隧道覆土厚度取值偏于保守，则会增加隧道的长度，导致隧道建设费用和运营期费用的增加；若隧道覆土厚度取值偏小，则易产生：

1）冒顶通透水流：由于覆土过浅，在高水头压力情况下，刀盘前方土压平衡不容易建立。河水易从扰动土体的裂缝中经刀盘开口及盾尾进入盾构机，造成盾构淹水。

2）隧道上浮：覆土过浅时，盾构在水下推进时上下受力不均衡，盾构姿态易上扬，隧道上浮，轴线难以控制。拼装完成的管片脱开盾尾后，由于上部压载及自重无法抵抗地下水引起的浮力使隧道上浮。如果不采取相应加固对策，极易引起隧道局部开裂，漏水。

3）流砂、管涌：隧道顶端有一层易液化砂质粉土，在盾构推进刀盘旋转切削挤压扰动下，液化砂土可能会随地下水沿盾尾管片间隙处渗漏进入隧道内，如不及时采取措施，可能出现局部地基掏空、隧道下沉、螺栓断裂、隧道破坏等。即使这些灾害不发生，也会使辅助工法的投入增大，间接增加支护、防渗和排水的费用。

可见，隧道覆土厚度的设计值关系到隧道建设和运营期间的经济性和安全性。因此，确定合理的隧道覆土厚度具有重要意义。

（2）覆土厚度确定方法

通过对满足盾构安全掘进的最小覆土厚度，满足隧道抗浮要求的最小覆土厚度，满足最小涌水量的最小覆土厚度的计算，满足隧盾构正常掘进的最小的覆土厚度为 $1.5 \sim 2D$，根据设计值确定最小覆土厚度为 6.4m。现在工程已结束，施工过程中未出现由于覆土厚度选择不当造成的工程事故，说明最小覆土厚度选择比较合理，可用于指导以后类似工程设计与施工。

4. 小直径盾构隧道防水

(1) 原则

盾构隧道防水施工遵循"以防为主、防排结合、多道防线、因地制宜、综合治理"的设计原则，结合盾构区间的工程特点、施工方法、使用要求和地质条件等因素采取以结构自防水为主，外防水为辅的施工原则，关键是处理好管片的自防水、接缝防水以及螺栓孔、壁后注浆孔、管片背后等的防水作业。合理的防水设计概念和合适的防水材料，较好的防水混凝土质量以及与此相适应的施工方法和施工流程都是地下工程防水质量的基础，而具有较强防水质量意识和施工经验的施工人员，要严格按照工艺流程进行施工。

(2) 操作要点

1) 衬砌外注浆防水

由于衬砌管片与土体间存在 70mm 的空隙，盾构推进后，盾尾空隙在土体坍落前及时进行同步注浆和二次注浆填充空隙，不但可减少地面沉降，而且可以形成稳定的管片外围防水层，将管片包围起来，形成一个保护圈，成为隧道的第一道防水层。注浆防水层断面如图 3-4 所示。

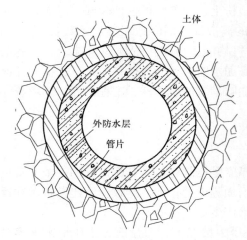

图 3-4 注浆防水层断面示意

注浆同时满足以下要求：①大于开挖面的水压力；②不能使地面有较大（大于 10mm 隆起）；③不能使管片因受压而错位变形；④不能使浆液大量从管片与盾尾间隙渗漏。

2) 管片结构自防水

对管片结构的钢筋采用隔离法进行保护，采用高精度钢模，钢模制作允许误差为±0.4mm。为做好管片自防水，在管片制作过程中注意：①选用符合国标的优质原材料，并加强材料的进场检验；②针对防水要求，优选防水混凝土配合比，加强后构管片混凝土抗渗性、耐久性的措施；③完善制作工艺和养护措施，加强生产过程中的质量监督和计量装置的检验校核；④加强管片生产的质量控制，保证管片的制作精度；⑤加强管片出厂前的试验与检验，杜绝不合格产品出厂；⑥加强管片堆放、运输的管理，保证管片完好无损进入安装现场；⑦管片进场后及时做外观检查。

3) 弹性密封垫防水

弹性密封垫防水是接缝防水的重点。在施工前，先将管片粘密封垫的凹槽处刷干净，用刷子将胶粘剂均匀涂刷在管片外弧的凹槽而和橡胶面上且涂满，涂胶量为 200g/m²，晾置 10~15min，待凹槽内的胶粘剂不粘手指时，即可以粘合，在粘合前再次检查粘结面是否都已涂满胶粘剂；将与管片同型号的密封圈对正套在管片的凹槽内，先粘合四个角再粘合中间部位，检查平整一次就位，不得重新揭开，以免影响粘结强度。粘贴时四个角的密封垫位置不得有"塌肩"或"耸肩"现象，谨防斜拉或扭曲，及时用橡皮锤将密封圈敲平整密实。此外，在变形缝环片的密封垫上还须粘贴一层遇水膨胀橡胶；在管片角隅处加贴自黏性橡胶薄片。

4）接缝嵌缝防水

嵌缝防水即在管片内侧嵌缝槽内设置嵌缝材料，构成接缝防水的第二道防线。

施工前先清理管道内的泥水和附着在管片表面的注浆材料，并二次紧固螺栓，要求所有的管缝（环缝和纵缝）必须清理干净；管道内表面保持干净，封堵前，施工部位必须保持干燥；所有螺栓必须拧紧，表面不允许有泥水和其他异物。清理完泥水必须运出，严禁堆积于管片底部。

嵌缝施工首先在环、纵缝内嵌入闭孔泡沫聚乙烯棒，再刷涂界面剂，然后在环、纵缝内填入氯丁胶乳水泥至与管片内面平齐，变形缝衬砌环两侧的环缝使用双组份聚硫密封胶。如涂刷界面剂后24h没有填密封材料，须再刷一次。

现场拌合密封材料，每次最多拌合2~3kg，随拌随用，以免失效。密封材料封堵后，在其未干前，用腻子刀调整刮平，要顺同一方向，避免来回多次抹压，用刀的背面轻轻在密封材料上滑动，使其形成光面。嵌填完毕后养护2~3次，施工现场须清扫时，须在密封材料干燥后进行，以防止污染或破损。嵌填质量要求及检验方法见表3-1。

密封膏嵌填质量及检查方法　　　　　　　　表3-1

质 量 要 求	检 查 方 法
填充饱满、无气孔、表面干燥迅速	目测
接缝粘结牢固	嵌填14d后用手指压接缝周边

5）接缝螺栓孔防水

管片连接螺栓孔的密封防水是盾构隧道防水的重要环节，其保证措施如下：

① 对螺栓涂刷防锈油漆，并采用水膨胀垫圈加强防水；

② 施工过程中避免螺栓位置偏向一边；

③ 由于螺栓垫圈会发生蠕变而松弛，施工中须对螺栓进行二次拧紧；

④ 隧道成型后，用细石混凝土将管片连接螺旋孔填充，其施工顺序为：首先对管片连接螺栓孔进行清理，管片连接螺栓孔内不得有尘土、泥水及浮浆；然后在管片连接螺栓孔表面涂刷一层界面剂，然后用细石混凝土进行填充。

6）注浆孔防水

注浆孔防水施工时应注意的事项包括：①装孔的密封圈采用遇水膨胀橡胶材料，利用压密和膨胀双重作用加强防水；②防止注浆孔的闷头未拧紧或闷头螺纹与预埋螺母的间隙过大；③吊装孔迎水面在管片生产时预浇厚50mm的同级素混凝土。如要通过吊装孔进行注浆，清理预留孔内残余物，填入止水密封材料，然后用防水砂浆封固孔口。

3.1.6　施工质量控制措施

1. 防水质量控制措施

虽然国内外已建成了大量的地下工程，也形成了较成熟的隧道结构设计计算理论与工程实践体系，但是在隧道及地下工程的防水方面认识则相对落后。许多地下工程不可避免地要经过含水量较高的地层（如上海地铁所处地层大多为饱和含水软黏土层），所以必将受到地下水的有害作用。如果没有可靠的防水、堵漏措施，地下水就会侵入隧道，影响其内部结构与附属管线。甚至危害到地下工程的运营和降低隧道使用寿命。

盾构隧道渗漏水的位置是管片的接缝、管片自身小裂缝、注浆孔和手孔等，其中以管片接缝处为防水重点。通常接缝防水的对策是使用密封材料，以西德为代表的欧洲，采用非膨胀合成橡胶，靠弹性压密以接触面压应力来止水，以耐久性与止水性见长。德国PHOENIX 公司提供的隧道衬砌合成橡胶垫就是其中较典型的形式。以日本为代表的方面，则采用水膨胀橡胶靠，靠其遇水膨胀后的膨胀压来止水，它的特点是可使密封材料变薄、施工方便，但耐久性尚待验证。国内主要采用水膨胀橡胶，并已开始研究开发水膨胀类材料与密封垫两者的复合型材料。

(1) 防水处理原则

盾构隧道防水施工遵循"以防为主、防排结合、多道防线、因地制宜、综合治理"的设计原则，结合盾构区间的工程特点、施工方法、使用要求和地质条件等因素采取以结构自防水为主，外防水为辅的施工原则，关键是处理好管片的自防水、接缝防水以及螺栓孔、壁后注浆孔、管片背后等的防水作业。合理的防水设计概念和合适的防水材料，较好的防水混凝土质量以及与此相适应的施工方法和施工流程都是地下工程防水质量的基础；而具有较强防水质量意识和施工经验的施工人员，严格按施工流程操作，配套的保证措施是保证地下工程防水效果好坏的关键。

(2) 防水要求

管片自防水方式，接缝处设置防水弹性密封垫主要防水措施有：

1) 管片采用防水混凝土制作，抗渗等级为 P10，管片设计强度 C50；
2) 管片接缝处沿管片四周设置一道封闭的防水弹性密封垫；
3) 管片角部加强防水-自黏性橡胶薄板；
4) 管片内弧侧在预留的嵌缝槽内进行嵌缝密封；
5) 对每一个螺栓孔、注浆孔（即举重臂孔）设置缓膨胀型遇水膨胀橡胶密封圈；
6) 及时向盾尾地层和衬砌管片之间的环形孔隙适量的均匀注浆。

(3) 防水设计

为了防止管片的接缝部位漏水，满足防水构造的要求，在管片的环缝、纵缝面设有一道弹性密封垫槽及嵌缝槽。采用多孔型三元乙丙弹性橡胶止水条，在千斤顶推力和螺栓拧紧力的作用下，使得管片间的三元乙丙弹性橡胶止水条的缝隙被压缩，以及采用遇水膨胀止水条来起防水的作用。

(4) 本项目防水措施

盾构隧道施工防水措施下要包括衬砌外注浆防水、管片结构自防水和管片接缝防水。

1) 衬砌外注浆防水

由于衬砌管片与围岩间存在 70mm 的空隙，盾构推进后，盾尾空隙在围岩坍落前及时进行同步注浆和二次注浆填充空隙，不但可减少地面沉降，而且可以形成稳定的管片外围防水层，将管片包围起来，形成一个保护圈，成为隧道的第一道防水层。注浆防水层断面如图 3-5 所示。

注浆同时满足以下要求：①大于开挖面的水压力；②不能使地面有较大（大于 10mm 隆起）；③不能使管片因受压而错位变形；④不能使浆液大量从管片与盾尾间隙渗漏。

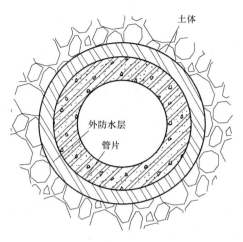

图 3-5 注浆防水层断面示意

2) 管片结构自防水

对管片结构的钢筋采用隔离法进行保护，采用高精度钢模，钢模制作允许误差为 ±0.4mm。为做好管片自防水，在管片制作过程中注意：①选用符合国标的优质原材料，并加强材料的进场检验；②针对防水要求，优选防水混凝土配合比，加强后构管片混凝土抗渗性、耐久性的措施；③完善制作工艺和养护措施，加强生产过程中的质量监督和计量装置的检验校核；④加强管片生产的质量控制，保证管片的制作精度；⑤加强管片出厂前的试验与检验，杜绝不合格产品出厂；⑥加强管片堆放、运输的管理，保证管片完好无损进入安装现场；⑦管片进场后及时做外观检查。

3) 弹性密封垫防水

弹性密封垫防水是接缝防水的重点。在施工前，先将管片粘密封垫的凹槽处刷干净，用刷子将胶粘剂均匀涂刷在管片外弧的凹槽面和橡胶面上且涂满，涂胶量为 200g/m²，晾置 10～15min，待凹槽内的胶粘剂不粘手指时，即可以粘合，在粘合前再次检查粘结面是否都已涂满胶粘剂；将与管片同型号的密封圈对正套在管片的凹槽内，先粘合四个角再粘合中间部位，检查平整一次就位，不得重新揭开，以免影响粘结强度。粘贴时四个角的密封垫位置不得有"塌肩"或"耸肩"现象，谨防斜拉或扭曲，及时用橡皮锤将密封圈敲平整密实。此外，在变形缝环片的密封垫上还须粘贴一层遇水膨胀橡胶；在管片角隅处加贴自黏性橡胶薄片。

4) 接缝嵌缝防水

嵌缝防水即在管片内侧嵌缝槽内设置嵌缝材料，构成接缝防水的第二道防线。

施工前先清理管道内的泥水和附着在管片表面的注浆材料，并二次紧固螺栓，要求所有的管缝（环缝和纵缝）必须清理干净；管道内表面保持干净，封堵前，施工部位必须保持干燥；所有螺栓必须拧紧，表面不允许有泥水和其他异物。清理完泥水必须运出，严禁堆积于管片底部。

嵌缝施工首先在环、纵缝内嵌入闭孔泡沫聚乙烯棒，再刷涂界面剂，然后在环、纵缝内填入氯丁胶乳水泥至与管片内面平齐，变形缝衬砌环两侧的环缝使用双组份聚硫密封胶。如涂刷界面剂后 24h 没有填密封材料，须再刷一次。

现场拌和密封材料,每次最多拌合 2～3kg,随拌随用,以免失效。密封材料封堵后,在其未干前,用腻子刀调整刮平,要顺同一方向,避免来回多次抹压,用刀的背面轻轻在密封材料上滑动,使其形成光面。嵌填完毕后养护 2～3 次,施工现场须清扫时,须在密封材料干燥后进行,以防止污染或破损。嵌填质量要求及检验方法见表 3-2。

密封膏嵌填质量及检查方法　　　　　　表 3-2

质 量 要 求	检 查 方 法
填充饱满、无气孔、表面干燥迅速	目测
接缝粘结牢固	嵌填 14 天后用手指压接缝周边

5) 接缝螺栓孔防水

管片连接螺栓孔的密封防水是盾构隧道防水的重要环节,其保证措施如下:

① 对螺栓涂刷防锈油漆,并采用水膨胀垫圈加强防水;

② 施工过程中避免螺栓位置偏向一边;

③ 由于螺栓垫圈会发生蠕变而松弛,施工中须对螺栓进行二次拧紧;

④ 隧道成型后,用细石混凝土将管片连接螺旋孔填充,其施工顺序为:首先对管片连接螺栓孔进行清理,管片连接螺栓孔内不得有尘土、泥水及浮浆;然后在管片连接螺栓孔表面涂刷一层界面剂,然后用细石混凝土进行填充。

6) 注浆孔防水

注浆孔防水施工时应注意的事项包括:①装孔的密封圈采用遇水膨胀橡胶材料,利用压密和膨胀双重作用加强防水;②防止注浆孔的闷头未拧紧或闷头螺纹与预埋螺母的间隙过大;③吊装孔迎水面在管片生产时预浇厚 50mm 的同级素混凝土。如要通过吊装孔进行注浆,清理预留孔内残余物,填入止水密封材料,然后用防水砂浆封固孔口。

7) 防水效果评价

采取上述各项控制措施并严格落实,本工程盾构施工进展顺利,经检查成型的管片无渗漏水情况,施工质量良好,验收合格率 100％。

2. 管片施工质量控制措施

(1) 管片制作要求

1) 混凝土抗压强度和抗渗压力应符合设计要求;

2) 表面应平整,无缺棱、掉角、麻面和露筋;

3) 单块管片制作尺寸允许偏差应符合表 3-3 的规定。

单块管片制作尺寸允许偏差　　　　　　表 3-3

项 目	允许偏差(mm)
宽度	±1.0
弧长、弦长	±1.0
厚度	+3,−1

(2) 管片拼装要求

1) 管片验收合格后方可运至工地,拼装前应编号并进行防水处理;

2) 管片拼装顺序应先就位底部管片,然后自下而上左右交叉安装,每环相邻管片应

均布摆匀并控制环面平整度和封口尺寸,最后插入封顶管片成环;

3)管片拼装后螺栓应拧紧,环向及纵向螺栓应全部穿进。

(3)管片接缝防水要求

1)管片至少应设置一道密封垫沟槽,粘贴密封垫前应将槽内清理干净;

2)密封垫应粘贴牢固、平整、严密,位置正确,不得有起鼓、超长和缺口现象;

3)管片拼装前应逐块对粘贴的密封垫进行检查,拼装时不得损坏密封垫。有嵌缝防水要求的,应在隧道基本稳定后进行;

4)管片拼装接缝连接螺栓孔之间应按设计加设螺孔密封圈。必要时,螺栓孔与螺栓间应采取封堵措施。

(4)施工质量检验要求

1)钢筋混凝土管片同一配合比每生产5环应制作抗压强度试件一组,每10环制作抗渗试件一组;管片每生产两环应抽查一块做检漏测试,检验方法按设计抗渗压力保持时间不小于2h,渗水深度不超过管片厚度的1/5为合格。若检验管片中有25%不合格时,应按当天生产管片逐块检漏。

2)盾构法隧道的施工质量检验数量,应按每连续20环抽查1处,每处为一环,且不得少于3处。

3)盾构法隧道采用防水材料的品种、规格、性能必须符合设计要求。检验方法:检查出厂合格证、质量检验报告和现场抽样试验报告。

4)钢筋混凝土管片的抗压强度和抗渗压力必须符合设计要求。检验方法:检查混凝土抗压、抗渗试验报告和单块管片检漏测试报告。

5)隧道的渗漏水量应控制在设计的防水等级要求范围内。衬砌接缝不得有渗漏和漏泥砂现象。检验方法:观察检查和渗漏水量测。

6)管片拼装接缝防水应符合设计要求。检验方法:检查隐蔽工程验收记录。

7)环向及纵向螺栓应全部穿进并拧紧,衬砌内表面的外露铁件防腐处理应符合设计要求。检验方法:观察检查。

3. 盾构隧道质量控制措施

(1)保证盾构推进姿态,确保盾构隧道的平曲线和竖曲线满足设计及规范要求;

(2)重视盾构进出洞口推进姿态的控制,使盾构推进有一个良好的开端和结尾;

(3)切实作好洞口加固工作,防止洞口坍塌和盾构姿态偏移;

(4)保证管片质量,在管片运输、装卸、存放、吊装过程中轻起轻落,防止磕伤;

(5)注意盾构防水材料的安装及保护,防止管片间漏水。

4. 隐蔽工程的质量保证措施

(1)严格执行隐蔽工程检查验收程序

1)具备隐蔽条件的隐蔽工程检查采取班组检查与专业检查相结合方式。

2)隐蔽工程在完成自检、专检并确认合格后,以书面报请现场监理工程师检查验收,验收合格经监理工程师签证后进行施工。

3)各班组在进行工序交接时,执行"三工序"制度,即检查上工序,做好本工序,服务下工序。

4)隐蔽工程记录,将检查项目、施工技术要求及检查部位等项填写清楚,记录上有技术负责人、质量检查人员、监理工程师签字。

(2) 确定岗位责任

1) 各主管工程师详细审查施工图纸，领会设计意图、技术要求。

2) 做好技术交底工作，严格技术交底复核签字制度。

3) 对各分项工程、各工序施工实行质量检查工程师、主管工程师、技术员、施工员定岗定责。

(3) 操作规程和作业指导书等技术控制

1) 在操作规程和作业指导书中明确提出隐蔽工程的操作要点和注意事项。

2) 对作业指导书进行审定，指定专人落实作业指导书的操作，并进行工艺总结改进。

3) 操作规程和作业指导书的编制原则是：详尽细致、脉络分明、重点突出、便于操作。

4) 加强教育和培训工作。

5) 加强教育，使每一个施工操作人员都能够加强质量意识，加强建筑精品意识。

6) 对施工人员进行岗前培训、专业施工技术和操作的培训，通过以师带徒等方式进一步在施工当中提高施工人员的整体施工素质。

3.1.7 主要创新点

(1) 通过理论计算和工程类比，确定了水下隧道安全经济合理的覆土厚度，对今后类似工程具有指导意义。

(2) 提出并采用了土仓微增压技术，有利于解决穿越富水砂层时盾构施工地层沉降、突涌和姿态控制的难题。

(3) 确定了在砂土和黏土情况下，埋深分别为 1.5～2D 时，外径 3.5m 盾构隧道合理的端头加固范围。

3.2 富水地层浅埋暗挖隧道疏堵结合施工技术

3.2.1 工程简介

1. 工程概况

某供热厂配套管网供热工程位于北小河南路、小营北路、关庄西路及小营东路。本工程干线管径主要为 $DN800$、$DN500$ 两种。管道全长 4556m。其中：暗挖 880m，隧道结构形式为马蹄型、直边墙、平底板，采用复合衬砌结构，隧道断面尺寸分为：4.4m×2.8m、3.6m×2.5m、2.6m×2.3m 等几种。

隧道初期支护为拱架喷射混凝土结构（钢筋拱架＋钢筋网＋喷射混凝土），喷射混凝土采用 C20 厚度为 300mm，以承担施工期间的全部基本荷载。二次衬砌为模筑 C30、P8 抗渗混凝土，两层衬砌之间设防水层。小室结构亦为复合初砌，采用格栅喷射混凝土结构作为初期支护，二衬为模筑钢筋混凝土结构，两层衬砌之间设防水层，防水层厚度为 1.2mm。

全线设 28 座小室（其中暗挖竖井 21 座）。

2. 工程地质、水文地质概况

1）地质土层概述

根据本工程拟建场区地面下地层自上而下依次为：

人工堆积的黏质粉土填土①层和杂填土①1层，厚约0.9～3.5m；于标高37.58～40.37m以下为第四纪沉积的黏质粉土、砂质粉土②层和黏土②1层；于标高33.87～36.57m以下为第四纪沉积的砂质粉土、黏质粉土③层和粉质黏土③1层；于标高31.73～33.08m以下为中砂、细砂④层；于标高25.37～27.86m以下为中砂、粗砂⑤层。

2）地下水概述

勘察期间于钻孔中观测到二层地下水。第一层地下水静止水位埋深3.30～5.70m，标高34.47～38.03m，地下水类型为上层滞水；第二层地下水类型为潜水，地下水静止水位埋深9.40～9.60m，标高31.63～32.46m，含水层为细砂、中砂④层和中砂、粗砂⑤层。

暗挖沿线穿越的地层主要是位于地下水位（地下5～8m）以下的中砂、细砂④层，局部为砂质粉土、黏质粉土③层；土质松散并呈饱和状态，极易发生流土、流沙及崩塌现象。

3. 隧道穿越含水层的位置关系

为更直观、清楚地反映暗挖隧道与地质地层及地下水的位置关系，将《岩土工程勘察报告》中"工程地质剖面图"摘录如图3-6、图3-7、图3-8所示。

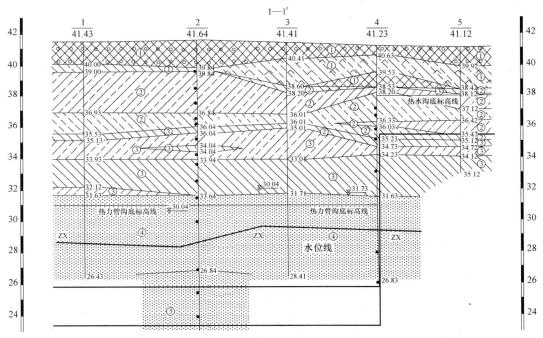

图3-6 北小河南路段及关庄西路北段

3.2.2 工程重点与难点分析

本工程管网线路长、工程面大，为了保证工期要求，全线分段同时施工，因此不能全部形成合理的流水作业。

1. 水文地质条件差

本工程暗挖隧道位于地下水位下，穿越地层土质松散并呈饱和状态，土体自稳性差，

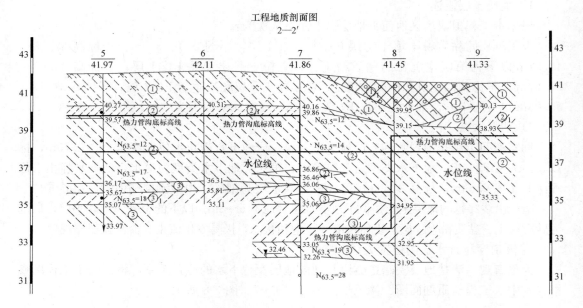

图 3-7 五南路段

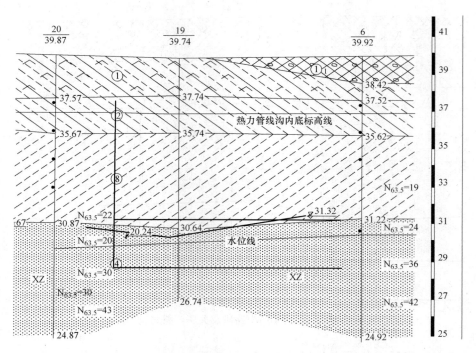

图 3-8 小营东路段及关庄西路南段

极易发生流土、流沙及崩塌现象。

2. 地面交通流量大

暗挖段位于现况道路下方,暗挖隧道断面大,暗挖穿越地铁 5 号线北苑段、现况道路、管线存在一定的风险。暗挖隧道施工路段属城市主干路,交通流量很大,车辆、行人来往频繁，对施工产生很大影响。

3. 环境复杂，风险源多

暗挖隧道施工路段两侧居民区众多且距离很近，其中小河南路段 7 点～9 点暗挖隧道穿越平房。

施工期间确保地上构筑物和行人安全及地下管线的正常使用是本工程的重点及难点。

3.2.3 主要施工工艺流程

目前地下工程施工在穿越有水的砂卵石或砂质粉土、粉土地层时，常常会产生流沙、流土现象。这些现象不仅加大了施工难度，而且有时还会引发重大安全生产事故。因此常采用注浆加固法止水或超前小导管注浆加固法进行预支护。但是由于产生流沙的地层，往往不仅含水量丰富，而且常常具有承压性和流动性，因此在砂卵石层中注浆往往不仅会造成注浆效果差，而且浪费浆液，浆液的浪费还会污染地下水资源。因此要最大限度地减小浪费、降低对地下水的污染，达到设计施工目的。关键问题是必须解决超前小导管注浆止水区域内的水的问题。因此施工技术围绕如何疏干或减少止水区域内的地下水进行。

1. 工作面疏水注浆止水技术

超前小导注浆止水区域内地下水的疏干通常采用的方法是井点降水法，即在地下工程的外侧从地面按一定规律布置一定深度的降水井，通过降水井对地下水进行抽降。这种从地面施工降水井的方法不仅施工工作量大，而且要求抽取大量的地下水，才能将施工区域小范围内的地下水疏干，既造成地下水资源的浪费，同时大量抽取地下水还可能引起周边地表的过大沉降，从而引发灾难性事故。另外由于浅埋暗挖隧道，一般都在城市进行，因此有时即使有好的降水方案，或者降水也不会引发地面沉降，但是因城市建筑与市政设施的原因，施工方案也难以实施。因此有否可能随着竖井或浅埋暗挖的隧道施工进行小范围内的降水，从而实现超前小导管注浆，进而围绕工作区域形成止水带，就是疏水注浆止水施工技术能否实现的关键。

众所周知，通常的地层构成是有含水层，也有隔水层，有黏性土地层，也有砂卵石地层。因此地层的这一构成特征为地下小范围疏水或降水提供了条件。这样竖井或暗挖隧道施工在穿越含水地层或流沙层前便可以在施工工作面布置一定数量的排、降水或疏水管，通过降水管或疏水管采用真空泵对其工作面前方小范围内的地下水进行抽降或疏干，如图 3-9、图 3-10 所示。在工作面前方小范围内的地下水基本疏干后，再进行超前小导管施工，然后进行注浆止水施工，并按此循环作业直到竖井或隧道穿过含水地层。这样不仅使降水区域仅仅缩小在工作面前方很小的区域内，大大减少了对地下水的抽降，保护了地下水资源，而且大大降低了施工成本，且在任何环境条件下均可使施工方案得以实施。这种创新施工技术称其为工作面疏堵结合施工技术。

2. 工作面疏水注浆止水施工技术与常规井点降水注浆施工技术比较

疏水注浆施工技术有很大的优势，为了更直观的表现，把疏水注浆施工技术与常规井点降水注浆施工技术比较见表 3-4。由表可见，疏水注浆施工技术使降水区域仅仅缩小在工作面前方很小的区域内，大大减少了对地下水的抽降，保护了地下水资源，而且大大降低了施工成本，且在任何环境条件下均可使施工方案得以实施。

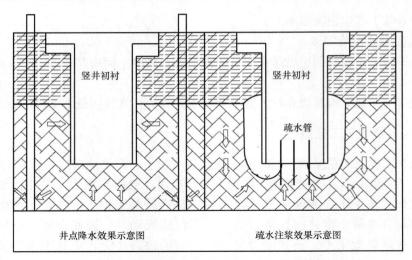

图 3-9 竖井降水与疏水施工技术示意图

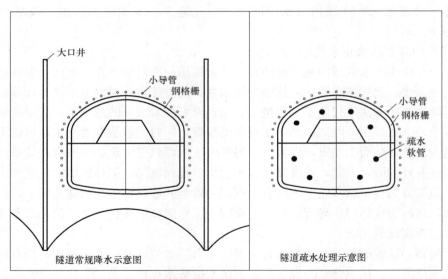

图 3-10 隧道降水与疏水施工技术示意图

疏水注浆施工技术与常规井点降水注浆施工技术比较 表 3-4

项 目	疏水注浆施工技术	常规井点降水、全断面注浆施工技术
设计难度	小	大
施工难度	小	大
施工工作量	小	大
抽降水区域	小	大
抽降水量	小	大
施工成本	小	大
对地面环境影响及破坏	无	有
对地下水环境影响	小	大
对风险源引发事故概率	小	大

3. 施工工艺流程

施工工艺流程分为竖井注浆止水施工工艺流程和隧道注浆止水施工工艺流程。

(1) 竖井注浆止水主要施工步骤

1) 注浆材料和注浆方法的选用;

2) 竖井四周注浆止水;

3) 竖井中部水处理;

4) 竖井注浆止水施工循环往下依次进行。

(2) 隧道注浆止水主要施工步骤

1) 注浆材料和注浆方法的选用;

2) 隧道外轮廓注浆止水;

3) 掌子面疏水注浆处理;

4) 隧道注浆止水施工循环往前依次进行。

3.2.4 主要施工工艺

1. 竖井中的疏水注浆施工工艺

在竖井掘砌过程中,大多数会遇到涌水,当在城市施工时,周围环境不适合大范围施工,地下水位高、地质复杂,止水注浆与土壤加固存在一定的风险因素。为加强城市地下水资源的管理和保护,减少水资源的浪费,防止相关地质灾害,在有地下水的情况下施工必须采取切实、有效的止水、阻水措施,确保开挖的安全与质量。所以,在地下水位以下进行隧道暗挖工程的关键问题就是止水,止水效果和土体固化的是暗挖施工成败的前提和必要因素。

传统的降水方法是在地下工程的外侧从地面按一定规律布置一定深度的降水井,通过降水井对地下水进行抽降。这种从地面施工降水井的方法不仅施工工作量大,而且要求抽取大量的地下水,才能将施工区域小范围内的地下水疏干,既造成地下水资源的浪费,同时大量抽取地下水还可能引起周边地表的过大沉降,从而引发灾难性事故。另外由于浅埋暗挖隧道,一般都在城市进行,因此有时即使有好的降水方案,或者降水也不会引发地面沉降,但是因城市建筑与市政设施的原因,施工方案也难以实施。因此有否可能随着竖井或浅埋暗挖的隧道施工进行小范围内的降水。

注浆止水与加固的使用很大程度地受土质、地下水的影响,注浆止水往往在不同地层、不同地区使用的效果相差很大,甚至产生的结果与预期的效果相去甚远。疏水注浆施工技术在竖井注浆施工工艺通过"疏、堵"结合、双管齐下,从而避免了水层向注浆薄弱处扩散渗透,使竖井施工难度降低,提高了施工安全程度。

(1) 止水注浆工艺的确定

竖井内地下水疏堵结合的注浆加固施工工艺成败关系到整个工程质量和安全。在竖井施工中,往往需要穿越含水层的地质层,在不能采取当面降水的情况下,单纯的注浆封堵容易造成局部水压力增大,这直接加剧了水层向注浆薄弱处扩散渗透的趋势,无形中提升了施工难度。

为解决上述技术问题,确有必要在地下水环境下提供一种竖井暗挖安全、可靠注浆加固的施工工艺,以克服现有技术中的所述缺陷。

就迫切需要一种新的注浆方法,下面提出采用"疏、堵"结合、双管齐下的方法进行注浆止水。

1) 疏水作业

疏水注浆施工技术在竖井中的应用也具有创新性，竖井施工遇地下水时，进行疏水作业。图3-11为竖井疏水纵断面示意图，当进行施工时，先利用输水管进行疏水，利用真空泵等设备降低工作面附近砂层中毛细水等含水量从而降低孔隙间的表面张力等特性，也降低了结构外部水压力，将有利于后续止水浆液的扩散；对于疏导出来的地下水将在施工完成段范围内择处进行回灌，以保证土层内含水量稳定，避免地表下沉。

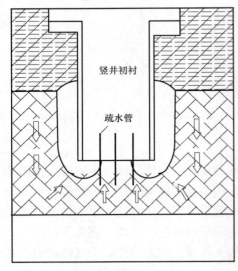

图3-11 竖井疏水施工技术示意图

竖井临时封底，并在竖井开内外双侧设置注浆管，注浆管之间的间距为0.1~0.3m，注浆管竖向倾斜35°。同时，配合设置疏水管，疏水管之间的间距为0.5m，疏水管竖向倾斜22°。所述注浆管和疏水管均选用 $\phi 32 \times 3.5$ 钻孔无缝钢管。

2）止水作业

将具有一定压力的超细水泥水玻璃浆液，通过土层颗粒间的孔隙强行注入土层中，起到挤密和充填作用，迫使土层孔隙内的部分或大部分水和空气排出，从而加快土层的固结稳定，阻止或控制水流通过，并起到改善土壤结构的功效。浆液注入地层后，水玻璃及配料可与土层中碳酸钙起化学反应，生成硅胶；水泥与土颗粒及土层中其他填物胶结。同时，水玻璃及配料可促使水泥早凝避免沉淀、析水、保证浆液和易性、可注性。

3）全断面注浆与疏水注浆作用对比

由图3-12中可以看出，竖井进行临时封底，并在竖井内外双侧设置注浆管，配合设置疏水管，采用真空泵局部抽水。这样及时地把水抽走，把将施工区域小范围内的地下水疏干，从而避免了水层向注浆薄弱处扩散渗透，使竖井施工难度降低，提高了施工安全程度。同时，在工作面前方小范围内的地下水基本疏干后，再进行超前小导管施工，然后进行注浆止水施工，并按此循环作业直到竖井或隧道穿过含水地层。这样可以有效的节省施工成本，提高工程效率。

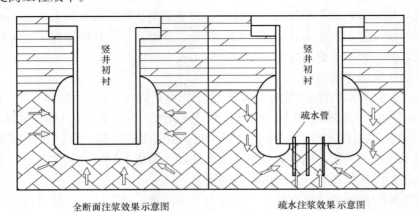

图3-12 竖井开挖面附近地下水渗透形式、方向的对比

(2) 注浆材料的确定

如表 3-5 所示。

1) 超早强加固型 TGRM 灌浆材料

超早强加固型 TGRM 灌浆材料是在 TGRM 基本材料基础上，突出其早强性和施工性。加固型 TGRM 灌浆材料 30min 龄期的抗压强度大于 8MPa，初凝时间不早于 12min，并具有良好的可灌性，以保证施工工艺条件的实现。

TGRM 灌浆材料使用方法：

① 选用水灰比为 0.37~0.41，水灰比加大初凝时间会延长，反之缩短。

② 搅拌灰浆应使用高速搅拌制浆机，转速≥1200rd/min，搅拌时间 3min。

③ 制浆后应通过滤网进入储浆桶然后进行压浆，压浆过程中要对储浆桶中的浆液进行适当搅拌。

④ 灌浆压力应控制在 0.6MPa 以下。

2) 水玻璃

本工程中主要使用钠水玻璃，钠水玻璃为硅酸钠水溶液。最简单的化学式为 $2SiO_3$，实际组成较复杂，是各种硅酸钠的混合物。钠水玻璃分子式 $Na2O·mSiO2$ 中的 n 称为水玻璃的模数，n 值越大，水玻璃的黏性和强度越高，但水中的溶解能力下降。n 大于 3 时需 4 个大气压以上的蒸汽才能溶解。水玻璃模数越大，氧化硅含量越多，水玻璃黏度增大，粘结力增大。n 值越小，水玻璃的黏性和强度越低，越易溶于水。故本工程中选用模数 n 为 2.2~2.5，既易溶于水又有较高的强度。水玻璃的密度一般为 $1.38g/cm^3$，相当于 39°Bé。

注浆参数表　　　　　　　　　　　　　表 3-5

指标名称	技术指标(40度)
二氧化硅(%)	27.5
氧化钠(%)	8.7
水不溶物(%)	0.08
铁(%)	≤0.01
模数	2.2~2.5
密度	1.387/cm³

3) 磷酸

磷酸一般选用 85.11% 的浓磷酸。

4) 浆液配比

A 液：原浆 39°Bé 的水玻璃用水稀释至 28°Bé，TGRM 灌浆料与水泥按照 1:3 的比例混合，以上两种浆液 1:1 混合制成 A 液。

B 液：原浆 39°Bé 的水玻璃用水稀释至 30°Bé，浓磷酸按照 1:6 用水稀释成稀磷酸以上两种浆液 1:1 混合制成 B 液。

(3) 竖井疏水注浆止水施工

1) 竖井四周注浆止水

竖井内设置内外双侧注浆管，水平方向上外层沿每榀格栅环向搭设注浆管（2.25m@500），同时配合打设疏水管（4.0m@1000mm）；注浆管竖向倾斜 35°，疏水管竖向倾斜 22°。内层打设竖直注浆管（2.0m@500），加固地层厚度不小于 1.5m。管材均选用 $\phi 32mm\times 3.5mm$ 无缝钢管，加工成钢花管。（具体如图 3-13 所示）

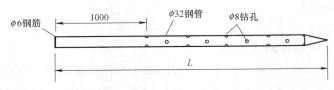

图 3-13 花管加工示意图

下面图 3-14、图 3-15、图 3-16 表示竖井注浆、疏水施工过程，具体的施工过程流线为：
① 竖井注浆过程按照疏水→注 B 液止水→注 A 液加固。
② 两种浆液交替注入，压力控制在初压 0.3MPa，终压 0.6MPa。

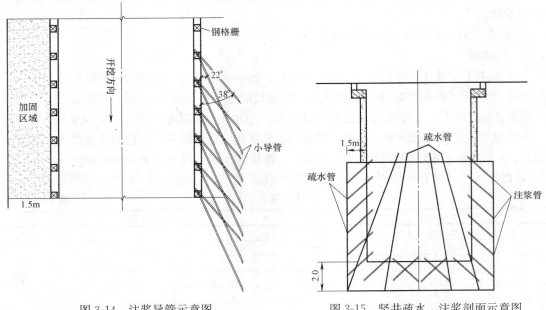

图 3-14 注浆导管示意图　　　　图 3-15 竖井疏水、注浆剖面示意图

2）竖井中部水处理

当竖井四周全部注浆完成后，加固了竖井周边横向 1.5m 左右的土体，可实现周边 1.5m 左右的止水帷幕，但地下水会从没有加固的区域进入竖井中间给施工带来安全隐患。为保证施工安全必须对竖井中间部分砂层中的水进行处理。处理方法采用水泵抽水的方法保证局部砂层中水含量降低。水泵采用真空水泵，水管采用胶质软管。在软管上打设 2mm 的小孔，端头用 2～4 层绿网包裹，用钢管顺入竖井未开挖的砂层中后，用真空泵联接抽水。抽出的地下水在附近另择地点回灌，保证地下原有含水量基本稳定，避免因施工造成严重的地表沉降。竖井施工现场图片见图 3-17。

（4）工作面疏水注浆止水施工技术实施效果对比

与现有技术相比，疏水注浆施工技术在竖井中的有益效果非常明显。注浆加固施工工艺通过"疏、堵"结合、双管齐下，从而避免了水层向注浆薄弱处扩散渗透的趋势，增强了施工安全程度；同时，对于疏导出来的地下水将在施工完成段范围内择处进行回灌，以保证土层内含水量稳定，避免地表下沉；减少抽取地下水数量，对环境保护有利；减少注浆量，节约成本、减少污染。

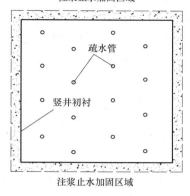

图 3-16　竖井注浆、疏水平面示意图

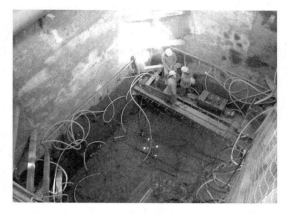

图 3-17　竖井开挖采用疏水、注浆实施照片

本工程通过疏水注浆施工技术减短了降水时间、减少了注浆量，大大提高了施工功效，优化后的暗挖施工进度大大提高；同时降低了施工过程中的风险，降低了施工成本，给项目带来了很大的经济效益和社会效益。注浆施工图片如图 3-18 所示。

注浆前　　　　　　　　　　　　　注浆后

图 3-18　注浆效果对比

2. 区间暗挖隧道中的疏水注浆施工工艺

（1）止水注浆工艺的确定

凭借以往的施工经验经现场实际试验，单纯的注浆封堵容易造成局部水压力增大，这直接加剧了水层向注浆薄弱处扩散渗透的趋势，无形中提升了施工难度。本工程拟尝试采用"疏、堵"结合、双管齐下的方法进行注浆止水。

1）疏水作业

利用真空泵等设备降低工作面附近砂层中毛细水等含水量从而降低孔隙间的表面张力等特性，也降低了结构外部水压力，将有利于后续止水浆液的扩散；对于疏导出来的地下水将在施工完成段范围内进行回灌，以保证土层内含水量稳定，避免地表下沉。

2）注浆止水作业

将具有一定压力的超细水泥—水玻璃浆液，通过土层颗粒间的孔隙强行注入土层中，起到挤密和充填作用，迫使土层孔隙内的部分或大部分水和空气排出，从而加快土层的固结稳定，阻止或控制水流通过，并起到改善土壤结构的功效。浆液注入地层后，水玻璃及配料可与土层中碳酸钙起化学反应，生成硅胶；水泥与土颗粒及土层中其他填物胶结。同时，水玻璃及配料可促使水泥早凝避免沉淀、析水、保证浆液和易性、可注性。

（2）注浆材料的确定

隧道外侧被含水层所包围，加固注浆必须达到以下三个目的方可保证施工的安全：

1）水，防止水流进入工作面给施工带来隐患。

2）固，改善土壤结构起到固结土质增加土壤的承载力防止土体坍塌。

3）胶凝时间短，注浆胶凝时间要可控以免影响下道工序的施工。

根据以上基本要求，在含水层中拟采用双重管混合注浆，材料采用磷酸浆和水玻璃浆、超细水泥浆及多种化学试剂。超细水泥浆起到改善土壤结构的功效，磷酸浆和水玻璃浆起到止水和快凝的作用。

（3）隧道疏水注浆止水施工

在粉细砂层中采用注浆止水，材料采用水玻璃浆、超细水泥浆及多种化学试剂。注浆通道采用 $\phi32mm \times 3.5mm$ 的无缝钢管，长度取 3.0m 和 2.25m，纵向每 1m 施作一次。加固厚度隧道外侧 1.5m 范围。小导管加工同竖井中注浆小导管，小导管安装同样采用高压风送入。小导管布设拱顶间距 0.1m，侧墙、底板间距 0.3m，保证在隧道外轮廓 1.5m 范围内加固效果不出现盲区、死角。

注浆顺序：疏水→注 B 液→注 A 液，A、B 液交替注入，注浆压力控制在 1.0MPa，注浆管布置如图 3-19～图 3-21 所示。

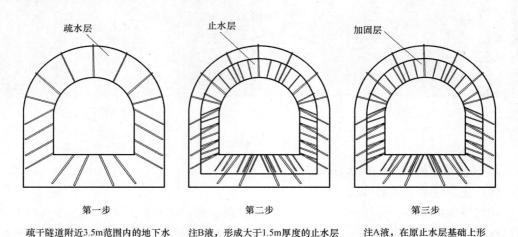

图 3-19 注浆顺序图

前掌子面处理：当隧道侧墙及拱顶全部注浆完成后，加固了隧道四周纵向 1.5m 左右的土体可实现纵向 1.5m 左右的止水帷幕，但潜水会从没有加固的区域进入隧道中间给施工造成困难。为保证施工安全必须对隧道中间部分砂层中的水进行处理。处理方法采用水泵抽水的方法保证局部砂层中含水量降低。水泵采用真空水泵，水管采用胶质软管。在软

3 管道工程施工新技术

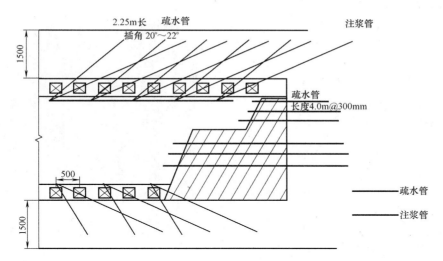

图 3-20 双层超前注浆钢管布置示意图

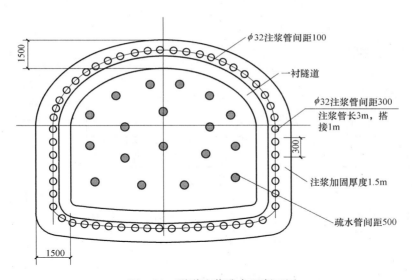

图 3-21 隧道注浆孔布置断面图

管上设 2mm 的小孔，端头用 2～4 层绿网包裹，用钢管送入隧道未开挖的砂层中约 4m 处的位置后，用真空泵连接抽水。见图 3-22 和图 3-23。

（4）工作面疏水注浆止水施工技术实施效果对比

全断面注浆与疏水注浆效果对比如图 3-24 所示。

从图中可以看出，与全断面注浆相比，疏水注浆同样起到了有效的止水效果，保证了开挖面的稳定，确保了施工安全。同时，疏水注浆较小了注浆量，节约了浆液。

3.2.5 工程结果

1. 创新点

（1）针对矿山法在富水软流塑地层的施工技术难题，首次提出"疏堵"结合的理念并开发了配套施工技术，成果在某热力工程成功应用。

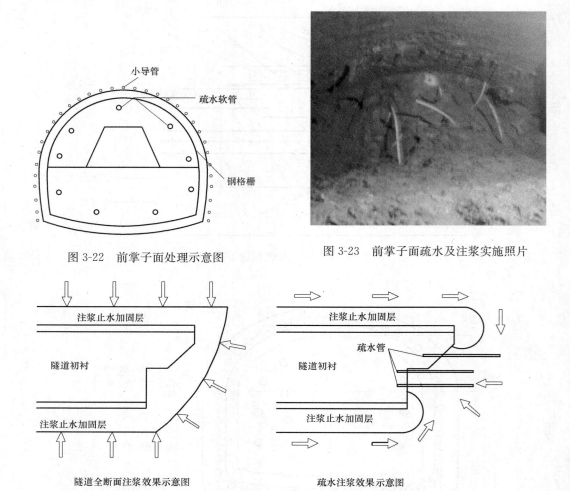

图 3-22 前掌子面处理示意图

图 3-23 前掌子面疏水及注浆实施照片

图 3-24 全断面注浆与疏水注浆作用对比图

（2）发明了一种竖井内地下水"疏堵"结合的注浆加固施工工艺，通过"疏、堵"结合、双管齐下，从而避免了水层向注浆薄弱处扩散渗透，使竖井施工难度降低，提高了施工安全程度。

（3）发明了一种隧道内地下水"疏堵"结合的注浆止水加固施工工艺，通过"疏、堵"结合、双管齐下，从而避免了水层向注浆薄弱处扩散渗透的趋势；同时，对于疏导出来的地下水将在施工完成段范围内进行回灌，以保证土层内含水量稳定，避免地表下沉。

2. 小结

（1）与以往堵水技术相比，"疏堵"结合的注浆堵水新技术有效地保护了地下水资源，且节约浆液。

（2）"疏堵"结合的注浆堵水新技术对开挖面附近的地下水进行了疏排，有效地保证了开挖面的稳定，保证了施工安全。

（3）通过某热力工程监测数据来看，应用"疏堵"结合的注浆堵水新技术以后，隧道开挖引起的地表沉降与以往类似工程相比明显减小。

（4）与以往类似工程相比，采用"疏堵"结合的注浆堵水新技术施工成本有所降低，施工事故明显减少。

（5）由于与以往技术相比，"疏堵"结合的注浆堵水新技术有许多优点，在富水软流塑地层施工中必将有更广阔的应用。

3.3 高水压、高卵石地层长距离顶管施工技术

3.3.1 引言

顶管施工是一种地下管道施工方法，它不需要开挖面层，并且能够穿越公路、铁道、地面建筑物以及地下管线等。顶管法施工是机械顶管机在工作坑内借助顶进设备产生的顶力，克服管道与周围土壤的摩擦力，将管道按设计的坡度顶入土中，并将土方进行外弃。其原理：从地面开挖两个基坑井，顶管机从始发井下井沿轴线安装，然后管节从始发井安放，借助主顶油缸的推力将顶管机头推入洞口的止水圈，电动机提供能量，转动切削刀盘，通过切削刀盘进入土层，穿过土层往接收井的方向，最终顶管机和工具管被推到接收井内吊起，同时把紧随顶管机和工具管的管道埋设在两坑之间，设计管道铺设完成，如图3-25所示。

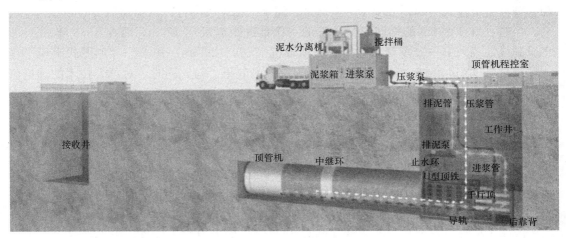

图 3-25　顶管施工图

相对于开挖铺设管道顶管施工术彻底解决了管道埋设施工中对城市建筑物的破坏和道路封闭造成的道路交通堵塞等难题，在稳定土层和环境保护方面优势凸出。对交通繁忙、人口密集、地面建筑物众多、管线复杂的城市地下施工尤为重要，它将为城市创造一个洁净、舒适和美好的环境。

顶管技术优点：不开挖地面、不拆迁、不破坏地面建筑物、不破坏环境、不影响管道地段差变形、省时、高效、安全、工程成本低。

世界上第一个有据可查的关于顶管技术的记录是在1892年，最初的顶管施工作业是在1896～1900年间由美国北太平洋铁路公司完成。我国顶管施工技术起步较晚，自从1954年在北京进行的第一例顶管施工以来，我国从国外引进顶管技术已经过去半个世纪，早期发展较慢，是以人工手掘式为主，设备非常简陋，也无专门的从业人员，直至1964年前后上海首次使用机械式顶管，上海的一些单位并进行了大口径机械式顶管的各种试验和相关的一些理论研究。当时，口径在2m的钢筋混凝土管的一次推进距离可达120m，同时也开始利用中继间的相关技术。在此以后，又进行了多种口径、不同形式的机械顶管试验，其中土压式居多。由于当时顶管机的设计还停留在比较原始的阶段，既没有完整的设计施工理论和工艺作指导，也不考虑具体的地层条件，所以当时的顶管机还不够完善。土压式顶管机当时分为上部出土和下部出土两种，但都没有引入土压力的概念。其中，也搞了一些水冲顶管的试验。1967年前后，上海已研制成功人不必进入管子的小口径遥控土压式机械顶管机，口径有700～1050mm多种规格。在他们的施工实例中，有穿过铁路、公路的，也有在一般道路下施工的。这些顶管机，全部是全断面切削，采用皮带输送机出土。同时，已采用了液压纠偏系统，并且纠偏油缸伸出的长度已用数字显示。1978年前后，上海又研制成功适用于软黏土和淤泥质黏土的挤压法顶管，这种方法要求的覆土厚度较大（大于两倍的管外径），但施工效率比普通手掘式顶管提高1倍以上。20世纪80年代以来发展更为迅速，顶管施工技术无论在理论上，还是在施工工艺方面，都有了长足的发展。1984年前后，我国的北京、上海、南京等地先后开始引进国外先进的机械式顶管设备，使我国的顶管技术上了一个新台阶。尤其是在上海市政公司引进了日本伊势机（ISEKI）公司的800mm直径的Telemale顶管顶管机之后，国外的顶管理论、施工技术和管理经验也进入中国，如土压平衡理论、泥水平衡顶管的各种试验和相关的一些理论研究。当时，口径在2m的钢筋混凝土管的一次推进距离可达120m，后在1988年和1992年研制成功我国第一台多刀盘土压平衡顶管机（$DN2720mm$）和第一台加泥式土压平衡式顶管机（$DN1440mm$），均取得了较令人满意的效果。与此同时，对顶管技术的理论研究的关注逐年增强，开始出现了比较专业的技术人员，90年代后，以当时的顶管技术还不够完善。2000年后，同济大学等高校对顶管技术方面进行了不少专项课题研究，也取到了不少成果。

经过多年的发展，顶管技术在我国已得到大量地实际工程应用，且保持着高速的增长势头，无论在技术上、顶管设备还是施工工艺上取得了很大的进步，在某些方面甚至已达到了世界领先水平。2001年上海隧道股份有限公司在江苏省常州完成了长2050m、直径2m的钢筋水泥管顶管工程，是目前已完成的我国最长的顶管工程，2001年8月～12月嘉兴市污水处理排海工程一次顶进2050m超长距离钢筋混凝土顶管，由于选择了合理的顶管机具型式、成功地解决了减阻泥浆运用和轴线控制等技术难题，用约5个月完成全部顶进施工，创造了新的顶管施工记录。2001年的上虞市污水处理工程中，玻璃纤维夹砂管首次成功地应用于顶管。2008年在无锡长江引水工程中中铁十局十公司采用国产设备直径2200mm钢管双管同步顶进2500m。以上工程均标志着我国的顶管施工水平达到一个新的高度，与世界先进水平日益靠近。然而与国外发达国家，如日本、德国等先进的机械设备及施工技术水平相比，我国仍然有着显著的差距。

随着我国经济持续稳定地增长，城市化进程的进一步加快，我国的地下管线的需求量也在逐年增加。加之人们对环境保护意识的增强，顶管技术将在我国地下管线的施工中起到越来越重要的地位和作用。非开挖技术的发展必将向规模化、规范化、国际化的方向发展。

在我国经济高速增长的支持下，顶管技术的发展将面临前所未有的机遇，在加快引进国外先进技术的基本上，努力消化创新，加强研发和人才培养，其前景是非常乐观的。纵观国内外顶管技术的发展，发展方向将是多元化和多样化。在顶管直径方面，除了向大口径管的顶进发展以外，也向小口径管的顶进发展。目前顶管技术最小口径只有 75mm，最大的已达到 5m（德国），大口径顶管有取代小型盾构的趋势。在适应性方面，发展宽范围、全土质型顶管机是必然趋势，适应范围将大为延伸，从 N 值为极小的土到 N 值为 50 多兆帕的砾石，直至轴压强度达 200MPa 的岩石。将微电子技术、工业传感技术、实时控制技术和现代化控制理论与机械、液压技术综合运用于顶管机械上是顶管技术的发展趋势。数字化、信息化、智能型顶管机的研制将得到更多的关注，纠偏精度、自动化程度也将得到大力提高。在不久的将来，一些全自动、高精度的顶管机会成为施工机械的主流。顶管的用途随着相关技术的发展也将继续扩，主要用于管道铺设将发展管道铺设、箱涵顶进、地下人行通道管棚式施工等多种用途。顶管截面形状基本上都是圆形，今后的发展趋势是圆形、矩形、圆拱形、多边形等，以适应箱涵顶进等各种工程的需要，故截面形状多元化是必然趋势。顶管施工形式主要为土压式、泥水加压式，以后的发展将在进一步吸收国外技术的基础上，应用管套式、气泡式等各种形式的顶管施工技术。随着高精度长距离测量技术进一步的发展应运，通风系统的完善，中继间技术、注浆减摩技术的进步，排渣系统的发展、刀盘切削系统、推进系统、出土输送系统、供电液压系统、监控系统、测量导向系统，等一系列技术的突破，现有的一次性顶进距离将不断刷新，各种复杂曲线顶管也将陆续出现。目前我国已成立北京、上海、广州和武汉四个非开挖技术研究中心，形成了行业协会、科研单位、研究中心和设备生产和施工企业组成的强大的阵营，而且每年不断有很多人不断加入到从事顶管等非开挖工作的行列，我国的顶管技术的必将迎来一个崭新的阶段。

3.3.2 工程简介

1. 工程概况

黄河磴口供水工程位于内蒙古自治区包头市磴口扬水站管理区内，工程内容主要包括工作井、接收井、穿越黄河顶管及其临时工程。供水管道施工采用机械顶管法进行施工，直径为 $DN1650$mm 钢管，一次性长距离顶进 635m。施工竖井紧临黄河岸边，净距仅 10m，管道轴线位于黄河水位以下 14m 位置处，顶管穿越的地层集卵石含量高（砾石层中粒径在 6cm 以上卵石含量为 65% 左右，其中粒径在 10cm 以上的卵石含量为 22%，最大可见粒径为 55cm）；稳定性极差（顶管轴线 350m 范围内上部为细砂、粉细砂，下部为壤土）；地下水水位高、压力大、补给丰富，具有施工难度大，风险高等显著特点，如图 3-26、图 3-27 所示。

2. 掘进线路地质情况

（1）顶管轴线段黄河河道地层岩性

黄河河道地层上部为新生界第四系全新统洪冲积层地层，岩性上部为黄色、灰黄色的

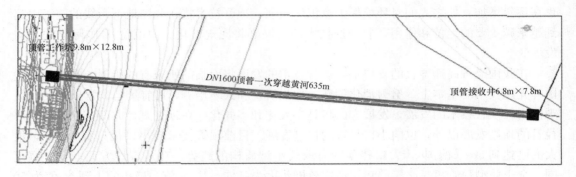

图 3-26 管道平面位置图

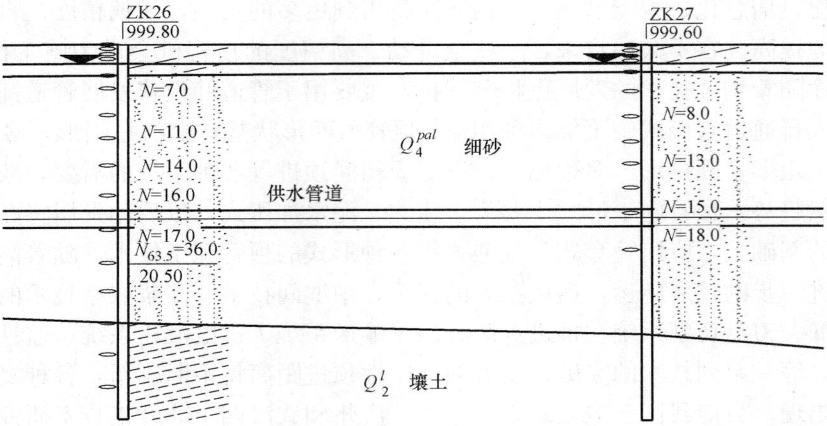

图 3-27 管道高程纵断面图

细沙，细沙为饱和，松散，厚度 5～8m；下部为灰黄色、黄色、灰色的砂砾石，砂砾石为饱和，中密～密实，夹有薄层沙壤土，厚度 21～27.3m。

下部为新生界第四系中更新统湖积层地层，岩性为灰绿色、黄绿色的壤土，壤土为饱和，可塑，厚度大于 15m。黄河水深在 3.6～5.6m 之间。

(2) 顶管轴线段黄河右岸地层岩性

据钻孔揭露，黄河右岸地层上部为新生界全新统洪冲积层地层，岩性上部为黄褐色、褐色的沙壤土，沙壤土为湿、饱和，中密，厚度 1.7～2.9m；下为黄褐色、褐色的细沙，细沙为饱和，中密、密实，夹有薄层沙壤土及砂砾石层，厚度 17.3～24.5m。

下部为新生界第四系中更新统湖积层地层，岩性为灰绿色、黄绿色的壤土，壤土为饱和，可塑，厚度大于 15m。

顶管轴线段新生界第四系全新统洪冲积层砂砾石及细沙的颗粒组成多在 20mm 以下，仅个别钻孔的颗粒在 60～20mm，其比例最多占 17%；下部新生界第四系中更新统湖积层的壤土颗粒更细。顶管轴线段的地下水水位埋深在 1～5m。

3.3.3 工程重点、难点

1. 水位埋深浅，水压高

本工程顶管轴线段的地下水位高,水位埋深在地表 1~5m 以下,顶进中心高程距地表有 11.1m 的高差,地下水压较大。穿越地层含水量大、透水性强。为有效的避免开挖面的坍塌,防止河水、地下水涌入开挖面,应合理控制顶管的顶进速度,调节机头泥水仓压力在该地层主动土压力和被动土压力之间。

2. 穿越地层卵石含量高

顶管轴线段前 200m 左右穿越地层为砂砾层,颗粒组成多在 20mm 以下,个别钻孔颗粒在 60~20mm,比例占 17% 左右,顶进阻力大。

3. 一次性顶进距离长

工作井至接收井一次性顶进距离最长达到 635m,为长距离顶管施工。需引进中继间接力顶进措施以及采用适于在含水砂层施工,及不易流失能形成稳定泥浆润滑层的浆液材料。

4. 本工程难点在于穿越时要经过砂砾层,砾石含量多、粒径大、钙化程度高;在穿越黄河主河槽时,地下水压力大,流沙多,长距离顶进机头和套管方向难控制。

(1) 顶进精度要求高,顶进施工难度大。长距离顶进,机头和钢管方向难控制,操作手应做到勤纠偏、少纠偏时时记录纠偏量和激光点位置。

(2) 顶管机出洞难度大,在本工程的地质条件下,顶管进出洞时要进行深层地层加固处理,以保证顶管施工安全及顶进方向的稳定。

3.3.4 顶管设备性能及特点

1. 顶管机选型和改进

根据本工程水文地质所示,隧道断面大部分位于细砂层,地下水位为潜水,泥水分离效果较好。顶进长度为 635m,施工距离较长;顶进中心高程距地表有 11.1m 高差,埋深较深。施工管道为钢管,钢管接口焊接时间比混凝土管接口时间长,要求施工速度迅速、连贯。

根据本工程的工程特点,从施工技术可靠性分析适用本工程的机型为泥水平衡式和加泥式土压平衡顶管机。

下面主要对两种机型优缺点进行分析:

(1) 泥水平衡式顶管机优缺点

优点:适用的土质范围比较广,在地下水压力很高以及变化范围较大的条件下,也能适用。可有效地保持挖掘面的稳定,对管道周围的土体扰动比较小,顶管中途暂时中止时,将进泥口完全关闭,可保持顶进面的压力。因此,特别是采用泥水平衡式顶管施工引起的地面沉降也比较小,与其他类型顶管比较,泥水顶管施工时的总推力比较小,适宜于长距离顶管如图 3-28 为顶管机机头示意图。工作坑内的作业环境比较好,作业也比较安全,采用泥水管道输送弃土,不存在吊土、搬运土方等容易发生危险的作业,工人劳动强度低。由于泥水输送弃土的作业是连续不断地进行的,所以作业进度比较快。

缺点:弃土的运输和存放比较困难,所需作业场地大,设备成本高,口径越大,泥水处理量也就越多,因此用于小口径管道较多。泥水顶管施工的设备比较复杂,一旦出现了故障就要全面停止作业,如果遇到覆土层过薄作业容易受阻。

(2) 加泥式土压平衡顶管机优缺点

优点:能在覆土比较浅的状态下正常工作,最浅覆土深度仅为 0.8 倍顶管机外径。适用于沙、土质地层，可有效的保持挖掘面的稳定，地面变形小，操作方便、安全。弃土的运输、处理都比较方便、简单。

缺点：由于出土的不连续性，加上注浆减摩所产生的注浆压力，土压平衡式顶管对管道周围土体造成的挤压力非常大，土压式顶管机引起的深层土体水平位移较大；高水压条件下易出现从螺旋输送机涌水涌砂问题；在管道运土时，通过中继间等障碍会遗落土体；在出土时，无法进行测量；在砂砾层和黏粒含量少的沙层中施工时，必须采用添加剂对土体进行改良，弃土不易干，对弃土场影响较大。

综上比较，泥水平衡式顶管机和加泥式土压平衡顶管机从对本工程水文地质条件的技术可靠性看都能适用，但加泥式土压平衡顶管机在高水压条件下易出现从螺旋输送机涌水涌砂问题，根据本工程水文地质条件选用泥水平衡式顶管机更优。

本次选用DH-1350砾石型泥水平衡顶管机如图3-29所示，根据工程地质条件，结合工程经验，对顶管机进行自主改造设计，加强了二次破碎功能，解决大粒径卵砾石复合地层中长距离掘进问题。从设备结构原理上保证安全、优质、高效地完成在砂砾层的长距离顶进。

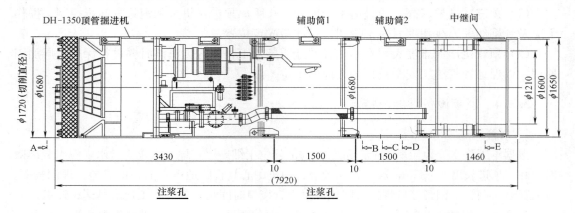

图 3-28 顶管机机头示意图

图 3-29 机械破碎式 DH-1350 泥水平衡顶管机

2. 设备技术参数及特点

本工程选用顶管机具体技术参数如表3-6所示。

本工程刀盘和刀具选择的较大的问题就是卵石地层施工，本次使用顶管机前端设有与土质相符的挖掘地层的刀具，面板上采用全断面滚刀及外周保径滚刀，这种滚刀的特点是：

（1）刀刃部分镶有超硬合金，提高了耐磨性能；

（2）容许挤压力高，对硬岩的切入量较大。

滚刀在推力和滚动力（转矩）的作用下，推力使刀圈压入岩体，滚动力使刀圈滚压岩体。当其对岩石的挤压力超过岩石本身强度后，刀刃部分的合金刀片使岩石破碎，形成切削沟槽，刀刃继续挤压至自身挤压力与岩石强度相等，再往里挤压，岩石便产生龟裂，向周围扩散，切削沟槽两侧的岩石剥离破碎。

滚刀破岩机理如图 3-30 所示。

DH-1350 泥水平衡顶管机技术参数一览表 表 3-6

序号	名称	参数
1	外径	φ1680mm
2	全长	3330mm
3	刀盘转速	3.1rpm
4	刀盘动力	22kW×3 台
5	刀盘力矩(50Hz)	201kN·m
6	纠偏能力(kN×st×se)	750×50×4
7	液压工作站	2.2kW
8	整机重量	16.7t

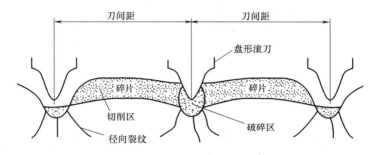

图 3-30 滚刀破岩机理

本工程选用刀盘刀具布置形式见下图 3-31，图 3-32 所示。

考虑到本工程地勘揭示情况，刀盘与动力室之间采用二次破碎装置。顶管机通过全断面滚刀布置，实现大直径卵砾石的破碎功能即一次破碎，通过刀盘开口限制，满足二次破碎粒径砾石进入土仓，然后由圆锥破碎（示意见图 3-33）。

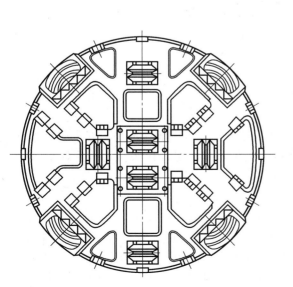

图 3-31 DH-1350 顶管机刀具布置

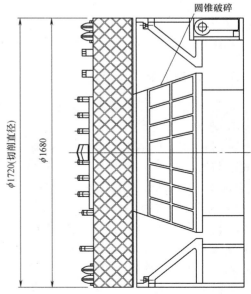

图 3-32 顶管机圆锥破碎示意图

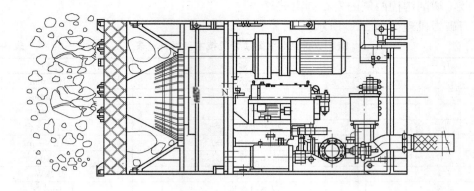

图 3-33 顶管机二次破碎示意图

砾石是机头本体的内外圆锥轧碎,故破碎过程中顶管机不易引起机身旋转,破碎时振动很小,对控制顶管姿态非常有利。另外,在泥水仓中还有一个石块轧碎装置(示意见图 3-34)。

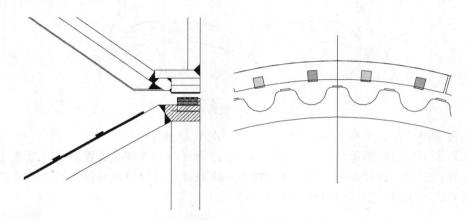

图 3-34 顶管机石块轧碎装置示意图

石块经过轧碎后进入排泥仓,在泥水的带动下经排泥泵送到地面。

3.3.5 主要施工工艺流程

主要施工工艺流程如图 3-35 所示。

1. 进洞止水技术措施

为防止顶管机入洞后周围泥水或触变泥浆从管道外壁周围和洞口涌出,在入洞口处安装封闭装置,如图 3-36 所示。该装置同时有利于机头入洞时保证机头与周围土体形成一个封闭的整体,保证泥水的循环体系。

(1) 洞口止水处理

顶管机顶入前,将封闭装置安装在洞口预埋钢筋上,用螺栓固定,在压板上安装预制好的橡胶套环,当顶管机进入洞口后,开启盾尾油脂泵向止水装置内均匀注入密封油脂,以起到密封止水的作用,有效防止顶管机入洞后周围泥水或触变泥浆从管道外壁周围涌出,其紧贴顶管机及管节外壳,在泥水压力作用下能更紧贴壳体,形成良好止水效果。同时有利于机头入洞时保证机头与周围土体形成一个封闭的整体,保证泥水的循环体系。

3 管道工程施工新技术

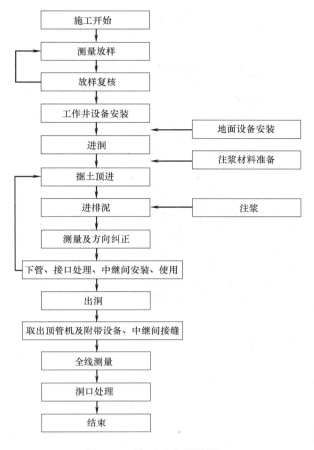

图 3-35 施工工艺流程图

(2) 洞门内油脂压注

油脂压注：为了确保顶管机正常入洞，防止润滑泥浆浆液及切口泥水后窜至井内，利用圆形钢套上所预留的压注孔在三道钢刷之间充分压注油脂，并且在顶进过程中持续加注。

2. 出洞护筒措施

(1) 措施介绍

顶管到达端头隧道洞身范围主要地层为细沙，夹有薄层沙壤土及砂砾石层，拱顶部覆盖层稳定性差，地下水压较大。穿越地层含水量大、透水性强。为有效地避免开挖面的坍塌，防止河水、地下水涌入接收井，进行端头加固。当顶管掘进至出洞时洞口密封很难保证抵抗得住地下水压力，一旦地下水击穿洞口密封，密封失效，地下水将夹杂地层中的砂土漏出，导致地层流失，造成地面塌方等事故，顶管不能顺利到达。为确保顶管机顺利到达接收，需采用密闭接收装置进行接收，即在洞口外侧采用特制的钢套筒与洞口预埋钢套筒连接如图 3-37 所示。钢套筒安装前，凿除洞口维护结构，采用低强度材料回填，安装完钢套筒后再钢套筒内回填砂土压实，然后顶管机直接掘进到钢套筒内，完成浆液置换后，然后缓慢打开预留孔，测试有无水涌出，如无异常，则将打开钢套筒上的填料孔，观察注浆情况，确认后依次拆解钢套筒和顶管机并吊出，完成到达施工。

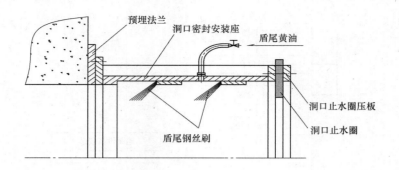

图 3-36 洞口止水装置示意图

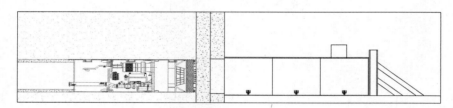

图 3-37 钢套筒用作盾构接收时总体安装使用示意图

(2) 钢套筒简介

钢套筒主体部分：总长 5100mm，直径（内径）2000mm，共分成三段，每段 1700mm，筒体采用 δ16 钢板卷制而成。每段筒体连接的外周纵、环向焊缝采用坡口焊接，以保证筒体刚度，钢套筒于顶部设置 2 个起吊用吊耳，1 个填料口，底部设置 3 个 2 寸的排浆管，2 组顶推托轮组如图 3-38，图 3-39 所示。

平面端盖：本次工程为小直径顶管机接收，为降低成本及制造工艺的复杂性，后端盖采用新式的平面盖板，材料选用 δ16 的 Q235 钢板，内部焊接加强筋板。

3. 长距离推进措施

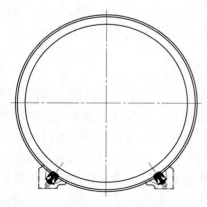

图 3-38 钢套筒底部
托轮组安装示意图

(1) 千斤顶的选择及布置

主顶系统选用 4 个 2000kN 的主顶油缸，最大推力 8000kN，而钢管能承受的最大顶力为 22539kN，所以最大推力为主顶系统的 8000kN。

图 3-39　钢套筒使用情况

主顶油缸能顶进的距离：

$$L_{主}=\frac{8000}{10\times3.14\times1.65\times0.6}=257\text{m}$$

采用 4 台 200t 斤顶作为主顶，千斤顶行程为 3.5m。千斤顶动力由油泵提供。千斤顶后端用钢板和分压环将反力均匀作用于工作井，前端顶进分压环，顶铁将顶力传至管节（如图 3-40 所示）。分压环制作具有足够的刚性，与管端面接触相对平整，无变形。

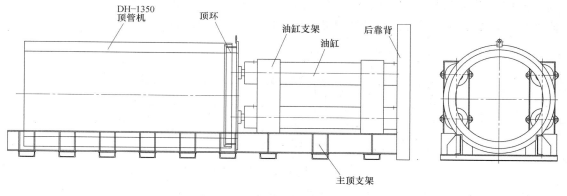

图 3-40　主顶油缸布置示意图

（2）中继间的选择及布置如图 3-41 所示

在长距离顶进过程中，当顶进阻力超过容许总顶力，无法一次达到顶进距离时，须设置中继间分段接力顶进。

中继间由前壳体、千斤顶及后壳体组成。前壳体与前接管连接，后壳体与后接管连接，前后壳体间为承插式连接，两者间依靠橡胶止水带密封，防止管道外水土和浆液倒流入管道内。

每只中继间安装 12 个、每个顶力为 50t 千斤顶，千斤顶沿圆周均匀布置。千斤顶的行程为 30cm，用扁铁制成的紧固件将其固定在前壳体上。钢壳体结构进行精加工，保证其在使用过程中不发生变形。中继间壳体外径与管节外径相同，可减少土体扰动、地面沉降和顶进阻力。

283

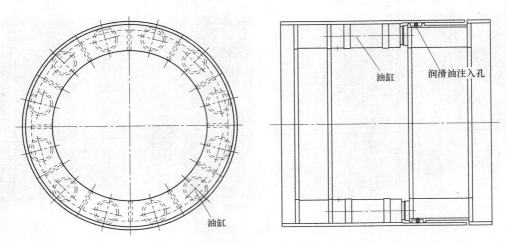

图 3-41 中继间示意图

当管道顶通以后，拆除千斤顶及各种辅件，外壳与管节内壁之间的间隙用细石混凝土填充。

中继间顶进距离计算：

$$L_{中} = \frac{F}{f \pi D \eta} \frac{6000}{10 \times 3.14 \times 1.65 \times 0.6} = 193 \text{m}$$

考虑到顶管机的顶进效率及推进力的安全性，配套 3 个中继站，利用中继间接力顶进时，能使泥浆迅速填满工具管后管节周围出现的空隙，形成完整的泥浆套，达到最佳的减阻效果。根据计算和现场实际情况分布，其分布如图 3-42 所示：

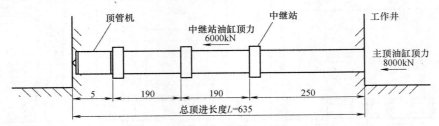

图 3-42 中继间分布示意图

实际施工中，中继站均未启动，主顶系统实际最大总推力控制在 9000kN，不到计算推力的 40%，实践证明所采取的减阻措施是可行、有效的，减阻效果是显著的。

利用中继间接力顶进时如图 3-43 所示，使泥浆迅速填满工具管后管节周围出现的空隙，形成完整的泥浆套，达到最佳的减阻效果。同时，由于在顶进中泥浆的流失、渗透，在一号中继间以后的隧道沿线经常进行补压浆，保证整条顶管处在一个良好的泥浆套中。

（3）护口铁的选型

顶铁是顶进作业不可缺少的设备，置在顶管管材和主顶设备之间起到传递和分散顶力的设备，进而保护管材并延伸主顶设备作用力的作用，要求它能承受顶压力而不变形，并且便于搬动。由于顶进长度较大，护口铁根据顶进情况选择 U 形或圆形护铁，以确保管体安全，保护管子端面，使端面受力均匀。顶铁选用矩形端面顶铁，结构为槽钢和工字钢焊接成的型钢。根据具体情况，可选用 U 形、钢制顶柱，顶柱均被可靠固定在 U 形顶铁支架上，有效防止崩铁。在顶进过程中，顶铁与镐的行程长度配合传递顶力，在顶镐与管

图 3-43 中继间

子之间陆续安放。

(4) 钢管管口对接

1) 管道焊接

本工程顶管钢管母材为 Q235A 形钢材，管道接口之间采用焊接连接，管道内径为 1650mm，管材壁厚为 25mm。焊丝采用 TWE-711。

焊接工艺流程图如图 3-44 所示。

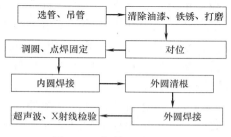

图 3-44 焊接工艺流程图

2) 二氧化碳气体保护焊

二氧化碳气体保护焊接过程操作方便，电弧和熔池的可见性好，没有熔渣或很少有熔渣，焊后基本上不需清渣。

焊丝的直径通常是根据焊件的厚薄、施焊的位置和效率等要求选择。焊接薄板或中厚板的全位置焊缝时，本工程采用药芯焊丝（直径 1.6mm）。

3) 选管

当前一条管顶进到位之后，根据前一条管的管外周长来选择下一条管，两条管之间的管外周长应该尽量保持一致。组对焊口前，先对坡口及其 20～40mm 范围的内外表面的铁锈及杂质进行清理。

4) 坡口选定

管道的坡口形式有"K 形坡口"和"X 形坡口"。顶管施工，管节组对焊接时决定了单根管的顶管周期，由于施工图中管底管口距离底板高度仅有 0.8m 左右，需要焊接人员在管道下部进行仰焊，为确保焊接质量，经技术人员多次商讨，参考《现场设备、工业管道焊接工程施工规范》GB 50236—2011 等规范，最终采用"X 形坡口"形式。

5) 焊口对位

管道内壁错边量不宜超过壁厚的 10%，且不大于 2mm。管道对口时应在距接口 200mm 处测量平直度，尽量将管道错边量控制在 2mm 以内。下管时候可将管道稍微转动一下，尽量保持管道能够均匀错位，并保证间隙如图 3-45

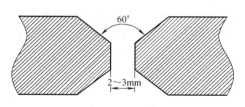

图 3-45 间隙示意图

所示。

6) 调圆和点焊固定

由于管道理论上是圆的,但实际上是一个椭圆,因此需要采用千斤顶和打契子的方式进行调圆,之后要用点焊固定,每个接口至少点焊 3~5 处,每处点固焊的长度一般为 5~10mm,高度为 2~4mm 且不超过管壁厚度的 2/3,点固焊的焊肉如发现裂纹、气孔等缺陷,需及时处理。管道的对口和点焊使用接口器或卡具进行。

7) 焊接及清根

焊接时候先焊接内圆再焊外圆。两条钢管之间的间隙需预留 2~3mm,便于打底穿透焊接。因钢管焊接时局部容易发生变形,因此无论是内壁还是外壁,焊接作业要求对称进行。

4. 壁外减阻注浆润滑措施

在长距离管道顶进过程中,有效降低顶进阻力是施工中必须解决的关键问题。顶进阻力主要由迎面阻力和管壁外周摩阻力两部分组成。在顶管顶进施工中,对于一定的土层和管径,其迎面阻力为一定值,而沿线管道所受到的摩阻力将会随顶进长度的增加而增大。所以长距离顶管施工,迎面阻力占总阻力的比例较小,重要的是尽可能降低顶进中的管壁外围摩阻力。管壁与周围土体的摩阻力,在正压力不变的情况下,摩擦系数是其主要影响因素。为了达到此目的,采用管壁外周加注触变泥浆,在土层与管道壁之间形成一定厚度的泥浆套,顶管机和顶进的管道在泥浆套中向前滑移以达到减少阻力目的。

本项目主要从材料选择、管壁的注浆配置、注浆孔的位置、注浆参数控制、洞口密封措施等方面进行减阻。

(1) 材料选用

在不同地层下,长距离顶管减阻材料的选用重中之重,关键减少浆液的流失及管道外侧润滑泥浆形成高质量泥浆套(在高水压地层,一般减阻降很难形成浆套)。

结合本工程地层采用日本进口 BIOS+CMC 超强润滑减阻材料,对复合地层条件下进行土体改良,配合顶进工艺的优化改进,减小系统的受力改善切削条件,改善顶进效果,有效降低顶进阻力,确保钢管顶进质量和系统可靠性。

(2) 注浆系统配置

注浆系统安装如图 3-46 所示,合理布置注浆孔,同时严格控制注浆量压浆时必须坚持"先压后顶,随顶随压,保证同步注浆与二次补浆同时实施"的原则,使所注润滑泥浆在隧道外壁形成比较均匀的泥浆套。

在顶管机后第二节管开始放置有注浆孔的管子,不断地注浆,使浆套在管子外面保持的比较完整以后再隔一节管子放置有注浆孔的管子用以补浆,注浆连续不断补充,形成一个完好的浆套。注浆孔的位置布设是能否形成完成浆套的关键所在。将注浆孔设置在管子前端,顶进时的减阻泥浆经过压浆泵被输送到顶管管材的外壁,与土壤结合,形成了一个完整的润滑浆套,可减小顶进的阻力。在管子内注浆孔共 3 个,成 120°角布置(如图 3-47 所示)。为防止注出去的浆液倒流,在注浆孔中装一个单阀。

(3) 注浆参数选用

1) 总注浆量

注浆量是注浆减摩中重要的技术指标,它反映的是顶管的长度和浆膜厚度的量化关系。

3 管道工程施工新技术

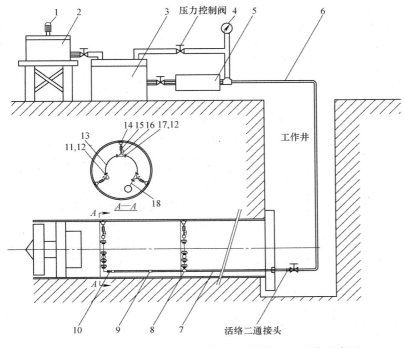

图 3-46 注浆系统安装示意图

序号	名称
1	污泥泵(3kW)
2	制浆桶
3	沉浆桶
4	隔膜压力表
5	注浆泵
6	1″注浆软管(20m)
7	1″注浆钢管(6m)
8	管三通
9	管内丝
10	二通变径接头
11	90°变径接头
12	O形圈
13	1″注浆软管(1.8m)
14	单向阀
15	管外丝
16	球阀
17	三通变径接头
18	1″注浆软管(1.1m)

注浆量 Q_z：

$$Q_z = \frac{\pi}{4}(D_顶^2 - D_{钢管}^2) \times L \times N$$

$D_顶$：顶管机外径，1.68m；

$D_{钢管}$：钢管外径，1.65m；

L：顶进长度，635m；

N：泥浆注入倍数，1.2。

故：$Q_z = \frac{\pi}{4}(1.68^2 - 1.65^2) \times 635 \times 1.2$

$= 60 \text{m}^3$

2) 浆液配比

浆液配制的主要材料为日本 BIOS 使用的粉

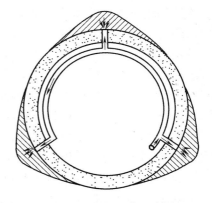

图 3-47 顶管注浆示意图

状一体型润滑材料。粉状一体型润滑材料具有以下特点：能很简单的调配成液体；根据主要成分的孔眼堵塞效果，能有效防止向岩体的渗透；随着时间的变化，黏性提高；含有 NaCl 等电解质，对土质有较好的润滑效果；不含油类及有害物质等。浆液配比如表 3-7 所示：

标准配液的基础 表 3-7

配液量(L)	水(L)	粉状一体型润滑材料
200	195	5 袋(5kg)
1000	975	25 袋(25kg)

3) 储浆罐

预计每天顶进 15m，需加浆液体积为：

$$V = \frac{1}{4}\pi(D^2 - d^2) \times 15$$

式中　　D——顶管机外径，取 1720mm

　　　　d——管外径，取 1650mm

得 $V = 4.8\text{m}^3$

渗入量按 1.5 倍加浆量计，为 7.2m^3

每天需加泥浆量 $Q = 4.4\text{m}^3 + 7.2\text{m}^3 = 11.6\text{m}^3$

① 注浆流程示意图如图 3-48 所示。

② 浆液输送：

最大供浆量按顶进时同步量的两倍计，最大顶进速度按 100mm/min 计。

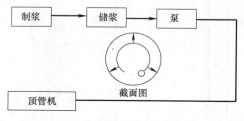

图 3-48　注浆流程示意图

$$Q_{\max} = \frac{1}{4}\pi(D^2 - d^2) \times 0.1\text{m/min} \times 2 = 0.08\text{m}^3/\text{min} = 80\text{L/min}$$

采用 $\phi50$ 钢管输送，$\phi50$ 钢管断面积 $W = 0.00196\text{m}^2$

流速 $V = Q/W = 0.68\text{m/s}$。

(4) 注浆参数选用

为使顶进时形成的建筑空隙及时用润滑泥浆所填补，形成泥浆套，达到减少摩阻力及地面沉降。压浆时必须坚持"先压后顶，随顶随压，保证同步注浆与二次补浆同时实施"的原则，严格控制润滑泥浆的注浆压力，注浆压力一般控制在 0.3MPa 以下，注浆时压力不宜过高，防止发生泥浆冒顶，由于压力的增大，也会使阻力增大。每延米注浆量控制在 0.1m^3 左右，所选浆液材料能简单地调配成液体，有效防止向土体的渗透，对土质有较好的润滑效果，且随着时间点延长黏性不断提高。浆液注入由于存在泥浆流失及地下水的作用，泥浆的实际用量要比理论用量大得多，一般可达理论值的 4～5 倍，施工中还要根据土质、顶进情况、地面沉降的要求等适当调整。

5. 顶进过程中的纠偏及质量控制

在顶管施工中，对管道高程、轴线偏差控制是施工成功的关键所在，顶进精度受多种因素影响：如地质环境因素、顶管机械因素、操作因素、设备安装因素、测量因素。其中顶管机本身的纠偏控制性能是影响顶进精度的根本性因素。管道在顶进过程中偏离设计轴线时应及时进行纠偏。管道偏差过大会带来诸多不良影响，小则顶力增大，重则管内漏水漏浆，甚至整段管道无法使用。

在顶管施工中，理想的线路是完全按设计轴线顶进，但在实际施工中由于各种原因，实际顶进轴线会是一条曲线。为了使实际轴线尽可能的趋向设计轴线，实际施工时，采取 24h 连续施工，严格控制管线顶进质量，纠偏的幅度小，纠偏的动作勤，使管节沿着设定线路处于动态平衡。

在顶管施工中，掘进轴线的校正十分重要。所有测量数据都是建立在轴线正确的基础上，如果轴线错误，就会导致纠偏错误，如不及时纠正，则会导致严重后果。本工程采用人工配合设备自动激光指向仪测量装置和视觉装置，对管道轴线、高程和机体旋转量、中心进行实时监控，确保了管道顺利准确贯通。

机内激光接收板设置在顶管中心轴线上，以防止顶管机在顶进过程中旋转引起激光偏离接收板；为进一步提高顶进精度，本机还采用目前最为先进的计算机系统，对管道顶进时的所有数据进行采样记录，可得到顶进中顶管机的偏位及纠偏的详细数据，在对这些数据进行整理和处理后，为顶管机的偏移倾向作定量分析。顶管机内设有倾斜仪和姿态仪，可在计算机中监视顶管机的倾斜角度和机头旋转角度。

机械顶管施工中，纠偏控制是重要的环节，纠偏精度的提高有赖于对设备性能的了解，对设备操作经验的不断积累，对工程地质的了解。根据地质变化，更加有预见性的进行纠偏，在顶进之前做好详细的地质调查，做到心中有数。同时在纠偏幅度较大的情况下，随时注意反纠偏，防止纠偏过大。

3.3.6 结语

顶管施工是继盾构施工之后发展起来的一种地下管道非开挖施工技术。随着我国经济的飞速发展和大规模基础设施的建设，顶管施工应用前景十分广阔，领域涉及市政公用及发电厂管道系统，目前顶管法在高水压、高卵石含量的复合地层长距离穿越仍是一大技术难题。

黄河镫口供水工程在黄河下这种复杂地层进行顶管穿越，最终成功完成本次非开挖工程。本次工程成功的关键在于：针对不同地层选用与之相匹配的刀盘和刀具，刀具配备满足顶进最大距离的要求。对于含有孤石、卵砾石等复杂情况地层，采取二次圆锥剪切破碎技术，有效地防止富水砂砾在掘进中振动液化。合理地利用设备性能，解决了地层和环境难点。施工过程中依据监测数据，及时调整设备各项参数和施工方法，合理布置中继间，增加泥浆减阻措施，成功解决机械化顶管在高水位砂卵石地层条件下长距离顶进的施工技术难题，为类似工程的施工积累了极其宝贵的技术经验。

3.4 水下无覆土顶管施工技术

3.4.1 引言

水下无覆土顶管法是以封闭式机械化顶管设备敷设管道，顶进管道由陆地直接伸入水中，在水中无覆土状态下完成最后阶段顶进，并在带水环境下直接将顶管机与顶进管道脱离，在水中起吊顶管机头，完成整个顶管过程。该工法是在非正常工况条件下的顶管技术应用，具有创新性和实用性，为在深水中敷设管道及管涵建设提供了新的思路，尤其诸多在江河、湖泊敷设的取水管道，排海污水管道，海上石油气输送管道等的工程建设中，将会有广阔的应用前景，经济价值与社会效益显著。由此，北京市政建设集团第四工程处着力研究这一工法，并且把珠海市乾务水厂、黄杨泵站及配套管线工程作为试点，在国内首次应用水下无覆土顶管法将两条 $DN2200mm$ 取水管道敷设至离河岸约 100m 的深水河道中，在水中没有接收井的情况下安全脱离顶管机头后，进行后续取水头部施工。工程实践证明，顶管施工法在该工况条件下的应用是可行的、成功的，解决了陆地上无法破路开挖和征地拆迁的实际困难，避免了破堤施工带来的风险，减少了水中围堰开挖施工和建造接收井的安全和质量隐患，大大缩短了工程工期，大幅降低工程造价，具有较好的经济效益和社会效益。

3.4.2 技术特点

（1）成功实现顶管从陆地向河道中完全无覆土状态下的顶进施工。

（2）应用泥水土压平衡复合顶管工艺实现不同覆土厚度顶进阶段的挖掘面稳定控制。

（3）应用水力机械工作原理实现土压平衡顶管排泥转化为泥水输送方式，提高了排泥效率，缩短了顶进周期。

（4）研发了水下密封推进脱离装置，实现在深水环境下无需建造接收井即可安全、方便的脱离顶管机头、起吊机头。

3.4.3 适用范围

水下无覆土顶管施工工法适用于市政工程需要从陆地向深水中敷设管道、管涵的工程，陆地上不具备开挖施工条件，对管道沿线建筑、道路、河堤等影响较大，进入水中围堰开挖施工风险大、代价高，无法施做顶管接收井，工况条件较复杂的工程项目。适用的建设项目如输配水管道工程的源水取水管道敷设，沿海城市排污管道工程排海管道敷设，以及江河与海边的输油、输气工程的管道敷设等。

3.4.4 工艺原理

水下无覆土顶管施工工法以确保施工过程中的管道和人员安全为原则，以实现最小施工影响和最低施工代价为目标。采用非开挖顶管施工工艺解决开挖施工所遇到的拆迁难、对已有建构筑物影响大、施工风险高、代价大等诸多问题。将泥水平衡和土压平衡两种平衡方式的优点组合、缺点互补，形成泥水-土压平衡复合顶管工艺，实现从陆地向水中顶进过程中覆土不断发生变化时的挖掘面稳定控制。利用水力机械产生的高压射流冲击力和真空抽排力，实现长距离顶进的高效排泥输送和连续作业施工，提高施工效率和安全稳定。采用水下密封推进脱离装置安装在顶管机头与顶进管道之间，顶管就位后，关闭密封舱门，启动推进装置，将顶管机头在深水环境中安全脱离，然后起吊，解决在深水中无接收井状态下取机头的技术难题，降低了施工风险、节约了成本、缩短了工期。

3.4.5 工艺流程及操作要点

1. 施工工艺流程

本工法主要工序包括：顶管机设备选型、水下密封推进脱离装置设计与加工、设备安装及调试、管道顶进、就位后脱离顶管机头、管道连接后续工序等主要内容。

（1）施工工艺流程如图3-49、图3-50所示。

（2）流程概述

1）施工准备：

各种设备和构件按设计要求在施工前均由专业人员加工制作完成，水上打桩、吸扬式挖泥船、卷扬式吊装船及潜水员作业通过招标方式分包给专业承包单位并按要求在施工前准备就位。

3 管道工程施工新技术

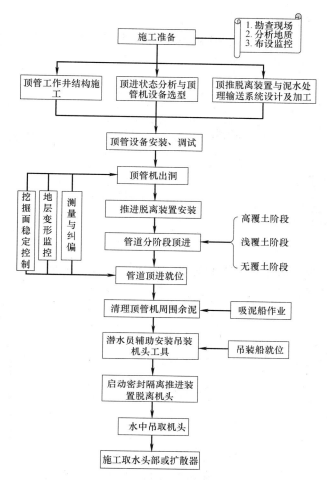

图 3-49 水下无覆土顶管施工工艺流程图

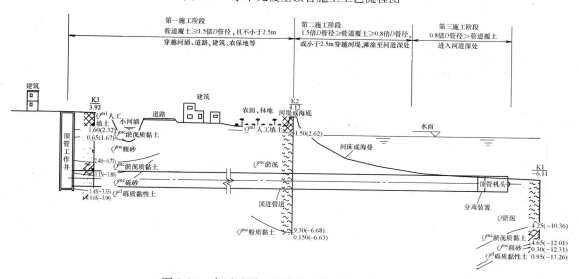

图 3-50 水下无覆土顶管分阶段顶进施工示意图

2）工作井结构施工、水上测量：

工作井结构施工。井外施打地基加固桩，加固出洞口土体。同时，水上安排测量船探测并绘制河床地形图如图 3-51 所示。

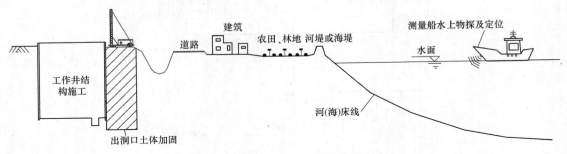

图 3-51　河床地形图

3）井内设备安装、水上搭设预制管桩，如图 3-52 河床地形图。

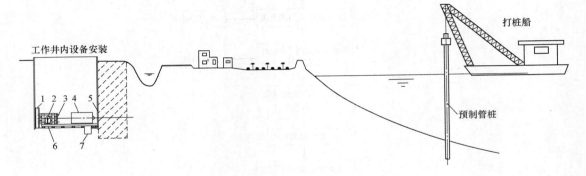

图 3-52　河床地形图

1—钢后背；2—测量系统；3—主顶油镐；4—顶管机；5—止水洞口；6—钢制导轨；7—焊接坑

工作井内安装止水洞口、钢制导轨、主顶油镐及钢后背，顶管机吊装至钢制导轨架上，连接各种管路，调试设备。水上安排打桩船施打取水头部预制管桩。

4）管道初始顶进如图 3-53 所示。

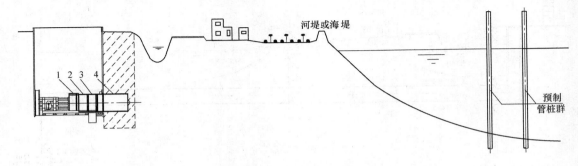

图 3-53　河床地形图

1—钢制顶铁；2—顶推脱离装置（后舱）；3—顶推脱离装置（前舱）；4—顶管机

顶管施工就是借助于主顶油缸及管道中继间等的推力,把顶管机从工作井内穿过土层一直顶推到接收井内吊起。与此同时,把紧随顶管机的管道埋设在两井之间,是一种非开挖的敷设地下管道的施工方法。

顶进准备工作完成后,开始初始顶进。初始顶进在顶管工作中起着很重要的作用,一要保证在出洞过程中,洞口结构不被破坏,且防止洞外泥水进入顶坑;二要保证高程、中心偏差最小,为正常顶进打下良好的基础。初始顶进距离以 20～50m 为宜。

顶管机后紧跟顶推脱离装置,之后紧跟钢管,顶推脱离装置与顶管机及钢管均采用焊接连接。顶推脱离装置分前舱、后舱,承插式接口叠接。

5)正常顶进(三阶段):

第一阶段如图 3-54 所示:稳定覆土($H \geqslant 1.5$ 倍管外径,且不小于 2.5m),且近接无水产养殖区或经济作物种植区。开启进排泥管路,关闭螺旋输送机,采用泥水平衡的形式掘进。

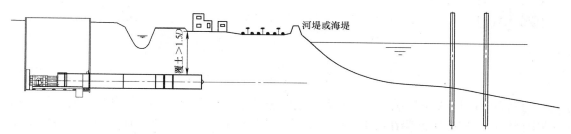

图 3-54 河床地形图(第一阶段)

第二阶段如图 3-55 所示:渐变覆土(0.8 倍管外径 $\leqslant H <$ 1.5 倍管外径,或 $H <$ 2.5m)或与水产养殖区或经济作物种植区近接:此时由于覆土厚度过小、泥水易击穿覆土造成外溢、污染环境,且顶距超过 300m 后,进排泥泵功效降低,必须增加接力泵才能保证排泥顺畅。此时关闭进排泥管路,开启螺旋输送机,采用土压平衡的形式掘进,配合水力机械出土。充分发挥土压平衡式顶管地面变形小,对环境污染小,可在较薄的覆土下施工的优势。

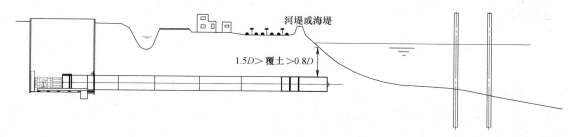

图 3-55 河床地形图(第二阶段)

第三阶段如图 3-56 所示:浅覆土($H <$ 0.8 倍管外径)掘进阶段:此时由于覆土过浅,两种平衡模式均不适用,应关闭进排泥管路和螺旋输送机,并封闭顶管机后部一定长度范围内的注浆孔,不排泥进行顶进,同时密切注意顶进方向和控制管线偏移。此外,为防止管道上浮还应采取管内配重等抗浮措施。

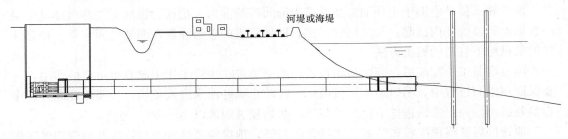

图 3-56　河床地形图（第三阶段）

6）顶管机就位，吸泥船清泥，如图 3-57 所示。

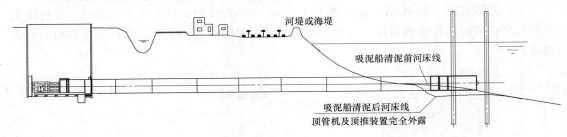

图 3-57　河床地形图

顶管机顶进至距离终点 30m 位置，复测顶管机姿态及轴线、高程偏差。顶管机抵达预定位置后，安排吸泥船在潜水员配合下进行清泥作业，将顶管机及顶推脱离装置完全暴露于水体之中。

7）顶管机顶推脱离，如图 3-58 所示。

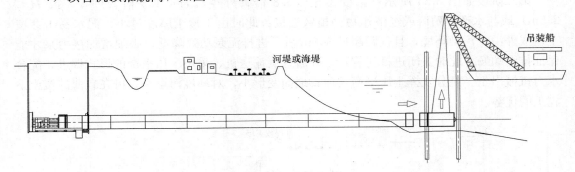

图 3-58　河床地形图

吸泥船作业完成后，吊装船就位并锚定。潜水员探摸并开启顶管机上方隐藏式吊环，将吊装绳与吊环连接牢固后，吊绳收紧但不施加吊力。关闭顶推脱离装置两道密封舱门，操作人员在脱离舱之后的第一节钢管内开启油泵，顶推装置将前后舱顶推脱离，前舱与顶管机一同吊装出水。后舱留置水下，待与取水头部完成连接并固定后，拆除后舱内设备，仅保留钢制外壳作为管道的一部分。

8）吊装取水头部，如图 3-59 所示。

钢制取水头部开口朝上，为上宽下窄的喇叭口形式，为形成无水作业环境，在喇叭口上通过内法兰盘安装圆形钢盖板，钢盖板上安装有两条带有闸阀的钢管，其中一条高出水

3 管道工程施工新技术

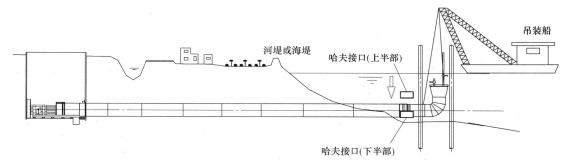

图 3-59 河床地形图

面 0.5m，用于进气；另一条低于水面，用于注水。

9）取水头部固定、回填。

取水头部与顶推脱离装置后舱对接后，采用哈夫接口固定。哈夫接口分上、下半块，螺栓连接，取水头端部及顶推装置端部各设三道止水胶圈。取水头部采用钢索悬挂在管桩群钢制横梁上。吊装船撤出后在取水头部位置抛填碎石，最后抛填麻袋混凝土压顶。

10）灌水、吊取法兰盖板、通水。

取水头部固定完成后，潜水员开启盖板上排气闸阀，之后施工人员进入顶管段内开启后舱密封门上安装的排泥管闸阀，排除取水头部存水。开启后舱门上人孔，人员进入取水头部，焊接加固哈夫接口处缝隙。最后拆除舱内设备及后舱密封门。

人员、设备撤离后从工作井向管内灌水，开启盖板上进水闸阀，使管内水与河水连通。吊取法兰盖板，实现通水。

2. 泥水—土压平衡复合顶管机简介

泥水—土压平衡复合顶管机是一种将土压平衡式和泥水平衡式顶管工艺进行组合优化的顶管机型，操作可以在基坑内或地面操纵室内进行。该顶管机具有土压和泥水双重平衡机理，既同时安装有进排泥管路和螺旋出土器，可针对不同的覆土深度、土质情况及顶距长短，选择不同的平衡模式完成管道顶进。

顶管机前壳体的前端是刀盘，在刀盘的后面就是泥水（土）舱。刀盘是由电动机通过行星减速器减速以后再驱动的。

工况一：当需要采用泥水平衡式顶进时，打开进排泥管路，关闭螺旋出土器。可以通过调节泥水（土）舱的泥水压力稳定开挖面，弃土的泥浆用管道排出。

工况二：当需要采用土压平衡式顶进时，关闭进排泥管路，开启螺旋出土器。可以通过调节泥水（土）舱的土压力稳定开挖面，为解决弃土连续外运问题，结合水力机械的工作原理，改进土压平衡排泥方式，将螺旋输送机排出的塑状土体转化为泥浆，再通过高压水流混合排至地面，大幅提高了土压平衡模式下的顶进速度。此外，采用水力机械排泥系统可解决泥水平衡式难以克服的长距离（顶距超过 300m）排泥问题。

该型顶管机在土压平衡模式下，地面沉降控制精度很高，一般可控制在 5mm 以内，适宜穿越公路、铁路、河堤等对沉降控制有严格要求的构（建）筑物。另外需要特别说明的是，为满足在地表取水、排海类工程中水下无覆土吊取顶管机头的需要，顶管机顶部事先加装 2 枚可折叠式吊装环。顶管机结构形式见图 3-60。

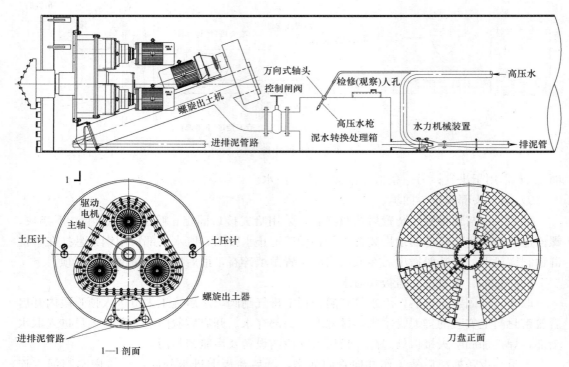

图 3-60　泥水—土压平衡复合顶管机结构示意图

3. 管道顶进技术措施

顶管施工就是借助于主顶油缸及管道中继间等的推力，把顶管机从工作井内穿过土层一直顶推到接收井内吊起。与此同时，把紧随顶管机的管道埋设在两井之间，是一种非开挖的敷设地下管道的施工方法。

(1) 顶管准备工作

1) 轨道及顶进后背安装

安装导轨，测量中心、高程误差在±3mm之内。

安装后背铁，并检查后背铁端面与导轨垂直度小于3‰，检查顶铁接触面接触有无缝隙，有缝隙调正到无缝隙为止。

2) 机头组装

机头就位前：机头在工厂验收合格后运至现场可进行安装，在导轨上先放机头滑动支架。

用吊车把机头整体调到基坑导轨上，用千斤顶、垫铁调正机头，使机头中心误差在±2mm，中心误差在±3mm。

在机头后焊接顶推脱离装置，之后焊接安装第一节钢管，安装标准同机头。

接通自控系统，检测倾斜角、姿态仪、纠偏千斤顶、实际数值与计算机显示数值是否相符，如不符调正计算机显示数值。

3) 泥水分离系统调试

安装好地面泥水泵和排泥泵,安装好工作井内排泥泵及管线,开动输泥泵和变频调速排泥泵,检查泥路循环是否正常。

4)工作井顶进系统调试

工作井油路、泵、千斤顶安装完,装好油,工作井顶进系统接入自控系统,检查顶进速度控制情况,并调正顶进速度。

5)供电系统

发电机、配电柜、电缆,分别作绝缘、耐压试验,发电机最好做负荷试验。

6)工作井内高程、中心桩校核。

(2) 管道顶进

以泥水平衡式顶管工艺为例,管道顶进过程简述如下:

1)初始顶进

顶进准备工作完成后,开始初始顶进。初始顶进在顶管工作中起着很重要的作用,一要保证在出洞过程中,洞口结构不被破坏,且防止洞外泥水进入顶坑;二要保证高程、中心偏差最小,为正常顶进打下良好的基础。初始顶进距离以20~50m为宜。

① 初始顶进速度控制

顶进用工作井顶进设备进行速度控制,分为两个部分,机头入洞阶段速度控制在3~5mm/min,此阶段重点是找正管子中心、高程,偏差控制在±5mm之内,所以速度不要太快。

② 初始顶进泥水控制

顶进时泥水流量控制在1.4~1.5m³/min,泥水容重$\gamma=1.2$。泥水作用润滑刀、切削杂物泥水带出,此时泥水分两部分流出,一部分由机头外流入集水井,集水井设4英寸泥浆泵排入泥水分离装置;另一部分由机头出泥管排入泥水分离装置。

2)顶管机正常顶进

① 顶进主要参数

泥浆在整个顶管过程中起着关键作用,泥浆的压力、浓度影响挖掘面的稳定性。泥浆浓度流量影响到切削下土体能否正常送到地面。泥浆配比要在优选货源的前提下优化配比,并能根据土质变化及时变化。

泥水初定参数:

泥水比重:1.15t/m³;

泥水仓压力:245kPa;

泥水流量:$Q_1 \leq 0.65$m³/min;

排泥流量:$Q_2 \leq 1.07$m³/min。

机头顶进速度设定100mm/min,如要加大顶进速度,在保证泥水仓泥压的条件下,要先加大泥浆流量,再计算顶进速度,否则排泥管会堵塞。流量计设定1.07m³/min。

② 顶进操作程序

a. 无中继间时顶进:

启动刀盘系统;

启动输泥管和排泥管道泵,泥路循环,自控系统调正管路压力,使压力达到设定压力并稳定;

机头顶进：当没加中继间时，工作井顶进千斤顶设定顶进速度 100mm/min，如加中继间，中继间设定顶进速度 100mm/min。同时，流量计测量流量，调整工作井变频泵，使排泥管流量保持在 1.07 m³/min。压力计测量压力，控制电动阀的开启度，保持泥水仓压力。

b. 中继间顶进操作程序：

顶进时先起动中继间，中继间内千斤顶前出 1000mm 后，将中继间停止工作，起动主顶站千斤顶，靠主顶站的推力使管道前进并使中继间千斤顶回位，顶进 1000mm 后停顶，重复以上程序，直到管顶进完。

顶进同时，关闭顶管机土仓进排泥闸阀，启动机头旁通闸阀。保持泥水仓压力，同时泥水冲洗排泥管，刀盘停止旋转，因没顶进也就不切削土。

c. 下管时的操作程序：

打开基坑旁通阀门，保持泥水仓压力，同时打开冲洗阀门冲洗排泥管路；全部中继间停止顶进，停止油泵；机头刀盘停转；待排泥管路冲洗干净后，停止输泥泵、排泥泵；关闭触变泥浆、输泥管、油管、排泥管阀门。拆除工作井管接口各种管线、电缆，管内应急灯工作；下管对口。

③ 顶进测量控制

初始顶进后 500mm，顶进测量开始，测量仪器使用激光经纬仪，每顶进 300mm 做一次中心、高程记录，并及时向技术负责人汇报，以便采取措施。

每次下管后对工作井中心线校测，同时人工测量机头后第一管口、第二管口中心、高程，与计算机中记录数据对照，同时绘制机头、第一节管、第二节管中心、高程测绘曲线，作为纠偏方案的依据。

④ 管道纠偏

本工程使用的顶管机带自动纠偏功能，纠偏原理是：固定在工作井内顶镐架中间的激光经纬仪发出激光，到机头中心光靶，光靶把偏移反映到控制台，控制台控制纠偏千斤顶工作。

当机头纠偏时，机头前进产生的侧向压力的分力要克服土体对管子的约束力，如土体是原状土，约束力会很大，土体被触变泥浆置换，触变泥浆是胶体，约束力很小，管子比较容易纠偏。

⑤ 触变泥浆减阻

当机头全部进入后封闭后，开始由机头向管外壁注触变泥浆，使管外壁形成泥浆套，起到减阻、润滑作用。

a. 泥浆配制如表 3-8 所示。

触变泥浆配表　　　　　　　表 3-8

膨润土胶质价	膨润土(kg)	水(kg)	碱 $NaCO_3$(kg)
60～70	100	524	2～3
70～80	100	524	1.5～2
80～90	100	614	2～3
90～100	100	614	1.5～2

泥浆配制主要材料为膨润土，在货源上优选颗粒细、胶质价高的膨润土，在制作过程

中，搅拌充分均匀，为了使膨润土充分分散，泥浆拌和后停滞时间在 12h 以上。膨润土运到现场后分批测得膨润土的胶质价，然后按下表配制泥浆（重量比）。

b. 注浆孔设置：

顶管机尾部设置一节注浆特殊管，管内设置三道注浆孔，每道断面上布置 5 个注浆孔，孔相互交错，确保浆液能均匀分布，形成完整有效的触变泥浆套。同时机头紧后 3 节管道均设有触变泥浆注入孔，再往后每隔 1 节设置一道注浆孔，每道设置 3 个注浆孔，沿管道断面 120°均布，注浆孔采用预埋钢管制作，有效孔径为 $\phi 50mm$，钢管壁厚 3.5mm，内设丝扣，便于安装注浆管，孔内安装单向阀，防止外部泥砂进入注浆管，注浆孔端部设有丝堵，注浆孔未开启时，用丝堵封孔，顶管完成后焊接封闭。

c. 注浆设备及管路：

注浆设备采用 1-1B 浓浆泵，注浆管路分为总管和支管，总管采用 $\phi 50$ 英寸钢管，以减小浆在管中的阻力，短距离可用胶管做总管，支管用 1 英寸胶管，在每根支管与总管连接处应设置一个球阀。

d. 注浆方法：

注浆原则：先压后顶，随顶随压，及时补浆。

注浆应由专人负责，注浆以顶管工具管后 4～5 节为主，注入浆液形成浆套。顶前 4～5 节管时球阀始终开着，只有在前几节管注足时，才向后面的管补浆，顶进距离超过 100m 后，注浆不允许停。

e. 注浆控制如图 3-61 所示。

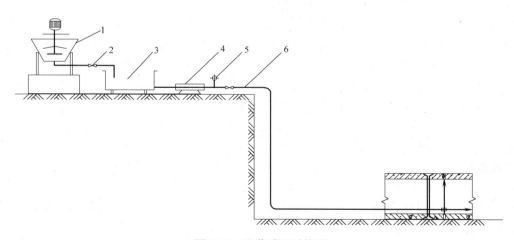

图 3-61 注浆减阻系统图
1—搅拌机；2—阀门；3—储浆池；4—注浆泵；5—压力表；6—注浆管

注意观察浆池内浆面是否下降，若下降，则表示浆在往管内输送，另外观察注浆泵上的压力表和注浆管前端的压力表，压力是否正常，注浆管前端的正常压力应控制在主动土压力与被动土压力之间，出洞后可调试。

⑥ 管内通风

需要通风时采用压入式通风，空压机安装在地面沉井工作平台上，用硬质通风管道把风送至沉井底部，并用同直径的软质橡胶通风管道，从管内把风送至端部机头处，在中继间处采用风琴式软管,以利风管伸缩。

⑦ 泥浆置换

当管道穿越地层主要为淤泥质土层,地基承载力低,或管道上方有房屋、河堤等建(构)筑物时,为保证管道所穿越土层的工后稳定,在管道顶进就位后,立即进行管道基础注浆加固,以防止土层下沉。利用管道内的注浆孔向管外注浆加固,置换顶管施工过程中的触变润滑浆,最大限度的填充管道周围的土层空隙。

注浆材料采用水泥、水玻璃混合浆液,采用 425 普通硅酸盐水泥,配比为水泥︰水玻璃＝1︰1,水灰比 0.5,注浆压力控制在 0.2～0.4MPa 之间,注浆量考虑 3 倍渗透系数。

4. 管道顶进关键控制措施

(1) 不同覆土厚度下的开挖面稳定控制

运用本技术敷设地表取水、排海地下管道,要经历稳定覆土($H \geqslant 1.5$ 倍管外径)、渐变覆土(0.8 倍管外径$\leqslant H < 1.5$ 倍管外径)、浅覆土($H < 0.8$ 倍管外径)等不同覆土厚度阶段,特别是在顶进管道的末段往往处于超浅覆土甚至无覆土的条件下进行。应用泥水-土压平衡复合顶管工艺能实现不同覆土厚度顶进阶段的挖掘面稳定控制。现以沿海沿江地区地表取水、排海地下管道施工中比较典型的淤泥及淤泥质软土为例,来阐述不同覆土厚度条件下如何选择切换挖掘面平衡和弃土模式。其他情况下,根据地质条件和覆土深度等因素亦可综合考虑选择比较合理的模式,在此不再赘述。

三种类型覆土厚度条件下顶进方式:

1) 稳定覆土($H \geqslant 1.5$ 倍管外径),且近接无水产养殖区或经济作物种植区:此时即可以采用泥水式亦可以采用土压式维持挖掘面稳定。但是采用土压平衡形式,如何解决弃土外运的连续性是一个不容回避的问题。如果采用水力机械提高弃土外运的效率,但是通过工程实践表明水力机械排泥不但噪声大对施工人员的职业健康造成一定影响,而且需要产生压力超过 2.0MPa 的高压水流,存在一定的安全隐患。因此优先选用泥水平衡模式。此时应开启进排泥管路,关闭螺旋输送机,采用泥水平衡的形式掘进。充分发挥泥水平衡式顶管地面变形较小,适应连续顶进、较长距离顶进,施工效率高的优点。

2) 渐变覆土(0.8 倍管外径$\leqslant H < 1.5$ 倍管外径)或与水产养殖区或经济作物种植区近接:此时由于覆土厚度过小、泥水外溢等原因已不适用泥水平衡,应关闭进排泥管路,开启螺旋输送机,采用土压平衡的形式掘进。充分发挥土压平衡式顶管地面变形小,对环境污染小,可在较薄的覆土下施工的优势。

3) 浅覆土($H < 0.8$ 倍管外径)掘进阶段:此时由于覆土过浅,两种平衡模式均不适用,应关闭进排泥管路和螺旋输送机,并封闭顶管机后部一定长度范围内的注浆孔(工程实践表明,以机头至覆土厚度 0.5 倍以上管径处为宜),不排泥进行顶进,同时密切注意顶进方向和控制管线偏移。此外,为防止管道上浮还应采取管内配重等抗浮措施。

(2) 水力机械弃土措施

在土压平衡模式下,为克服其出土不连续,难以实现连续顶进,施工速度较慢的缺点,采用土压平衡顶管机并对出土方式进行改造,运用水力机械输送弃土大大提高了工作效率。

1) 水力机械工作原理

水力机械安装在顶管机后方,与高压水管和排泥管道连接,高压水到水力机械处后分为两股水流,一股供给高压水枪,采用高压射流水将泥土在泥水转换处理箱中切削、混合成泥浆水。另一股经水力机械射入排泥管道。高压水流从水力机械进水口进入,从喷嘴高速射向出口,在喉管产生真空负压,将泥浆连吸带排,高压输送至地面。这就是水力机械的工作原理。其具体形式见下图 3-62 所示。

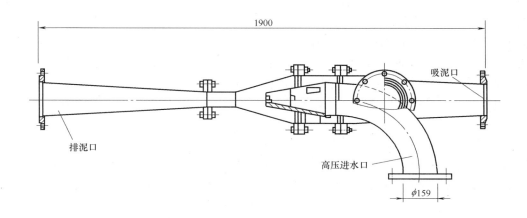

图 3-62 水力机械结构示意图

水力机械的技术性能如下:
提升高度 35m;
泥水排量 70m³/h;
喷嘴直径 ϕ26、ϕ28mm;
高压供水泵:型号 6DA-8X9;
　　　　　扬程 234m;
　　　　　流量 162m³/h;
　　　　　功率 120kW;
进水管管径 ϕ150mm;
出水管管径 ϕ150mm。

2) 排泥设计思路

在土压平衡螺旋输送机的出土口处设置封闭式泥浆转换处理舱室,舱室与水力机械连接。一方面泥土经螺旋输送机排入泥浆转换处理舱室。另一方面在地面安装的离心泵将清水以 2.0MPa 以上的压力经压力管进入水力机械,由水力机械将进入泥浆转换处理舱室的泥土切割、搅拌并通过 ϕ100~150mm 的排泥管,将泥水排至地面泥浆池。

(3) 螺旋输送机出泥口防喷涌措施

当采用土压平衡式顶管机进行掘进时,顶管机在软弱、富水浅覆土地层中掘进时螺旋输送机极易发生喷涌现象。根据以往的工程经验,即使在螺旋机出土口闸门关闭后仍会有漏泥漏水现象出现,严重者会产生出土口喷涌,进而导致刀盘正面土体坍塌及土压力无法建立的风险。针对这种情况,本工法采取了以下行之有效的技术改良措施,使螺旋输送机喷涌风险得到有效控制:

1) 封闭螺旋机尾部出土口,另于高于进土口顶点的位置开口(口径不应小于原出土口直径的 2/3 以利出渣）。加工一根与螺旋机出土口直径相同的钢管，一端与出土口密封焊接，另一端通过法兰与丝杠式刀闸流量控制闸阀连接。该系统具有操作简便、启闭迅速的特点，一方面通过调节丝杠闸门的开启幅度，可以控制排土量，使顶进速度与螺旋输送机向外排土的速度相匹配，经舱内塑流体向开挖面传递设定的平衡压力，实现顶管机始终在保持动态平衡的条件下连续向前推进。另一方面一旦出现喷涌征兆，可迅速关闭闸门，从而有效防止喷涌事故的发生并控制正面土压。

2) 将流量控制闸阀与泥水转换处理箱法兰连接。为增加防喷涌的保险系数，泥水转换处理箱设置成全封闭式，仅在箱体上部设 ϕ600mm 检修人孔。在正常情况下检修人孔处于关闭状态，只是在出现堵管等设备故障时才在控制闸阀关闭并确保安全的情况下开启检查维护。

(4) 浅覆土至无覆土条件下顶进抗浮措施

由于地表取水及排海管道顶进施工所处环境的高地下水位特性，尤其是在管道顶进施工的末期阶段因为地形走势限制以及为实现水下无覆土顶管取顶管机头的工艺要求，管顶覆土逐渐变薄直至管顶无覆土，不可避免地要管道抗浮的问题。

在未出河堤之前，管道顶进施工与常规的机械（封闭）式顶管无异。但是当顶管穿越现状河堤向河床方向顶进时，管顶覆土逐渐变薄，管道的抗浮问题便逐渐显现出来。

根据规程的规定：顶管管顶覆盖层厚度，在穿越江河水底时，覆盖层最小厚度不宜小于外径的 1.5 倍，且不宜小于 2.5m；在有地下水地区及穿越江河时，管顶覆盖层的厚度尚应满足管道抗浮要求。

以珠海市乾务水厂、黄杨泵站工程为例，按此规定计算，本工程顶管段末端的覆土层最小不能低于 2.2m×1.5m=3.3m。根据现场实际勘查，出河堤后的前 20m 管顶覆土厚度尚有 3.0m 以上，基本满足规范要求，而在出河堤段尤其管道末端的管顶无覆土。考虑到管道在饱和的淤泥层中顶进施工时，土体稍经扰动就会使其力学参数发生很大变化。如若处理不当使挖掘面上的土体失稳出现管道上浮现象。此外，由于管道之间存在接头，在浮力作用下，相邻管道（特别在由有覆土到无覆土交接处）会产生一定的角度变化，在施加顶推力之后，两管道接头会产生应力集中，轻则影响管道的施工质量，重则会对管道的结构安全造成严重威胁。为此，在施工中需采取以下技术措施：

1) 在顶管出河堤后的前半段，由于管顶覆土超过 3.0m，基本满足管顶最小覆土要求。此时仍采取排泥顶进，但应加大泥水仓内的泥水压力使之高于地下水压力 50kPa 左右，以平衡地下水压力；同时将进水中添加黏土等成分的比重进行调整，将泥水比重控制在 1.1~1.2，以便在挖掘面上形成较坚实的不透水泥膜，保持挖掘面稳定防止地下水从循环系统中流失。

2) 对于管道末端无覆土段，极易发生跑浆、冒顶事故。此时应关闭泥水循环不排泥浆进行顶进，同时密切注意顶进方向和控制管线偏移。此外，为防止管道上浮还应采取配重措施。

通过分析可知顶管结构上的作用，可分为永久作用和可变作用两类：

① 永久作用应包括管道结构自重、竖向土压力、侧向土压力和顶管轴线偏差引起的纵向作用。

② 可变作用应包括管道内的施工活荷载、地下水作用、温度变化作用和顶力作用。

由于顶管在浅覆土中的受力状态极其复杂，在此为简化计算在满足施工需要的前提下，只考虑管道结构自重、竖向土压力、侧向土压力、地下水浮力等因素对施工阶段管道结构的影响。另外，由于顶管的挤压扰动和管壁与周围土体间的剪切扰动的影响，土体的天然静止平衡状态已受到破坏，从而导致其应力状态发生了变化，也忽略土体内摩擦力和黏聚力对管道上浮的影响。

a. 自流进水管结构自重标准值：

$$G_{1k}=\gamma \cdot \pi \cdot D_0 \cdot t$$

式中　　G_{1k}——单位长度管道结构自重标准值（kN/m）；

t——管壁设计厚度，此处为 0.02（m）；

D_0——管道中心直径，此处取 2.24m；

γ——管材重度，钢管可取 $\gamma=78.5$kN/m³。

则该顶管段单位长度结构自重为：

$$G_{1k}=\gamma \cdot \pi \cdot D_0 \cdot t=78.5\times \pi \times 2.24 \times 0.02=11.04(\text{kN/m})$$

b. 该顶管段单位长度上所受的地下水浮力为：

$$F_{浮}=V_t \cdot \gamma_w$$

式中　　$F_{浮}$——单位长度上所受的地下水浮力（kN/m）；

V_t——单位长度管道体积（m³/m）；

γ_w——地下水的重度，可取 10（kN/m³）；

则：

$$F_{浮}=\pi \times 1.12 \times 1.12 \times 10=39.39 \text{kN/m}$$

c. 因此，为保证管道不被浮起，单位长度管道内的配重量 G' 即应满足：

$$G'+11.04 \geqslant 39.39$$

亦即：

$$G' \geqslant 39.39-11.04=28.35 \text{kN/m}$$

根据上述计算结果，顶进施工前班组预备了 200 组配重铁（单块重 50kg）作为配重件存于工作井场地内。随着管顶覆土厚度的减少，将配重铁块配送至顶管机内。

(5) 高液限软土条件下首节管防"叩头"控制措施

1) 土体加固

由于顶管机重量大（约 30t），在软弱地层中顶进，为防止顶管机在出洞时产生"叩头"现象，需对洞口外 10m 长（机头＋顶推脱离装置长度）土体进行固化处理，同时还要有良好的止水效果，防止洞口开启时泥沙涌入井坑内，造成危险。施工中采用深层水泥搅拌桩加固洞口周围土体。

搅拌桩平面布置：

沿顶管出洞口方向布置 10.0m（管道轴向）×5.0m（管道法向）密排搅拌桩，桩与桩之间纵横间距为 400mm，桩与桩搭接 100mm。

搅拌桩加固范围：加固深度 16m，通长实桩。

搅拌桩施工：水泥搅拌桩采用"四搅两喷"施工方法，桩径 ϕ500mm，水泥用量约 65kg/m。搅拌桩垂直允许偏差 1.5%。

2) 管道刚性连接

若所顶管道为混凝土管（柔性接口），在局部地质突变的地段，易于发生管道不均匀沉降。通过在管内接口处安设钢抱箍紧固或在管道内侧壁打膨胀螺丝，用型钢将此段管道连接起来并与顶管机焊接以增加管道的整体刚度，限制管道接口柔性变形，防止顶管机"叩头"。

3) 增加配重

在顶管机后紧跟一台钢制中继间，形成"三段两铰"，即可作为顶力储备，又可实现联动纠偏，同时利用中继间自重平衡顶管机出洞时下压趋势。另外，再预备一定数量的配重铁，配重铁可安放在顶管机后前三节管内，利用杠杆原理防止顶管机"叩头"。待顶管机顺利出洞后再有序撤出配重铁。配重铁单块重量控制在50kg左右，便于管内搬运。

(6) 顶进测量措施

1) 井下高程点的设置

施工时地面高程点的导入采用悬挂钢卷尺法。

导入标高之前，首先在工作井的适当位置埋设高程点，待稳定后进行高程导入。工作井的同一高程点进行三次独立导入标高，其互差必须在规定值以内（精度指标不大于3mm），然后将其作为顶管施工中高程控制的绝对高程点。工作井内的高程点必须大于2个；并在施工中要定期互相校对。顶进过程中高程测量可依靠工作井内的任一水准点作为后视高程点，校核激光束高程和已顶进管道高程。

2) 中心测量控制

直线顶管施工，首先将管道中心桩用经纬仪（精度2″）引入工作井两侧井壁上或支架上，作为顶管中心的测量基线，然后将其投入工作井内，将激光经纬仪安装在工作井靠近后背并在两侧顶镐架子中间稳定的位置，（固定有独立的特制安装支架）通过调整使仪器强制对中点位于中线位置，对出竖盘角度值使激光束符合设计坡度值。这样通过调整激光斑点与机头内测量靶中心重合，顶进过程中测量靶中心和激光斑点的偏离值即为顶管中心和高程的偏差值。此偏差值可通过顶管机内摄像头直接反映到地面操作台，作为顶管中心和高程控制的依据。定期校核激光束的位置，使管子始终沿着设计轴线前进。

(7) 顶进纠偏控制措施

纠偏是指顶进管道偏离设计轴线，利用顶管机的纠偏机构，改变管端的方向，减少偏差的过程，其目的是使管道沿设计轴线顶进。造成管道偏差的原因很多：顶管机轴线较正不直、导轨铺设误差大、主站合力偏心距选择不当、穿墙孔下方的承托力不够等都会造成穿墙过程的轴线偏差；上下土层不一、左右压力不对称等会造成轴线偏差；承插管的端面垂直度大、焊接管接管处有转角会增加纠偏难度。

根据顶进的管材不同，管节的连接接口可分为承插口式（如混凝土管、玻璃钢夹砂管）和平焊连接式（如钢管），该两种连接方式区别在于管道是否分段，它们的纠偏方法存在差异。其中焊接钢管顶进过程中的纠偏方法如下。

钢管顶管通常采用三段两铰型顶管机，与钢管焊接。顶管机不但要起"导向"作用，而且还要起"产生纠偏反力"的作用。"导向"作用能不能发挥，要看纠偏反力能不能迫使钢管弯曲。只有产生了足够的纠偏反力，钢管才能弯曲，钢管才能实现"纠偏"。纠偏反力不够，管道仍然不能实现纠偏。

焊接顶管机纠偏原理是：顶管机导向，随着管道不断顶进，逐渐形成足够的纠偏反力，迫使钢管弯曲。

钢管弯曲必然产生纵向弯矩，为了解决顶管机与钢管之间的弯矩转递问题，早期的顶管机与钢管是焊成一体，可以直接传递弯矩。顶管机纠偏后，前后间段形成一个纠偏角。随着管道的顶进，在顶管机纠偏段与土层之间会形成一个土楔。土楔被挤压后，形成如图 3-63 所示的纠偏反力 Q。因管道在泥浆槽以后的断面扩大，纠偏反力仅存于顶管机泥浆槽以前的部分。从顶管机端部到管道扩大断面，称为纠偏踏面。如果与纠偏踏面接触的土体极限反力较小，则土楔中的土向两侧挤出，管道不能完全按洞穴方向前进，极端情况甚至纠偏无反映，管道仍按原方向移动。只有当 Q 足够大时，跟进管道在纠偏反力作用下开始弯曲，同时在弯曲段顶点的内侧与土体挤压，弯曲段后部的外侧也与土挤压，产生土反力，到此管道才实现纠偏。

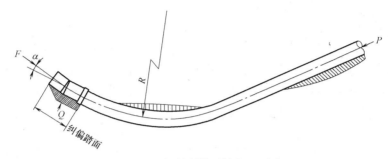

图 3-63 钢管纠偏受力机理示意

从焊接钢管顶管的纠偏受力机理分析，可以得出以下规律：
1) 钢管的刚性越大，导向越困难；也就是钢管口径越大，纠偏越困难。
2) 顶管机纠偏段的长度要与土层的承载力相适应。纠偏段短，纠偏踏面上的反力就小，如遇到承载力较小的土体，可能无法迫使钢管弯曲，达不到纠偏的目的。也就是说，在软土地区施工，顶管机的纠偏段要长一些，而且初始纠偏角要比较大。

结合本工法所述水下顶管的工况条件，管道在后程的浅覆土阶段，土体承载力逐渐减少，土体所能提供的纠偏反力也随之减少，仅能通过调整配重的安放进行高程纠偏。因此，初始顶进阶段的管道纠偏至关重要，在此阶段确立一个准确的、顺直的管道轨迹是顶管机精确到达预制管桩群指定位置的决定性因素。

5. 顶管机顶推脱离

管道顶进就位后，使用吸扬式挖泥船清除顶管机周边的淤泥。经潜水员水下探摸、再清理、打开折叠式吊装环并与吊装船实现连接后，即进行顶推脱离施工。其操作过程为：

（1）在管道顶进作业完成，顶管机到达预定位置后，确认顶管机内进、排泥阀门已关闭并锁定。在潜水员配合下探摸、测量顶管机坐标、高程、姿态。在潜水员引导下，利用吸扬式挖泥船清除顶管机周围附着淤泥及杂物，使顶管机及顶推脱离装置充分外露。

（2）水面卷扬式吊装船在潜水员指引下停泊在顶管机上方位置并锚定。潜水员探摸顶管机上方折叠式吊装环并用钢丝绳与吊装船连接，钢丝绳收紧拉直但不施加吊装力，实现顶管机吊装预就位。

（3）再次确认封闭顶管机内进排泥管闸阀关闭，拆除闸阀之后的进、排泥管。

(4) 采用高压油管将顶推脱离千斤顶与操控台实现连接，操控台位于第一节钢管内、顶推脱离装置后舱密封门后侧。

(5) 解除限位螺杆锁定，使限位螺杆可沿管道轴向自由滑动。

(6) 关闭前密封舱门，人员撤离至后舱密封门之后的第一节钢管内，关闭后舱密封门。操作人员通过千斤顶操控台操作推进千斤顶，推进千斤顶推出500mm后，实现顶管机及脱离装置前舱整体顶推脱离。

(7) 水面吊装船吊取顶管机及脱离装置前舱。

6. 后续工作

以取水工程为例，当顶管机吊离后，即可进行钢制取水喇叭口与管道的连接作业。二者之间的连接通常采用钢制哈夫接口实现。具体形式详见图3-64、图3-65。

此时管道与取水喇叭口之间仅仅依靠哈夫接口实现机械连接，结构的整体稳定性较差，且顶推脱离装置的后舱密封门仍存留于管道内。

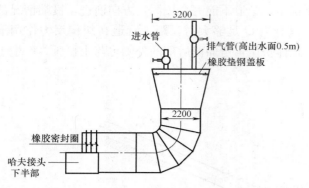

图3-64 钢制取水头部与哈夫接口示意图

首先应确认管道及取水喇叭口的安全性，特别是通过预留在后舱密封门上的观察孔即时观测哈夫接口部位及取水喇叭口上方临时橡胶垫钢盖板的密封效果。然后分下列两种情况采取相应措施处理：

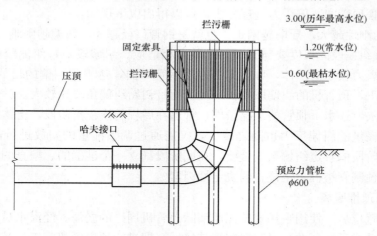

图3-65 取水头部立面图

工况一：人员自工作井内进入管道，当确认密封效果良好时，则潜水员开启喇叭口钢盖板上排气闸阀→开启后舱密封门上预留的排泥管闸阀，排除取水头部积水→开启后舱密封门，施工人员进入取水头部，焊接加固哈夫接口处缝隙，使取水喇叭口与管道形成整体→拆除后舱密封门→撤出人员、设备→自工作井向管道内灌注清洁水→开启钢盖板上进水闸阀使管道与外部河水无压力差→拆除钢盖板，具备通水条件。

工况二：当密封效果不良时，则开启喇叭口钢盖板上排气闸阀→自工作井向管道内灌水→开启钢盖板上进水闸阀使管道与外部河水无压力差→拆除喇叭口上部预留钢盖板→潜水员自喇叭口进入管道,利用水下焊接技术加固哈夫接口处缝隙,水下切割拆除后舱密封门,具备通水条件。

3.4.6 材料与设备

1. 材料

主要用到的材料为各型管材,根据规范和设计的要求主要有钢管、内衬 PVC 钢筋混凝土Ⅲ级管材、玻璃钢夹砂管材等。需要有资质的构件厂生产,所以管材采用外购形式。由于水下顶管端末段管道完全暴露于水体之中,因此管道必须刚性连接成整体,除钢管外,若为钢筋混凝土管、玻璃钢夹砂管等非刚性连接管,则需提前采取措施将管道转换为刚性连接,例如在管内接口处采用钢抱箍紧固。

2. 机具设备

应用的核心机械设备是泥水-土压平衡复合工艺顶管机与水下密封推进脱离装置。

(1) 泥水、土压复合顶管机主要技术规格及参数如表 3-9 所示

顶管机根据不同的用途和直径的大小而不同,下面以珠海地区地表取水、排海施工中应用的泥水、土压复合顶管机为例说明顶管机的主要组成部分及技术规格。

主要技术规格及参数　　　　　　　　　表 3-9

序号	名称	项目(型号)	备注
1	顶管主机	长度(mm)	5900
		外径(mm)	2240
		重量(kg)	29500
		装机容量(kW)	120
2	推进系统	主顶油泵($Q=25$L/min,$P=31.5$MPa)	2套
		千斤顶	主顶:2000kN×31.5MPa×3600mm×6台,顶推脱离:1000kN×31.5MPa×1000mm×6台
		推进速度(mm/min)	60~120
		总推力(kN)	18000
3	刀盘系统	驱动方式	变频电机驱动
		驱动电机容量(kW)	30×3
		支撑方式	辐条式中心支撑
		最大扭矩系数 α	2.3
		工作扭矩	453kN·m
		刀盘转速(r/min)	0~1.7
		工作压力(MPa)	20.6
		偏心距(mm)	20
4	纠偏系统	千斤顶	500kN×25MPa×250×8
		纠偏角度(°)	3.0
		总推力(kN)	4000

续表

序号	名称	项目(型号)	备注
5	螺旋输送机	驱动方式	变频电机驱动
		驱动电机容量(kW)	30
		结构形式	带式无轴
		叶片直径(mm)	390
		转速(r/min)	0～11
6	进水泵	AH渣浆泵	($Q_1=1.2m^3/min, H=45m$)1台
7	排泥泵	AH渣浆泵	($Q_1=1.6m^3/min, H=45m$)1台
8	中继排泥泵	GW管道泵	($Q_1=1.6m^3/min, H=35m$)3台
9	泥浆稠度仪	YH-40B	2台
10	泥浆搅拌机	MCE600B	(5.5kW)1台
11	注浆泵	I-1B2寸	(螺杆式浓浆泵)3台
12	鼓风机	CF-6	(11kW)1台
13	抽风机	CF-5	(5.5kW)1台
14	顶管导向系统	SLS-RV	1套
15	激光经纬仪	TPS1200	1套
16	陀螺仪	TMG32B	1套
17	水准仪	C30Ⅱ	2套
18	水力机械排泥系统	—	1套
19	顶推脱离装置	—	1套

(2) 顶管主要配套施工机械设备

1) 桁架式起重机构

桁架式起重机构安排在隧道的顶管施工工作井的位置，主要作用是吊装管材及设备。桁架式起重机构的性能参数确定主要是根据以下4个方面：

① 最大的起吊大于管材重量；

② 起吊高度大于竖井深度；

③ 每日平均和最大可能起吊的次数在400次和800次左右；

④ 临近居民区时，要尽量减少噪声。

2) 洞口止水装置

无论是管节从顶管工作井中出洞还是在接收工作井中进洞，管节与洞口之间都必须留有一定的间隙。如果不对此间隙进行止水处理，地下水和泥沙就会从该间隙中流入工作井，从而影响工作井中的正常作业，严重的会造成洞口上部土体塌陷，甚至影响周围的建筑物和地下管线的安全。因此，顶管工程中洞口止水是非常重要的。洞口设置止水装置是为了防止顶管机进洞口时发生水土流失，造成大量塌方。洞口止水装置应根据工作井的具体条件进行设计，针对不同构造的工作井，洞口止水的方式也不同，具体如下：

① 钢板桩围成的工作井：首先应该在管子顶进前方的井内，浇筑一道前止水墙，墙体由钢筋混凝土构成。其宽度与井的内侧宽度相同，高度根据管径的不同而定；厚度约为

0.3~0.5m；然后再在前止水墙洞口的钢法兰上安装洞口止水装置。

② 钢筋混凝土沉井的出洞口应该预先埋设钢筒和钢法兰，然后在钢法兰上焊接和安装洞口止水装置。

③ 圆形工作井：必须先将出洞口浇筑成一平面，并在洞口预埋钢筒和钢法兰。同样洞口止水装置就焊接和安装在平面的洞口钢法兰上。

④ 对于覆土深度很深的情况（一般指大于10m以上或者在穿越江河的工作井中）：洞口止水装置必须做两道，也可以增加一道盘根止水装置，盘根止水装置能够通过螺栓进行压紧。为了应急防止洞口渗漏，在两道橡胶止水法兰的中间预留注浆孔，以备压注堵漏剂。

图3-66是一种较为常用的帘布橡胶板止水装置。它的特点是用复式橡胶止水，根据水头压力可以用一层～三层来选择，而且既能平面止水又能轴线止水。缺点是在施工中，会因磨损严重而失去止水效果，且不易更换。

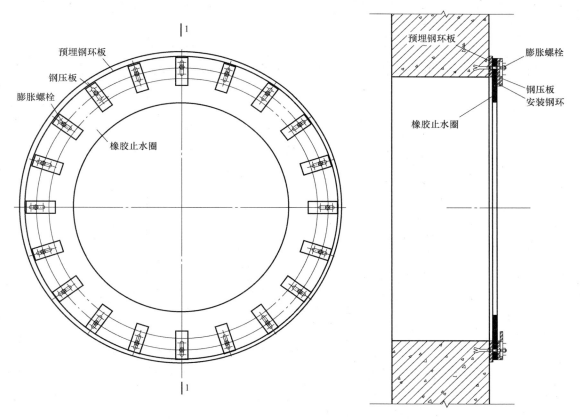

图3-66 普通橡胶帘布洞口止水装置结构

3）基坑导轨如图3-67所示

基坑导轨是安装在工作坑内为管子出洞时提供一个基准的设备。顶管施工中如有出洞出现时，顶管就成功了一半的说法，可见导轨之重要。

导轨本身必须具备坚固、挺直，管子压上去不变形的特性。基坑导轨在工作井内的固定方法有两种：一种是把基坑导轨与工作井底板上的预埋钢板焊接成一个整体，这种固定

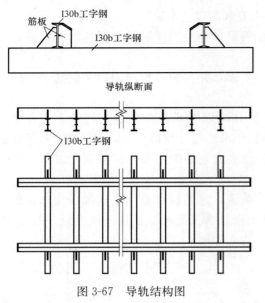

图 3-67 导轨结构图

方法比较可靠。另一种是在基坑导轨的两侧用槽钢把导轨支撑在中间。这种方法只适用于管径比较小的管道，而且只能在整体性比较好的沉井工作井中采用，而不宜在钢板桩工作井中采用。

4）顶铁如图 3-68 所示

顶铁可分为环形顶铁、弧形顶铁和马蹄形顶铁三种。

① 环形顶铁也叫护口铁，其作用是把主顶油缸的几个点的推力比较均匀的分布到管材端面上，同时起到保护管材的作用。

② 弧形顶铁如图 3-69 所示有两个作用：一是在主顶油缸行程比管节短时，它起到垫块的作用；二是把主顶油缸各点的推力比较均匀地传递到环形顶铁上去。弧形顶铁的开口朝上，它比较适用于手掘式或土压式顶管中采用手推车或运土车出土的场合。

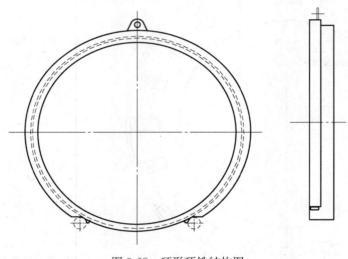

图 3-68 环形顶铁结构图

③ 马蹄形顶铁的构造和作用与弧形顶铁基本相同，但其放在基坑导轨上时是开口朝下的，所以因其在主顶油缸回缩以后加顶铁时不需要拆除泵送排泥管道，故主要用于泥水平衡式顶管中如图 3-70 所示。

5）主顶设备

顶管施工中的主顶设备包括主顶千斤顶及附件、主顶油泵及控制阀等。现在的主顶千斤顶全部是双作用千斤顶，即可以伸出，也可以收回。主顶千斤顶大多成对称布置，单台推力在 800～3000kN 之间，油压限值多在 30.0～40.0MPa。

主顶千斤顶又可分为单级、多级两种形式。

6）钢后背如图 3-71 所示

3 管道工程施工新技术

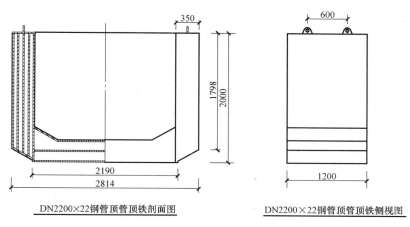

图 3-69 弧形顶铁

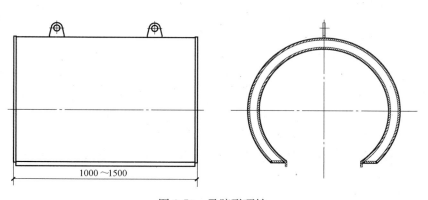

图 3-70 马蹄形顶铁

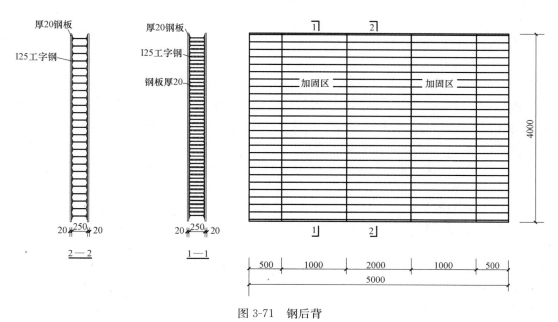

图 3-71 钢后背

钢后背是指安装在后座墙与主顶油缸之间的钢结构件。后背的作用是把主顶油缸产生的集中在几个点上的数百吨的反力较均匀地分布在后座墙上去，因此，必须有足够的刚度。

7) 吸扬式挖泥船

吸扬式挖泥船主要用于当顶管机顶进就位时清除工具管周围渣泥，应根据所处水域通航条件、管顶覆土厚度和土质条件选择挖泥船型号。

8) 卷扬式吊装船

卷扬式吊装船的主要作用是吊取工具管及施工取水头部或排海放散管等后继分部分项工程之用。根据拟吊取工具管的重量，并综合考虑河（海）面风浪强度、水流速度和水域通航条件的前提下选择吊装船型号。在本工法实际运用中，项目部准备了吊装能力达到 100t 的吊装船进行水上吊装作业。

3.4.7 质量控制

1. 遵守的规范、标准

需遵守的规范、标准有《给水排水管道工程施工及验收规范》GB 50268—2008、《顶管施工技术及验收规范（试用）—中国非开挖技术协会》、《混凝土结构工程施工质量验收规范》GB 50204—2015、《钢结构工程施工及质量验收规范》GB 50205—2001、《钢筋焊接及验收规程》JGJ 18—2003、《建筑工程施工质量验收统一标准》GB 50300—2013、《钢结构焊接规范》GB 50661—2011、《混凝土质量控制标准》GB 50164—2011、《混凝土强度检验评定标准》GB/T 50107—2010、《建筑地基基础工程施工质量验收规范》GB 50202—2002 等。

2. 质量要求

顶管段轴线偏差允许值为 50mm，管径 $D<1500$mm 的，管道内底高程偏差允许值为 $+30\sim-40$mm，管径 $D\geqslant1500$mm 的，管道内底高程偏差允许值为 $+40\sim-50$mm。

钢管道，相邻管间错口允许值≤2mm。

3. 质量保证措施

(1) 顶管施工前，必须认真研读设计文件，理解设计意图，明确各种结构尺寸参数。详尽收集相关地质、水文资料。充分做好施工前技术准备工作。编制详尽的施工组织设计，描述依照规范所必需的测量标志，包括要用到的顶管设备的类型、详细尺寸、施工原理、技术措施，包括泥浆及废弃物的处理等。

(2) 要采用的管道和管道接缝应至少符合常规的管道和接缝标准，包括制作材料、误差、最小长度等。

(3) 在管道顶进施工之前，首先要确定管道在垂直和水平方向上与设计轨迹的允许偏差，在这一偏差的限制下，所铺设的管道应满足两方面的要求：符合管道的既定功能要求；产生偏差的范围内不能损坏到其他的建筑和设备。

(4) 顶进过程中加强测量控制，发现偏差及时纠偏，确保轴线及水平偏差不超出规范允许范围。

(5) 顶进施工结束后，顶管管道应满足管道不偏移，管节不错口，管道坡度没有倒落水的要求。

(6) 在顶进施工的区域，应考虑土体和地下水条件以及顶管施工工艺，保证地层的沉降不大于允许的沉降值。

(7) 顶进结束后，应对泥浆套的浆液进行置换。管道穿越河堤段，尤其需要重视泥浆置换的质量控制，必须采用水泥浆液彻底封堵管道与土体之间因刀盘超挖形成的空隙，以免形成过水通道，导致河水穿堤倒灌。

3.4.8 施工结果

新建的珠海市黄杨泵站位于珠海市斗门区井岸镇境内，黄杨河西南侧，距黄杨河约600m，近期设计规模50万 m^3/d，远期设计规模100万 m^3/d，建成后将成为珠海市规模最大的取水泵站。作为珠海市乾务水厂、黄杨泵站及配套管线扩建工程的重要组成部分，该工程的建成投产，对实现珠海市西部地区水库联动，增加调咸蓄淡能力，提高供水保障率，彻底解决枯水期供水安全问题，为珠海市西部地区社会、经济快速发展提供了有力保障。

黄杨泵站取水头部位于黄杨河内，进水管是以黄杨泵站格栅间外墙为起点，平行铺设两条轴线距离6.6m、长度各为568m的 $DN2200mm$ 自流钢管，管道依次穿越排洪沟、省道S272公路、香蕉地、防洪堤。采用机械化顶管工艺铺设自流进水管，取水头部为钢制构件，地面预制、水下拼装，并配合PHC管桩悬吊式固定。自黄杨泵站格栅间外工作井向取水头部方向一次性顶进568m，深入距离河岸约100m处的河床至取水头部。

1. 工程具有以下技术难点

(1) 无法施工接收井

施工期间恰逢汛期，三防部门不同意破堤、航道管理部门不同意在主航道内施工围堰，因此无法采用大围堰或筑岛围堰工艺施做接收井，必须水下吊装顶管机并安放钢制取水头部。国内尚无此类工程先例，无经验可循。并且水下作业需要专业潜水员及大型吊装船参与施工，施工中顶管作业班组与潜水员及吊装船之间必须密切配合，确保安全。

(2) 顶进末端水下无覆土

随着河床深度的加深，顶管段覆土逐渐减少，根据水下地形测量数据显示，河道内100m管线，前30m满足最小覆土要求，之后40m覆土随河床加深而逐渐减少，末端30m完全无覆土。由于顶管在浅覆土中的受力状态极其复杂，如何保持管道结构自重、竖向土压力、侧向土压力、地下水浮力等因素的相对平衡，确保管道高程、轴线偏差在可控范围之内，从而实现顶管机精确顶进至预制管桩群指定位置，是顶管施工的技术难点。

2. 经济效益分析

黄杨泵站取水管道分别采用明挖法、明挖与沉管结合法、顶管与沉管结合法、顶管法四种方法施工，对影响工程总投资的几个主要因素进行经济效益比较。其中明挖法需落实S272省道临时导行措施、征地拆迁工作，并需在河道内修筑大围堰施工；明挖与沉管结合法，需落实S272省道临时导行措施、征地拆迁工作，并需在河堤内修筑小围堰施工。顶管与沉管施工，可免去S272省道导行及征地拆迁费用，但需修建一座工作井及一座接收井，并在河堤内修筑小围堰施工；顶管法只需修建一座工作井。

可以看出顶管法由于减少了交通导行、征地拆迁、围堰及接收井结构费用，有效地节省了费用，工程总投资最低，经济效益明显。

3. 社会效益分析

（1）对现况道路及路面交通影响

管道沿线有现况 S272 省道横向穿越，该道路为斗门区通往江门市的交通主干道，车流量大，导行路施工工期紧、标准高，断路施工需报省公路局审批，周期长、难度大。

（2）对河道通航的影响

取水头位于黄杨河河道中央，黄杨河为西江主要通航河道，航道管理部门明确函复禁止在河道内大围堰施工。

（3）对防汛河堤的影响

沉管施工，必须破堤开挖施工，施工工期较长且必须跨越汛期，若遇到暴雨与天文大潮重叠，则防汛风险巨大，三防部门函复必须在汛期之前完成河堤恢复施工，实际工期难以满足要求。

施工单位通过运用"水下无覆土机械顶管施工工法"，成功地实现了顶管机水下精确就位、无接收井工况下水下吊装顶管机及水下安放钢制取水头部。克服了用明槽埋管及围堰法等常规施工技术本身的缺点：征地拆迁困难、穿堤施工风险大、围堰渗水、汛期施工安全风险大和工期长等不易解决的问题。大大地缩短了工期，与原设计明挖及沉管方案相比工程造价亦大幅下降。取得了良好的社会效益及经济效益。

复合工艺顶管机设备可以实现定型标准化生产，同等管径机型可重复利用，顶进施工工艺控制不复杂，设备安全、可靠性高，机械化施工效率高。水下密封推进脱离装置造价较低，施工便捷、工期短，对周边环境影响很小，可以保障施工安全与质量。施工占地范围小，环保效果好，施工噪声小，施工对周围建筑影响较小，综合社会效益较好，值得推广应用。

3.4.9 主要创新点

（1）首次成功实现顶管从陆地向河道中完全无覆土状态下的顶进施工。

（2）应用泥水-土压平衡复合顶管工艺实现不同覆土厚度顶进阶段的挖掘面稳定控制。

（3）针对土压平衡顶管余土外运效率低下的缺点，通过运用水力机械装置实现土压平衡顶管排泥转化为泥水输送方式，提高了排泥效率，缩短了顶进周期。

（4）研发了一种水下密封推进脱离装置，实现在深水环境下无需建造接收井即可安全、方便的脱离顶管机头、起吊机头。

3.5 排水管道非开挖修复施工技术

3.5.1 引言

非开挖修复技术是指采用少开挖或不开挖地表的方法进行给排水管道修复更新的技术。按照修补部位分为整体修复和局部修复。按施工工艺不同分为：原位固化法（含翻转内衬、紫外固化内衬）、穿插管法（含短管内衬法、折叠穿管内衬法、胀管穿管法）、现场制管法（含螺旋缠绕法、不锈钢薄板内衬修复、粘板（管片）法）、涂层法四类。

1. 原位固化法（也称为CIPP）

该方法是采用翻转或牵拉方式将浸渍树脂的软管置入原有管道内，经常温、热水（汽）加热或紫外照射等方式固化后形成管道内衬的修复方法。

原位固化法是现今所用非开挖管道修复工艺中使用最广泛的方法。软管置入原有管道的方式分为翻转式和拉入式；固化方式分热固性或光固化两类，热固化主要有常温固化、热水固化、蒸汽固化，光固化目前常用紫外线固化。采用其他方式固化树脂软管的修复方式也属原位固化法。

2. 穿插管法

该方法是采用牵拉、顶推、牵拉结合顶推的方式将新管直接置入原有管道空间，并对新的内衬管和原有管道之间的间隙进行处理的管道修复方法。

穿插管法包括连续穿插法和不连续穿插法两种施工方法，其中连续穿插法包括滑衬法、折叠内衬法、胀管法；不连续穿插法为短管内衬法、短管胀插法。

折叠内衬法是采用牵拉的方法将压制成 C 形或 U 形的管道置入原有管道中，然后通过解除约束、加热、加压等方法使其恢复原状，形成管道内衬的修复方法。

采用胀（裂）管设备从内部以液压动力切割、胀碎原有管道，将原有管道碎片挤入周围土体形成管孔，并同步拉入新管道对旧管道进行等径和扩径替换的胀插管法也属同类工艺。

3. 现场制管法

该方法是将管道内、工作井内或地表将片状或板条状材料制作成新管道置入原有管道空间，必要时对新的内衬管和原有管道之间的间隙进行适当处理的管道修复方法。现场制管法包括螺旋缠绕法、不锈钢薄板内衬修复法、粘板（管片）法。

螺旋缠绕法是采用人工或机械缠绕的方法将带状型材在原有管道内形成一条新的管道内衬的修复方法。

粘板（管片）内衬法是将片状型材在原有管道内拼接成一条新管道，并对新管道与原有管道之间的间隙进行填充的管道修复方法。

不锈钢薄板内衬修复是在管道内衬不锈钢薄板或不锈钢预制短管并采用焊接成管的修复方法。

4. 涂层法

该法是在管道内以人工或机械喷涂方式，将砂浆类、环氧树脂类、聚脲脂类等防水或防腐材料置于管道整个内表面的修复方法。

在排水管道修复施工中涂层法由于对基底洁净度、干燥度要求较高，所以施工难度大、涂层附着质量不宜把控，在选用时比较慎重。但在大口径管道（管径 2000mm 以上）、方沟及井室修复和防渗工程中是较好选择；在供水管道中对内防腐修复是最经济、有效的修复方法，所以应用较多。

5. 结构性修复

结构修复形成的内衬管（层）结构具有不依赖于原有管道结构而独立承受工作压力、外部静水压力、土压力和动荷载作用的性能。

3.5.2 城市排水管网现状与发展趋势

城市市政管网系统是城市基础设施重要组成部分，是城市赖以生存和发展的物质基础,是保障城市正常、高效运转、保证城市经济、社会健康可持续发展的重要条件。随着我国城市化进程不断提高,面对人口、资源和环境的巨大压力,为确保国民经济的可持续发展,我国政府在逐年加大对城市基础设施的投入,城市市政管网建设得到快速发展,近几年每年新铺设和更新改造的市政管网长度超过10万公里,市政管网新材料、施工新技术得到管道工程界广泛关注和积极应用。城市市政管网根据用途不同可分为:供水管网、排水管网、燃气管网、集中供热管网等,材质可分为:钢管、铸铁管、混凝土管、塑料管等。其中排水管网主要采用管材有:铸铁管、混凝土管、塑料管等。

1. 排水管网系统现状

(1) 排水管网建设与污水处理厂建设不匹配

一些城市和地区,由于历史原因,排水管网的建成投产不足,造成一方面污水处理厂处理量不足,另一方面污水仍直接排入河体污染环境。

(2) 雨水管、污水管混接

一些城市将雨水管与污水管混接,雨、污合流,降雨时排水量增加,造成污水外溢,同时对污水处理厂运行处理工艺冲击很大。

(3) 排水管设计标准偏低

由于对城市发展预估不足,导致管线建设标准偏低,排水管管径偏小,造成过水能力不足,导致汛期常常出现溢水现象。

(4) 混凝土管及其接头破损严重

混凝土管在各地排水管网中占有相当高的比例,由于地基不均匀沉降和其他市政工程施工对管道基础的影响,造成混凝土管及其接头破损严重,导致污水渗入地下,污染地下水。

2. 排水管网发展趋势

(1) 排水管网更新改造任务艰巨

由于20世纪80年代以前铺设的市政管网,部分已到使用年限,排水管网因年久失修、接头开裂、渗水、漏水现象较为普遍,严重污染城市地下水和周围环境。虽然各地先后对部分市政管网进行了更新改造,取得了显著成效,但仍有大量市政管网亟须更新改造,因此,今后一段时间,我国城市排水管网更新改造任务非常艰巨。

(2) 落后技术和产品将在排水管网中限制和禁止使用

为适应国家节能减排战略需求,加快管网技术进步,提高管网使用寿命,解决管网渗漏、破损问题,一些落后技术和产品将在市政管网中限制和禁止使用,如:①口径大于400mm的灰口铸铁管不允许在污水处理厂、排水泵站及城市排水管网中压力管线中使用。②平口、企口混凝土管(≤500mm)不得用于城市排水管网系统。

(3) 塑料管道将在排水管网广泛应用

由于塑料管道具有耐腐蚀、使用寿命长、水流阻力小、节约能耗、重量轻、施工方便,日常维护简单,综合工程造价低等特点,受到管道工程界普遍关注,并在城市排水管网建设中得到广泛应用。随着塑料管道生产和应用技术不断完善,以及在国家节能减排、环境友好等技术经济政策的激励,塑料管道将在管网中占据重要位置。

3.5.3 短管内衬法管道修复施工技术

短段管内衬保护法即非开挖子母口密封锁扣连接套管修复工艺,是非开挖套管施工工艺的一种。本工艺是在不开挖路面的情况下，利用相邻两个检查井作业，以待修复加固管道为载体，将经过特殊切削加工管口的聚乙烯（PE）短管节输送到管内，并通过撞合完成短管连接。与此同时，通过牵引设备将其拖动至所需位置，之后用混合材料对新、旧管道之间的空隙进行填充，使新套入的管道得到稳固，从而实现对破损旧管道的修复。

1. 短管内衬法工艺特点

（1）子母口锁扣工艺设计如图3-72所示，即通过倒榫锁扣的方法，以撞击合口实现PE管节连接，既有效防止管口脱落，又方便短接管之间的连接。

（2）管道合口防渗漏设计，即在管道子母口内且与管道外皮平行的结合处设置置放密封圈的凹槽（固定密封圈），经合口挤压密封涨圈胀满凹槽，达到密封止水的效果。

（3）子母口密封锁扣工艺设计特点：接口密封防渗漏设计与倒榫锁口结合使用，管节撞口连接后，既不能自行脱开，又可满足防渗漏设计要求，同时免除了焊接工艺。

（4）材料设备体积小、重量轻，便于施工操作，内衬PE短管子母口加工标准如表3-10所示。

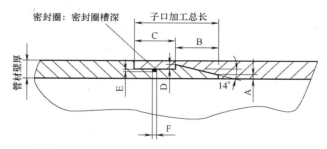

图3-72 内衬PE短管子母口加工示意图

内衬PE短管子母口加工标准　　　表3-10

管径	接口长度(mm)	倒榫长度		子母口厚度	坡口角度
		坡口（B）	平口（C）		
300,400	60,80	倒榫长度 1/2	倒榫长度 1/2	管材厚 1/2	14°
500	100				
600	120				
子母口加工公差	±0.1				

2. 施工工艺流程

现场勘探→聚乙烯（PE）短管加工→管道污水封堵倒流→管道疏通清淤、清洗→CCTV内窥检测→施工设备安置→短管连接→液压牵拉铺设→设备拆除→管道闭气→新旧管道间隙注浆稳固→CCTV内窥检测→管头及支线处理，施工工艺流程图如图3-73所示。

3. 主要施工方法和措施

（1）导水施工

导水作业是排水管线如图3-74所示修复中的一项重要并不可缺少的步骤，导水方案的制定是以现场调查、管线情况为基础，结合管线的使用情况等其他因素确定的。导水一般分段进行，可采用软渡管导水、利用附近现况污水管道倒水等方法。基本要求：随时检查管堵的气压，当管堵气压降低时及时用空压机对其充气；管内水量充满时对管堵进行支

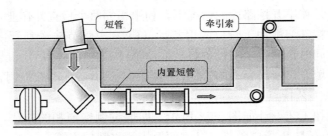

图 3-73 短管内衬法修复技术工艺示意图

撑与牵引；及时抽出修复管段中的污水；不影响排水用户的正常使用。

(2) 管道冲洗及清淤

在进行管道套管施工前，需对管线内部进行高压水冲洗，清除管线内部淤积物以满足套管施工工艺要求。

管道清淤的关键是有限空间作业安全和防护。管道中的污水，通常能析出硫化氢、甲烷、二氧化碳等气体，某些生产污水还析出石油、汽油成苯等气体，这些气体与空气中的氧混合，能形成爆炸性气体。特别由于液化气残液的乱倒，一旦进入排水管道容易造成危险。人员下井作业，除应有必要的劳动保护用具外，下井前须先将气体检测仪放入井内进行检测。常见的清淤方法有水力清淤和机械清淤两种。

施工人员进入检查井前，井室内必须使大气中的氧气进入检查井中或用鼓风机进行换气通风，测量井室内氧气的含量，施工人员进入井内必需佩戴安全带、防毒面具及氧气罐。

清淤：在下井施工前对施工人员安全措施安排完毕后，对检查井内剩余的砖、石、部分淤泥等残留物进行人工清理，直到清理完毕为止。施工清淤期间对上游首先清理的检查井应进行封堵，以防上游的淤泥流入管道或下游施工期间对管道进行充水时流入上游检查井和管道中。

(3) 内衬短管安装

管道内衬短管安装一般以 1 个井段为施工单元进行，利用现况检查井作为操作空间。通过配合操作，将加工成特殊接口的短管逐节进行撞合、连接，并同时将连接好的管道推动至所需位置。

内衬短管一般采用聚乙烯 PE 实壁管，按照管口设计标准专门加工成子母锁扣结构的短管，一般加工长度为 60~100cm，根据现场条件确定置放设备的操作井，并完成井下安装。内衬短管安装以液压顶推或牵引的方式，逐步节将 PE 短管撞合、连接，在旧管道中形成一条新的 PE 实壁管道。

短管连接采用倒榫锁扣的方法，以撞击合口实现 PE 管节连接。在管道子母口内且与管道外皮平行的结合处设置置放密封圈的凹槽，安装密封圈，经接口挤压密封胀圈胀满凹槽，达到密封止水的效果。

(4) 闭气试验

内衬短管施工完成后一般采取闭气试验进行严密性试验。具体方法及要求如下：

1) 闭气试验以每个井段进行。管段两端与管堵接触部分的内壁清理干净，保证充气堵与管道贴实紧密，不漏气。

2) 将充气管堵安装在管道两端,对已修复完管段进行充气加压,压力应符合规范要求,充气加至规定压力(一般 0.15~0.20MPa)后,检查管堵密封情况。

3) 用空气压缩机向管道内充气至 3000Pa,关闭气阀,使气压趋于稳定历时不少于 5min。将气压从降至 2000Pa,观察压降情况。

4) 根据不同管径的规定闭气时间,测定并记录管道内气压从 2000Pa 下降后的压力表读数,其下降到 1500Pa 的时间不得少于表 3-11 规定数值。

表 3-11

序号	管径 DN(mm)	管内气体压力(Pa)		规定标准闭气时间(Sec)
		起点压力	终点压力	
1	300	2000	≥1500	105
2	400			150
3	500			195
4	600			285

5) 管道闭气试验不合格时,应进行漏气检查、修补后复检。

(5) 注浆

在完成内置套管后,对新旧管道间的缝隙进行注浆填充,使新套入的管道得以稳固,并与原管道紧密结合,形成整体强度,达到对损坏管道修复加固的目的。

注浆一般采用水泥浆液,可适当参加粉煤灰,以节约水泥用量。注浆施工前,应对新旧管材间的孔隙进行密封处理,端头均设置注浆管和排气管,排气用管伸入位置在 PE 管的正上方。

注浆从管段上、下游同时进行。注浆压力应小于内衬管可承受的外压力,一般不大于 0.3MPa;如条件不能满足时,必须对内衬管进行支护或采取其他保护措施。当进浆量很大,压力长时间不升高时,就需要调整浆液浓度及配合比,缩短凝结时间,进行小泵量、低压力注浆,以便浆液在上层裂隙中有相对停留的时间,便于凝结。

注浆应饱满、无空隙,且不得造成内衬管的移动和变形。

理论注浆量计算如图示,具体公式如下:

$$Q = \pi(R^2 - r^2)l$$

式中 R——原有管线内半径;
r——插管管线外半径;
l——管线长度。

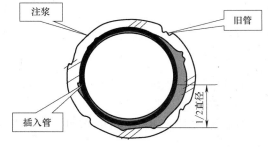

图 3-74 排水管线立面图

3.5.4 原位固化法(UV 内衬法)修复施工技术

传统翻转内衬修复技术就是将浸透树脂的纤维软管,作为管道内衬的材料,采用水压或气压的方式将此软管翻转进入地下管道内,并使浸透树脂的一面贴附在待修管内壁表面,采用热水或常温,使树脂固化定型,形成一层坚硬的"管中管"结构,从而使发生的破损或失去输送功能的地下管道在原位得到重建和更新,进而完成地下管道的不开挖修复工作。

UV式内衬修复工艺在传统翻转内衬法基础上进行了技术创新,主要体现在内衬材料特性方面尤其是固化特性方面的改良,固化方式改为紫外灯照射固化,固化时间大大缩小的同时,也减少了蒸汽或热水的制备缓解。该工艺适用的圆形管道,单次修复长度可达200m。

1. UV内衬法工艺特点

(1) 对交通等影响小。真正100%非开挖内衬修复,不用开挖工作坑。

(2) 施工可控性好,工期短。采用拉入式就位,不用翻转,固化全程CCTV监控;现场平均固化速度1m/min,拉入及固化只须3~4h即可完成。

(3) 节约能源、安全度高。采用紫外线固化,能源需求较低,施工现场不用水或蒸汽固化,不产生有毒气体或其他有害物,对于保证施工人员及施工附近人员的安全,保护环境十分有利。

(4) 内衬管密封效果好、抗腐蚀性强、使用寿命长。

(5) 载流能力损失较低。与毛毡等内衬材料相比,内衬管可以用壁厚较薄的内衬管(壁厚3~12mm)达到与聚酯针刺毛毡内衬同样的强度,从而使管道内径减小的幅度小。

(6) 具有较高的抗弯弹性模量与抗弯、抗拉强度。与聚酯针刺毛毡等合成纤维制成的传统内衬软管相比,内衬材料是由增强型玻璃纤维复合材料构成,它能承受的负载比合成纤维生产的传统内衬软管高很多。

2. 施工工艺流程如图3-75所示

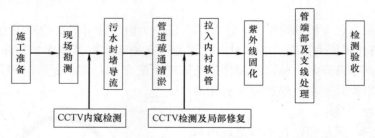

图3-75 UV内衬法施工工艺流程图

3. UV内衬主要作业工序

(1) 拉入防护膜

防护膜起保护内衬软管的作用,防止内衬软管在拉入过程中被凸起物划伤,出现破损如图3-76所示。

(2) 拉入浸渍树脂纤维内衬软管如图3-77所示

将滑动滚轮放置到适当的位置,紧接着把将碾压好、预切好长度的浸渍树脂纤维软管从检查井处拉进要修补的管道内,并在管两端安装闭气的扎头。

1) UV式内衬软管的拉入应符合下列规定:

应沿管底的垫膜将浸渍树脂软管平稳、缓慢地拉入原有管道,拉入速度不得大于5m/min;

① 拉入软管过程中,不得磨损或划伤软管;

② 软管的轴向拉伸率不得大于2%;

3 管道工程施工新技术

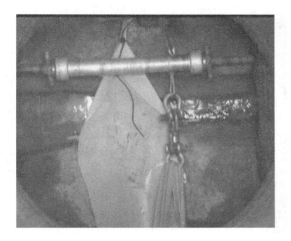 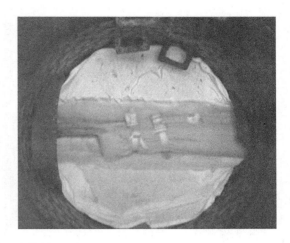

图 3-76 拉入防护膜

图 3-77 拉入浸渍树脂纤维内衬软管

③ 软管两端应比原有管道长出 300~600mm；

④ 软管拉入原有管道后，宜对折放置在垫膜上。

2）软管加压及紫外灯安装如图 3-78 所示

连接压缩机与软管之间的空气供气管道，给内衬软管充气，依靠空气压力使内衬软管膨胀。通过管道扎头在软管（充气后）内拉入小车式紫外线灯。调试小车及灯的运行。加压过程中应防止浸渍树脂纤维软管过度膨胀及出现褶皱，然后再进行紫外线固化。

（3）紫外线固化如图 3-79 所示

通过设定紫外线灯的小车爬行速度及软管内温度的控制参数，并结合小车上的CCTV的监测，及时调整控制参数，使软管树脂处于设定硬化条件，DN1200mm 管内紫外线灯行走速度平均为 0.3m/min。开启紫外线灯，紫外灯经过的地方玻璃纤维内衬管便覆盖在旧管道内壁上。固化前在内衬软管两端、软管外壁和旧管内壁间设置好 1~2 个密封圈防止两管间隙渗水。

 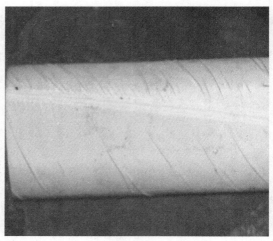

图 3-78 软管加压及紫外灯安装

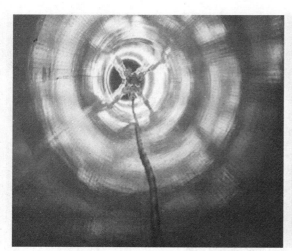 

图 3-79 紫外线固化

3.6 钢绞线网片聚合物砂浆外加层加固法在旧排水方涵盖板加固中应用

3.6.1 依托工程情况

滨河街地下桥涵工程建于1994年，建成近20年，目前仍在使用，是附近居民、商铺使用的主要排水通道，桥涵内常年有几十厘米深的流动污水，桥涵结构形式为双孔2.0m×6.0m涵洞。桥涵中墙采用钢筋混凝土材料，边墙为浆砌块石，顶部为滨河街沥青混凝土路面。由于建成时间较长，构件长时间处在潮湿环境中导致混凝土材料恶化，引起钢筋锈蚀，影响结构承载力，存在安全隐患。

钢绞线网片聚合物砂浆外加层加固法是钢绞线网片通过粘合强度及弯曲强度优秀的渗

透性聚合物砂浆附着，与原本的混凝土形成一体，共同承担荷载作用下的弯矩和剪力，适用于承受弯矩和剪力的混凝土构件正截面、斜截面承载力加固。此方法抗弯加固不仅有效的提高构件的抗弯和抗剪承载力，而且也能得到很好的抗弯刚度加固效果，不仅有效地解决裂缝及钢筋锈蚀的问题，还能成功地解决结构加固的耐久性、耐火性能和耐高温等问题。

3.6.2　方案分析、对比情况

滨河街桥涵全长 1700m，全线无通风设施，且施工现场道路两侧沿线为滨河西里小区、滨河东里小区、滨河坊、康庄公园及康庄公园早市，地段车流及人流密集。施工必须考虑方法、工期、可操作性及对周边环境的影响。

根据现况调查和工程实例，滨河街桥涵盖板加固考虑四种方法：增大截面法、粘贴纤维复合材加固法、粘贴钢板加固法、钢绞线网片聚合物砂浆外加层加固法。

1. 方法一：增大截面法

工艺流程：施工放线→清理、修整原结构→原结构表面凿毛→加固板周围钻孔→植筋→钢筋绑扎→验收→模板安装→灌浆料浇筑。

由于本工程道路两侧为居民生活小区，商铺、公园及早市，现场无可利用空间，不能为加固施工提供加工场地及操作场地，所有加固作业均需在桥涵内进行。而采取本方法施工工艺较多，现场施工时必将发生材料的二次搬运，施工成本较高，不利于控制成本及经济利益的提高。

增大截面加固法多用于钢筋混凝土梁、柱的加固，经济、实惠，有较好的效果，本工程需加固的构件为钢筋混凝土预制板，而且处于潮湿、腐蚀的环境中，需带载加固，如果采用增大截面法，新、旧混凝土能否很好的结合直接影响加固效果，施工时必须采取措施保证新旧混凝土紧密结合。根据调查，国内有采用此方法对涵洞整体加固的案例，即涵洞内部闭合增大截面加固，为保证顶板加固混凝土与原混凝土面紧密结合，采取后注浆的措施，本工程仅要求对钢筋混凝土预制板进行加固，在有限空间内支搭模架、安装加固钢筋、浇筑混凝土、注浆等工序复杂，还需要断交通以避免扰动新浇筑混凝土的养生，故不考虑增大截面法加固。

2. 方法二、方法三：混凝土结构粘贴碳纤维、粘钢和外包钢加固技术

（1）这两种加固方法是建委 2010 年发布的十项新技术推广的加固技术之一，引用原文件技术内容：

1）主要技术内容

混凝土结构粘贴碳纤维和粘钢加固技术是采用专门配置的改性环氧胶粘剂将碳纤维片材或钢板粘贴在结构构件表面（多为构件受拉区），形成复合受力体系，使两者协同工作，以提高结构构件的抗弯、抗剪、抗拉承载能力，达到对构件进行加固补强的目的。

外包钢加固法是在钢筋混凝土梁、柱四周包型钢的一种加固方法，可分为干式和湿式两种。湿式外包钢加固法，是在外包型钢与构件之间采用改性环氧树脂化学灌浆等方法进行粘结，以使型钢与原构件能整体共同工作。干式外包钢加固法的型钢与原构件之间无粘结（有时填以水泥砂浆），不传递结合面剪力，与湿式相比，干式外包钢法施工更方便，但承载力的提高不如湿式外包钢法有效。

2）技术指标

粘贴碳纤维、粘钢和外包钢加固的设计计算和结构胶的要求应符合《混凝土结构加固设计规范》GB 50367—2013 和《建筑抗震加固技术规程》JGJ 116—2009 的规定，关于钢材、焊缝设计及其施工的要求应符合现行国家标准规范《钢结构设计规范》GB 50017—2003 的规定。

3）适用范围

粘贴碳纤维加固技术适用于钢筋混凝土受弯、轴心受压、大偏心受压及受拉构件，粘钢加固技术适用于钢筋混凝土受弯、大偏心受压和受拉构件的加固，二者均不适用于素混凝土构件，包括纵筋配筋率低于现行国家标准《混凝土结构设计规范》GB 50010—2010 规定的最小配筋率的构件的加固。被加固的混凝土结构构件其现场实测混凝土强度等级不得低于 C15、混凝土表面正拉粘结强度不得低于 1.5MPa，长期使用的环境温度不应高于 60℃。

外包钢加固技术适用于需要提高截面承载能力和抗震能力的钢筋混凝土梁、柱结构的加固。

4）已应用的典型工程

粘贴碳纤维、粘钢和外包钢加固技术在北京火车站、北京工人体育场、中国国家博物馆等加固改造工程均有应用。

（2）分析

1）方法二：粘贴纤维复合材加固法

首先，此加固方法应用不为广泛。其次，目前市场上纤维材料和结构胶质量参差不齐，价格相差比较大，在材料选择上容易得不到保证。第三、此方法本身的缺陷，经有关施工统计、本方法加固后的加固质量理论跟现实有较大出入。第四、采用本方法加固，增大了现场施工时火灾隐患。

2）方法三：粘贴钢板加固法

这种加固方法在梁的加固中已经证明完全能保证加固工程的质量，梁的强度和刚度都能满足设计的要求，能达到加固和增强原梁强度和刚度的目的。并且它的方案多种多样，灵活巧妙，经济合理，与其他加固方法比较，梁粘钢加固的费用大为节省，经济效益很高。但本工程的加固面积较大，若采用此种加固方法费用相对很高，且本工程盖板钢筋保护层厚度均偏小，不满足设计要求，因此此加固方法不适应于本工程。

3. 方法四：钢绞线网片-聚合物砂浆外加层加固法

钢绞线网片-聚合物砂浆外加层加固技术是一种新型的加固技术，与传统的加固方法相比，具有明显的优势：

钢绞线网片采用 6X7＋IWS 型高强镀锌钢丝绳，其抗拉强度值为 1650～1800MPa。设计抗拉强度标准值为 1050～1100MPa，是普通钢材的 5 倍，自重轻，加固后对结构自重影响很小。体积小，加工方便，对施工场地要求低，而且所需机具数量少，用电量低等优点。

适用于混凝土结构的空洞、蜂窝、破损、剥落、露筋等表面损伤部分的修复的聚合物加固砂浆，以恢复混凝土上结构的良好使用性能。其因加有多种高分子聚合物改性剂、胶粉及抗裂纤维，因此，具有良好的施工和易性、黏结性、抗渗性、抗裂性、钢筋阻锈性等。聚合物砂浆施工时无需振捣,在现场加水搅拌即可使用。其强度高,早期强度上升较快,与原混凝土表面黏接力强,而且施工方便,易于操作,可以采用喷涂设备进行施工,便于质量控制的特点,1d 抗压强度可达 20MPa,能最大限度地加快施工进度。其具有良好的抗渗性能,黏结性好,当混凝土表面使用界面剂处理后,与新老混凝土的黏结强度大于 1.8MPa,可最大程度保证高强修补砂浆与修补基层间的紧密黏结。

该方法能降低被加固构件的应力水平,不仅使加固的效果好,而且还能较大幅度地提高结构整体的承载力,本技术区别于以往被动加固工法的最大特色就是具有可控的张拉力,是一种最有效地主动加固工法。

3.6.3 施工技术工艺流程及操作要点

1. 施工工艺流程

施工准备→凿毛清理→钢绞线网片安装→基层清理→喷涂界面剂→喷涂聚合物砂浆→洒水养护→喷涂封闭剂如图 3-80、3-81 所示。

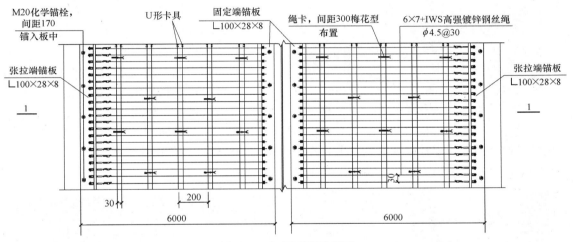

图 3-80 加固平面示意图

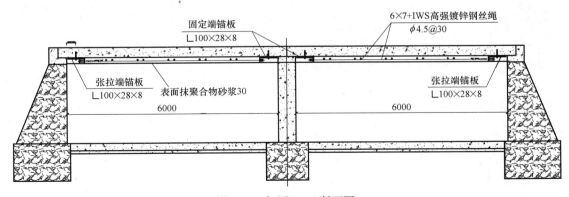

图 3-81 加固 1—1 断面图

2. 桥涵盖板加固施工

(1)施工准备

桥涵加固施工根据现场施工环境，采取先施工右幅桥涵的加固，再进行左幅桥涵盖板的加固。因本工程桥涵全线无通风设施，为保证施工人员安全，原则最长不超过50m设置一通风口（长6m，宽1m），采取送风机向沟内进行强制通风。通风口位置尽可能选在要替换的盖板位置上，利用通风口输送材料，并在通风口设置电闸箱，每个电闸箱分别向左右各输送输电线路，供施工设备及施工照明使用。采用0.7m高移动脚手架作为加固施工平台。

（2）界面处理

对加固混凝土体进行凿毛、清理、修补，去除碳化层，直至完全露出混凝土结构新面，用高压水枪清洗被加固构件的表面，清除酥松混凝土。

（3）钢绞线网片安装及张拉

钢绞线网片根据现场尺寸裁剪完毕后，钢丝绳一端穿过加工好的锚板上的小孔，套上铝合金压环利用液压钳将其压紧形成固定端，固定端的形成，如图3-82所示。

另一端穿过铝合金压环和螺杆端部小孔，然后折回再次穿过铝合金压环，利用液压钳将其压紧，形成张拉端，如图3-83所示。

在被加固构件两端部打孔，用化学锚栓将锚板固定在被加固构件上，然后将张拉端螺杆穿过张拉端锚板小孔，用配套螺母将其锁紧，如图3-84所示；即钢绞线网片安装完毕。

图3-82　钢绞线网片安装及张拉图①

图3-83　钢绞线网片安装及张拉图②

图3-84　钢绞线网片安装及张拉图③

（4）界面剂喷涂

基层养护完成后即可涂刷或喷涂界面剂。界面剂施工应按聚合物砂浆抹灰施工段进行，界面剂应随用随搅拌，分布应均匀，尤其是被钢绞线网片遮挡的基层。

（5）喷涂聚合物砂浆

待界面剂触指发黏时开始聚合物砂浆施工，聚合物砂浆施工要分两次进行，第一次聚合物砂浆喷涂厚度不易过厚，盖过钢丝绳即可，人工用抹子压实，待聚合物砂浆初凝后去除表面浮杂，再次喷界面剂，要求均匀饱满，待界面剂触指发粘时开始喷涂第二遍聚合物砂浆，达到设计厚度后，用抹子压实，整平，压光。

聚合物砂浆施工完毕后立即覆膜浇水养护，养护期不少于 7d。养护期过后，涂刷封闭剂，封闭剂可以阻止有害物质的侵入，防腐，提高构件的耐久性。

（6）表面养护

聚合物砂浆喷好后，过 6h 进行喷水养护，保证表面湿润，养护时间不得少于 7 天。

（7）喷涂封闭剂

聚合物砂浆养护期满后，进行封闭剂涂刷施工。首先封闭剂必须按照产品说明书的要求进行配置，随配随用，最好在 2h 内用完。封闭剂配置完成后用刷子将其涂抹在砂浆表面，严禁漏刷，待一层表干后沿垂直方向涂刷第二层，纵横交替，且不得少于 3 遍。

3.6.4 工程结果

钢绞线网片—聚合物砂浆外加层加固法新型加固技术应用于本工程中，利用其操作简单，施工方便等特点有利的缩短了工期，降低了施工成本，而且施工过程中产生的垃圾较少，便于收集，可以及时运走，基本对周边环境没有任何污染，另外施工过程中使用的机具噪声小，对周边居民也没有任何影响。此种加固技术应用于本工程成功避免了因传统加固方法所导致的二次搬运费用的增加，及施工工期长，施工成本高的弊端。

因此，此加固技术在地下老旧桥涵盖板加固中的施工质量不仅得到了保证，其施工效率也得到了提高，并大大缩短了施工的预期目标。

3.6.5 主要创新点

（1）成功解决了排水方涵结构抗腐蚀和结构加固问题。
（2）钢绞线网片张拉过程的预应力量测与控制技术。
（3）钢绞线网片卡具、夹具制作安装及固定技术。
（4）潮湿、腐蚀性气体环境条件下的聚合物砂浆配合比设计、喷涂与养护技术。

3.7 水平定向钻施工技术

3.7.1 引言

非开挖施工技术是指利用各种岩土钻掘的设备和技术手段，在不开挖沟槽的条件下，铺设、更换或修复各种地下管线的施工技术，国外称 Trenchless Technology 或 No-Dig。

非开挖施工技术与传统的开挖技术相比，具有以下明显的优势：首先，非开挖技术在施工时不开挖或少开挖，基本上不会造成环境污染。其次，采用非开挖技术进行、路面下的管线施工作业不会影响地面正常交通，并且对人们的社会、商业和工业活动基本上不产生干扰。此外，非开挖技术还能完成一些传统挖槽技术无法完成的工作，例如过江、过河、过铁道以及特殊地段（例如：城市中心区）地下管网的施工作业。最后，采用非开挖技术施工可以做到施工现场隐蔽、施工环境清洁。

定向钻作为非开挖管道敷设技术的一种，是由石油钻进技术中引进和开发的，两者之间并没有十分严格的界限。由于小型定向钻进采用的钻机轨迹测量控制技术与大中型的不一样,因此国际分类方法是将小型定向钻进成为"导向钻进",大中型定向钻成为"定向钻进"。

定向钻进的工作原理是采用定向钻进技术,按设计线路施工导向孔,先导孔完成后,在钻杆柱端部换接大直径的扩孔钻头和直径小于扩孔钻头的待铺设管线,再拉回钻杆的同时将先导孔扩大,随后拉入需铺设的管道。在钻掘导向孔的过程中,利用膨润土、水、气混合物来润滑、冷却和运载切削的土至地面。

水平定向钻探是钻进跨越孔的一些传统方法的一项强有力的改革,具有四项优势:

(1) 在多种情况下,管道采用非开挖施工对于社会的影响比较断路、导行、围堰等影响要小,费用要低得多。管道安装能在几周甚至几天之内完成,用传统诸法则要几个月。

(2) 不会对河床或堤岸造成扰动,无水上,水下作业,不影响江河通航。

(3) 能轻而易举地将管道埋入有效深度,成功率高,施工安全可靠。

(4) 定向钻探不会受到季节性的限制。

3.7.2 工程简介

1. 工程基本情况

本工程为×××天然气工程(一期)。本段为穿越××河段。

本工程设计高压 A 天然气管道管径为 $DN1000$,长度为 825m,定向钻穿越 825m,设计压力为 4.0MPa。定向钻穿越段管道采用 X70ϕ1016×17.5 直缝埋弧焊钢管。管道防腐采用三层结构(3PE)聚乙烯加强级防腐。

2. 地质情况

本场地地基主要为永定河冲洪积沉积地层构成,底层起伏不大,本次勘查最大深度 30m 范围内所揭露的地层共分 5 大层,从上至下依次为:主要是人工堆积填土层和素土层,厚度为 0.50~5.10m,其余从上至下为黏土层,细砂层,粉质黏土层等。本工程管道穿越经过底层标高为 9.30m,正好处于黏土层中。

3.7.3 工程重点难点

该工程施工重点是保证定向钻穿越的方向与精度符合设计要求,严格控制导向和扩孔等关键技术。其次,严格加强施工现场的管理,做好泥浆处理工作,防止由于施工对环境造成破坏。最后,利用监控量测保证穿越地段的安全和管道的敷设达到要求。

3.7.4 主要施工工艺流程

挖地锚坑及排浆池—泥浆用料准备—钻机就位—测量控向参数—钻机试钻—钻导向孔—预扩孔—管线回拖。

3.7.5 主要施工工艺

1. 主要施工机具、设备如表 3-12、表 3-13、表 3-14 所示

3 管道工程施工新技术

主要设备表 表3-12

序号	设备名称	型号	数量(台)	生产厂家	备注
1	水平定向钻机	H206RD	1	德国虎特公司	
2	动力源	550马力	1	德国虎特公司	
3	泥浆泵	HS400	2		
4	泥浆回收系统		2	西安科迅	出入土点各1
5	泥浆罐		4	自制	
6	发电机	200kW	1	VOLVO公司	
7		200kW	1	VOLVO公司	
8	钻杆	5″	900m	进口	
9	工具房		2座	自制	
10	汽车吊	16t	1		
11	挖掘机	PC-220	2		

施工机具表 表3-13

名称	规格型号	单位	数量
本体	LT8-3、LTX10-3、LT X18-4、LTX24-5	个	各1个
牙轮	D、E、F型	个	共35
中心定位器	18″24″32″	个	共7
泥浆马达	5LZ172X7.0—D（1.5度）	台	2
钻头	97/8″H737A	只	2
信号线	特制	米	5000

H206RD-140Z型钻机性能表 表3-14

最大拉力	最大显示扭矩	最高转速	入土角	行走速度	卸口能力	装机功率
1500kN	85000nm	0-75RPM	8°～22°	39m/min	230000N·m	550HP×2

2. 穿越施工方案

（1）穿越概述

穿越曲线设计如图3-85所示：入土角9°、出土角6°、穿越水平距离：825m；穿越管道实际长度：840m，穿越最大深度：14m；穿越最大曲率半径$R=1200DN$、连头两端按25～30m考虑。

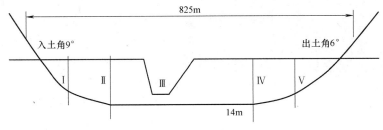

图3-85 管道穿越示意图

穿越使用 H206RD-140Z 型水平定向钻机施工，该钻机推拉力为 150t，扭矩为 87kN/m，从德国引进的中型钻机，及泥浆、动力配套系统。

（2）施工计划

穿越工程施工，计划准备工作时间为 5d，其中钻导向孔、预扩孔、管段回拖的有效工作时间为 15d；总工作时间为 20d。

（3）施工方法

1）测量放线

根据入土点、出土点放出每次穿越钻机的中心线及钻机场地、管线场地、管线焊接场地和泥浆坑的边界线。

穿越施工场地作业面积：

钻机侧场地：50m×50m（另外泥浆坑 10m×5m×5m）。

管线平台侧场地：25m×20m（另外泥浆坑 10m×5m×3m）。

钻机场地布置见图 3-86。

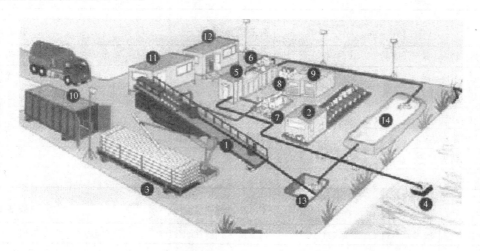

图 3-86　钻机场地平面布置图

图 3-87　现场图

2）现场准备如图 3-87 所示

穿越钻机设备进场，场地平整根据现场情况确定，60m×40m 范围内要压实，达到设备运动行走条件。

工程用水的解决，调用 4 台 4″潜水泵，抽取井水来保证穿越施工的正常进行，抽水井位置需要现场确定。

钻机侧和管线侧泥浆坑开挖，钻机侧开挖泥浆坑长 10m，宽 5m，深 5m。管线侧泥浆坑开挖长 10m，宽 5m，深 3m。开挖采用一台 PC—220 挖掘机作业，边坡比取 1∶0.33 或 0.5，开挖土三次倒运，土层分生、熟土别类堆放。钻机侧泥浆坑开挖土方量 465m³，管线侧泥浆开土方量 345m³。泥浆坑开挖完毕，可用塑料花格布将泥浆坑铺敷，避免泥浆发生渗漏，塑料花格布需要 600m²。

控向设备采用德国公司生产的 MGS 定向系统如图 3-88 所示，在整个穿越过程中采用地面信标系统（Tru-Trucker system）配合 MGS 系统进行准确跟踪定位，确保出土位置准确无误，曲线平滑。

3）钻导向孔

导向孔的钻进是整个定向钻施工的关键，本次穿越工程的施工。其钻导向孔的钻具组合是：9-7/8″钻头＋6.5″无磁钻铤＋5″钻杆如图 3-89 所示。

图 3-88 控向设备

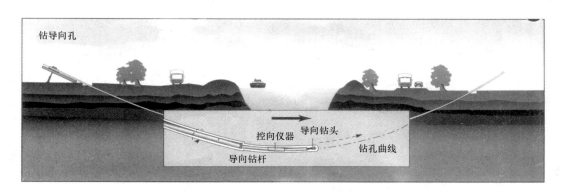

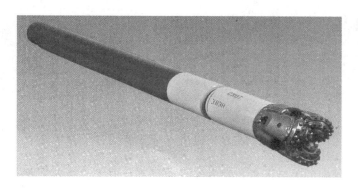

图 3-89 泥浆马达和钻头

4）扩孔如图 3-90 所示

管径为 φ1016mm×17.5mm 穿越的扩孔分五次进行：第一次扩孔采用 22″扩孔器，第二次扩孔采用 28″扩孔器，第三次扩孔采用 34″扩孔器，第四次扩孔采用 40″扩孔器，第五次扩孔采用 46″扩孔器。

5）洗孔

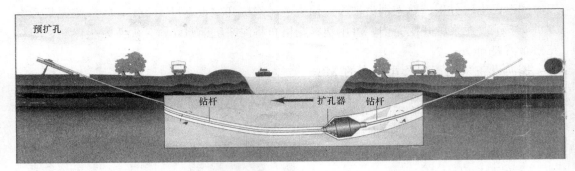

图 3-90 扩孔图

管径为 φ1016mm 管线穿越的洗孔：46″。

6）拖拉沟

回拖前，用单斗挖掘机沿管线挖一条沟，用吊管机或吊车把回拖管线放进沟里，在沟内注水。其作用是：减少拖拉力，保护防腐层。如果地势不平，地势高的地段的沟深点挖，再不行，中间作截水墙。

7）回拖管线如图 3-91 所示

回拖是定向穿越的最后一步，也是最为关键的一步，在回拖时采用的方式是：管径为 φ1016 穿越的管线回拖：使用 46″的扩孔器＋40″中心定位器＋200T 回拖万向节＋φ1016 穿越管线。

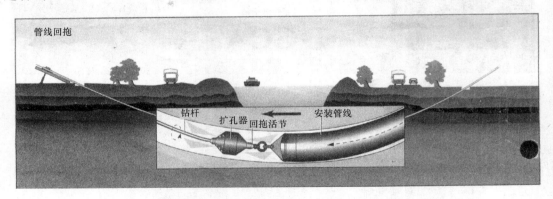

图 3-91 回拖管线图

8）泥浆控制

泥浆是定向穿越中的关键因素，穿越经过地层有：泥岩、粉砂、质泥岩、砂岩、砂砾岩。针对不同的地层采用不同的泥浆，针对每个穿越工程的地层特点，通过模拟试验制定科学的泥浆配比方案。为克服对付这种不利因素，采取以下措施：

a）水源就近取用河水或打井取水，在水罐中沉淀、过滤后配浆。

b）按照事先确定好的泥浆配比用一级膨润土加上泥浆添加剂，配出合乎要求的泥浆。

c）使用的泥浆添加剂有：PAC、万用王、正电胶、纯碱、烧碱等。所加添加剂采用环保型添加剂，符合环保要求。

9）回流泥浆的处理，如图 3-92 所示：钻机场地和管线组装场地各有一个 30m×30m×2m 返浆收集池，泥浆通过排浆池收集，经沉淀之后处理；钻机场地泥浆经过泥浆回收池沉淀后，再经过泥浆回收系统回收再使用。焊接场地返出的泥浆首先利用回收池收集沉淀，再通过光缆套管用 75kW 污水离心泵打到钻机场地的泥浆池中再利用。这样可以保证泥浆用量和泥浆性能，而且可以减少最终泥浆处理量，有利于环保。光缆管用完后，泵清水冲洗至水不浑浊为止。

图 3-92　回流泥浆的处理图

（4）穿越应急方案

如果在穿越过程中由于不可预见的原因导致穿越难度加大，及时组织专家论证，积极探讨解决问题的办法和措施，同时积极做好移位再穿的准备工作，一旦确定立即进行施工。

根据目前已知的地质情况，结合多年的施工经验，为提高穿越成功率，在工程中可以采取以下积极措施：

1）安装滑轮组。

在出土点后安装一个 80t、5×5 的滑轮组。在卡钻时，用滑轮组往后拉一段，以便解卡。

2）遇见硬岩层时。

a）尽量加大泥浆排量，增加泥浆压力，确保岩屑顺利排出，防止岩屑沉淀堵孔。

b）选用硬岩施工的钻具，包括：钻头和岩石扩孔器。

3）遇见胶结程度较差，岩芯呈散状、碎块状或短柱状的砂岩。

遇见这种情况，我们在调整泥浆配比。所配的泥浆，动切力要低，静切力要高，添加一些添加剂，如：正电胶、万用王等以提高泥浆的携砂能力。

3.7.6　工程结果

该工程采用定向钻施工解决了管道穿越、跨越时一次施工距离较长且必须进行非开挖施工的难题，在非城市中心区，可以修建泥浆池的条件下施工，工程造价相对较低，具有节约工程造价，便于施工管理的优势。定向钻施工全部由机械操作，具有施工安全可靠的优点。同时可以根据地质条件调换相应的钻头，因此该施工方法适用于几乎所有地质条件，尤其是含水量较大或有软弱不良地质条件下的非开挖施工。

定向钻施工对于穿越管道周边的沉降控制较差，对于穿越方向的精度控制是该方法的施工难点，因此，定向钻不适于在周边既有建筑或者管线较复杂的情况下施工。

3.8 综合管廊施工技术

3.8.1 引言

所谓"综合管廊"（又名共同沟），即在地底设置专供各种公用事业摆放缆线或管道的隧道或沟道。综合管廊是合理利用地下空间资源，解决地下各类管网布置困难的有效途径，在国外日本及欧洲国家已有近五十年的发展历史。目前国内实施的"地下综合管廊"方式是把市政、电力、通讯、燃气、供水排水、热力等各种管线集于一体，在城市道路的地下空间建造一个集约化的隧道。

我国城市化密集度的发展是扭曲的，按照传统的规划理念已经很难满足现状发展要求，与居住相配套的市政管线，如中水、排水、雨水、自来水、电力、通信、燃气、热力如果各走各自的路由，对于检修及增容都是一个挑战，往往花费是成倍的增长，加之容量富余量受限于地方规划指数影响，做城市大管廊的趋势势在必行。

综合管廊根据其所容纳的管线不同，其性质及结构亦有所不同，大致可分为干线综合管廊、支线综合管廊、缆线综合管廊、干支线混合综合管廊四种。

3.8.2 国内外研究现状

1. 国外地下综合管廊的发展现状

在国外，地下综合管廊是综合利用地下空间的一种手段，一些发达国家已经实现了将市政设施的地下供水、排水管网发展到地下大型供水系统、地下大型能源供应系统、地下大型排水及污水处理系统，地下轨道交通和地下街相结合，构成完整的地下空间综合利用系统。

欧美是地下综合管廊的发源地。世界上第一条管廊在巴黎建成，随之该理念推广到欧美各国。日本是当今管廊技术最成熟的国家，这与日本地域有很大关系，他们的规划建设一直沿用1964年制定的相关措施条例，各在野党执政期间一致延续该条例并不断完善。由于日本是多地震国家，一旦遇到地震破坏，恢复期大部分经历及费用都要放在开挖及回填过程中，如果将综合管线放置在管廊内，管道与管廊侧壁变为柔性连接，管道抗震补偿措施可以更大范围地使用，基本不受地震时土体的位移影响，如果维修也是区域更换及系统性能检查，对管廊上交通无影响。

2. 我国地下综合管廊的现状

我国管廊规划与建设起步晚、起点低，管廊截面大概在2.4～4.0m里程也仅为城市一个区，未普及至整个城市，可以肯定地说出来青岛的排水综合管廊，国内的已建管廊还不如一个炼钢厂管廊使用效率高。目前我国地下管廊存在很多实际问题，如无大规划、小规划随意改线、费用摊销、维护费用、设计保守等。目前我国地下综合管廊还处于初级阶段，由于有历史遗留问题，一步到位不现实，需要逐步完善，以提高城市投资效率，减少不必要的资源浪费。

3.8.3 工程简介

昌平区未来科技城鲁疃西路综合管沟（二期）工程位于北京市昌平区北七家镇，沿鲁疃西路南起七北路，北至定泗路，里程桩号 0+000～1+705 总长 1705m；桩号 0+730.55～0+930.55 为穿越输水干线的暗挖段。

1. 主体结构

（1）明开段结构型式

本工程标准断面共分 4 舱，自西向东分别为电舱Ⅰ、电舱Ⅱ、水+电信舱、热力舱。电舱Ⅰ、电舱Ⅱ 布置 10kV～220kV 的电缆，水+电信舱布置一根直径 900mm 的给水管、一根直径 600mm 的中水管及 24 孔电信电缆；热力舱布置两根直径 800mm 的热力管线。

管沟结构形式均为整体浇筑的钢筋混凝土闭合框架结构，标准段尺寸宽 14.95m，高 3.90m，覆土范围为 2.5～4.5m，其基底高程在场平高程以下 4～8m。深埋节点段为现浇钢筋混凝土结构，其覆土范围 4～5m，基底高程在场平高程以下 9～14m。

标准段尺寸宽 14.95m，高 3.90m 结构变形缝最大间距：标准段 15m，节点 23m，缝宽 30mm，变形缝处设置钢筋混凝土垫梁及橡胶止水带。管沟结构采用明挖法施工。

管沟标准横断面如图 3-93 所示：

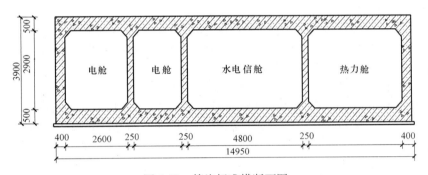

图 3-93　管沟标准横断面图

（2）暗挖段结构型式

暗挖区间段下穿现况水源九厂路。南北两端各设一座施工竖井，南侧为 1 号竖井，北侧为 2 号竖井。1 号施工竖井维护结构基坑宽度 11.8m，基坑长度 26.3m，深约 14.7m；2 号施工竖井维护结构基坑宽度 11.8m，基坑长度 26.3m，深度约 13.7m。其支护形式为围护桩+内侧支撑。暗挖段为三洞分离式断面如图 3-94 所示，由西向东分别为电舱、水+电信舱和热力舱，其中电舱为 AⅠ形断面，开挖宽度为 6.3m，最大开挖高度为 5.72m；水+电信舱为 AⅡ形断面，开挖宽度为 6.3m，最大开挖高度为 5.22m；热力舱为 B 形断面，开挖宽度为 5.3m，最大开挖高度为 4.62m。

2. 附属结构

本标段管沟附属结构包括 4 座排风井、4 座进风井、9 座电力检查井、9 座投料口、1 座人员出入口。

人员出入口为整体现浇钢筋混凝土结构，设置在管沟正下方，管沟底板每仓在人员通道两侧各设置一个人员出入楼梯间，该处管沟结构与人员通道共构。

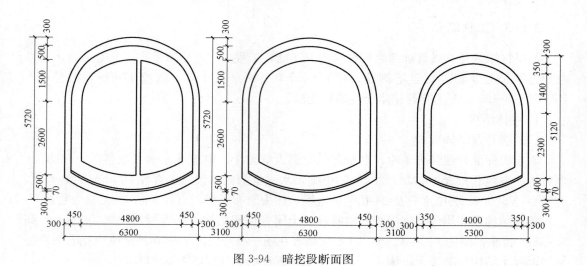

图 3-94 暗挖段断面图

排风井和进风井为整体现浇钢筋混凝土结构，风井夹层设置在管沟的正上方，管沟顶板设置通风孔，该处管沟结构与风井结构共构。

投料口为整体现浇钢筋混凝土结构，设置在管沟正上方，管沟顶板设置投料孔，该处管沟结构与投料口结构共构。

电力检查井为整体现浇钢筋混凝土结构，电力检查井夹层设置在管沟两个电力仓的正上方，管沟顶板设置投料孔，该处管沟结构与电力检查井结构共构。

3. 降水及边坡支护如表 3-15 所示

拟建管沟结构沿线地下水丰富，类型为孔隙潜水。

标准段沿基坑边缘处设置 ϕ600mm 降水管井，井深 16～12m，井间距 6.4m。过输水干线下扎段在结构两侧均采用井点降水。确保拦截地下水向基坑及隧道内涌入，保持基坑及隧道内无水作业。

本工程基坑侧壁安全级别为二级，过输水干线段及深埋节点处为一级。

基坑支护分为两个支护类型，标准段东侧采用井点降水+钻孔灌注桩+锚杆；西侧采用井点降水+放坡。

过输水干线的下扎段：两侧均采用井点降水+钻孔灌注桩+锚杆；支线及竖井位置采用钻孔灌注桩+内支撑。

边坡支护形式　　　　　　　　　　　　　　表 3-15

桩号范围	西侧边坡支护形式	东侧边坡支护形式
0+000～0+600	1:1.5 放坡	钻孔灌注桩+锚杆
0+600～0+720	钻孔灌注桩+锚杆	钻孔灌注桩+锚杆
0+941～1+090	钻孔灌注桩+锚杆	钻孔灌注桩+锚杆
1+090～1+705	1:1.5 放坡	钻孔灌注桩+锚杆

4. 水文地质及对施工的影响

（1）地层情况

该段地层可分为人工填土、新近沉积、一般第四系沉积物，从上至下为：

人工填土：包括①粉质黏土素填土、①1房渣土。

新近沉积：包括②粉质黏土-黏质粉土、②1黏土、②2有机质-泥炭质黏土、②3黏质粉土、③砂质粉土、③1细砂、③2粉质黏土。

一般第四系沉积物：包括④细砂、④1砂质粉土、⑤黏土、⑤1砂质粉土、⑤2粉质黏土、⑥粉质黏土、⑥1黏土、⑥2砂质粉土-黏质粉土、⑥3细砂-粉砂。

(2) 地下水情况

沿线皆遇多层地下水，类型为空隙潜水：第一层为上层滞水，水位埋深一般0.4～2.1m，含水层为①粉质黏土素填土、①1房渣土；第二层为潜水，水位埋深一般2.5～6.4m，含水层为②粉质黏土-黏质粉土、②1黏土、②2有机质-泥炭质黏土、②3黏质粉土、③砂质粉土、③1细砂、③2粉质黏土、包括④细砂、④1砂质粉土；第三层为潜水，水位埋深一般15.5m，含水层为⑤黏土、⑤1砂质粉土、⑤2粉质黏土、⑥粉质黏土、⑥1黏土、⑥2砂质粉土—黏质粉土、⑥3细砂-粉砂。

拟建位置地下水位普遍高于结构底板，施工期间必须采取降水措施。

3.8.4 工程重点难点

本标段施工项目主要包括管沟土建工程及其电气、通风、消防工程，其中管沟结构施工及过输水干线暗挖段是本标段的重点，其基坑支护形式多样、施工工艺相对复杂，是本标段施工的技术重点所在。

(1) 治水、防水，做好管沟结构的防水处理，保证管沟结构安全。

标准段结构采用明挖施工，而地下水位普遍高于结构底板标高，因此，土方开挖前的治水、施工过程中的防水是管沟结构施工需要关注的重点，将贯穿于结构施工的始终。

在现场考察的基础上，依据地勘报告和设计图纸，结合设计方案制定符合场地地质情况的降水方案，并在施工中根据具体情况不断优化、完善，确保结构施工实现干槽作业，避免地下水对正常的施工生产造成不利影响。

在结构施工过程中，重点做好以下几点：

1) 加强对结构自身防水混凝土配比的监督管理，保证结构混凝土本身的抗渗等级达到设计要求；

2) 严格按照设计图纸对结构进行防水处理，选派专业队伍施工，保证防水卷材的铺贴质量，保证外防水效果；

3) 注重对施工缝和变形缝的处理，严格按照设计图纸安装止水带，按照规范要求对施工缝进行处理；

4) 加强对止水带安装质量监管，保证止水带安装位置正确，在混凝土浇筑过程中不发生位移、变形的现象；

5) 施工中注意对卷材端部甩茬的保护，防止撕断、扯破或被钢筋刺破；

6) 防水层施工完毕，及时浇筑防水保护层，避免长时间暴露或暴晒；

7) 在回填土过程中注意保护防水层，防止石块、硬物或夯压机械破坏防水层。

通过全方位采取措施，实现治水、防水的目标，把地下水挡在管沟结构之外。

(2) 由于暗挖段隧道下穿水源九厂三根输水干管，现况管线最大沉降控制值只有10mm；同时穿越地层水文地质条件复杂，地下水位较高，因此暗挖段隧道和竖井施工为本工程的重大风险源和施工重点。

在隧道施工过程中，重点做好以下几点：

1）严格按设计要求及相关标准和规范施工，切实遵循暗挖的十八字原则。

2）针对拱顶及结构间隔土体，依据设计图纸，采用后退式深孔注浆结合超前小导管注浆加固输水干线下方土体。

3）隧道施工必须严格按优化确定的施工顺序、施工错距、开挖参数、二衬施作时机、施作方式、施作长度以及施工工序等进行各分部及结构施工。

4）及时实施地层主动动态式多次补偿注浆措施。在一衬施工时，在拱顶预留注浆管，根据监控量测数据以及确定的沉降控制值进行动态主动补偿跟踪注浆，实现实时沉降控制。

5）加强监控量测工作，切实做到信息化施工。在设计的基础上，增加监测项目，加密测点布置和加大监测频率。通过加强施工过程的监控量测，把对地面沉降的控制落实到每一个关键工序。对所有观测数据，均实行信息化管理，并由富有经验的专职人员根据不同的观测要求，绘制不同的数据曲线，并记录相应表格，预测变形发展趋向，及时反馈并进行施工调整，确保安全施工。

（3）做好施工监控、量测工作，尤其是对九厂路三条输水干线的监测，确保该线及其他构筑物的安全。

在施工现场设置完善的监控、量测体系，监测工作从基坑开挖开始，延续至结构回填完毕，监控项目包括：地层及支护观察、桩体水平位移及挠曲、地表沉降、桩顶沉降、锚索的轴力以及腰梁的变形、地下水位观测、基坑渗漏水情况、邻近地下管线及对输水干线的沉降和变形。通过全面的监控、量测，及时反馈信息，及时调整施工方案，保证基坑安全、结构安全、周边构筑物安全。

（4）做好施工缝的处理工作，保证管沟结构的整体性和完整性。

本次管沟结构采取分步浇筑的方式，施工缝成为结构施工质量的薄弱环节，一方面容易出现跑浆、漏浆的外观缺陷，另一方面容易产生两次混凝土衔接不够紧密，成为结构内在质量的薄弱点。

严格按照设计图纸进行施工缝的设置，并本着"尽量减少的原则"优化管沟结构浇筑方案，从根源上减少薄弱点。同时在模板设计和支撑体系上下功夫，保证两次模板拼缝严密，支撑可靠不变形、不胀模，避免跑浆、漏浆现象发生。在第二次混凝土浇筑前，安排专人进行施工缝的处理工作，并浇筑同标号砂浆使两次浇筑的混凝土衔接紧密。

（5）重视各节点部位结构的施工组织，保证节点部位施工质量。

管沟中的进风井、排风井、投料口、电力检查井、人员出入口以及各节点部位的管沟结构形式复杂，是主体结构施工过程中需要关注的重点。

从测量放线开始，加强对各节点部位结构施工的质量监管，保证其平面位置准确，主体结构与各支线结构、附属结构相对位置关系正确。

在钢筋绑扎、模板安装过程中，保证各部位结构尺寸准确，各预留洞口位置正确，预埋件安装齐全，模板支撑牢固，结构内在质量及外观质量均达到优良标准。

同时，加强复核监管工作，每一步施工结束，均安排专人进行复核，确认正确无误方可进行下一步施工，确保做到万无一失。

3.8.5 主要施工工艺

1. 降水井施工
(1) 工艺流程

测量定井位→挖泥浆池→挖探坑→钻孔→换浆→安放井管→填滤料→黏土封井→洗井→安装水泵→降水。

(2) 施工方法

1) 测定井位

① 按设计要求和井位平面图布设井位并测量地面标高，井位允许偏差≤500mm，施工中遇地下障碍物，经与施工技术人员协商后适当调整井位。

② 定井位应由专业测量人员进行，井位设显著标志。必要时采用钢钎打孔，孔深300~500mm，灌入石灰粉。

2) 挖泥浆池

根据场地条件在基坑内距降水井中心线3~5m处挖泥浆池，每4~6口井共用一个泥浆池。废浆应及时外运并做妥善处理，保持现场环境卫生。

3) 挖探坑

井位下埋有障碍物时，可人工挖探坑清除，挖探直径为ϕ800mm。障碍物埋置较深时做混凝土护壁。

4) 钻孔

降水井采用反循环钻机成孔，地层自然造浆护壁。井径为ϕ600mm，井孔应保持圆正垂直，孔深允许偏差为+500mm。井口土质松散时，设置护筒，避免泥浆浸泡、冲刷导致孔口坍塌。

5) 换浆

成孔后向孔内注入清水置换泥浆，并用水泵或捞砂管抽出沉渣，使井内泥浆密度保持在$1.05~1.10g/cm^3$。

6) 安放井管

井管采用无砂混凝土管，在预制混凝土托底上放置井管，在托底中心设导中器，四周栓8号铁丝缓缓下放。井管逐节连接并下放，当下放管口高于井口约200mm时，接上一节井管，井管周围用2~4条30mm宽竹板固定，井管接头处用玻璃丝布粘贴，以免挤入泥砂淤塞井管，应保证井管在吊放过程中垂直并保持居于井孔中心。为防止土体或异物落入井中，井管上端应高出地面300mm，并加盖井盖。

7) 填滤料

井管吊放完毕后，用手推车将滤料运至井口，人工用铁锹填入井管与井孔的环状空隙内。滤料应均匀、足量填入，填料过程中严禁填入其他杂物，并记录填料量，填料量允许偏差为±10%。

8) 黏土封井

当滤料填至距地面1.5m时，在黏土和滤料之间加隔密目网，防止泥土进入滤料。人工封井时，填入黏土应捣实。

9) 洗井

① 成井后借助空压机和洗井器洗井。洗井要自上而下分段进行，洗井器每次下放深度大于5m，直到水清澈为止，且每段洗井时间不小于2h。

② 洗井工作应在成井后4h内进行，以免时间过长，护壁泥皮变硬，难以破除，影响渗水效果。

③ 洗井后可进行试验性抽水，确定单井出水量及水位降深能否满足设计要求。

10) 安装水泵

潜水泵用绝缘绳吊放，下至距井底1.5～2.5m处。安装并接通电源，每井附近架立电线杆，设置电缆和电闸箱，电源做到单井单控，并安装时间水位继电自动抽水装置和漏电保护系统。

11) 降水

① 联网后应立即连续抽水，不应中途间断；水泵、井管维修应逐一进行；开始抽水时，因出水量大，为防止排水管网排水能力不足，可有间隔的逐一起动水泵。

② 抽水开始后，应做抽水试验，检验单井出水量、出砂量及含水层渗透系数。当出砂量过大，可将水泵上提，如出砂量仍然较大，应重新洗井或停泵补井。

2. 明挖施工

鲁疃西路二期综合管沟干线全长1705m，其中明开槽段长1505m，暗挖段长200m。综合管沟标准段断面尺寸宽14.95m，高3.9m。其底（顶）板厚0.5m，侧墙厚0.4m，中隔墙厚0.25m。全断面分为4舱：由西向东排列分别为电舱Ⅰ、电舱Ⅱ、水+电信舱、热力舱。各舱尺寸：电舱Ⅰ宽2.6m，电舱Ⅱ宽2m，水+电信舱宽4.8m，热力舱宽4m，各舱均高2.9m。全线分五个施工区域，明、暗挖同时施工。明挖段施工原则：先深后浅，先节点后干线。

(1) 边坡支护设计参数

本工程基坑安全等级为二级，过水源九厂输水管线及深埋节点处为一级。

基坑边坡支护分为五种支护形式：

支护形式一：综合管沟标准段为东侧降水+灌注桩+锚杆；西侧降水+放坡。基坑支护形式一如图3-95所示：

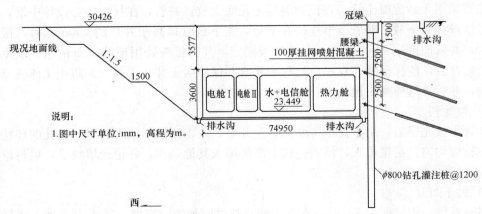

图3-95 支护形式一

支护形式二：水源九厂输水管线下扎段为两侧降水+两侧灌注桩+锚杆。基坑支护形式二如图 3-96 所示：

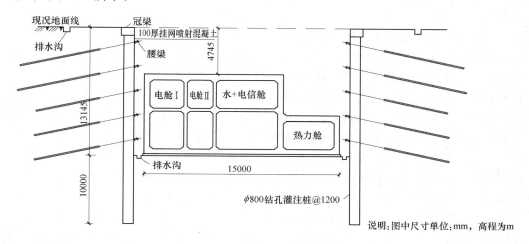

图 3-96　支护形式二

支护形式三：蓬莱苑南路支线为两侧降水＋两侧灌注桩＋钢支撑。基坑支护形式三如图 3-97 所示：

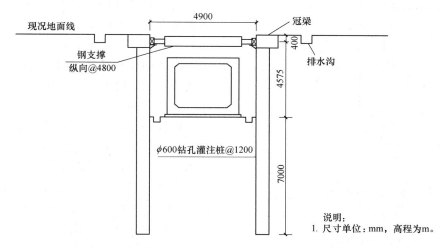

图 3-97　支护形式三

支护形式四：在有条件的地段选用两侧降水＋放坡。
支护形式五：局部段土钉＋喷射混凝土。
（2）标准段支护区域

综合管沟大部分为标准段，桩号为：0＋000～0＋600、1＋080～1＋705，全长 1225m。以 1＋500 处沟槽为例：槽深 7.6m，上口宽 31m，下口宽 16.6m。边坡支护东侧采用灌注桩＋锚杆，西侧放坡。

东侧桩顶设一道矩形冠梁，尺寸为 1000mm（宽）×800mm（高），护坡桩桩径 φ600mm，桩长 15m，桩间距 1.2m，桩间施做 100mm 厚挂网喷射混凝土。支护侧壁设三道锚杆。第一道锚杆距冠梁顶 1.5m，其余锚杆间距均为 2.5m。

西侧放坡：边坡坡度为1∶1.5，依据沟槽深度设二至三步台阶，台阶宽度为1.5m，每步台阶高度约3m。

（3）水源九厂输水管线下扎段支护区域

本段支护区域桩号为：0+600～0+720、0+940～1+090，全长270m。槽深13.5m，宽16.6m。支护形式为双侧灌注桩＋锚杆。

桩顶设一道矩形冠梁，尺寸为1000mm（宽）×800mm（高）。护坡桩桩径 ϕ800mm，桩长23.5m，桩间距1.2m，桩身混凝土强度为C25。桩间施做100mm厚挂网喷射混凝土。支护侧壁设五道锚杆。第一道锚杆距冠梁顶1.5m，其余锚杆间距均为2.5m。

（4）节点支线支护区域：全线有五处节点，节点处由干线引出多条支线，其结构尺寸、埋深各异。以蓬莱苑南路水＋电信舱东支线3-3断面为例，槽深5m，宽4.9m，支护形式为双侧灌注桩＋竖向单（双）排钢支撑。

桩顶设一道矩形冠梁，尺寸为1000mm（宽）×800mm（高）。护坡桩桩径 ϕ600mm，桩长17.8m，桩间距1.2m，桩身混凝土强度为C25。桩间施做100mm厚挂网喷射混凝土。钢支撑采用 ϕ600mm 钢管，由冠梁顶向下0.4m设第一道钢支撑，第一道与第二道钢支撑间距为3.5m。

（5）有条件的地段选用两侧放坡，边坡坡度为1∶1.5，依据槽深，每3m留台阶，台阶宽度1.5m。

（6）局部节点处双层结构的下层结构边坡采用土钉＋喷射混凝土护壁。

3. 暗挖施工

暗挖区间段位于设计桩号0+730.55～930.55，全长200m，下穿现况水源九厂路。南北两端各设一座施工竖井，竖井结构长26.3m，宽11.8m，基坑开挖深度约15m，其支护形式为围护桩＋内侧支撑。暗挖段为三洞分离式断面，由西向东分别为电舱、水＋电信舱和热力舱，其中电舱为AⅠ形断面，开挖宽度为6.3m，最大开挖高度为5.72m；水＋电信舱为AⅡ形断面，开挖宽度为6.3m，最大开挖高度为5.22m；热力舱为B形断面，开挖宽度为5.3m，最大开挖高度为4.62m。

（1）施工步序如图3-98所示

（2）重要施工过程的施工方法

1）场地平整及测量放线

① 场地平整：施工前首先对施工

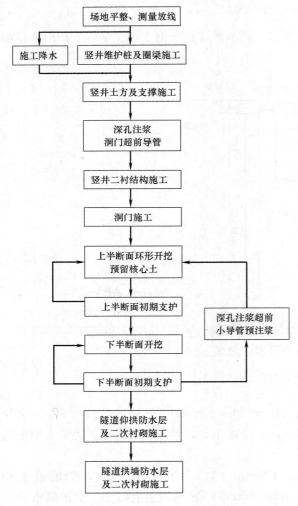

图3-98 暗挖段施工步序图

场地进行平整清理，划分出堆料场、存土场以及设备停放区。

② 测量放线：将导线点及水准点引测到竖井周围易于保护和使用的地方。根据设计图纸和降水井布设方案，进行测量放线，并进行标记，以指导下一步施工。

2) 施工降水

在设计竖井施工前，先进行降水施工，其目的是为了减少潜水对竖井开挖的影响。降水井深度及施工工艺与明挖降水施工工艺相同，在此不做叙述。设计竖井沿四周每座布设17口降水井。

3) 围护桩及冠梁施工

隧道南北端各设置一座施工竖井，竖井结构长 26.3m，宽 11.8m，基坑开挖深度约 15m。施工竖井采用围护桩＋内侧支撑进行支护。围护桩为 C30 混凝土灌注桩 $\phi 800mm$，间距 1400mm，桩顶设 $800mm \times 800mm$，C30 混凝土冠梁。

4) 龙门架施工

本工程设计竖井 2 座，竖井龙门架均采用型钢焊接而成。根据现场实际情况，竖井起重架分别设置 2 台 10t 电葫芦。安装后先进行空载和重载的安全检测，满足连续作业的要求。竖井架子除固定在锁口圈梁上外，其余均应采用钢筋混凝土独立支墩，以支撑竖井架子的自重及吊运重物时所发生的一切荷载，每一个支墩的断面形式为 1.5m× 1.5m×2.0m（长×宽×高），现浇 C30 混凝土，在基础上预埋 20mm 厚锚固钢板，以便于工字钢立柱与基础的连接，钢板平面尺寸 400mm×400mm，为了保证架子承担的荷载能够均匀地传入基础上，宜将钢板作有效的固定，在钢板上焊 4 根 $\phi 25$ 钢筋，长 1.5m，埋入基础混凝土，钢筋与钢板焊接牢固，其下设 $\phi 16$ 箍筋，间距 200mm，纵向均匀布置。

设计竖井龙门架共 2 座，竖井架采用型钢组装，行车梁选用Ⅰ40a 工字钢，门梁选用Ⅰ50a 工字钢，立柱选用Ⅰ40a 工字钢，各部件采用焊接连接。

5) 竖井施工

① 总体施工步序如图 3-99 所示。

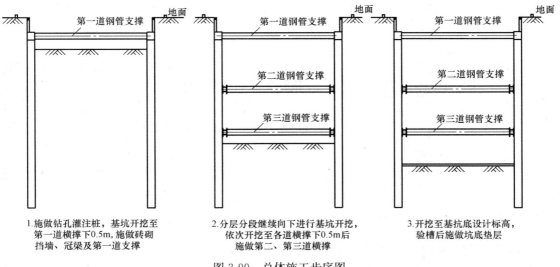

图 3-99 总体施工步序图

② 土方开挖。

a. 土方开挖原则：土方开挖按"分层、分区，由中心向四周扩散开挖，兼顾桩间护壁和钢支撑施工，严格执行先撑后挖"的原则。

b. 土方分层开挖：

土方开挖分为四次，第一次土方开挖采用一台小松 60 型挖掘机，挖至第一道横撑下 0.5m 位置，开挖深度约为 2.7m。施工完毕后及时施做横撑。

第二次土方开挖采用两台小松 60 型挖掘机，挖至第二道横撑下 0.5m，开挖深度约为 5.5m。本次分三层开挖，每层开挖约为 1.8m，并及时施作桩间护壁混凝土。开挖完毕后施做第一道腰梁和第二道横撑。

第三次土方开挖采用两台小松 60 型挖掘机，挖至第三道横撑下 0.5m，开挖深度约为 4.4m。本次分三层开挖，每层开挖约为 1.5m，并及时施作桩间护壁混凝土。开挖完毕后施做第二道腰梁和第三道横撑。

第四次土方开挖采用一台小松 60 型挖掘机，挖至基坑底以上 0.2m，开挖深度约为 2.6m。本次分两层开挖，每层开挖约为 1.3m，并及时施作桩间护壁混凝土。本次开挖需严格控制槽底高程，避免超挖，预留 20cm 人工清槽。开挖完毕后施做垫层混凝土。

采用机械开挖土方时，需注意对竖井各道横撑的保护，采用的安全措施有：

书面、口头进行安全、技术交底。

横撑下方 20cm 处设置安全标志。

设专职安全员在现场监控、指挥。

③ 腰梁及钢支撑施工

设计竖井内支撑采用 $\phi 609mm$，壁厚 12mm 钢管作为对撑，腰梁采用 $2I45c$ 组合焊接而成。竖井第一道横撑设置在冠梁顶以下 0.4m 位置，第二道横撑及腰梁距上一道横撑 5.5m，第三道横撑及腰梁距第二道 4.4m。

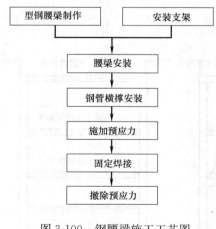

图 3-100　钢腰梁施工工艺图

a. 施工工艺如图 3-100 所示：

b. 腰梁施工：腰梁在地面拼装，开挖到腰梁标高时，利用吊车将腰梁吊放到基坑内，人工配合安装。

c. 横撑施工：

横撑施工需要与基坑土方开挖相结合，严格执行先撑后挖的原则。

横撑就位后，先将一端固定，然后从另一端施加应力，待达到设计值后进行焊接固定，并撤除应力。

④ 竖井封底：待挖着基坑底设计标高后，浇筑 15cm 厚素混凝土垫层。

6）隧道初衬施工

① 洞门施工

a. 开洞门前沿隧道起拱线打设超前小导管，对洞门拱顶土方进行预加固。超前导管采用 $\phi 32 \times 4mm$ 钢花管，每根小导管长 3.0m，并在管周布孔（孔距 100~200mm，孔眼直径为6～8mm）。为便于插入土层，钢管端头焊成锥形，确保注浆时达到设计压力，达到加固土体的目的。

b. 插入钢管：超前小导管外插角为5°～10°，环向间距400mm，注浆管纵向搭接长度水平投影不小于1.5m。利用风镐的锤击功能将钢管击入土层，用压缩空气将管内积物清除干净，孔口采取暂时封堵措施。

c. 封堵：注浆前要将尾部及孔口周边空隙封堵。钢管尾部使用浆塞和快速接头，孔周边用快硬水泥浆进行封堵。

Ⅳ 注浆：超前小导管注浆浆液采用1∶1水泥浆。

② 深孔注浆

a. 工艺流程

前进式深孔注浆工艺流程如图3-101所示：

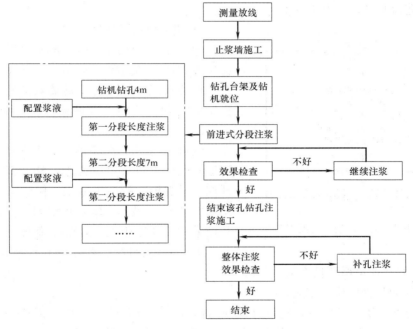

图3-101 前进式深孔注浆工艺流程图

b. 技术参数

隧道深孔注浆目的是为了加固起拱线以上至轮廓线外1.5m范围内的土体加固，并且达到阻水效果，以确保在暗挖过程中掌子面土体的稳定和无水作业条件，并且减少因隧道开挖造成的沉降，更好的控制输水管道的沉降值。

在加固断面范围内注浆孔成50cm×50cm梅花形布置，注浆孔间距如图3-102所示：

注浆孔眼可根据现场土层要求适当增减，主要技术参数如下：

最长注浆长度12m，单孔有效扩散半径0.5m，终孔间距1.0m；注浆范围为隧道开挖轮廓线外1.5m。注浆终压为0.4～0.6MPa。注浆材料选用，水泥：P.O.42.5R普通硅酸盐水泥，水玻璃：模数2.1～2.8，浓度25～35°Bé。浆液配比：止水加固注浆时选用普通水泥—水玻璃双液浆；溶腔填充物为淤泥或泥水混合物时选用普通水泥浆液；浆液凝结时

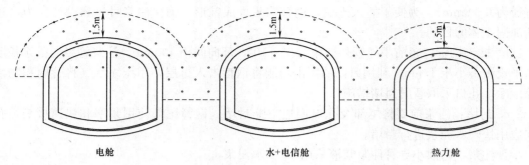

图 3-102　注浆孔间距示意图

间 20s～30min；注浆压力 0.3～0.6MPa。

③ 土方开挖及初衬

a. 工艺流程如图 3-103 所示

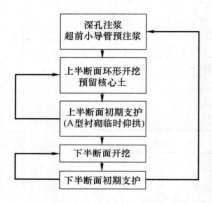

图 3-103　土方开挖工艺流程图

b. 超前导管预注浆

超前小导管采用 DN32mm 水煤气花管，沿起拱线布置，环向间距 30cm，并根据地下水情况预注单液水泥浆或水泥水玻璃双液浆。超前导管投影重叠不小于 1m，每两榀打设一环。

c. 土方开挖

隧道一衬施工在超前导管注浆结束后进行。隧道开挖自出口端单向掘进，整个掘进遵循"短开挖、早支护"的施工原则。由于本隧道初衬开挖断面高为 A 型 5.72m、B 型 5.12m。A 型隧道开挖采用 CD 法施工；B 型隧道开挖采用正台阶法施工，上层台阶开挖高度为 2.8m，下台阶高 2.32m。土方开挖每循环长度为 0.5m。

④ 钢筋网和钢格栅的安装

a. 待土方开挖面形成后，先行打设锁角锚管并进行预注浆工作。锁角锚管每处格栅拱脚处打设两根（DN32mm 水煤气钢管，L=2m），锁角锚管施工完毕后，对开挖面进行初喷，然后挂设钢筋网片，钢筋网片（$\phi6@150mm \times 150mm$）为外侧单层布置，施工中应与钢格栅和锚管联结牢固，喷射时钢筋网不得晃动。网片之间搭接不小于一个网格的搭接长度。

b. 格栅安装

钢格栅在加工完毕后需进行预拼装，整体检查断面尺寸、焊接部位、连接件是否满足设计及施工要求。钢格栅安装前清除底脚下的虚碴及其他杂物，超挖部分用喷射混凝土填充，确保钢格栅落在坚实牢靠的基础上，安装时与前期打设的锁角锚管进行焊接。

⑤ 喷射混凝土

混凝土搅拌、运输：喷射混凝土干料搅拌采取全自动计量强制式搅拌机，施工配料应严格按配合比进行操作。用竖井内下料管道输送至竖井底，三轮车装料运至工作面。

喷射作业：喷射混凝土采用干喷工艺。喷射混凝土在竖井外搅拌站集中拌和，由三轮车运至工作面，采用喷射机喷射作业。在隧道开挖完成后，架立钢架、挂钢筋网，然后对岩面进行清理后喷射混凝土至设计厚度。

⑥ 初支背后注浆

初期支护施工时拱部预埋背后注浆管，梅花形布置，初期支护封闭成环后，及时对初支背后压注水泥浆。注浆后可在初支混凝土临土面形成一个致密的刚性防水环，起到堵水、加固结构的作用。

7) 防水施工

防水层施工工艺流程：基层处理→细部处理→底板缓冲层→底板防水板→背贴式止水带及注浆管安装→拱顶及侧墙缓冲层→拱顶及侧墙防水板→背贴式止水带及注浆管安装→质量检验→成品保护。

8) 二衬施工

① 二次衬砌钢筋施工

本工程的钢筋绑扎，为保证钢筋位置准确、牢固，采用"排架"施工。主筋搭接位置需错开绑扎接头，在同一截面的接头截面积受拉区不得超过总截面积的25%，受压区不超过50%。凡二个绑扎接头的间距在钢筋直径的30倍以内以及50cm以内的为同一截面。相邻绑扎点的铁丝扣成八字形，以免网片歪斜变形。钢筋搭接长度，绑扎35d。

② 二次衬砌模板施工

隧道共有两种不同断面，分别为A1、A2型断面和B型断面，均采用满堂红脚手架支撑体系；共计划加工A型断面隧道二衬模板100m，B型断面隧道二衬模板50m。

a. 侧墙及拱顶模板采用定型钢模，模板厚度4mm。模板支架采用碗扣式600×600mm支撑+Ⅰ20工字钢钢架组合支撑，顺隧道纵向顶丝丝托下垫15cm×15cm方木顶于Ⅰ20工字钢上，15cm×15cm方木与Ⅰ20工字钢之间间隙用木楔备实，碗扣式支架间用 $\phi 48$ 管打剪刀撑，间距1.2m。

b. 安装侧墙模板时，与已浇筑的底板混凝土或下层侧墙混凝土连接部位应粘海棉条后压模板以防漏浆。模板接缝拼接严密，不得漏浆。

③ 二衬混凝土施工

二衬模筑混凝土强度等级为C40、P10，均采用泵送商品混凝土浇筑。

3.8.6 工程结果

本工程结合明开法与暗挖法建设地下管廊，国内外类似施工经验相对较少，施工过程中克服了很多困难。

本工程结束后，对结构的沉降等指标进行了继续观测，观测结果显示结构沉降控制在允许范围内，结构内管线均满足各自的使用功能要求。

本工程在管廊施工过程中探索了很多方法，积累了丰富的施工经验，使明开法施工与分离式暗挖法结合施工地下管廊技术得到了很好的应用。

3.8.7 主要创新点

(1) 针对疏干井已扰动富水地层中小净距群洞浅埋暗挖非降水施工下穿三条有压大直径管线保护难题，提出并采用了地表与地下联动组合施工技术，管线最大沉降值控制为

9.78mm，最大斜率控制为1.64‰，确保了管线安全。

（2）提出并采用了先行施做以"增加管线基底土体强度，确保管线均匀沉降"为目的的挟持式双排管地表注浆预加固方法。施工中可灵活调整导管间距、长度、倾角和注浆参数等，确保了注浆加固效果。

（3）形成了"单洞先行＋洞内超前深孔注浆和双排管注浆＋CD法开挖＋监控量测"组合施工技术，实现了富水扰动地层非降水下穿管线信息化施工，确保了安全穿越。

4 环境工程施工新技术

4.1 大温差、高海拔地区 A^2O 工艺调试研究技术

4.1.1 引言

A^2O 法（厌氧—缺氧—好氧法）综合了传统活性污泥工艺、生物硝化及反硝化工艺和生物除磷工艺，通过培养活性污泥菌群与污水进行生物作用，以实现水质净化。但在高原高寒的低温缺氧条件下，A^2O 工艺运行中污泥增殖速率、微生物的活性、活性污泥的絮凝沉降性能、充氧效率及水的黏度都会受到极大影响，无法满足工艺运行的基本要求。因此需要针对高原高寒的气候条件，对污泥驯化及工艺的快速启动方法进行研究，获取高原地区低温缺氧条件下 A^2O 工艺运行的最佳参数，确定理想的工艺流程及运行参数，为类似条件污水厂站的运行提供相应数据参考和技术保障。

4.1.2 工程简介

1. 工程背景及水文地质

玉树藏族自治州位于青藏高原腹地，青海省南部，全境平均海拔在 4200m 以上，海拔最高点 6621m，气候高寒。全境年平均气温 -0.8℃，年最低气温 -42℃，最高气温 28℃，大气压力约 65kPa，年平均降水量 463.7mm，气候寒冷而干湿不均，空气含氧量只有海平面的 40%～65%。由于地处中纬度内陆高原，城区内西北高东南低的地势，决定了温度分布呈西北冷、东南暖的基本形式；又因该地区靠近亚热带的边缘，受印度洋西南季风和太平洋东南季风的影响，水汽充足，暖季降雨量较多，属高原温带半湿润地区；具有寒长暑短，昼夜温差大，气温低和气候垂直分带明显等特征。

2. 工程结构形式

北京市援建青海省玉树州（县）结古镇污水处理厂于 2010 年开工建设，采用 A^2O 处理工艺，近期处理规模为 2.5 万 m^3/d，总占地面积 49.5 亩，是目前中国在建的海拔最高的污水厂（海拔超过 3600m），也是玉树重建重要的环保工程、民生工程、绿色工程和生态工程。

主要建设内容包括：进水泵房、旋流沉砂池、生物池、沉淀池、滤布滤池、消毒池、办公楼、总变电室、鼓风机房、脱水机房等。

4.1.3 工艺运行难点及重点

1. 高寒地区污泥驯化及快速启动

由于高原缺氧地区外界气温较低、空气中氧的浓度水平较低和曝气系统的充氧效率相对较低，常规的污泥驯化措施在高寒地区并不适用，需要结合牧区水质特点，对高原高寒地区活性污泥中微生物的种群分布、特种微生物构成、微生物的生长增殖特性、影响因素

等进行分析，提出高原高寒地区 A^2O 工艺污泥驯化与快速启动方案。

2. 低温缺氧地区 A^2O 工艺运行参数确定

本工程设计进水水质是参考周围地区水厂的数据，没有本地区污水厂实际的进水水质数据，因此实际进水水质和设计水质间可能存在较大的偏差，需要对当地污水水质指标、污水温度、外界大气温度、气压、水量变化等进行长期连续测定，为 A^2O 工艺运行参数优化提供基础资料。

3. 低温缺氧条件下工艺运行参数优化

温度、溶解氧浓度、进水水质特点对活性污泥微生物的活性具有较大影响，因此，如何通过运行参数控制，实现低温、低氧分压条件下活性污泥保持较高的活性、工艺稳定达标运行是项目运行后亟待解决的问题，需要通过调节曝气量、厌氧、缺氧、好氧单元污泥浓度等参数，提出高原高寒地区 A^2O 工艺节能降耗方案。

4.1.4 工艺调试流程

本工程 A^2O 工艺流程如图 4-1 所示。

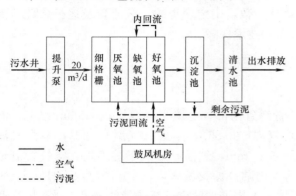

图 4-1 调试工艺流程

1. 调试启动前设备调试

设备调试主要由单机调试和清水调试：

（1）单机调试的目的是为证明设备在安装完成后，能够符合其相关技术规定，水密性、安全性和所有控制系都正常运行。池体密封性良好，无漏水现象。化粪池进水泵、调节池进水泵、污泥回流泵、好氧池回流泵、厌氧池搅拌机、缺氧池搅拌机、鼓风机等都依次进行单机调试，设备运转正常，液位浮球自控装置也运行正常，浮球开关都能根据液位正常控制水泵的启动和停止。

（2）清水调试，中试反应器里注入自来水进行清水调试，检查中试装置、管路等都没有漏水情况、阀门开关都正常。同时开启进水泵、回流泵、搅拌机、鼓风机等设备。实验一切正常后，开始进行污水调试，培养活性污泥。

2. 快速启动调试过程

快速启动调试分 3 个阶段：闷曝培养→连续进水驯化→稳定进水试运行。

（1）投加菌种

将曝气池注满有机废水（或用清水混合污水至 $COD_{Cr}>300mg/L$），按曝气池蓄水量的 1%～3% 向曝气池中投加脱水活性污泥，尽量在 2d 内投加完毕（投加的活性污泥需要过滤），保持好氧池活性污泥含量达到 500mg/L 以上。

（2）培菌阶段

当有菌种进入曝气池时，无论菌种是否投加完毕，必须立即开始培菌步骤。

1) 闷曝：所有搅拌机都开启，曝气机风机开启，剩余风机暂不开。根据自控仪表显示的溶解氧变化调整曝气机风机的开停数量使溶解氧保持在 0.5～1mg/L 之间。在污泥量少，供氧有富余时闷曝 48h 后进入静沉步骤。

2）静沉：将所有曝气机停止 2h。

3）排出上清液，排掉约 20％上清液，进水，继续闷曝 12h。

4）间歇补充废水：按闷曝→静沉→闷曝的顺序不断反复上述步骤，当监测到 COD 值较最初降低了 50％时，向曝气池补充设计处理量 50％的有机废水。以前 2 次进水时间间隔为基准安排进水时间，并且每天将此间隔缩短一半。

5）完成培菌：经过 3～7d 的培养，曝气池污泥浓度（MLSS）达到 1500mg/L 时，可以进入活性污泥驯化步骤。

（3）驯化过程

按设计处理量的 20％左右连续进水，溶解氧控制在 1.5～3mg/L 之间，在系统正常运行前提下每天按现有处理量的 10％递增进水，直到达到设计处理量。

培养前要对来水的 CODcr、总氮、总磷、氨氮等进行检测分析，确定来水中 CODcr、总氮、总磷、氨氮等的含量。前期培养过程中要保证进水的营养物充足，碳氮比合适，如果生活污水营养物不足，需要补充营养物，碳源不足可以投加葡萄糖、淀粉和新鲜的粪便污水。经过 7～10d 的培养，曝气池污泥浓度（MLSS）达到 2500mg/L 左右，可以进行系统的试运行。

（4）系统试运行

当好氧池污泥浓度达到 2500mg/L 时，可以按正常的设计水量进行试运行，试运行期间需要按设计进水负荷进行正常运行，同时注意控制系统以下参数如图 4-2 所示：

1）进水负荷

进水负荷的控制包括对进水流量、CODcr 浓度两方面的控制，按公式

$$进水负荷 = CODcr \times Q$$

式中　CODcr——进水 CODcr 浓度值（mg/L）；

Q——进水流量（L/h）。

运行时进水负荷主要通过控制进水流量进行控制，正常情况应以设计进水负荷为基准控制；为应付波动改变负荷时，应控制在设计进水负荷上下浮动 30％以内。

2）pH 值：运行中控制 pH 值主要从调节池入手，通过调节池调节保持 pH 一般都在 6～9。

3）温度：当好氧池温度低于 10℃时，需要留意的是溶解氧的变化，若表现出供氧能力下降，溶解氧值降低则应减少 30％的进水缓解供氧压力。当好氧池低于 10℃时，需要考虑采取保温措施或加温措施，封闭门窗。

4）溶解氧：这里的溶解氧是指好氧池溶解氧情况。当好氧池末端溶解氧高于 4mg/L 时，应降低曝气量。当好氧池末端溶解氧低于 1mg/L 时，首先确定是水量有机物变化过大造成，还是曝气系统故障造成，若非机器故障，立即降低进水 50％，同时加大曝气量。

5）污泥回流比（％）：

$$污泥回流比 = 回流污泥流量/进水流量$$

通常控制在 25％～100％，应急情况则可能高于 100％。正常运行时，回流比设置为 50％，则进水的小范围波动情况下均不需要调整。

6）营养投加：对于营养的投加主要是针对碳氮磷比例不协调，由于大粪污水氮和磷

比例偏高，碳源不足的情况，在进水中补充葡萄糖以增加碳源。调试阶段首次投加营养按 CODcr：N：P＝100：5：1，并根据实际情况作出调整。

营养投加计算示例：进水条件 CODcr＝400mg/L，流量＝20t/d；营养比例：CODcr：N：P＝100：5：1。

7) SV30、SVI：这 2 项指标主要用于诊断系统故障，判断系统运行状态。

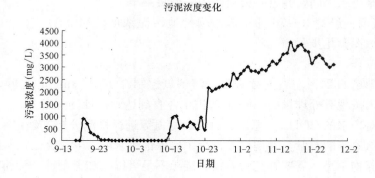

图 4-2　好氧池活性污泥的生长变化图

3. 运行参数优化

(1) 碳氮比对出水总氮的影响

污水处理中的 C/N 一般是指 BOD5：TN，生物脱氮技术通过硝化和反硝化来实现氮的去除，而充足的碳源是反硝化菌高效脱氮的关键，当进水 C/N 低于 10 时，需投加外碳源来保证生物脱氮效果。

根据实验数据分析，碳氮比 COD：N 大于 15：1 时，总氮、氨氮的去除效果最好，碳氮比过低时，由于碳源不足导致出水总氮和氨氮都较高。

(2) 回流比对脱氮除磷的影响

A^2O 工艺的反硝化同步脱氮除磷是工艺的主要特点。针对项目建成后可能存在的碳源缺乏问题，通过调节污泥回流比、好氧池溶解氧浓度等进行反硝化同步脱氮除磷控制。

(3) 回流比对脱氮的影响

项目通过分别调整混合液回流比，总氮的去除率随着混合液回流比的增大呈先升高后下降的趋势，表明系统中混合液回流的作用是向缺氧段反硝化提供硝态氮，作为反硝化过程的电子受体，以致达到脱氮的目的。当回流比过低时，导致系统缺氧池中的硝态氮不足，从而影响反硝化脱氮效果；但当回流比过高时，随着混合液进入缺氧池中的氧相应增多，破坏了系统的缺氧条件，导致反硝化效果下降。现场实际的进水水质及考虑能耗情况，混合液回流比为 200% 时效果最佳。

(4) 回流比对除磷的影响

混合液回流比逐渐增大，总氮的去除率并无明显变化，均有较好的去除率，且后期平均出水都在 0.5mg/L 以下，能够达到城镇污水处理厂污染物排放标准。

(5) 污泥回流对脱氮除磷的影响

污泥回流是为了维持系统里活性污泥的量，也就是微生物的量，保证系统有良好的脱氮效果。增大污泥回流比更有利于系统反硝化效果。系统 TP 的去除是通过污泥的吸附后排放达到的，因此系统内污泥浓度不能过低。

当混合液回流比控制在200%时，污泥回流比较低时出水总氮浓度较高，过低的回流比使得反应器污泥浓度低，随污泥回流比增大总氮去除率随之增大。

同时，提高的污泥回流比有利于TP的去除，但因为回流污泥中含有硝酸盐氮，在厌氧状态下水中存在硝酸盐氮，反硝化菌产生反硝化将与聚磷菌竞争易降解的低分子脂肪酸，而反硝化菌的竞争能力远远大于聚磷菌。硝酸盐氮会抑制厌氧池中聚磷菌厌氧状态下磷的释放，甚至会使聚磷菌停止放磷。因此，随污泥回流比的增大，TP去除率增加幅度逐渐减小，还会对TP的去除有不利影响。为了保证系统有较好除磷效果，污泥回流比不易过大，在75%左右比较适宜，实际运行中还要根据活性污泥浓度进行调整，如果好氧池活性污泥浓度增加过快就需要降低污泥回流量，保持好氧池活性污泥浓度在一定范围内。

（6）气水比脱氮除磷的影响

玉树地处高原地区，由于空气稀薄，含氧量只有平原地区的65%左右，研究高原缺氧条件下的最佳气水比对将来玉树污水厂正式运行有很强的指导意义。水中溶解氧过低、过高对总氮去除均不利。

项目进行过程中系统对总磷的去除效果比较好，除个别外，试验后期出水一般稳定在0.5mg/L以下。单从去除效果来看，除磷过程几乎不受溶解氧的影响，但根据对系统沿程各池出水总磷浓度的跟踪测定所得的数据发现，好氧池中溶解氧浓度对厌氧释磷和缺氧吸磷过程影响较大。当好氧池中溶解氧较低时，厌氧池中出现了厌氧释磷的现象。当溶解氧较高时，厌氧池出现释磷现象，由于出水溶解氧浓度过高，回流污泥中含有硝态氮改变了厌氧环境。因而控制好氧池溶解氧的浓度是气水比调控的关键。

通过分析可知在该环境条件下，系统确定正常运行时最佳气水比是20:1左右，气水比还要根据进水的营养物负荷进行适当修正，进水营养物高于设计含量，则需要相应的增加曝气量。

（7）活性污泥其他指标

1）活性污泥浓度（MLSS）

MLSS主要通过排除剩余污泥进行控制，理论设计值为：3000mg/L，调试完成阶段的日污排泥量为基准确定小时排泥量并连续排泥。

调整方法是：当污泥浓度偏离基准时，适当调整污泥回流比，并增加（减少）小时排泥量15%，仍然偏离就按每次10%逐步改变排泥量，直到找到合适的排泥量保持污泥浓度稳定。

项目前期由于接种的污泥量不足，且原水污染物浓度波动较大，污泥生长受到限制，前期污泥浓度一直处于较低水平；后期通过接种污泥和投加污染物，污泥迅速增殖。到试验后期开始定时排泥，维持系统污泥浓度的稳定。

2）pH值

项目运行过程中，监测pH值控制在6~9范围内，因该项目来水均为生活废水，系统进水和出水的pH值相对稳定。

3）温度（℃）

因项目所在地区日温度变化较大，当温度低于10℃时，需要留意的是溶解氧的变化。

若表现出供氧能力下降，溶解氧值降低则增加供气量，或者适当降低的进水负荷，以缓解供氧压力。同时，采取保温措施或加温措施，封闭门窗。

4）溶解氧（DO）

项目实施过程中，同时每天监测反应器各个工段的溶解氧浓度，依据溶解氧调整进水负荷和好氧池供气量。确保好氧池末端溶解氧浓度保持3mg/L左右，以保证系统的水处理效果。

5）沉降比（SV30）

活性污泥沉降比应该说在所有操作控制中最具备参考意义，通过观察沉降比可以侧面推定多项控制指标近似值，对综合判断运行故障和运转发展方向具有积极指导意义。

沉降过程的观察要点：

① 在沉降最初30~60s内污泥发生迅速的絮凝，并出现快速的沉降现象。如此阶段消耗过多时间，往往是污泥系统故障即将产生的信号。如沉降缓慢是由于污泥黏度大，夹杂小气泡，则可能是污泥浓度过高、污泥老化、进水负荷高的原因。

② 随沉降过程深入，将出现污泥絮体不断吸附结合汇集成越来越大的絮体，颜色加深的现象。如沉淀过程中污泥颜色不加深，则可能是污泥浓度过低、进水负荷过高。如出现中间为沉淀污泥，上下皆是澄清液的情况则说明发生了中度污泥膨胀。

③ 沉淀过程的最后阶段就是压缩阶段。此时污泥基本处于底部，随沉淀时间的增加不断压实，颜色不断加深，但仍然保持较大颗粒的絮体。如发现，压实细密，絮体细小，则沉淀效果不佳，可能进水负荷过大或污泥浓度过低。如发现压实阶段絮体过于粗大且絮团边缘色泽偏淡，上层清液夹杂细小絮体，则说明污泥老化。

通过分析认为：反应器运行温度偏低是污泥沉降性不好的一个原因；另外由于生活污水不足，试验期间外加了碳原和氮原，但未投加其他微量元素，微生物营养单一，生长条件不够理想所致。

试验期间，随着污泥浓度的升高，污泥的沉降性逐渐变差，表4-1是影响污泥沉降效果的因素分析。

影响沉降效果的因素及对策　　　　　　　　　　　　　表4-1

影响因素	原因	对策
活性污泥浓度过低	过低的污泥浓度，使得活性污泥絮团间间距过大，碰撞机会减少，导致絮凝不充分沉淀效果差	确认活性污泥浓度与食微比以及污泥龄的关系，并加以调节适应
活性污泥浓度过高	污泥浓度过高，使得絮体没有完全形成就发生絮体间碰撞沉淀，压缩效果差，易出现翻底	用食微比以及污泥龄确定目前污泥浓度是否适合
曝气过度	曝气过度，导致细小气泡夹杂在污泥絮体中，降低沉降速度，从而影响沉淀效果	降低曝气量，并排除污泥老化等增加污泥黏度的因素
污泥丝状膨胀	膨胀后，污泥絮团间的吸附能力不足以抵消丝状菌产生的支撑膨胀力，导致沉淀速度极其缓慢	抑制丝状菌膨胀的方法将在后面的章节中叙述

6）污泥体积指数（SVI）如表4-2所示

污泥体积指数 SVI 在 50~150 为正常值，对于工业废水可以高至 200。活性污泥体积指数超过 200，可以判定活性污泥结构松散，沉淀性能转差，有污泥膨胀的迹象。当 SVI 低于 50 时，可以判定污泥老化需要缩短污泥龄。

活性污泥体积指数　　　　　　　　　表 4-2

SVI 值	产生原因	对策
SVI>150	活性污泥负荷过大，导致污泥沉降性能降低	发挥调节池作用，均匀水质提高活性污泥浓度
	活性污泥膨胀	参照膨胀对策
SVI<50	活性污泥老化，导致沉降比异常降低	根据负荷调整活性污泥浓度，排出部分污泥
	进水含大量无机悬浮物，导致活性污泥沉降的异常压缩	可适当在调节池投加絮凝剂，并加强排泥

项目运行中污泥的 SVI 值基本高于 150，通过显微镜检测未发现丝状菌，因此排除丝状菌引起的污泥膨胀。当地的高寒和低气压的气候环境也可能是造成污泥沉降性差的原因之一。

4.1.5　工程结果

大温差高海拔地区 A^2O 工艺调试及运行参数优化项目，是国内高原高寒地区 A^2O 工艺首次创新型研究，提高了高原地区污水处理工艺的技术水平，为高原地区污水厂工程建设提供了有力的技术支持，同时引导工程建设企业在工程建设期间不断开展科学研究，形成工程与研究的耦合。

项目通过对玉树结古镇污水厂 A^2O 工艺的快速启动过程中污泥的培养和驯化，缩短了污泥的培养和驯化时间，1 个月的快速启动使得污水厂出水水质能够达到一级 A 标准；同时对高原地区 A^2O 的工艺参数按照中试研究的成果进行实际工程的检验，通过调整参数能够使得 A^2O 工艺发挥最佳的同步脱氮除磷效果，同时减少了工艺设计的曝气量，大大节约了曝气的电费，给玉树结古镇污水厂的调试和运行带来了可观的社会和经济效益。

4.2　垃圾填埋场大型空气支撑膜围合结构施工技术

4.2.1　引言

随着城市生活的发展，垃圾处理的要求越来越高，其中垃圾填埋场凭借着投资小、设备简单、运行成本低且基本满足生活垃圾无害化要求等特点，一直是我国应用最广泛的生活垃圾处理技术。但是，垃圾填埋作业时产生的垃圾渗沥液、恶臭气体、粉尘、垃圾飞散物、机械噪声等的排放，对周围环境会产生一定的影响，这成为制约垃圾填埋作业发展的关键问题。大型气撑式膜结构在填埋作业中的应用，可对填埋场作业区进行空间围合，形成密闭的填埋作业空间，有效改善垃圾填埋作业条件，提高周边环境质量。

4.2.2　工程简介

某垃圾卫生填埋场扩建工程位于原填埋场南侧，场区平坦，微有起伏，海拔 23~

24m。新建填埋区共分为三个区：填埋Ⅰ、Ⅱ、Ⅲ区，每个填埋作业区长约300m、宽约200m。首先将每个填埋区划分为三个作业单元，每个作业单元长×宽＝200m×100m，作业单元面积为20000m²。分别在单个作业单元上通过空气支撑膜结构，对填埋场作业区进行空间围合，形成密闭的填埋作业区，不但可以杜绝粉尘和飞散物的产生及扩散而且可以对围合空间内部的气体进行气流的组织和收集，经过处理后，将气体按照国家的相关标准进行排放。并且可以阻隔外部降水进入填埋作业区，有效做到清、污分流，从而减少垃圾渗沥液的产生。

4.2.3 工程重点及难点

（1）空气支撑膜结构技术首次应用于垃圾填埋场工程，施工经验少，各人员组织及协调工作量较大。

（2）空气支撑膜结构技术是通过压力控制系统向结构内部充气，使膜内部与外界的环境保持一定的压力差200～300Pa，通过压力差使膜体受到上浮力，并产生一定的预张力，来保证体系的刚度，从而使膜结构正常工作充气膜内外压力是一个动态平衡系统，由于各种因素导致内部空气外渗和必要的保证空气质量的换气，充气控制系统必须是一个适应系统，气压减小到特定水平就必须继续充气，但最大气压不能超过最大设计气压。在具体实施中随时观察运行情况，控制压力是保证膜结构正常运行的关键。

4.2.4 主要施工工艺流程

1. 空气支撑膜结构介绍

空气支撑膜结构是一套完整的设施体系，通过对垃圾卫生填埋场作业区进行空间的围合，形成密闭的填埋作业空间，从而对围合空间内部的气体进行气流组织，主要由以下几个系统组成：

（1）空气支撑膜结构系统。
（2）环境安全监测系统。
（3）气体组织及处理系统。
（4）自控系统。
（5）配重系统。

本设施先在填埋的第一个子区域（尺寸200m×100m）上进行空间的围合，运送到填埋场的生活垃圾将在此封闭的空间内进行填埋作业，当该封闭的围合空间内的区域填埋至一定的高度时，实施中间覆盖等操作。待中间覆盖表面覆土等完成后，将围合设施拆卸，在下一个区域进行围合、填埋作业、覆土，依此类推直至最后一个区域填埋至相同高度后，将在此高度的填埋区域内再进行区域划分、空间围合、填埋作业、覆土，依此类推直至到填埋场的填埋设计高度进行封场。工艺流程示意图如图4-3所示。

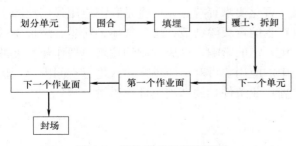

图4-3 结构移动工艺流程图

2. 空气支撑膜结构系统

空气支撑膜结构是无梁、无柱的结构,是通过膜内外压力差使膜体受到上浮力,并产生一定的预张力,来保证体系的刚度,从而使膜结构正常工作。空气支撑膜结构所采用的膜材是一种高强度纤维织成的基材和聚合物涂层构成的复合材料,具有较高的刚度和承受力,具有抗紫外线、阻燃、自洁和透光能力,长期使用不产生二次污染,使用寿命10年以上。

充气膜内外压力是一个动态平衡系统,膜内气压的保持是由自动控制来完成,首先通过压力控制系统向结构内部充气,达到最大设计气压,为满足内部空气质量的换气以及各种因素导致内部空气外渗,引起气压减小,当气压减小到特定水平时,充气设施继续充气,使膜内部与外界的环境的压力差保持在200~300Pa,从而保证空气支撑膜结构正常工作。

3. 环境安全监测系统

环境安全监测是通过现场布设气体采样点,收集气体后进行气体检测实现的。垃圾填埋场的主要检测对象为:CH_4、NH_3、NO_x、H_2S。优先监测对象:CH_4。

采样点的布设高度原则上与人的呼吸带高度相一致,相对高度0.5~2m之间,同时考虑气体密度不同而形成的气体分层来进行设置。根据空气支撑膜及结合监测对象的实际情况,确定监测点的数量为8个。如图4-4所示。

采样点收集的气体通过管道传送至自动检测设备,这样可以及时的发现气体浓度是否超标,并对此作出最快的反应,启动气体组织及处理系统,采取相应的措施进行处理。

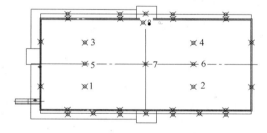
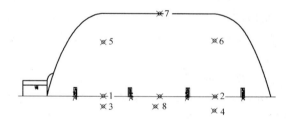

图4-4 采样点布置图

4. 气体组织及处理系统

气体组织处理系统主要是将填埋场作业区无组织排放的恶臭气体通过收集处理后进行有组织排放。

根据填埋场的实际特点采用吸附法作为恶臭气体治理手段。围合结构内的恶臭气体在风机提供的动力下,由排风口排出。由排风口排出的气体首先通过电动阀控制气体的流量,通过电动阀后,进入到气体处理设施中的袋式异味处理设备,首先经过简单的除尘后,含恶臭的气体通过活性炭纤维进行吸附除臭处理,与此同时,不同室的吸附后的活性炭纤维进行脱附和吹干工艺操作,为下一步的吸附做准备,处理后的气体达到国家的排放标准,最终通过风机由排气筒排出。排风口和送风口各设置7个,通过合理的气流组织方式,采用下进下出的方式,并将排风口设置在污染物浓度高的区域,能够避免恶臭气体在局部区域积聚。

5. 自控系统

自控系统是由密闭设施内部气体的采集系统、密闭设施气压调节与控制系统等组成的综合控制系统。这套系统将对密闭设施的各项数据进行综合处理，可以保证密闭设施正常稳定地运行。

对于密闭设施的空气质量控制的方式，主要是进气（从密闭设施外吹入新鲜空气）和排气（将不符合排放质量的空气排向污气处理系统，经过污气处理系统处理，达到排放标准后排出密闭设施）。因此，密闭设施空气控制系统的主要控制输出是进气风机和排气风机。

当气体质量达到标准时（此时，各个气体传感器的拾取信号都是正常值），控制系统根据密闭设施内气体传感器的压力信号，启动进气风机转动，以保持密闭设施内的气压与密闭设施外的大气压力的设计差值，使得密闭设施可以正常站立。此时，系统可以根据密闭设施内气压的变化，自动调节转速，维持气压的稳定。

如果此时测试仪器发出气体污染信号（可能是 H_2S、NH_3、CH_4、NO_x 传感器中的一个或者几个发出信号），控制系统可以根据污染的程度，以不同的速度启动排气传感器，将污染的空气排向污气处理系统；同时加大进气风机的转速，增加进风量，保证密闭设施内的气压稳定。

6. 配重系统

空气支撑膜结构主要的承载力由承重主体内部空气压力与外界的压力差（200～300Pa）和膜材本身进行承载，故其配重与一般的基础不同。本配重为非承重基础，其主要受力为向上的上升力，主要的作用是用来抵御外界的上升力将空气支撑膜设施抬升移动。此外，考虑到在填埋场采用的空气支撑膜设施为临时性的设施，需要随着作业面变换而移动，故设施的基础设计成为可移动性的配重，即将配重分割成若干个单元体，在预制厂预浇制好后，运抵现场通过预制的连接件连接好，成为一个连续的整体来作为本设施的配重。

配重为混凝土长方实体，内筑 4 根 L 形钢筋规格为 $\phi24mm$，其长端伸出配重上表面 70mm，L 形钢筋顶端分别由螺栓固定两块角钢，角钢用来固定充气膜拉索。中间一根 L 形钢筋起固定作用。

4.2.5 主要施工工艺

1. 单元划分

垃圾卫生填埋场扩建工程新建填埋区共分为三个区：填埋Ⅰ、Ⅱ、Ⅲ区，每个填埋作业区长约300m、宽约200m，首先将每个填埋区划分为三个作业单元，每个作业单元长×宽＝200m×100m，作业单元面积为20000m^2。如图 4-5 所示。

2. 围合工艺流程

围合工艺流程如图 4-6 所示。

3. 围合施工

（1）配重安装

配重系统主要是为了对抗膜结构的抬升力，保持结构稳定而设置。总共由 285 块基础块组成，每块配重大约 6～8t。配重基础块在构件厂进行加工预制，混凝土强度等级C40，加工外形尺寸允许误差±5mm。

配重块进场前对安装场地进行平整，做到整场大致平整，无明显坑洼、凸起现象，确

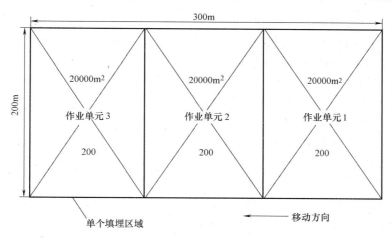

图 4-5 填埋区单元划分

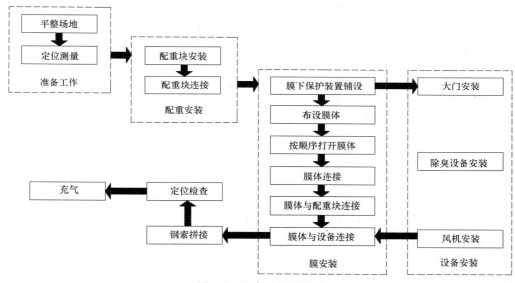

图 4-6 围合工艺流程图

保作业地面上无尖锐的物品。

配重块安装前做好定位测量。确定好配重块中心线及四角位置,并检查对角线进行找方,确保每条对边都相等。采用吊车安装配重块,每块安装时均要校正轴线偏差,使预埋螺栓在一条直线上,每安装10块配重块之后进行校对,并对块间距进行调整,确保这10块整体长度偏差在允许误差之内方进行下10块的安装。

配重块吊装就位安装完成后,对配重块进行加固连接,使配重块之间形成互压式重力结构,配重块两侧以钢制夹板连接固定,保证所有配重块成为一整体,功能同整体地基梁,克服垃圾不均匀沉降带来的不利影响。

(2) 膜安装

膜材铺设前,对整个场地再进行检查,避免有坚硬凸起物对膜体造成损伤。然后进行膜下保护层(蓝银布)的铺设。在已安装好配重块的场地里铺设保护膜,保护主体膜铺设时不被刺穿和污染。将成卷的保护膜沿场地宽的方向展开、铺平,相邻两片保护膜的边缘用胶带连接。已铺好的保护膜用重物压住，防止因天气原因移位。

沿配重块的地脚锚栓安装橡胶密封垫，密封垫安装完成后，将膜材边缘拉至配重块的地脚锚栓上，使膜材边缘与地脚锚栓连接。

膜边缘与地脚锚栓连接好后，安装相应的角钢并加装垫片和螺丝固定。膜边缘与旋转门和气密门采用压条连接，将膜材边缘放到压条下，拧紧即可。

（3）门及设备安装

门及设备均按设计位置进行安装。

三叶式旋转门直接吊装至设计位置即可，不用固定。气密门安装时要先安装门的框架，要求横平竖直，安装牢固，质量检验合格后，再进行其他部件的安装。

风机安装首先在现场标记每个风机安放位置的中心线，然后以中心线为准，安装风机支架，最后将风机固定在支架上。

（4）钢缆安装

钢缆是锁紧膜结构的主要设施，首先铺设钢缆，其次在铺设好的膜结构上标记钢缆盘的位置并摆放钢缆盘，用对应的钢缆连接钢缆盘，最后再依次安装两侧的钢缆，钢缆一端连接钢缆盘，另一端连接角钢，连接紧固后钢缆安装完成，如图4-7、图4-8所示。

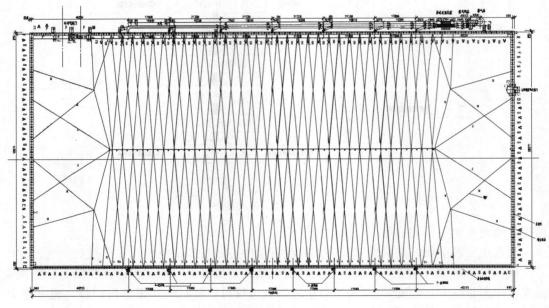

图4-7　钢缆布置平面图

4. 充气

充气步骤是在安装阶段中最重要的步骤，必须等到所有的前期工作都已经完工，并检查确定无误以后才能进行。充气前，须完成以下准备工作：

（1）确定所有锚固和配重的连接都安全可靠，仔细地检查钢缆连接。

（2）检查充气膜，并且确定风机（包括主风机和备用风机），备用发电机，空气调节装置都完全可用。

4 环境工程施工新技术

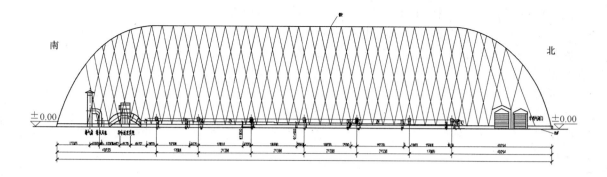

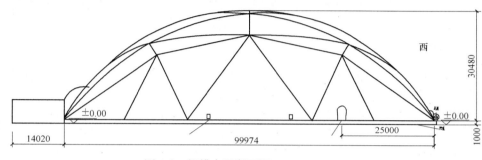

图 4-8　钢缆布置断面图

（3）确定当天风速小于 10m/s，并且确定不会出现更高风速的大风天气（可以咨询天气预报）。

当以上准备工作完成后，可进行充气。充气最好是在早上开始，这样有足够的时间应对可能出现的突发事件，从而确保充气工作可当日完成。

5. 运行作业

空气支撑膜结构完成后交付使用方运行管理。填埋场在密闭的围合空间内进行垃圾填埋作业，可填埋垃圾 10m 高，可填垃圾约 6 万 m^3。垃圾填完后进行中间覆盖—即对裸露的垃圾进行土方覆盖，完成后膜结构移至下一个作业单元。

6. 冬雨期施工措施

空气支撑膜结构的膜材选用了一种高强度纤维织成的基材和聚合物涂层构成的复合材料，具有更高的刚度和承受力，热变形温度 112～145℃。密闭设施的抗雪荷载不小于 97.5kg/m^2；抗风荷载不小于 120km/h。该工艺一般不受气候的条件影响，可在一年四季使用。

但是为了应对汛期积水的影响，在汛期施工时，在配重系统外侧 50cm 范围内，统一开挖排水沟，然后集中通过排水管及时导排处作业面积水，确保结构安全。

4.2.6　工程结果

大型气撑式膜结构是无梁、无柱的结构，跨度大、稳定、长久使用、维护费用较低，可移动，安装施工简单、快捷。应用在垃圾卫生填埋场中，对填埋场作业区进行空间围合，形成密闭的填埋作业空间，有效地控制了垃圾填埋作业中产生的垃圾渗沥液、恶臭气体、粉尘、垃圾飞散物、机械噪声等各类危险源，减少对周边环境的影响。

膜结构在垃圾填埋作业中使用时，由于施工的大部分加工和制作都集中在工厂内完成，现场只有进行安装作业，其特点是安装周期短、操作简单、易于操作。设施的主体空气支撑膜结构自重比较轻，无地基承载压力，对地基的要求低，所以可在垃圾填埋作业区上进行建造。设施全自动控制室内温度、湿度、压力和空气质量检测，实现全天候闭合空间。设施充分利用当地资源，充分利用填埋场填埋气发电的电能来保持设施在运行过程中所需要的动力。经实际工程检验，大型气撑式膜结构使用效果良好，可在敞开式的垃圾卫生填埋场填埋作业区推广使用。

4.3 高海拔大纵坡垃圾填埋场防渗层施工技术

4.3.1 引言

为防止垃圾渗沥液对场区地下水及周围环境造成污染，垃圾卫生填埋场的防渗层设置非常重要。在不具备自然防渗条件的填埋场和因填埋物可能引起地下水污染的填埋场，必须进行人工防渗处理，将垃圾渗沥液有效地导出，提升至渗沥液处理区。

通常采用的人工防渗方案有水平防渗和垂直防渗两大类。其中水平防渗就是在填埋场底部及四周设防渗衬层。填埋场防渗衬层一般采用天然黏土、改性土壤，或者采用人工合成材料，如高密度聚乙烯防渗膜 HDPE、天然钠基膨润土防水毯 GCL，可以阻止垃圾渗沥液向填埋场场底及厂外渗漏。

本工程设计采用高密度聚乙烯膜（HDPE）及天然钠基膨润土防水毯（GCL）对场底及边坡进行防渗。虽然高密度聚乙烯（HDPE）土工膜具有防渗性好、渗透系数低（K＜10～13cm/s）、化学稳定性好、机械强度较高、铺设及焊接方法简单、气候适应性强、使用寿命长等特点，但是由于特殊的地理位置及气候条件的制约，在施工时要求采取相应的施工方法和技术措施，确保防渗层质量。

4.3.2 工程简介

1. 工程背景及水文地质条件

某垃圾填埋场工程是震后援建项目，地处世界第三极—青藏高原腹地，城区四面为高山环抱，区内海拔在 3660～3750m 之间，平均海拔高度 3681m，具有典型的高原地貌特征及独特的高原大陆性气候特点。由于地处中纬度内陆高原，城区内西北高东南低的地势，决定了温度分布呈西北冷、东南暖的基本形式；又因该地区靠近亚热带的边缘，受印度洋西南季风和太平洋东南季风的影响，水汽充足，暖季降雨量较多，属高原温带半湿润地区；具有寒长暑短，昼夜温差大，气温低和气候垂直分带明显等特征；年温差小，一日之内温差大，一年之中降雨日数多，年蒸发量大，多雷电、冰雹、霜冻、风、雪等自然灾害；此外，气压低，沸点低，高寒缺氧，日照时间短，光线强。资料显示：该区只有寒暖两季，每年的 10 月至翌年 4 月属寒季，降水多集中在 6～8 月，其中 7 月最大，12 月最小。蒸发主要集中在 5～7 月，1、2、3、12 月由于气温低，蒸发量小，具明显的季节性变化的特征，且随着海拔增高，降水量增大，蒸发量减小。区内冻土发育，一般在 4200m

以上的高山区分布有永久性冻土,河谷带分布有季节性冻土,根据地质勘查资料显示,最大冻土深度1.08m。

2. 工程结构形式

垃圾填埋场工程设计规模为150t/d。填埋场总占地面积为12.0hm^2,总库容为84万m^3,填埋年限为10年(2012～2021年),为Ⅳ类垃圾卫生填埋场。

主要建设内容:填埋场建设内容包括:垃圾填埋区、管理设施区、进场及场区道路、填埋作业道路、供电、照明、供水、排水、消防、绿化、环境质量监测系统等其他配套工程。

本工程设计采用高密度聚乙烯膜(HDPE)及天然钠基膨润土防水毯(GCL)对场底及边坡进行防渗。为了减小填埋场内垃圾渗沥液对场区地下水的污染风险,在填埋场的底部设置渗沥液导排系统,将填埋区内的渗沥液及时排至渗沥液调节池。

4.3.3 施工难点及重点

(1) 地处高原人工机械降效问题:本工程垃圾填埋区位于现况冲沟,填埋区南北径深约590m,东西宽约180m,利用高差80m,地处海拔3690～3770m,建成后的垃圾填埋场为目前全国最高填埋场之一,因此,在工程施工过程中人工、机械降效问题不可避免。

(2) 由于填埋区边坡坡度变化,边坡阴角部位防渗层易腾空,与基底无法贴实,垃圾填埋作业时,垃圾掩致腾空的防渗层上,造成防渗层局部延长增大甚至可能撕裂。

(3) 高海拔紫外线强致防渗层易老化,昼夜温差大对防渗层涨缩的影响,易使膜材及焊缝受损,对防渗层的施工质量产生重大影响。

(4) 边坡陡、坡度长使防渗层拉应力增大造成防渗层可能撕裂破坏:填埋区边坡坡度达1:1,坡长达到80m,防渗层热胀后不能很好收缩,局部拉应力增大致使防渗膜局部延长增大可能撕裂破坏。

4.3.4 主要施工工艺流程

垃圾填埋场填埋区施工主要分为土方基底、防渗层、收集导排系统等主要施工项目,工艺流程见图4-9。

4.3.5 防渗层施工技术

本工程填埋区防渗层由下向上铺设GCL土工织物膨润土衬垫5000g/m^{2}一层;2mm厚HDPE土工膜一层,织造土工布500g/m^{2}两层。

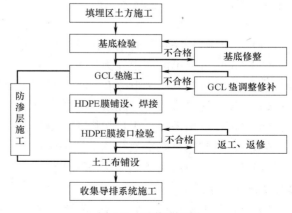

图4-9 工艺流程图

1. 施工准备

(1) 铺设前原材料准备及要求

1) 此项工程衬垫材料采用GCL衬垫5000g/m^2,2mm厚HDPE土工膜,土工布500g/m^{2}且具备出厂合格证。

2）凡在工程中所用的GCL衬垫，HDPE土工膜，土工布材料必须具备相应的质量检测报告。所有材料应经过现场验收和记录入库。

3）HDPE膜必须存放在平整、无金属、石头、瓦砾等杂物的水平地面上，不存放于低洼、集水地带。

4）存放GCL衬垫，HDPE土工膜，土工布的场所应设置防盗设施，配备灭火设备。

5）吊装GCL衬垫，HDPE土工膜，土工布时，吊绳采用尼龙编织带一类柔性绳带，不得使用钢丝绳等一类绳索直接装卸。

6）HDPE膜下不得铺垫任何可能对其产生机械损坏的垫块。

7）焊条在保管及运输过程中，必须存放于通风干燥的地方，并保持清洁，且做好防水、防潮、防污染工作。

（2）GCL衬垫，HDPE土工膜，土工布铺设前对基底要求

1）施工员要检查地面的准备情况，在铺设之前，地面必须依据工程设计需要来进行并完成。所有需要铺设的地面必须平整，并没有杂物或有机物、尖锐物或任何其他的杂物，地底下基层需要提供坚实无塌陷的基础面，且在坡面上不含有尖锐的突起或凹陷，在没有达到满意的坚实度的区域应该合理地重新压实，不允许有积水，确保基础面不受潮湿影响。

2）施工人员在每天施工时都必须确认铺设HDPE土工膜的地表情况后，保证基础表面平整，不得出现凹凸不平的现象，务必使地表面平整不可有任何可能伤害HDPE土工膜的突出物。填埋坑若遇到局部淤泥地段，应对淤泥进行彻底清除，并用优质土进行分层压实，如有问题，及时向现场监理反应。

3）在铺设前，锚固沟必须严格按照工程施工图纸的尺寸进行，避免HDPE土工膜的大角度对折。

（3）铺设前施工设备的准备

施工人员必须检查HDPE土工膜的铺设、焊接、检测等相关设备是否齐全，调试设备是否工作正常，并将试验情况记录在案。

2. GCL垫主要施工方法

（1）GCL衬垫储存要防水、防潮、防暴晒。

（2）GCL衬垫不能在雨雪天气下施工。

（3）GCL衬垫以品字形分布，不得出现十字搭接。

（4）GCL衬垫边坡不存在水平搭接。

（5）GCL衬垫搭接采用自然搭接，搭接宽度250±50mm，局部采用膨润土密封。

（6）GCL衬垫自然松弛与基础层贴实，不褶皱、悬空。

（7）GCL衬垫随时检查外观有无破损、孔洞等缺陷，发现缺陷时，及时采取修补，修补范围大于破损范围200mm。

（8）在管道或构筑物等特殊部位施工时，加强处理。

（9）GCL衬垫施工完成后，必须采取有效的保护措施，任何人员不得穿钉鞋等在GCL衬垫上踩踏，所有机动车辆不得在GCL衬垫上碾压。

3. HDPE膜施工方法

（1）HDPE膜施工工艺流程：首先根据填埋区的实际地形尺寸进行规划→按实际规

划尺寸进行裁膜并运至施工现场的相对应的位置→按施工操作程序进行铺设、焊接→自检合格后申请验收，为下道工序作好准备如图 4-10 所示。

(2) 裁膜及运装：先派人员准确丈量实际地形，把量好的尺寸详细记录在册，并根据量得的尺寸进行平面规划、再由平面规划图进行裁膜，编定好每片膜块的序号，按顺序运至施工现场相对应的位置。

(3) 铺膜程序：在一般边坡和库底，铺设组人员先检查铺设区域内的每片膜的编号与平面布置图的编号是否一致，确认无误后，按规定就位膜的位置，立即用沙袋进行临时锚固，然后检查膜片的搭接宽度是否符合 100mm 左右的要求，需要调整时及时调整为下道工序作好充分准备。

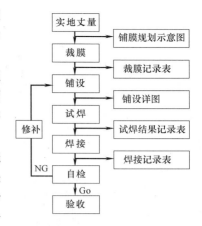

图 4-10 HDPE 土工膜施工工艺流程图

(4) 特殊部位铺设：在填埋区边坡坡脚、拐弯等不规则处铺膜时要求土基在拐弯时圆滑顺接，不能出现负坡。铺膜时尽量放松，不能使膜出现悬空状态。根据防渗膜的收缩公式：$\Delta L = k \times \Delta t \times L$，在现场施工时通过计算，调整防渗膜的预留伸缩量来解决涨缩问题；另外，采取在每日气温相对较低时间施工，以减小温差对防渗膜的影响。

(5) 焊接准备：任何焊接设备在每期工作之前以及每日（上、下午）工作之前，或在连续使用期间最大使用间歇时间 5h 的情况下，须对设备进行清洁、重新设置和测试，以保证焊缝质量。

(6) 焊接程序：焊接施工前，必须先做试样焊接，试焊合格后，方可开始正式焊接。焊接时，再一次检查膜片的搭接宽度，并保证搭接范围内洁净、无异物，或其他可能会影响焊接质量的任何东西。调整好焊机的各项技术参数，按照一定的顺序进行焊接。在边坡上焊接操作时，操作手需在安全绳或绳梯的保护下，时刻跟随焊机的运行，及时对焊机的各项技术参数进行微调，以便使焊机全过程都处于最佳运行状态之中，保证焊缝质量。

(7) HDPE 膜特殊部位处理

1) 在边坡角点交汇处和填埋区边坡拐弯处，HDPE 膜的铺设、焊接属特殊情况，对此应因地制宜采取相应处理措施，才能使膜片更加紧密地与基底贴在一起。这种情况的施工要点为：在拐弯等不规则范围内的膜片应裁成上宽下小的"倒梯形"，其宽窄比例操作人员根据现场的实际情况和边坡的具体尺寸精确计算。若该比例掌握不准，则会导致边坡上的膜面"起鼓"或"悬空"，在 HDPE 膜的铺设安装时切忌该现象发生。以上施工示意如图 4-11 所示。

2) 在填埋区整个边坡与场底衔接部位的坡脚处，同样需经特殊处理。这种情况的施工要点为：在距坡脚 1.5m 以外设置水平焊缝，把边坡的 HDPE 膜顺着坡面铺设再与场底的 HDPE 膜进行焊接处理。

以上施工示意如图 4-12 所示。

3) 在填埋区边坡渗滤液收集管穿膜处，管与膜的衔接焊接应采用"管穿膜"特殊工艺进行施工。其施工要点为：先用 HDPE 膜制作一个成喇叭状的管套，小端口径与穿膜管口径一致，大端口径在 0.8m 左右（具体尺寸安装时再确定）并分成 6～8 小片，然后

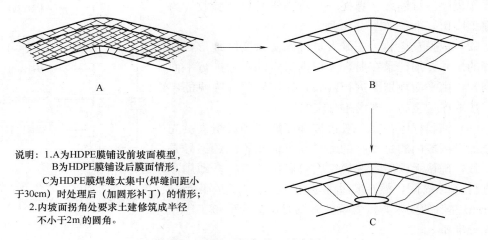

说明：1. A为HDPE膜铺设前坡面模型，B为HDPE膜铺设后膜面情形，C为HDPE膜焊缝太集中(焊缝间距小于30cm)时处理后（加圆形补丁）的情形；
2. 内坡面拐角处要求土建修筑成半径不小于2m的圆角。

图 4-11　内坡面拐角处理示意图

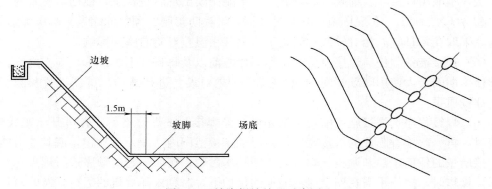

图 4-12　坡脚焊缝处理示意图

把管套按由大到小的先后顺序套进穿坝管，根据现场实际情况调整好管套的位置并用热风筒进行临时稳固，此时应注意不能让管套有悬空的部位，最后分别把套管的大、小端口焊接在排渗连接井垂直壁膜面、渗滤液收集管上，且在 HDPE 收集管另加不锈钢箍。如图 4-13，图 4-14 所示。

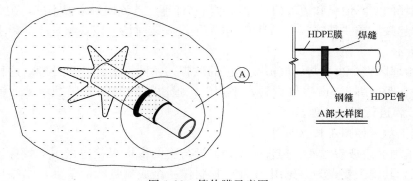

图 4-13　管传膜示意图

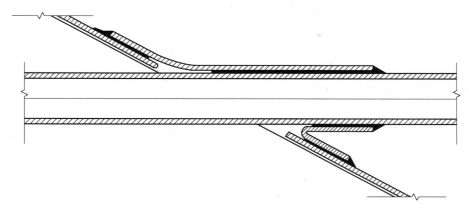

图 4-14 排渗管穿 HDPE 土工膜焊接示意图

4）在边坡的 HDPE 膜焊缝交汇处、或整个施工过程中经取样后的修补部位及无法采用正常焊接施工的地方，需根据现场的实际情况制定因地制宜的施工细节，采用特殊工艺进行施工。如"T形"、"十字形"、双"T形"等焊缝的二次焊接属特殊部位焊接（图4-15）。

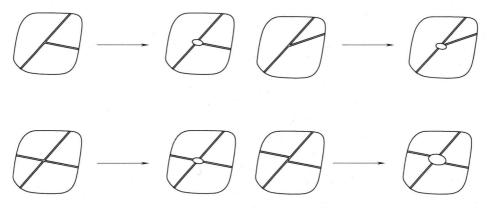

说明：1.所有焊缝交接处均加一圆形补丁，以防止该处手提焊缝气密性不够。
2.圆形补丁的直径须大于30cm。

图 4-15 特殊部位焊缝处理示意图

(8) HDPE 防渗膜的铺设安装要求：

1）铺设时，需对铺设范围予以测量，确定铺设材料的拼接方式，底层土工布经项目监理认可后方可铺设。

2）尽量减少拼接、接缝，尽量减少工地拼接。

3）拼接工艺应采用电热焊接法。两层拼接宽度在 10cm 左右，并在拼缝中留 1cm 左右宽的口子，便于加压检测拼缝的牢固度。无论什么时候都不能把水平焊缝设置在坡脚处，并至少离斜坡坡脚处 1.5m 远。

4）在铺设时应将卷材自上而下铺开，先边坡后库底，并确保贴底铺平。接缝必须严实不漏，铺好经项目监理验收合格后及时铺上层覆盖物。

5) 每块 HDPE 膜应按项目监理认可的编码方式进行编码。

6) 在使用时肉眼检查 HDPE 膜是否有缺陷，明显标出有缺陷或值得怀疑的地方以便修补。

7) HDPE 膜展开时不应被损坏、拉伸或折皱。

8) 应在 HDPE 膜上放置砂袋以防被风刮起，压块不应损坏 HDPE 膜。

9) 在 HDPE 膜上行走的人员不应穿带钉硬底鞋或从事其他会对 HDPE 膜造成损坏的活动，不得在 HDPE 膜上丢弃烟蒂。

10) 防渗层成品及施工过程中可能遇到瞬时风速过大，防渗膜吹飞腾空，造成防渗膜撕裂，而通过对防渗层上分隔设置重物，减少防渗层施工过程中及成品的无约束受风面积，防止大风对防渗膜施工及成品的影响。

(9) 试验性焊接：

1) 试验性焊接在 HDPE 膜试样上进行，以检验焊接设备。

2) 焊接设备和人员只有成功完成试验性焊接后，才能进行生产性焊接。

3) 试验性焊接频率：每台每天至少两次，一次在开始工作前，另一次在中班。

4) 试验性焊接应当在与生产性焊接相同的表面和环境条件下进行，也就是 HDPE 膜基础和周围环境温度相同。

5) 试验性焊接完成后，割下四块 2.5cm 宽的试块，定性（焊接强度大于本体）测试撕裂强度和焊接抗剪强度。

6) 当任何一试块没有通过撕裂和抗剪测试时，试验性焊接应全部重做。

(10) 土工布主要施工方法：

1) 织造土工布必须铺设平整，不得有石块、土块、水和过多的灰尘进入土工布。

2) 织造土工布采用机械缝接的方法，搭接宽度为 75±15mm。

3) 织造土工布的缝合使用抗紫外和化学腐蚀的聚合物线，并采用双线缝合。

4) 边坡上的织造土工布施工时，预先将土工布锚固在锚固沟内，再沿斜坡向下铺放，土工布不得折叠。

5) 织造土工布在边坡上的铺设方向与坡面一致，在坡面上采用整卷铺设，不得有水平接缝。

6) 土工布上如果有裂缝或孔洞，必须使用相同规格材料进行修补，修补范围要大于破损处周边 300mm。

4. 冬雨期施工措施

(1) 冬期施工措施

1) 测量标志的保护及校核

冬施期间轴线控制点及水准点等测量控制标志砌砖井保护，使其不受冻涨影响。并根据天气变化情况，随时校核其准确程度。

2) 填埋区冬期施工措施

填埋区 HDPE 土工膜工作温度为控制在 5～40℃，焊接前必须先做试验，试验合格后再进行正式焊接。冬施阶段，当超过工作温度低于 5℃或遇大风、降雪天气时必须停止铺设工作。如工作温度低于 5℃必须焊接时，采取预热或设置移动暖棚的方法，确保 HDPE 土工膜在正常工作温度下焊接。

3) 工程机械

水冷却系统加防冻液，检查、完善机械防冻保温装置，严禁用明火烘烤机械。

(2) 雨期施工措施

1) 成立防汛领导小组、建立雨期值班制度

项目部成立雨期施工领导小组，雨期施工期间项目部实施雨期值班制度，并设专人负责天气预报工作。有暴雨和大暴雨的天气情况，及时通知项目经理及值班人员，提前做好应急准备。

2) 做好物资落实工作

汛期前配备充足的防汛器材及物资，做到人员设备齐整、措施有力、落实到位。

3) 雨期施工的主要部位及措施

各施工部位在汛期前完善各自防汛系统，合理安排施工进度，确保施工生产按计划完成。

① 地面排水系统

场地平整时设置排水坡度，流向道路两侧雨水口。

在填埋区设计排水边沟位置挖排水沟高0.7m，宽1.5m，排水沟内铺设一层塑料布，与现况排水边沟相接。

② 机械及电气设备

施工现场的电器设备做好防雨罩，小型机械作毡布盖好免受雨淋。电器设备雨后经电工测试，合格后方可继续使用。

施工电缆、电线尽量埋入地下，外露的电杆、电线采取可靠的固定措施。电工定期检查现场配电设备及电路的防雨、防潮情况，发现问题及时解决，确保施工现场用电安全。

③ 材料储存及保管

现场存放的材料台基均应相应垫高，存放场地应保持干燥，防止雨水浸泡。GCL衬垫、织造土工布、水泥、钢筋、螺栓等物资库内存放，防止遇雨变质或锈蚀。砂石等松散材料，对方场地周围加以围护，防止雨水冲散。

④ 雨期施工时，对施工材料、半成品和成品进行保护，防止因遇雨产生腐蚀或缺陷。

4.3.6 工程结果

垃圾填埋场工程顺利实施建成，荣获市级优质工程奖励。垃圾填埋场的建设，可以有效地减少垃圾渗沥液的产生及处理、排放量，消除了垃圾渗沥液对当地地下水的污染，对当地水土及自然环境起到了至关重要的保护作用。

施工中，结合现场地质气候的特点，采取一系列的技术措施，保证了施工质量，缩短了工程建设周期，节约了工程投资，为在高海拔、大纵坡地区进行垃圾填埋场防渗结构层施工积累了经验，提供了应用依据。

4.4 海绵城市建设新技术

4.4.1 海绵城市的概念与内涵

2013年12月12日，习近平总书记在中央城镇化工作会议上提出：建设自然积存、

自然渗透、自然净化的"海绵城市"。2015年12月20日，习近平总书记在中央城市工作会议中再次强调"要提升建设水平，加强地上和地下基础设施建设，建设海绵城市"。短短两年时间，海绵城市已成为实现城市良性水文循环和可持续健康发展的新型城市建设模式。期间，国家高度重视海绵城市建设，组织申报了2015年海绵城市建设试点城市，评选出16个试点城市，并要求三年建成和运营，同时发布了一系列重要文件，包括《国务院办公厅关于做好城市排水防涝设施建设工作的通知》（国办发[2013]23号）、《国务院关于加强城市基础设施建设的意见》（国发[2013]36号）、《住房和城乡建设部关于印发海绵城市建设技术指南低影响开发雨水系统构建（试行）的通知》（建城函[2014]275号）、《住房城乡建设部关于印发海绵城市建设绩效评价与考核办法（试行）的通知》（建办城函[2015]635号）、《国务院办公厅关于推进海绵城市建设的指导意见》（国办发[2015]75号）等，其中国办发[2015]75号文指出海绵城市是指通过加强城市规划建设管理，充分发挥建筑、道路和绿地、水系等生态系统对雨水的吸纳、蓄渗和缓释作用，有效控制雨水径流，实现自然积存、自然渗透、自然净化的城市发展方式。

"海绵城市"虽然是对城市的一种理想状态的非专业、形象而通俗的表达，但其内涵丰富、意义重大。

首先，海绵城市的总体目标是修复水生态、改善水环境、涵养水资源、提高水安全、复兴水文化的五位一体的综合目标。通过海绵城市建设，综合采取"渗、滞、蓄、净、用、排"等措施，最大限度地减少城市开发建设对生态环境的影响。海绵城市建设作为我国未来城市发展方式，与城市防洪、排水防涝、黑臭水体整治等工作密切相关。对于排水防涝，应重视和完善城市雨水管渠基础设施建设，与源头径流控制设施、超标雨水排放设施统筹建设，综合提高城市排水及内涝防治能力；对于黑臭水体治理，有效控制径流污染及合流制溢流污染，与点源污染治理相配合，总体改善城市水环境质量。

具体来说，海绵城市的建设目标涵盖雨水径流总量控制、径流峰值控制、径流污染控制、雨水资源化利用等多个分目标。这些分目标之间存在一定的耦合关系，既有区别，也有联系，它们既各司其责，又相互贡献。鉴于径流污染控制目标、雨水资源化利用目标大多可通过径流总量控制实现，各地低影响开发雨水系统构建可选择径流总量控制作为首要的规划控制目标（见图4-16）。

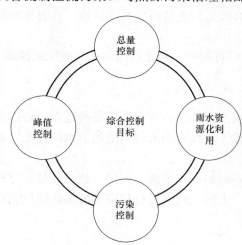

图4-16 低影响开发控制目标示意图

而径流总量控制一般采用年径流总量控制率作为控制指标。年径流总量控制率（α）是根据当地多年日降雨量数据统计得出，指通过自然和人工强化的渗透、集蓄利用、蒸发（腾）等方式，场地内累计全年得到控制（不外排）的雨量占全年总降雨量的百分比，其与设计降雨量（H，mm）为对应关系，当以径流总量为控制目标时，设计降雨量可用于确定低影响开发设施的设计规模。由于我国地域辽阔，气候特征、土壤地质等天然条件和经济条件差异较大，径流总量控制目标也不同，因此，根据对我国近 200 个城市 1983～2012 年日降雨量统计分析，分别得到各城市 α—H 关系，并以此分析，将我国大陆地区大致分为五个区，并给出了各区年径流总量控制率 α 的最低和最高限值，即Ⅰ区（85%≤α≤90%）、Ⅱ区（80%≤α≤85%）、Ⅲ区（75%≤α≤85%）、Ⅳ区（70%≤α≤85%）、Ⅴ区（60%≤α≤85%）。各地应参照此限值，因地制宜地确定本地区径流总量控制目标。

其次，海绵城市建设是一项复杂而长期的系统工程，需统筹协调城市开发建设各个环节，包括前期规划设计、施工建设及后期运营维护管理等环节见图 4-17。海绵城市建设的基本原则是规划引领、生态优先、安全为重、因地制宜、统筹建设，其中规划引领是海绵城市建设的重要组成部分。

在城市总体规划阶段，应加强相关专项（专业）规划对总体规划的有力支撑作用，提出城市低影响开发策略、原则、目标要求等内容；在控制性详细规划阶段，应确定各地块的控制指标，满足总体规划及相关专项（专业）规划对规划地段的控制目标要求；在修建性详细规划阶段，应在控制性详细规划确定的具体控制指标条件下，确定建筑、道路交通、绿地等工程中低影响开发设施的类型、空间布局及规模等内容；最终指导并通过设计、施工、验收环节实现低影响开发雨水系统的实施；低影响开发雨水系统应加强运行维护，保障实施效果，并开展规划实施评估，用以指导总规及相关专项（专业）规划的修订。城市规划、建设等相关部门应在建设用地规划或土地出让、建设工程规划、施工图设计审查及建设项目施工等环节，加强对海绵城市雨水系统相关目标与指标落实情况的审查如图 4-18 所示。

4.4.2 海绵城市的建设途径

海绵城市建设强调综合目标的实现，注重通过机制建设、规划统领、设计落实、建设运行管理等全过程、多专业协调与管控，利用城市绿地、水系等自然空间，优先通过绿色雨水基础设施，并结合灰色雨水基础设施，统筹应用"滞、蓄、渗、净、用、排"等手段，实现多重径流雨水控制目标，恢复城市良性水文循环，主要有三条建设基本途径和四类工程建设对象，其中三条建设基本途径如下：

基本途径一，应采用优先保护和科学开发相结合的低影响开发方法。首先，应最大限度地保护城市开发前的海绵要素，如原有的河流、湖泊、湿地、坑塘、沟渠等水生态敏感区，并留有足够涵养水源、应对较大强度降雨的林地、草地、湖泊、湿地，维持城市开发前的自然水文特征。其次，合理控制开发强度，并通过低影响开发设施建设，控制城市不透水面积比例，促进雨水的渗透、储存和净化，最大限度的维持或恢复城市开发前的自然水文循环。

基本途径二，海绵城市建设应统筹低影响开发雨水系统、城市雨水管渠系统及超标雨水径流排放系统。狭义的低影响开发雨水系统主要控制高频率的中小降雨事件，以生物滞留设施（雨水花园）、绿色屋顶等相对小型、分散的源头绿色雨水基础设施为主，广义的低影响开发雨水系统还包含湿塘、雨水湿地、多功能调蓄设施等相对大型、集中的末端绿色雨水基础设施，以实现对高重现期暴雨的控制。雨水管渠系统主要控制 1～10 年重现期的降雨，主要通过管渠、泵站、调蓄池等传统灰色雨水基础设施实现，也可结合狭义的 LID 雨水系统来提升其排水能力。而高于管渠系统设计重现期的暴雨，则主要通过超标雨

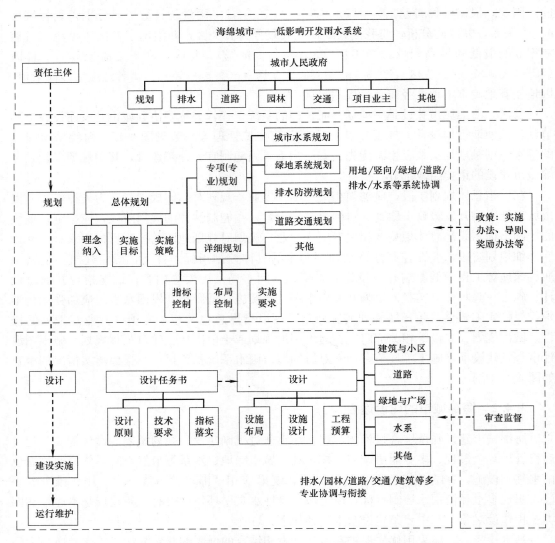

图 4-17 海绵城市—低影响开发雨水系统构建途径示意图

水径流排放系统（也称大排水系统）和广义的 LID 雨水系统实现，包括自然水体、地表行泄通道和大型多功能调蓄设施等，并通过叠加狭义的 LID 雨水系统与雨水管渠系统，共同达到 20~100 年一遇的城市内涝防治目标。因此，这三个子系统不能截然分割，需通过综合规划设计进行整体衔接。

基本途径三，应在明确责任主体的前提下多部门多专业高度协作才能实现。城市人民政府作为落实建设海绵城市的责任主体，应统筹协调规划、国土、排水、道路、交通、园林、水文等职能部门，在各相关规划编制过程中落实低影响开发雨水系统的建设内容；城市建筑与小区、道路、绿地与广场、水系低影响开发雨水系统建设项目，应以相关职能主管部门、企事业单位作为责任主体，落实有关低影响开发雨水系统的设计。城市规划、建设等相关部门在进行具体设计时应在施工图设计审查、建设项目施工、监理、竣工验收备案等管理环节加强审查，确保海绵城市低影响开发雨水系统相关目标与指标落实。

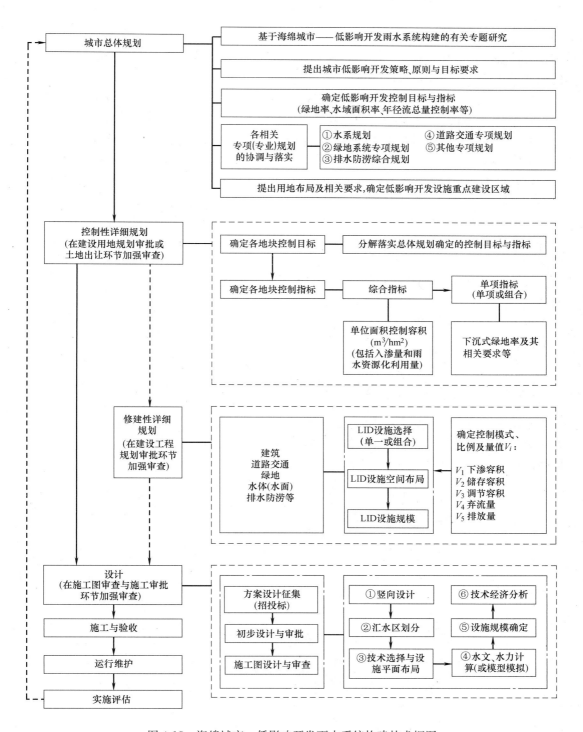

图 4-18 海绵城市—低影响开发雨水系统构建技术框图

四类工程建设对象为建筑与小区、城市道路、城市绿地与广场、城市水系，其整体基本建设要求如下：

（1）城市规划、建设等相关部门应在建设用地规划或土地出让、建设工程规划、施工图设计审查、建设项目施工、监理、竣工验收备案等管理环节，加强对低影响开发雨水系统构建及相关目标落实情况的审查。

（2）政府投资项目（如城市道路、公共绿地等）的低影响开发设施建设工程一般可由当地政府、建设主体筹集资金。社会投资项目的低影响开发设施建设一般由企事业建设单位自筹资金。当地政府可根据当地经济、生态建设情况，通过建立激励政策和机制鼓励社会资本参与公共项目低影响开发雨水系统的建设投资。

（3）低影响开发设施建设工程的规模、竖向、平面布局等应严格按规划设计文件进行控制。

（4）施工现场应有针对低影响开发雨水系统的质量控制和质量检验制度。

（5）低影响开发设施所用原材料、半成品、构（配）件、设备等产品，进入施工现场时必须按相关要求进行进场验收。

（6）施工现场应做好水土保持措施，减少施工过程对场地及其周边环境的扰动和破坏。

（7）有条件地区，低影响开发雨水设施工程的验收可在整个工程经过一个雨季运行检验后进行。

针对建筑与小区工程建设项目，建筑屋面和小区路面径流雨水应通过有组织的汇流与转输，经截污等预处理后引入绿地内的以雨水渗透、储存、调节等为主要功能的低影响开发设施。因空间限制等原因不能满足控制目标的建筑与小区，径流雨水还可通过城市雨水管渠系统引入城市绿地与广场内的低影响开发设施。低影响开发设施的选择应因地制宜、经济有效、方便易行，如结合小区绿地和景观水体优先设计生物滞留设施、渗井、湿塘和雨水湿地等（图4-19）。应做到以下工程建设要点：

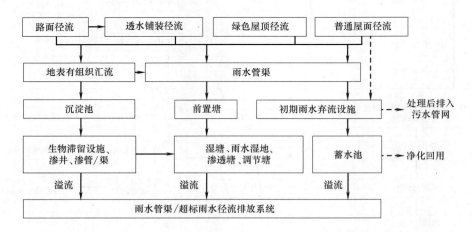

图4-19　建筑与小区低影响开发雨水系统典型建设流程示例

（1）建筑与小区低影响开发设施应按照规划总图、施工图进行建设，以达到低影响开发控制目标与指标要求。

（2）景观水体补水、循环冷却水补水及绿化灌溉、道路浇洒用水的非传统水源宜优先选择雨水。按绿色建筑标准设计的建筑与小区，其非传统水源利用率应满足《绿色建筑评价标准》GB/T 50378—2014 的要求，其他建筑与小区宜参照该标准执行。

（3）雨水进入景观水体之前应设置前置塘、植被缓冲带等预处理设施，同时可采用植草沟转输雨水，以降低径流污染负荷。景观水体宜采用非硬质池底及生态驳岸，为水生动植物提供栖息或生长条件，并通过水生动植物对水体进行净化，必要时可采取人工土壤渗滤等辅助手段对水体进行循环净化。

（4）建筑与小区低影响开发设施应建设有效的进水及转输设施，汇水面径流雨水经截污等预处理后优先进入低影响开发设施。

（5）宜采取雨落管断接或设置集水井等方式将屋面雨水断接并引入周边绿地内小型、分散的低影响开发设施，或通过植草沟、雨水管渠将雨水引入场地内的集中调蓄设施。

（6）道路横断面设计应优化道路横坡坡向、路面与道路绿化带及周边绿地的竖向关系等，便于径流雨水汇入绿地内低影响开发设施。

（7）路面宜采用透水铺装，透水铺装路面设计应满足路基路面强度和稳定性等要求。

（8）道路径流雨水进入绿地内的低影响开发设施前，应利用沉淀池、前置塘等对进入绿地内的径流雨水进行预处理，防止径流雨水对绿地环境造成破坏。有降雪的城市还应采取措施对含融雪剂的融雪水进行弃流，弃流的融雪水宜经处理（如沉淀等）后排入市政污水管网。

（9）建筑与小区低影响开发设施应设置溢流排放系统，并与城市雨水管渠系统和超标雨水径流排放系统有效衔接。

（10）建筑材料也是径流雨水水质的重要影响因素，应优先选择对径流雨水水质没有影响或影响较小的建筑屋面及外装饰材料。

（11）水资源紧缺地区可考虑优先将屋面雨水进行集蓄回用，净化工艺应根据回用水水质要求和径流雨水水质确定。雨水储存设施可结合现场情况选用雨水罐、地上或地下蓄水池等设施。当建筑层高不同时，可将雨水集蓄设施设置在较低楼层的屋面上，收集较高楼层建筑屋面的径流雨水，从而借助重力供水而节省能量。

（12）低影响开发设施内植物宜根据水分条件、径流雨水水质等进行选择，宜选择耐盐、耐淹、耐污等能力较强的乡土植物。

（13）建筑与小区低影响开发设施应按照先地下后地上的顺序进行施工，防渗、水土保持、土壤介质回填等分项工程的施工应符合设计文件及相关规范的规定。

（14）建筑与小区低影响开发设施建设工程的竣工验收应严格按照相关施工验收规范执行，并重点对设施规模、竖向、进水设施、溢流排放口、防渗、水土保持等关键设施和环节做好验收记录，验收合格后方能交付使用。

针对城市道路工程建设项目，城市道路径流雨水应通过有组织的汇流与转输，经截污等预处理后引入道路红线内、外绿地内，并通过设置在绿地内的以雨水渗透、储存、调节等为主要功能的低影响开发设施进行处理。低影响开发设施的选择应因地制宜、经济有效、方便易行，如结合道路绿化带和道路红线外绿地优先设计下沉式绿地、生物滞留带、雨水湿地等（图4-20）。应做到以下工程建设要点：

（1）道路人行道宜采用透水铺装，非机动车道和机动车道可采用透水沥青路面或透水

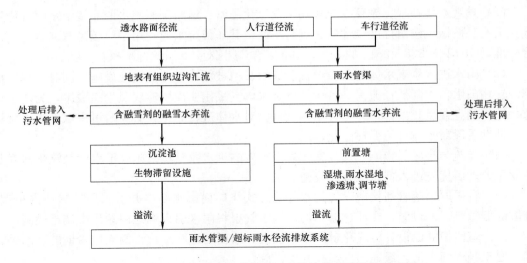

图 4-20 城市道路低影响开发雨水系统典型建设流程示例

水泥混凝土路面，透水铺装设计应满足国家有关标准规范的要求。

（2）城市道路低影响开发设施进水口（如路缘石豁口）处应局部下凹以提高设施进水条件，进水口的开口宽度、设置间距应根据道路竖向坡度调整；进水口处应设置防冲刷设施。

（3）路面排水宜采用生态排水的方式，也可利用道路及周边公共用地的地下空间设计调蓄设施。路面雨水宜首先汇入道路红线内绿化带，当红线内绿地空间不足时，可由政府主管部门协调，将道路雨水引入道路红线外城市绿地内的低影响开发设施进行消纳。当红线内绿地空间充足时，也可利用红线内低影响开发设施消纳红线外空间的径流雨水。城市道路低影响开发设施应建设有效的溢流排放设施并与城市雨水管渠系统和超标雨水径流排放系统有效衔接。

（4）道路径流雨水进入道路红线内外绿地内的低影响开发设施前，应利用沉淀池、前置塘等对进入绿地内的径流雨水进行预处理，防止径流雨水对绿地环境造成破坏。有降雪的城市还应采取措施对含融雪剂的融雪水进行弃流，弃流的融雪水宜经处理（如沉淀等）后排入市政污水管网。

（5）城市道路低影响开发设施应采取相应的防渗措施，防止径流雨水下渗对道路路面及路基造成损坏，并满足《城市道路路基设计规范》CJJ 194—2013 中相关要求。

（6）道路横断面设计应优化道路横坡坡向、路面与道路绿化带及周边绿地的竖向关系等，便于径流雨水汇入低影响开发设施。

（7）当道路纵向坡度影响低影响开发设施有效调蓄容积时，应建设有效的挡水设施。

（8）规划作为超标雨水径流行泄通道的城市道路，其断面及竖向设计应满足相应的设计要求，并与区域整体内涝防治系统相衔接。

（9）城市径流雨水行泄通道及易发生内涝的道路、下沉式立交桥区等区域的低影响开发雨水调蓄设施，应配建警示标志及必要的预警系统，避免对公共安全造成危害。

（10）城市道路经过或穿越水源保护区时，应在道路两侧或雨水管渠下游设计雨水应急处理及储存设施。雨水应急处理及储存设施的设置，应具有截污与防止事故情况下泄露的有毒有害化学物质进入水源保护地的功能，可采用地上式或地下式。

（11）低影响开发设施内植物宜根据水分条件、径流雨水水质等进行选择，宜选择耐盐、耐淹、耐污等能力较强的乡土植物。

（12）城市道路低影响开发设施的竣工验收应由建设单位组织市政、园林绿化等部门验收，确保满足《城镇道路工程施工与质量验收规范》CJJ1—2008 相关要求，并对设施规模、竖向、进水口、溢流排水口、绿化种植等关键环节进行重点验收，验收合格后方能交付使用。

针对城市绿地与广场工程建设项目，城市绿地、广场及周边区域径流雨水应通过有组织的汇流与转输，经截污等预处理后引入城市绿地内的以雨水渗透、储存、调节等为主要功能的低影响开发设施，消纳自身及周边区域径流雨水，并衔接区域内的雨水管渠系统和超标雨水径流排放系统，提高区域内涝防治能力。低影响开发设施的选择应因地制宜、经济有效、方便易行，如湿地公园和有景观水体的城市绿地与广场宜设计雨水湿地、湿塘等（图 4-21）。应做到以下工程建设要点：

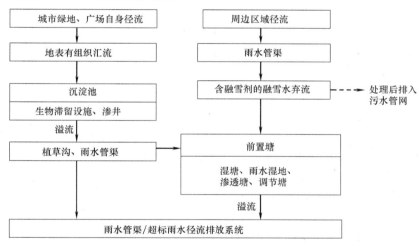

图 4-21 城市绿地与广场低影响开发雨水系统典型流程示例

（1）城市绿地与广场低影响开发设施应建设有效的溢流排放系统，与城市雨水管渠系统和超标雨水径流排放系统有效衔接。

（2）城市湿地公园、城市绿地中的景观水体宜具有雨水调蓄功能，构建多功能调蓄水体、湿地公园，平时发挥正常的景观及休闲、娱乐功能，暴雨发生时发挥调蓄功能，实现土地资源的多功能利用，其总体布局、规模、竖向设计应与城市雨水管渠系统和超标雨水径流排放系统相衔接。

（3）城市绿地与广场中湿塘、雨水湿地等大型低影响开发设施应在进水口设置有效的防冲刷、预处理设施。

（4）城市绿地与广场内湿塘、雨水湿地等雨水调蓄设施应采取水质控制措施，利用雨水湿地、生态堤岸等设施提高水体的自净能力，有条件的可设计人工土壤渗滤等辅助设施对水体进行循环净化。

（5）城市绿地与广场中湿塘、雨水湿地等大型低影响开发设施应建设警示标识和预警系统，保证暴雨期间人员的安全撤离，避免事故的发生。

（6）周边区域径流雨水进入城市绿地与广场内的低影响开发设施前，应利用沉淀池、前置塘等对进入绿地内的径流雨水进行预处理，防止径流雨水对绿地环境造成破坏。有降雪的城市还应采取措施对含融雪剂的融雪水进行弃流，弃流的融雪水宜经处理（如沉淀等）后排入市政污水管网。

（7）低影响开发设施内植物宜根据设施水分条件、径流雨水水质等进行选择，宜选择耐盐、耐淹、耐污等能力较强的乡土植物。

（8）城市园林绿地系统低影响开发雨水系统建设及竣工验收应满足《城市园林绿化评价标准》GB/T 50563—2010、《园林绿化工程施工及验收规范》CJJ 82—2012 中相关要求。

针对城市水系工程建设项目，应根据其功能定位、水体现状、岸线利用现状及滨水区现状等，进行合理保护、利用和改造，在满足雨洪行泄等功能条件下，实现相关规划提出的低影响开发控制目标及指标要求，并与城市雨水管渠系统和超标雨水径流排放系统有效衔接（图 4-22）。应做到以下工程建设要点：

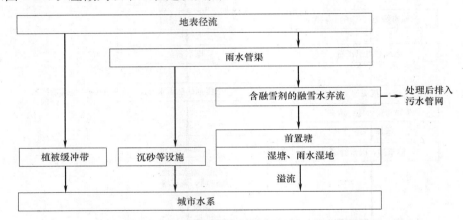

图 4-22　城市水系低影响开发雨水系统典型流程示例

（1）应充分利用现状自然水体建设湿塘、雨水湿地等具有雨水调蓄功能的低影响开发设施，湿塘、雨水湿地的布局、调蓄水位、水深等应与城市上游雨水管渠系统和超标雨水径流排放系统及下游水系相衔接。

（2）位于蓄滞洪区的河道、湖泊、滨水低洼地区低影响开发雨水系统建设，同时应满足《蓄滞洪区设计规范》GB 50773—2012 中相关要求。

（3）规划建设新的水体或扩大现有水体的水域面积，应与低影响开发雨水系统的控制目标相协调，增加的水域宜具有雨水调蓄功能。

（4）应充分利用城市水系滨水绿化控制线范围内的城市公共绿地，在绿地内建设湿塘、雨水湿地等设施调蓄、净化径流雨水，并与城市雨水管渠的水系入口、经过或穿越水系的城市道路的路面排水口相衔接。

（5）滨水绿化控制线范围内的绿化带接纳相邻城市道路等不透水汇水面径流雨水时，应建设为植被缓冲带，以削减径流流速和污染负荷。

（6）有条件的城市水系，其岸线宜建设为生态驳岸，并根据调蓄水位变化选择适应的水生及湿生植物。

（7）地表径流雨水进入滨水绿化控制线范围内的低影响开发设施前，应利用沉淀池、前置塘等对进入绿地内的径流雨水进行预处理，防止径流雨水对绿地环境造成破坏。有降雪的城市还应采取措施对含融雪剂的融雪水进行弃流，弃流的融雪水宜经处理（如沉淀等）后排入市政污水管网。

（8）低影响开发设施内植物宜根据水分条件、径流雨水水质等进行选择，宜选择耐盐、耐淹、耐污等能力较强的乡土植物。

4.4.3 海绵城市的技术体系

海绵城市建设技术按主要功能可分为渗透、储存、调节、转输、截污净化五类技术，每一类技术又包含若干不同形式的单项技术设施，而每一种单项技术设施往往具有多个功能，如生物滞留设施的功能除渗透补充地下水外，还可削减峰值流量、净化雨水（见表4-3）。因此，在实践中，应根据主要设计目标、场地条件等，通过特殊设计，或通过各类技术的灵活组合应用，实现径流总量控制、径流峰值控制、径流污染控制、雨水资源化利用等单一或综合目标，不应拘泥于某单项设施及其单一形态、功能等，应进行必要的组合、功能优化与创新设计。

此外，还应合理划分技术选用优先级。海绵城市建设技术模式按主要功能和目的可划分为雨水渗透、储存回用、调节峰值、净化水质、综合调蓄五种技术模式。由于我国地域广阔，地形地貌、水文地质和气候特征差别较大，不同城市面临着不同的问题和需求，因此，当对技术模式进行单一或组合应用时，应按照因地制宜和经济高效的原则，针对不同类型用地和不同开发强度项目，合理确定优先选用等级，如新建区与改建区开发强度往往差别较大，其中新建区应优先选用分散式绿色基础设施，而改建区多位于老城区，受建筑密度高、硬化面积大和地下管线复杂等现场场地条件的制约，则适宜以绿色基础设施与灰色基础设施相结合和末端控制为主（表4-4）。

各类单项技术设施功能比选一览表　　　　　　　　　　表4-3

技术类型	单项设施	功能				
		集蓄利用雨水	补充地下水	削减峰值流量	净化雨水	转输
渗透技术	透水砖铺装	○	●	◎	◎	○
	透水水泥混凝土	○	○	◎	◎	○
	透水沥青混凝土	○	○	◎	◎	○
	下沉式绿地	○	●	◎	◎	○
	简易型生物滞留设施	○	●	◎	◎	○
	复杂型生物滞留设施	○	●	◎	●	○
	渗透塘	○	●	◎	◎	○
	渗井	○	●	◎	◎	○
储存技术	湿塘	●	○	●	◎	○
	雨水湿地	●	○	●	●	○
	蓄水池	●	○	◎	◎	○
	雨水罐	●	○	◎	◎	○

市政工程

续表

技术类型	单项设施	功能				
		集蓄利用雨水	补充地下水	削减峰值流量	净化雨水	转输
调节技术	调节塘	○	○	●	◎	○
	调节池	○	○	●	◎	○
转输技术	转输型植草沟	◎	○	○	◎	●
	干式植草沟	○	●	○	◎	●
	湿式植草沟	○	○	○	●	●
	渗管/渠	○	◎	○	◎	●
截污净化技术	绿色屋顶	○	○	○	◎	○
	植被缓冲带	○	○	○	●	—
	初期雨水弃流设施	◎	○	○	●	—
	人工土壤渗滤	●	○	○	●	—

注：●——强；◎——较强；○——弱或很小。

不同类型用地中各类单项技术设施选用一览表 表 4-4

技术类型（按主要功能）	单项设施	用地类型			
		建筑与小区	城市道路	绿地与广场	城市水系
渗透技术	透水砖铺装	●	●	●	◎
	透水水泥混凝土	◎	◎	◎	◎
	透水沥青混凝土	◎	◎	◎	◎
	下沉式绿地	●	●	●	◎
	简易型生物滞留设施	●	●	●	◎
	复杂型生物滞留设施	●	●	◎	◎
	渗透塘	●	◎	●	○
	渗井	●	◎	●	○
储存技术	湿塘	●	◎	●	●
	雨水湿地	●	●	●	●
	蓄水池	◎	○	○	○
	雨水罐	●	○	○	○
调节技术	调节塘	●	◎	●	◎
	调节池	◎	◎	○	○
转输技术	转输型植草沟	●	●	●	◎
	干式植草沟	●	●	●	◎
	湿式植草沟	●	●	●	●
	渗管/渠	●	●	●	○
截污净化技术	绿色屋顶	●	○	○	○
	植被缓冲带	●	●	●	●
	初期雨水弃流设施	●	◎	◎	○
	人工土壤渗滤	◎	○	◎	◎

注：●——宜选用；◎——可选用；○——不宜选用。

4.4.4 海绵城市建设相关法规与标准

国家早期有关雨水的法规政策甚少，仅仅针对缺水地区，鼓励水资源的合理开发利用，优先发展节水型农业，提高用水效率，如《中华人民共和国水法》、《中华人民共和国循环经济促进法》、《中华人民共和国抗旱条例》等，然而，随着城镇化的快速发展，城市内涝、径流污染、水资源短缺、生态环境恶化等问题日益突出，为此，国家高度关注，发布了一系列重要文件，且开展了大量相关规范标准的修编与新编工作，加入海绵城市建设相关要求，如《室外排水设计规范》GB 50014—2006、《建筑与小区雨水利用工程技术规范》GB 50400—2006、《城市排水工程规划规范》GB 50318—2000、《绿色建筑评价标准》GB/T 50378—2014、《公园设计规范》CJJ 48—1992 等修编规范和《海绵城市建设技术指南》、《城镇内涝防治技术规范》、《城镇雨水调蓄工程技术规范》等新编规范。

以下内容为 2013～2015 年国家层面发布的雨水相关政策文件要点地整理总结：

1.《国务院办公厅关于做好城市排水防涝设施建设工作的通知》（国办发［2013］23 号）

文件中明确要求：（1）明确任务目标，力争用 5 年时间完成排水管网的雨污分流改造，用 10 年左右的时间，建成较为完善的城市排水防涝工程体系。（2）全面普查摸清现状，建立管网等排水设施地理信息系统，对现有暴雨强度公式进行评价和修订，全面评估城市排水防涝能力和风险。（3）合理确定建设标准，各地区应根据本地降雨规律和暴雨内涝风险情况，合理确定城市排水防涝设施建设标准，在人口密集、灾害易发的特大城市和大城市，应采用国家标准的上限，并可视城市发展实际适当超前提高有关建设标准。（4）科学制定建设规划，各地区要抓紧制定城市排水防涝设施建设规划，要加强与城市防洪规划的协调衔接，将城市排水防涝设施建设规划纳入城市总体规划和土地利用总体规划。（5）扎实做好项目前期工作。各地区发展改革、住房和城乡建设等部门要做好项目技术论证和审核把关，并建立相应工作机制，提高建设项目立项、建设用地、环境影响评价、节能评估、可行性研究和初步设计等环节的审批效率。（6）加快推进雨污分流管网改造与建设。在雨污合流区域加大雨污分流排水管网改造力度。新建城区要依据《十二五全国城镇污水处理及再生利用设施建设规划》和有关要求，建设雨污分流的排水管网。（7）积极推行低影响开发建设模式。各地区旧城改造与新区建设必须树立尊重自然、顺应自然、保护自然的生态文明理念；要按照对城市生态环境影响最低的开发建设理念，控制开发强度，合理安排布局，有效控制地表径流，最大限度地减少对城市原有水生态环境的破坏；要与城市开发、道路建设、园林绿化统筹协调，因地制宜配套建设雨水滞渗、收集利用等削峰调蓄设施。此外，还要求各地加大城市排水防涝设施资金投入、健全法规标准、完善应急机制、强化日常管理、加强科技支撑、落实地方责任、明确部门分工。

2.《国务院关于加强城市基础设施建设的意见》（国发［2013］36 号）

文件中要求在全面普查、摸清现状基础上，编制城市排水防涝设施规划。加快雨污分流管网改造与排水防涝设施建设，解决城市积水内涝问题。积极推行低影响开发建设模式，将建筑、小区雨水收集利用、可渗透面积、蓝线划定与保护等要求作为城市规划许可和项目建设的前置条件，因地制宜配套建设雨水滞渗、收集利用等削峰调蓄设施。加强城市河湖水系保护和管理，强化城市蓝线保护，坚决制止因城市建设非法侵占河湖水系的行为，维护其生态、排水防涝和防洪功能。完善城市防洪设施，健全预报预警、指挥调度、应急抢险等措施，到2015年，重要防洪城市达到国家规定的防洪标准。全面提高城市排水防涝、防洪减灾能力，用10年左右时间建成较完善的城市排水防涝、防洪工程体系。

3.《住房和城乡建设部关于印发城市排水防涝设施普查数据采集与管理技术导则（试行）的通知》（建城〔2013〕88号）

文件中提出现状普查是城市排水防涝系统规划、建设与管理的重要基础性工作；普查数据的采集、管理与质量控制，是保障普查数据系统性、完整性、准确性的关键，同时也为普查数据的应用、建立城市排水防涝的数字信息化管控平台创造条件。各地要督促辖区内各城市，加强组织领导，强化部门协作，在现有档案资料基础上，综合运用现场探测、地理信息系统、在线监测等方法，开展城市排水防涝设施的全面普查；直辖市及有条件的城市要在普查工作的基础上，加快城市排水防涝数字化管控平台建设，提高城市排水防涝设施规划、建设、管理和应急水平；其他城市要逐步建立和完善排水防涝数字化管控平台。

4.《住房和城乡建设部中国气象局关于做好暴雨强度公式修订有关工作的通知》（建城〔2014〕66号）

文件提出建立暴雨强度公式制修订工作机制，建立暴雨强度公式编制与成果共享机制，暴雨强度公式的批准实施中要求编制成果应由所在地市（县）住房和城乡建设（城镇排水主管部门）会同气象部门组织审定，并报当地人民政府批准后实施；同时，报上级住房和城乡建设部门备案。各市（县）气象部门要加强对气候变化、降雨规律的持续跟踪与研究分析，及时提出暴雨强度公式修订计划，并按上述程序进行修订、审定、报批、备案。另外需健全保障措施，加强城市防涝技术合作。

5.《住房和城乡建设部国家发展改革委关于进一步加强城市节水工作的通知》（建城〔2014〕114号）

文件提出强化规划对节水的引领作用。城市总体规划编制要科学评估城市水资源承载能力，坚持以水定城、以水定地、以水定人、以水定产的原则，统筹给水、节水、排水、污水处理与再生利用，以及水安全、水生态和水环境的协调。缺水城市要先把浪费的水加强管理，严格控制生态景观取用新水，提出雨水、再生水及建筑中水利用等要求，沿海缺水城市要因地制宜提出海水淡化水利用等要求；按照有利于水的循环、循序利用的原则，规划布局市政公用设施；明确城市蓝线管控要求，加强河湖水系保护。编制控制性详细规划要明确节水的约束性指标。各城市要依据城市总体规划和控制性详细规划编制城市节水专项规划，提出切实可行的目标，从水的供需平衡、潜力挖掘、管理机制等方面提出工作对策、措施和详细实施计划，并与城镇供水、排水与污水处理、绿地、水系等规划相衔接。

大力推行低影响开发建设模式。成片开发地块的建设应大力推广可渗透路面和下凹式绿地，通过雨水收集利用、增加可渗透面积等方式控制地表径流。新建城区硬化地面中，可渗透地面面积比例不应低于40%；有条件的地区应对现有硬化路面逐步进行透水性改造，提高雨水滞渗能力。结合城市水系自然分布和当地水资源条件，因地制宜地采取湿地恢复、截污、河道疏浚等方式改善城市水生态。按照对城市生态环境影响最低的开发建设理念，控制开发强度，最大限度地减少对城市原有水生态环境的破坏，建设自然积存、自然渗透、自然净化的"海绵城市"。

6.《财政部、住房和城乡建设部、水利部关于开展中央财政支持海绵城市建设试点工作的通知》(财建〔2014〕838号)

中央财政对海绵城市建设试点给予专项资金补助,一定三年,具体补助数额按城市规模分档确定,直辖市每年6亿元,省会城市每年5亿元,其他城市每年4亿元。对采用PPP模式达到一定比例的,将按上述补助基数奖励10%。

试点城市由省级财政、住房和城乡建设部、水利部联合申报。试点城市应将城市建设成具有吸水、蓄水、净水和释水功能的海绵体,提高城市防洪排涝减灾能力。试点城市年径流总量目标控制率应达到住房城乡建设部《海绵城市建设技术指南》要求。试点城市按三年滚动预算要求编制实施方案。

7.《国务院关于印发水污染防治行动计划的通知》(国发〔2015〕17号)(水污染防治行动计划)

文件中规定了全国七大重点流域水质改善的目标。要全面控制污染物排放,强化城镇生活污染治理,推进农村污染防治,防治畜禽养殖污染。推动经济结构转型升级,积极保护生态空间。严格城市规划蓝线管理,城市规划区范围内应保留一定比例的水域面积。新建项目一律不得违规占用水域。严格水域岸线用途管制,土地开发利用应按照有关法律法规和技术标准要求,留足河道、湖泊和滨海地带的管理和保护范围,非法挤占的应限期退出。着力节约保护水资源,提高用水效率,加强城镇节水。强化科技支撑,推广示范适用技术。全力保障水生态环境安全,整治城市黑臭水体,保护水和湿地生态系统。

8.《国务院办公厅关于推进海绵城市建设的指导意见》(国办发〔2015〕75号)

文件对海绵城市建设做出了以下12个方面总体要求:

(1) 工作目标。通过海绵城市建设,综合采取"渗、滞、蓄、净、用、排"等措施,最大限度地减少城市开发建设对生态环境的影响,将70%的降雨就地消纳和利用。到2020年,城市建成区20%以上的面积达到目标要求;到2030年,城市建成区80%以上的面积达到目标要求。

(2) 基本原则。坚持生态为本、自然循环。充分发挥山水林田湖等原始地形地貌对降雨的积存作用,努力实现城市水体的自然循环。坚持规划引领、统筹推进。因地制宜确定海绵城市建设目标和具体指标,科学编制和严格实施相关规划,完善技术标准规范。坚持政府引导、社会参与。发挥市场配置资源的决定性作用和政府的调控引导作用,加大政策支持力度,营造良好发展环境。积极推广政府和社会资本合作(PPP)、特许经营等模式,吸引社会资本广泛参与海绵城市建设。

(3) 科学编制规划。编制城市总体规划、控制性详细规划以及道路、绿地、水等相关专项规划时,要将雨水年径流总量控制率作为其刚性控制指标。划定城市蓝线时,要充分考虑自然生态空间格局。建立区域雨水排放管理制度,明确区域排放总量,不得违规超排。

(4) 严格实施规划。将建筑与小区雨水收集利用、可渗透面积、蓝线划定与保护等海绵城市建设要求作为城市规划许可和项目建设的前置条件,保持雨水径流特征在城市开发建设前后大体一致。在建设工程施工图审查、施工许可等环节,要将海绵城市相关工程措施作为重点审查内容;工程竣工验收报告中,应当写明海绵城市相关工程措施的落实情况，提交备案机关。

（5）完善标准规范。抓紧修订完善与海绵城市建设相关的标准规范，突出海绵城市建设的关键性内容和技术性要求。要结合海绵城市建设的目标和要求编制相关工程建设标准图集和技术导则，指导海绵城市建设。

（6）统筹推进新老城区海绵城市建设。从2015年起，全国各城市新区、各类园区、成片开发区要全面落实海绵城市建设要求。老城区要结合城镇棚户区和城乡危房改造、老旧小区有机更新等，以解决城市内涝、雨水收集利用、黑臭水体治理为突破口，推进区域整体治理，逐步实现小雨不积水、大雨不内涝、水体不黑臭、热岛有缓解。各地要建立海绵城市建设工程项目储备制度，编制项目滚动规划和年度建设计划，避免大拆大建。

（7）推进海绵型建筑和相关基础设施建设。推广海绵型建筑与小区，因地制宜采取屋顶绿化、雨水调蓄与收集利用、微地形等措施，提高建筑与小区的雨水积存和蓄滞能力。推进海绵型道路与广场建设，改变雨水快排、直排的传统做法，增强道路绿化带对雨水的消纳功能，在非机动车道、人行道、停车场、广场等扩大使用透水铺装，推行道路与广场雨水的收集、净化和利用，减轻对市政排水系统的压力。大力推进城市排水防涝设施的达标建设，加快改造和消除城市易涝点；实施雨污分流，控制初期雨水污染，排入自然水体的雨水须经过岸线净化；加快建设和改造沿岸截流干管，控制渗漏和合流制污水溢流污染。结合雨水利用、排水防涝等要求，科学布局建设雨水调蓄设施。

（8）推进公园绿地建设和自然生态修复。推广海绵型公园和绿地，通过建设雨水花园、下凹式绿地、人工湿地等措施，增强公园和绿地系统的城市海绵体功能，消纳自身雨水，并为蓄滞周边区域雨水提供空间。加强对城市坑塘、河湖、湿地等水体自然形态的保护和恢复，禁止填湖造地、截弯取直、河道硬化等破坏水生态环境的建设行为。恢复和保持河湖水系的自然连通，构建城市良性水循环系统，逐步改善水环境质量。加强河道系统整治，因势利导改造渠化河道，重塑健康自然的弯曲河岸线，恢复自然深潭浅滩和泛洪漫滩，实施生态修复，营造多样性生物生存环境。

（9）创新建设运营机制。区别海绵城市建设项目的经营性与非经营性属性，建立政府与社会资本风险分担、收益共享的合作机制，采取明晰经营性收益权、政府购买服务、财政补贴等多种形式，鼓励社会资本参与海绵城市投资建设和运营管理。强化合同管理，严格绩效考核并按效付费。鼓励有实力的科研设计单位、施工企业、制造企业与金融资本相结合，组建具备综合业务能力的企业集团或联合体，采用总承包等方式统筹组织实施海绵城市建设相关项目，发挥整体效益。

（10）加大政府投入。中央财政要发挥"四两拨千斤"的作用，通过现有渠道统筹安排资金予以支持，积极引导海绵城市建设。地方各级人民政府要进一步加大海绵城市建设资金投入，省级人民政府要加强海绵城市建设资金的统筹，城市人民政府要在中期财政规划和年度建设计划中优先安排海绵城市建设项目，并纳入地方政府采购范围。

（11）完善融资支持。各有关方面要将海绵城市建设作为重点支持的民生工程，充分发挥开发性、政策性金融作用，鼓励相关金融机构积极加大对海绵城市建设的信贷支持力度。鼓励银行业金融机构在风险可控、商业可持续的前提下，对海绵城市建设提供中长期信贷支持，积极开展购买服务协议预期收益等担保创新类贷款业务，加大对海绵城市建设项目的资金支持力度。将海绵城市建设中符合条件的项目列入专项建设基金支持范围。支持符合条件的企业通过发行企业债券、公司债券、资产支持证券和项目收益票据等募集资金,用于海绵城市建设项目。

(12) 城市人民政府是海绵城市建设的责任主体,要把海绵城市建设提上重要日程,完善工作机制,统筹规划建设,抓紧启动实施,增强海绵城市建设的整体性和系统性,做到"规划一张图、建设一盘棋、管理一张网"。住房和城乡建设部要会同有关部门督促指导各地做好海绵城市建设工作,继续抓好海绵城市建设试点,尽快形成一批可推广、可复制的示范项目,经验成熟后及时总结宣传、有效推开;发展改革委要加大专项建设基金对海绵城市建设的支持力度;财政部要积极推进PPP模式,并对海绵城市建设给予必要资金支持;水利部要加强对海绵城市建设中水利工作的指导和监督。各有关部门要按照职责分工,各司其职,密切配合,共同做好海绵城市建设相关工作。

9.《住房和城乡建设部,环境保护部关于印发城市黑臭水体整治工作指南的通知》(建城〔2015〕130号)

文件提出各省级住房和城乡建设(水务)、环境保护部门要会同水利、农业等部门抓紧指导督促本地区全面开展城市建成区黑臭水体排查工作,指导各城市编制黑臭水体整治计划(包括黑臭水体名称、责任人及整治达标期限等),制定具体整治方案,并抓紧组织实施。地级及以上城市要在2015年底前向社会公布本地区黑臭水体整治计划,并接受公众监督。各省级住房城乡建设(水务)部门要汇总本地区各城市黑臭水体整治计划。

自2016年起,各省级住房和城乡建设(水务)部门要会同环境保护等部门在每季度第一个月15日前将本地区上季度黑臭水体整治情况通过"全国城镇污水处理管理信息系统"上报住房和城乡建设部,同时抄送环境保护部、水利部、农业部。住房和城乡建设部将会同环境保护部等部门建立全国城市黑臭水体整治监管平台,定期发布有关信息,接受公众举报;共同开展黑臭水体整治监督检查,并向社会公布监督检查结果,对整治不力、未按期完成整治目标要求的,责令限期整改,并约谈相关责任人。

10.《住房和城乡建设部办公厅中国气象局办公室关于加强城市内涝信息共享和预警信息发布的通知》(建办城函〔2015〕527号)

文件规定要进一步加强城市内涝风险预警以及信息发布工作,加强城市内涝信息共享,建立城市内涝风险预警联合会商制度,建立城市内涝风险预警信息联合发布制度,加强城市内涝联合预警试点示范建设,做好暴雨公式修订工作。

4.5 垂直绿化技术

4.5.1 工程概况

三环路某立交桥垂直绿化工程。在桥墩、立交桥及引桥下种植紫藤、常春藤、五叶地锦、三叶地锦等藤本植物,桥柱下种植藤本植物五叶地锦、紫藤等。

4.5.2 主要施工工艺流程

平整场地、回填种植土→放线、挖穴、施肥→运苗、运种植材料→种植→养护。

4.5.3 主要施工工艺

图 4-23 桥墩垂直绿化效果

垂直绿化是利用攀援植物覆盖建筑物、构筑物立面的一种绿化手段。包括墙面绿化、围墙与护栏绿化、花架绿化，在立交桥绿化工程中得到了广泛利用如图 4-23、图 4-24 所示。

1. 垂直绿化植物材料的种类

（1）缠绕类：适用于栏杆、棚架等。如：紫藤、金银花、菜豆、牵牛等。

（2）攀缘类：适用于篱墙、棚架和垂挂等。如：葡萄、铁线莲、丝瓜、葫芦等。

（3）钩刺类：适用于栏杆、篱墙和棚架等。如：蔷薇、爬蔓月季、木香等。

（4）攀附类：适用于墙面等。如：爬山虎、扶芳藤、常春藤等。

2. 施工准备

（1）垂直绿化的施工依据应为技术设计、施工图纸、工程预算及与市政配合的准确栽植位置。

（2）大部分木本攀缘植物应在春季栽植，并宜于萌芽前栽完。为特殊需要，雨季可以少量栽植，应采取先装盆或者强修剪、起土球、阴雨天栽植等措施。

图 4-24 引桥垂直绿化效果

（3）施工前应实地了解水源、土质、攀缘依附物等情况。若依附物表面光滑，应设牵引铅丝。

（4）木本攀缘植物宜栽植三年生以上的苗木，应选择生长健壮、根系丰满的植株。从外地引入的苗木应仔细检疫后再用。草本攀缘植物应备足优良种苗。

（5）栽植前应整地。翻地深度不得少于 40cm，石块砖头、瓦片、灰渣过多的土壤，应过筛后再补足种植土。如遇含灰渣量很大的土壤（如建筑垃圾等），筛后不能使用时，要清除 40~50cm 深、50cm 宽的原土，换成好土。在墙、围栏、桥体及其他构筑物或绿地边种植攀缘植物时，种植池宽度不得少于 40cm。当种植池宽度在 40~50cm 时，其中不可再栽植其他植物。如地形起伏时，应分段整平，以利浇水。

（6）在人工叠砌的种植池种植攀缘植物时，种植池的高度不得低于 45cm，内沿宽度应大于 40cm，并应预留排水孔。

3. 栽植

（1）应按照种植设计所确定的坑（沟）位，定点、挖坑（沟），坑（沟）穴应四壁垂直、低平、坑径（或沟宽）应大于根径 10~20cm。禁止采用一锹挖一个小窝，将苗木根系外露的栽植方法。

（2）栽植前，在有条件时，可结合整地，向土壤中施基肥。肥料宜选择腐熟的有机肥，每穴应施 0.5～1.0kg。将肥料与土拌匀，施入坑内。

（3）运苗前应先验收苗木，对太小、干枯、根部腐烂等植株不得验收装运。苗木运至施工现场，如不能立即栽植，应用湿土假植，埋严根部。假植超过两天，应浇水管护。对苗木的修剪程度应视栽植时间的早晚来确定。栽植早宜留蔓长，栽植晚宜留蔓短。

（4）栽植时的埋土深度应比原土痕深 2cm 左右。埋土时应舒展植株根系，并分层踏实。

（5）栽植后应做树堰。树堰应坚固，用脚踏实土埂，以防跑水。在草坪地栽植攀缘植物时，应先起出草坪。

（6）栽植后 24h 内必须浇足第一遍水。第二遍水应在 2～3d 后浇灌，第三遍水隔 5～7d 后进行。浇水时如遇跑水、下沉等情况，应随时填土补浇。

4．日常养护管理

（1）浇水

1）水是攀缘植物生长的关键，在春季干旱天气时，直接影响到植株的成活。

2）新植和近期移植的各类攀缘植物，应连续浇水，直至植株不灌水也能正常生长为止。

3）要掌握好三至七月份植物生长关键时期的浇水量。做好冬初冻水的浇灌，以有利于防寒越冬。

4）由于攀缘植物根系浅、占地面积少，因此在土壤保水力差或天气干旱季节应适当增加浇水次数和浇水量。

（2）牵引

1）牵引的目的是使攀缘植物的枝条沿依附物不断伸长生长。特别要注意栽植初期的牵引。新植苗木发芽后应做好植株生长的引导工作，使其向指定方向生长。

2）对攀缘植物的牵引应设专人负责。从植株栽后至植株本身能独立沿依附物攀缘为止。应依攀缘植物种类不同、时期不同，使用不同的方法。如：捆绑设置铁丝网（攀缘网）等。

（3）施肥

1）施肥的目的是供给攀缘植物养分，改良土壤，增强植株的生长势。

2）施肥的时间：施基肥，应于秋季植株落叶后或春季发芽前进行；施用追肥，应在春季萌芽后至当年秋季进行，特是六至八月雨水勤或浇水足时，应及时补充肥力。

3）施用基肥的肥料应使用有机肥，施用量宜为每延长米 0.5～1.0kg。

4）追肥可分为根部追肥和叶面追肥两种。

根部施肥可分为密施和沟施两种。每两周一次，每次施混合肥每延长米 100g，施化肥为每延长米 50g。叶面施肥时，对以观叶为主的攀缘植物可以喷浓度为 5% 的氮肥尿素，对以观花为主的攀缘植物喷浓度为 1% 的磷酸二氢钾。叶面喷肥宜每半月一次，一般每年喷 4～5 次。

5）使用有机肥时必须经过腐熟，使用化肥必须粉碎、施匀；施用有机肥不应浅于 40cm，化肥不应浅于 10cm；施肥后应及时浇水。叶面喷肥宜在早晨或傍晚进行，也可结合喷药一并喷施。

(4) 病虫害防治

1) 攀缘植物的主要病虫害有：蚜虫、螨类、叶蝉、天蛾、虎夜蛾、斑衣蜡蝉、白粉病等。在防守上应贯彻"预防为主，综合防治"的方针。

2) 栽植时应选择无病虫害的健壮苗，勿栽植过密，保持植株通风透光，防止或减少病虫发生。

3) 栽植后应加强攀缘植物的肥水管理，促使植株生长健壮，以增强抗病虫的能力。

4) 及时清理病虫落叶、杂草等，消灭病源虫源，防止病虫扩散、蔓延。

5) 加强病虫情况检查，发现主要病虫害应及时进行防治。在防治方法上要因地、因树、因虫制宜，采用人工防治、物理机械防治、生物防治、化学防治等各种有效方法。在化学防治时，要根据不同病虫对症下药。喷布药剂应均匀周到，应选用对天敌较安全，对环境污染轻的农药，既控制住主要病虫的为害，又注意保护天敌和环境。

(5) 修剪与间移

1) 对攀缘植物修剪的目的是防止枝条脱离依附物，便于植株通风透光，防止病虫害以及形成整齐的造型。

2) 修剪可以在植株秋季落叶后和春季发芽前进行。剪掉多余枝条，减轻植株下垂的重量；为了整齐美观也可在任何季节随时修剪，但主要用于观花的种类，要在落花之后进行。

3) 攀缘植物间移的目的是使植株正常生长，减少修剪量，充分发挥植株的作用。间移应在休眠期进行。

(6) 中耕除草

1) 中耕除草的目的是保持绿地整洁，减少病虫发生条件，保持土壤水分。

2) 除草应在整个杂草生长季节内进行，以早除为宜。

3) 除草要对绿地中的杂草彻底除净，并及时处理。

4) 在中耕除草时不得伤及攀缘植物根系。

5. 垂直绿化养护质量标准

(1) 精心养护精心管理达到以下标准为一级：

1) 攀缘植物的牵引工作必须贯彻始终。按不同种类攀缘植物的生长速度，栽后年生长量应达到1.0~2.0m。

2) 植株无主要病虫危害的症状，生长良好，叶色正常，无脱叶落叶的现象。

3) 认真采取保护措施，无缺株，无严重人为损坏，发生问题及时处理，实现连线成景多样化的效果。

4) 修剪及时，疏密适度，保证植株叶不脱落，维持长年有整体效果。

(2) 认真养护认真管理，基本达到以下标准为二级：

1) 及时牵引，按不同种类攀缘植物的生长速度，栽后年生长量应不低于1.0m。

2) 基本上控制主要病害和虫害，有轻微受害面积，不超过10%，不影响观瞻，植株正常生长，叶色基本正常。

3) 对人为损害能及时采取保护措施，缺株数量不超过10%。

4) 基本控制徒长枝。

4.5.4 工程结果

垂直绿化占地少,充分利用了空间,大大提高了城市绿量、覆盖率,增强了绿化的立体效果,提高了环境质量。蔓性攀爬植物随着物体外形变化而变化,从而软化了混凝土生硬的轮廓并与城市绿化融为一体,创造出生动的装饰效果。通过植物叶面的蒸腾作用和庇荫效果,可缓和阳光对建筑的直射,降低温度,并在一定程度上吸附烟尘。因此,从城市的客观实际出发,应积极地做好垂直绿化工作。

5 施工信息化新技术

5.1 常用 BIM 平台软件及应用解决方案

本章对各软件厂商的 BIM 应用平台软件和 BIM 应用解决方案进行了系统的介绍。主要介绍欧特克、奔特力、达索析统、鲁班软件、广联达、蓝色星球等行业主流软件厂商的 BIM 应用平台软件及其企业级 BIM 应用解决方案。欧特克、奔特力、达索析统、RIB 是国际主流的 BIM 软件厂商，占据国内大部分的市场份额。鲁班软件、广联达、蓝色星球是国内优秀的 BIM 软件厂商，具有自主的知识产权。

5.1.1 欧特克的 BIM 应用解决方案

1. 欧特克的 BIM 系统平台简介

欧特克（Autodesk）的产品和解决方案被广泛应用于制造业、工程建设行业和传媒娱乐业。自 1982 年 AutoCAD 正式推向市场以来，欧特克已针对全球最广泛的应用领域，研发出系列软件产品和解决方案，帮助用户提高生产效率、有效地简化项目并实现利润最大化，把创意转变为竞争优势。

欧特克针对建筑工程领域提供了专业的 BIM 系统平台及完整的、具有针对性的解决方案。欧特克整体 BIM 解决方案覆盖了工程建设行业的众多应用领域，涉及建筑、结构、水暖电、土木工程、地理信息、流程工厂、机械制造等主要专业，如图 5-1 所示。

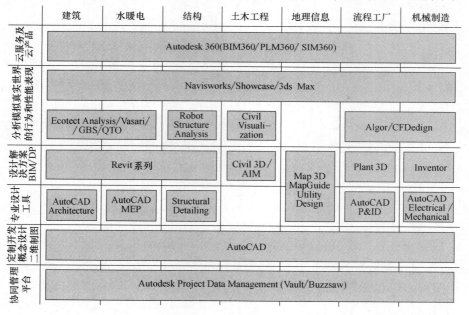

图 5-1 欧特克 BIM 解决方案架构图

5 施工信息化新技术

欧特克针对不同领域的实际需要，特别提供了欧特克建筑设计套件、欧特克基础设施设计套件等综合性的工具集，以支持企业的 BIM 应用流程。其中，面向建筑全生命周期的欧特克 BIM 解决方案以 Autodesk Revit 软件产品创建的智能模型为基础；面向基础设施全生命周期的欧特克 BIM 解决方案以 AutoCAD Civil 3D 土木工程设计软件为基础。同时，还有一套补充解决方案用以扩大 BIM 的效用，包括项目虚拟可视化和模拟软件、AutoCAD 文档和专业制图软件以及数据管理和协作系统软件。

2. 欧特克 BIM 系统与外部系统的数据交互

欧特克 BIM 系统支持与其他系统或软件的集成应用与数据交换，如图 5-2 所示。欧特克 BIM 系统基于 Revit、Civil 3D 的智能模型是与外部系统软件进行数据交互的基础，根据不同的工程目的和设计阶段演化成不同深度和符合不同应用目标的模型与其他 BIM 应用软件进行数据交互。

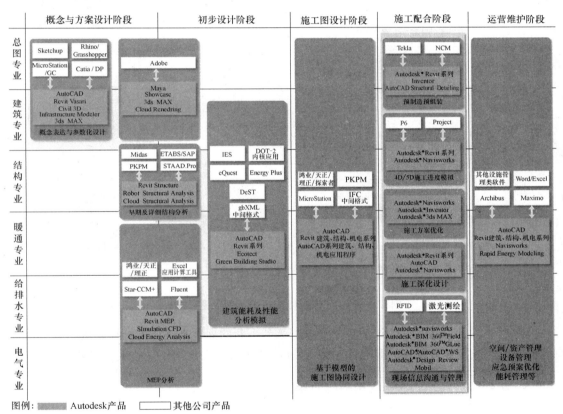

图 5-2 欧特克 BIM 系统与外部系统的数据交互

3. 基于 Revit 平台的企业级 BIM 实施案例

中国建筑设计研究院是我国大型骨干科技型中央企业，该院企业级、全专业的 BIM 实施推广过程是经过企业多年的实践经验积累，通过整体规划、逐步深入的实施方法实现的。其实施过程中关键环节如下。

（1）企业级 BIM 标准的制定：BIM 标准的制定是企业级 BIM 实施的核心内容，只有将 BIM 应用的经验积累提炼为企业整体 BIM 应用的标准，才能将这些经验真正转化为生产力，实现整体 BIM 应用效率及质量的提升。

（2）BIM 软硬件环境建设：BIM 技术较二维设计技术对软硬件环境的要求更高，在 BIM 实施中，必然要对软硬件环境进行必要的升级改造。

（3）全专业 BIM 设计应用：在若干试点项目完成以后，在该院 2012 年承接的中国移动国际信息港项目（20 万 m²）以及中国建筑设计研究院科研创新示范楼项目中，已实现了完全基于 BIM 技术进行设计工作的模式，实现了初步设计全专业 BIM 出图，并正在完成施工图全专业设计出图的工作（设计平台采用 Revit Architecture/Stucture/MEP）。图 5-3 所示为中国移动国际信息港项目基于 Revit 模型的各专业出图比例。

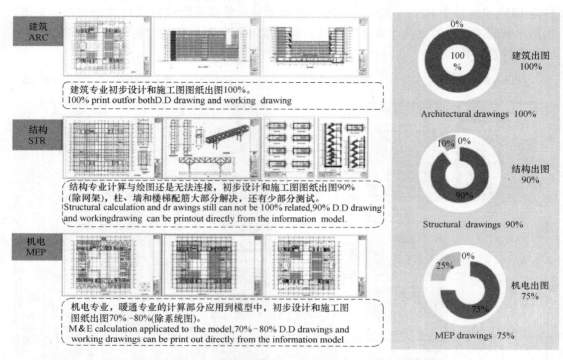

图 5-3 中国移动国际信息港项目基于 Revit 模型的各专业出图比例

中国建筑设计研究院经过多年的实践积累与不断的探索推进，已经探索出了一套适合该院的企业级实施方案，同时也为国内 BIM 企业级实施探索出了一条成功之路。

5.1.2 奔特力的 BIM 应用解决方案

1. 奔特力的 BIM 系统平台简介

美国奔特力公司（Bentley）创建于 1984 年，是一家面向全球客户提供基础设施可持续发展综合软件解决方案的软件公司。奔特力的 BIM 应用产品包括：用于设计和建模的 MicroStation、用于项目团队协作和工作共享的 ProjectWise、用于项目和资产数据管理的 eB。按照市场需求，奔特力将 BIM 应用划分为地理信息、土木工程、建筑工程和工厂设计 4 个纵向行业。奔特力的工程 BIM 应用解决方案是面向工程全生命期的系统集成解决方案。它可以完成从航片卫片处理、生成地图、土地规划开始，到场地工程、道路桥梁、铁路、地铁，再到建筑以及附属的水、风、电、结构，再到设备、工艺管道的全面协同工作，帮助用户实现把管道和设备放进建筑物，建筑物放在小区场地，小区放在地理信息系统上，如图5-4所示。

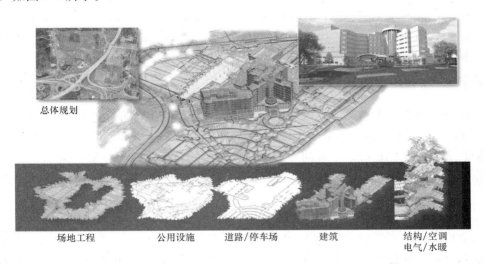

图 5-4 奔特力的工程全生命期 BIM 应用解决方案

奔特力的 BIM 解决方案是以 2D、3D 一体化的图形平台 MicroStation 软件为基础，通过该图形平台实现各个专业应用软件之间的数据互通，以满足全部纵向行业的使用要求。此外，通过 ProjectWise 工程管理平台，实现数据互用和协同操作，帮助远程团队实现工作共享、工程生命期数据的重复应用，以及闭环的工作流程。

针对特定的基础设施类型，从奔特力产品线上选取适当的专业应用软件，再加上管理平台 ProjectWise，就可以构成面向整个基础设施各种具体项目的解决方案。

2. 面向建筑工程的 BIM 应用解决方案

面向建筑工程的 BIM 应用解决方案包含 4 个大的要素：全专业 3D 协同设计系统 AECOsim、5D 可视化施工过程管理系统 Constract-Sim、可视化的设施管理系统 Facility Management、工程信息管理平台 ProjectWise+eB（如图 5-5 所示）。

图 5-5 奔特力的建筑工程 BIM 应用解决方案

其中，AECOsim 用于建筑、结构、空调、水、暖、电气等多专业全信息建模、出图、和工程量的计算。从功能上，涵盖了模型创建、图纸输出、材料统计、渲染动画、碰撞检测等模块，在数据互用方面提供了极大便利；ProjectWise 是工程项目从设计到施工到运维整个生命周期的工程数据中心，既能负担内部协作，又能完成外部协作，是 BIM

解决方案不可或缺的管理平台。

奔特力的建筑工程 BIM 应用解决方案已成功应用于首都机场 T3 航站楼、水立方游泳馆、上海巨人网络集团总部、香港新机场、伦敦奥运场馆、伦敦瑞士投资银行、伦敦议会大厦、伦敦维多利亚地铁、伦敦 Crossrail 交通枢纽、埃及开罗石塔商业区等大型建筑工程，取得了很好的应用效果。

5.1.3 达索析统的 BIM 应用解决方案

法国达索析统（Dassault Systemes）公司是产品生命周期管理（Product Lifecycle Management，PLM）解决方案的主要提供者，专注于 PLM 解决方案已有超过 30 年历史。随着 3DEXPERIENCE 平台的发布，达索析统的目标是将数字资产的应用扩大到企业的全面运营。对于建筑业，其战略是以 BIM 信息为核心，将项目参与各方（业主、设计方、施工方等）全面集成起来。

1. 3D EXPERIENCE 解决方案

达索析统的 3D EXPERIENCE 解决方案由 3D EXPERIENCE 平台，以及这个平台上的一系列行业流程包两个层次组成。3D EXPERIENCE 平台是整个解决方案的基础，支持所有的数据保存在同一个数据库中，供不同的人员、不同的应用流程来访问。流程包是具体的应用模块，达索的流程包分为：设计建模、施工模拟、计算分析、协同管理 4 类，如图 5-6 所示。

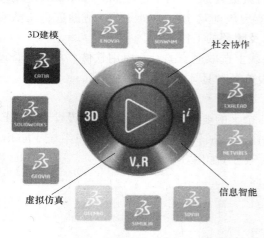

图 5-6　达索析统的 3D EXPERIENCE 解决方案

(1) 3D EXPERIENCE 平台

3D EXPERIENCE 平台是所有 3D EXPERIENCE 应用的基础，为整个平台上的所有流程提供一致的用户体验。3D EXPERIENCE 平台既提供企业私有云版本也提供公有云版本，但面向中国市场，达索析统主推的是 3D EXPERIENCE 企业私有云版本。此平台集成了以下功能：

1）3D Compass：通过强大的 3D 罗盘，为所有软件工具（包括第三方工具）提供一致的操作入口；

2）3D Space：在企业内部的服务器上存储任何工程设计、生产或仿真的数据信息，并提供简便、安全、强大的协同机制；

3）3D Play：显示 3D 场景并分享视图；

4）3D Messaging：通过文本、图像和 3D 方式进行实时的在线沟通，促进企业内部的社交协作；

5）3D Search：集成的信息搜索和过滤工具；

6）6W Tags：创建智能的结构化标签以增强搜索能力。

(2) CATIA—设计建模工具

CATIA（Computer Aided Three-Dimensional Interface Application）是达索析统公司

旗下的 CAD、CAE、CAM 一体化软件。CATIA 广泛应用于航空航天、汽车制造、造船、机械制造、电子、电器、消费品行业，它的集成解决方案覆盖了众多产品设计与制造领域。在建筑行业，CATIA 适合于复杂造型、超大体量等建筑项目的概念设计，其曲面建模功能及参数化能力，为设计师提供了丰富的设计手段，能够实现空间曲面造型、分析等多种设计功能，帮助设计师提高设计效率和质量。CATIA 的基本特点包括：

1) 自顶向下的设计理念；
2) 强大的参数化建模技术；
3) 与生命周期下游应用模块的集成性；
4) 良好的二次开发扩展性。

(3) SIMULIA—计算分析工具

达索 SIMULIA 公司（原 ABAQUS 公司）是世界知名的计算机仿真行业的软件公司，其主要业务为世界上最著名的非线性有限元分析软件 Abaqus 进行开发、维护及售后服务。

Abaqus 软件已被全球工业界广泛接受，并拥有世界最大的非线性力学用户群。Abaqus 软件以其强大的非线性分析功能以及解决复杂和深入的科学问题的能力，在结构工程领域得到广泛认可，除普通工业用户外，也在以高等院校、科研院所等为代表的高端用户中得到广泛称誉。研究水平的提高引发了用户对高水平分析工具需求的加强，作为满足这种高端需求的有力工具，Abaqus 软件在各行业用户群中所占据的地位也越来越突出。

(4) DELMIA—施工模拟工具

DELMIA (Digital Enterprise Lean Manufacturing Integrated Application) 是达索公司的数字化企业精益制造集成式解决方案。DELMIA 专注于复杂制造/施工过程的仿真和相关的数据管理。在制造业，DELMIA 是最强大的 3D 数字化制造和生产线仿真解决方案。而在建筑业，DELMIA 被用作建筑施工规划的虚拟仿真解决方案，帮助用户高效利用时间、优化施工、降低风险等。

(5) ENOVIA—项目管理与协同工具

为了帮助建筑企业实现业务变革，进入可持续性发展通道，3D EXPERIENCE 解决方案中包含 ENOVIA 系列应用，可以满足以下方面的企业需求：

1) 项目管理

项目管理人员可创建项目、分解 WBS 结构、分配任务、制定资源计划及财务预算等，并通过自动生成的实时图表监控项目进展状况。项目成员可查看分配的任务信息，并汇报任务完成情况。系统会根据此信息自动更新项目监控图表，并可与 Microsoft Project、Primavera P6 等系统集成。

2) 设计质量管理

支持设计审核人员对模型进行组装、浏览、校审。可浏览 2D 和 3D 图形，并进行批注、测量、以及动态 3D 截面、碰撞检查等。对于问题管理流程，在审核过程中发现问题，可将问题分配给责任人，责任人解决问题后返回审核人员确认关闭问题。

3) 知识管理

定义文档创建、审阅、批准和流转的权限和流程；支持企业定义自身的知识库和企业标准，并在项目中贯彻执行。

4）供应链管理

支持供应商管理、采购流程管理、变更管理，可与 SAP、Oracle 等 ERP 系统提供集成接口。

2. 基于达索析统的 BIM 应用案例

上海证大喜马拉雅艺术中心位于上海浦东区，总建筑面积将达 18 万 m^2，其中当代艺术馆面积将超 2 万 m^2。该建筑由国际著名建筑设计大师矶崎新与上海现代建筑设计集团合作设计。上海现代建筑设计集团决定利用达索析统的 CATIA（用于虚拟产品设计和创新）和 SIMULIA（用于虚拟产品测试）来检验和改善该建筑的建构设计的合理性。

与传统的矩形布局和设计方案不同，上海证大喜马拉雅艺术中心（图 5-7）采用了仿生结构设计，使用分形数学中常见的弧线和不规则形状来设计建筑立面，整体布局参照了自然界中树根的形态，采用了"表现主义"的建筑手法。这种设计结构受力复杂，属于超限建筑，对设计师和建筑师提出了非常大的挑战。

图 5-7　上海证大喜马拉雅艺术中心
(a) 效果图；(b) 模型图

达索析统 CATIA 具有强大的 3D 模型设计和风格化功能，可将 3D 数据生成建筑设计、施工需要的表面、内表面及截面，它所构造的精确的曲面模型，大大方便了结构设计与施工，确保建筑师可以将这样复杂的创意变为现实。除此之外，工程师还使用 SIMULIA Abaqus 一体化有限元分析软件对艺术中心进行结构分析。通过分析发现了通常情况下无法发现的建筑结构中需要进行强化以便提升安全性的特定区域，甚至还获得了在不影响结构完整性的情况下可以省却大量钢材的区域。

5.1.4　广联达的 BIM 应用解决方案

1. 广联达的 BIM 简介

广联达软件股份有限公司成立于 1998 年，是国内建设工程领域信息化服务企业，企业立足建设工程领域，围绕工程项目的全生命周期，为客户提供以工程造价为核心、以 3M（PM、BIM、DM）为独特优势的软件产品和企业信息化（整体）解决方案，产品被广泛使用于房屋建筑、工业与基础设施等三大行业。

广联达的 BIM 应用体系包括 BIM 整体解决方案、BIM 标准化产品、BIM 免费应用 3 部分（图 5-8）。

（1）BIM 整体解决方案：覆盖建筑全生命期的 BIM 解决方案，以 BIM 系统＋项目实施的方式，为客户提供 BIM 部署和实施服务，满足大型项目复杂和个性化的需求。

（2）BIM 标准化产品：包括 BIM5D、MagiCAD、结构施工图设计、BIM 算量、施工场地布置、模板脚手架等一系列标准化软件，既能灵活专业地实现 BIM 应用，又具有超低的应用门槛和简化的应用场景。

（3）BIM 免费应用：包括 BIM 浏览器和 BIM 审图两款软件，覆盖最常用的 BIM 两大功能，可迅速集成多专业模型，以最低的门槛迅速入门并实现应用。

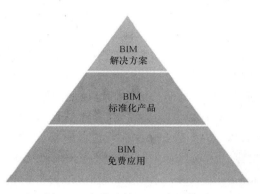

图 5-8 广联达的 BIM 应用体系

2. 广联达的 BIM 应用解决方案

广联达公司将 BIM 的应用理解为一个模型逐步深化的过程，在这些模型的基础上开展一些专业的应用，如图 5-9 所示。广联达的 BIM 应用更多地关注施工阶段，主要包括：进度管理、施工模拟、动态成本控制、采购支付、竣工结算等。最后运维阶段的 BIM 应用包括：设备管理、空间管理、运维管理等。

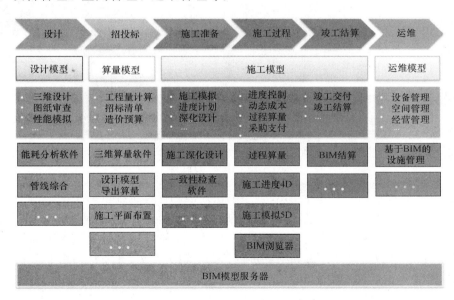

图 5-9 广联达的 BIM 深化应用过程模型

（1）BIM 5D——重新定义施工模拟

广联达依靠自主知识产权的 3D 图形平台技术，实现自主创新的具有国际领先水平的 BIM5D 产品（图 5-10）。通过 BIM 模型集成进度、预算等关键信息，对施工过程进行模拟，及时为施工过程中的技术、生产、商务等环节提供准确的形象进度、物资消耗、过程计量、成本核算等核心数据，帮助用户对施工过程进行数字化管理，达到节约时间和成本的目的。

BIM 5D 更像是一个可以随时调用的大型数据资源库。在项目施工执行过程中，不同节点、不同形象部位以及不同施工流水段分别需要采购多少物资，BIM5D 可以帮用户分析资源信息。以工程算量为例：正常情况下，随着时间的变化，项目每个节点的工程量有变化，BIM5D 通过数据分析，可以精准地计算出相应的工程量。这在很大程度上解决了项目过程不透明、成本不可控的问题。

BIM 5D 作为一款聚焦施工阶段的关键工具产品，实现了与其他施工链的延伸产品相结合，包括现场布置的产品，钢筋下料的产品，以及云的 BIM 浏览器的产品和服务等，贯穿并为项目全生命周期服务，提供了更加完整的 BIM 解决方案。

图 5-10　BIM 5D 软件

（2）BIM 算量系列——基于 BIM 模型的快速准确计算工程量

广联达 BIM 算量系列产品是基于完整的三维模型，支持 BIM 模型和工程量信息的交互，并具备多专业、多客户协同能力。算量系列产品符合国家计量规范和标准，提供估算、概算、预算、施工过程计算和结算过程的算量解决方案。广联达 BIM 算量系列产品，包含土建 BIM 算量软件 GCL、钢筋 BIM 算量软件 GGJ、安装 BIM 算量 GQI、对量软件 GSS、GST、变更算量产品 JBG、TBG、精装算量软件 GDQ，如图 5-11 所示。

（3）BIM 浏览器——免费的模型集成浏览和协作工具

广联达 BIM 浏览器是一款集成多专业 BIM 模型查看、管理的软件。产品提供 PC 和移动版，用户可随时随地浏览检查三维模型，用于直观的指导施工与协同管理。

BIM 浏览器具有如下功能特点：支持国际 IFC 标准，可集成 Revit，MagiCAD，Tekla 等多专业设计模型。可通过广联达预算模型，快速实现多专业模型集成。便捷的三

5 施工信息化新技术

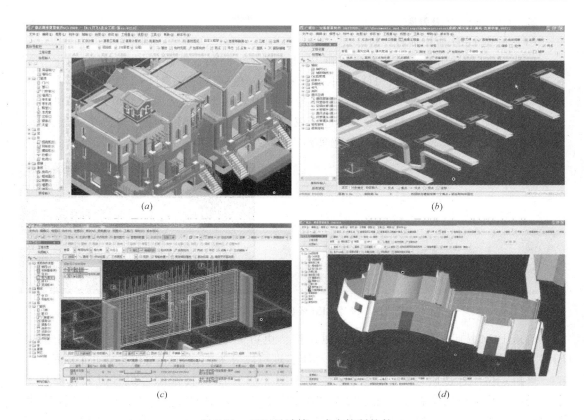

图 5-11　工程量计算、成本控制软件
(a) 土建 BIM 算量软件 GCL；(b) 安装 BIM 算量软件 GQI；
(c) 钢筋 BIM 算量软件 GGJ；(d) 装修 BIM 算量软件 GDQ

维模型浏览功能，可按楼层、按专业多角度进行组合检查。可以在模型中任意点击构件，查看其类型、材质、体积等属性信息。将模型构件与二维码关联，使用拍照二维码，快速定位所需构件。批注与视点保存功能，随时记录关键信息，方便查询与沟通。支持手机与平板电脑，随时随地查看模型。项目团队成员在一个软件平台上协同工作，实时交流共享关键信息。

5.1.5　鲁班的 BIM 应用解决方案

1. 鲁班的 BIM 平台简介

上海鲁班软件有限公司于 1999 年，由行业资深专家杨宝明博士与 IDGVC 创建于上海张江软件园。鲁班基础数据分析系统（Luban PDS）是一个以 BIM 技术为依托的工程成本数据平台。它创新性的将最前沿的 BIM 技术应用到了建筑行业的成本管理当中。只要将包含成本信息的 BIM 模型上传到系统服务器，系统就会自动对文件进行解析，同时将海量的成本数据进行分类和整理，形成一个多维度的、多层次的，包含三维图形的成本数据库。通过互联网技术，系统将不同的数据发送给不同的人。总经理可以看到项目资金使用该情况，项目经理可以看到造价指标信息，材料员可以查询下月材料使用量，不同的人各取所需，共同受益。从而对建筑企业的成本精细化管控和信息化建设产生重大作用。

2. 鲁班 BIM 解决方案

(1) 鲁班 BIM 应用流程

鲁班 BIM 解决方案，首先通过鲁班 BIM 建模软件高效、准确的创建 7D 结构化 BIM 模型（图 5-12），即 3D 实体、1D 时间、1D·BBS（投标工序）、1D·EDS（企业定额工序）、1D·WBS（进度工序）。创建完成的各专业 BIM 模型，进入基于互联网的鲁班 BIM 管理协同系统，形成 BIM 数据库。经过授权，可通过鲁班 BIM 各应用客户端实现模型、数据的按需共享，提高协同效率，轻松实现 BIM 从岗位级到项目级及企业级的应用。

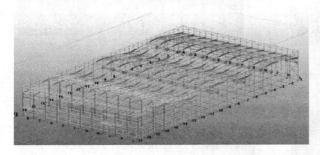 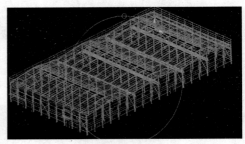

图 5-12 设计 BIM 模型转化为 7D BIM 模型

鲁班 BIM 技术的特点和优势可以更快捷、更方便地帮助项目参与方进行协调管理，BIM 技术应用的项目将收获巨大价值。具体实现可以分为创建、管理和共享 3 个阶段。

鲁班定位于建造阶段的 BIM 专家，并提出了基于 BIM 技术的鲁班基础数据整体方案，是由鲁班软件首家提出的企业级工程基础数据整体解决方案。与工程项目管理密切相关的基础数据包括：实物量数据、价格数据、消耗量指标数据、清单定额数据等。基于 BIM 技术的业主方投资管理方案，是把原来分散在项目上和个人手中的数据进行统一管理。通过提供企业级和云计算的两种方案帮助企业建立企业级四大基础数据库，即企业大后台、总部、项目部、各相关单位等各部门使用的客户端最终成为一个个"小前端"，可通过互联网快速调取所需的实时准确的基础数据，并对多家单位与多个部门基于 BIM 进行协调管理。

在基于 BIM 的鲁班基础数据系统的支撑下，鲁班建立了较为完整的基于 BIM 的项目管理解决方案，如图 5-13 所示。鲁班 BIM 解决方案的价值如图 5-14 所示。

(2) 鲁班 BIM 解决方案的特点与优势

专业化技术优势，高效快速地建立 BIM 模型：鲁班 BIM 聚焦于建造阶段，一直致力于充分利用上游设计成果。鲁班的上游数据转化和利用技术一直领先同行，二维的 CAD 图纸转化已经炉火纯青，平均两天可以完成 1 万 m^2 全专业 BIM 模型建立，建模效率是其他 BIM 建模软件的数倍。

针对设计 BIM 模型，Luban Trans 可实现将 Revit 设计 BIM 模型通过 API 数据接口直接导入鲁班软件系统，其他设计 BIM 模型可以通过 IFC 标准数据接口导入。

基于云的 BIM 系统平台，有效实现多部门间的协同：鲁班 BIM 系统是项目、企业级，并实现了平台与云的结合。BIM 基础数据库构架于云端，BIM 模型应用客户端可以随时随地访问云端数据库，实现协同办公和数据共享，所有项目参与单位可以根据授权随时随地查看 BIM 模型中最新最准确的信息，在项目全过程为相关单位提供技术支撑、数据支撑。

5 施工信息化新技术

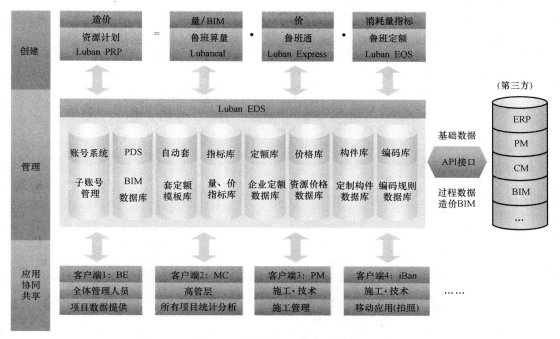

图 5-13 鲁班 BIM 技术应用整体解决方案系统结构图

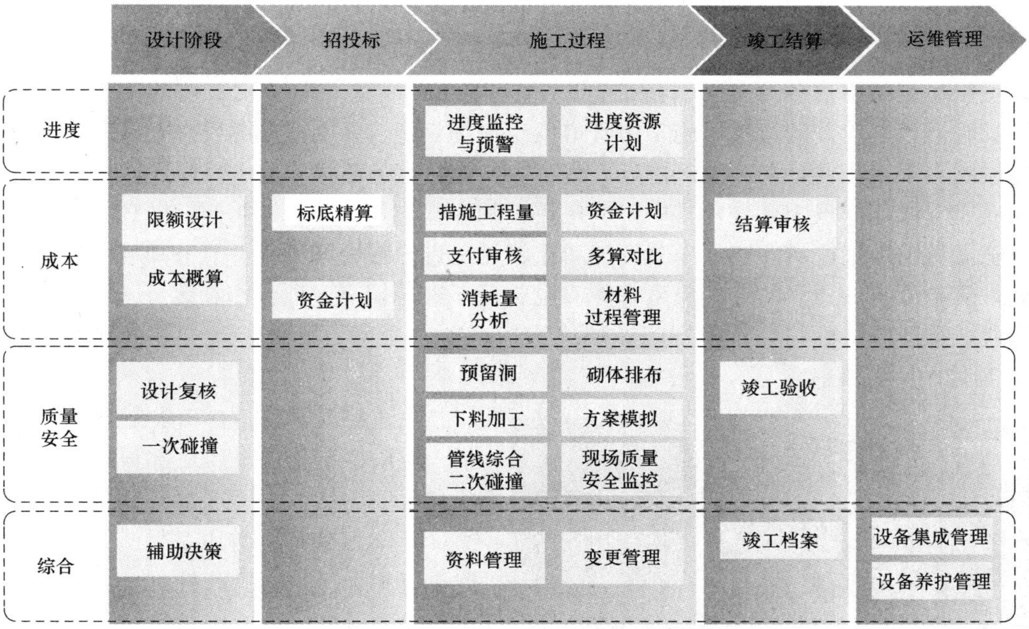

图 5-14 鲁班 BIM 管理解决方案在项目全过程中的价值

"小前端、大后台",提升对项目的管控能力:鲁班 BIM 系统是企业级的解决方案,可以数字化统一管理企业在建的、已实施的、要投标的所有项目,注重数据在企业内的积累、利用与共享。如企业指标库、定额库、构件库可以实现相关指标、数据在企业内部所有成员间的共享。而企业级的基础数据平台,构成了企业的大后台,可以随时随地了解项目上的真实数据与情况，提升项目管控能力，同时利用集团优势为项目提供支持与服务。

3. 典型工程应用案例

金虹桥国际中心项目位于上海市长宁区茅台路以南、娄山关路以西、古北路以东、娄山关路 455 弄以北，总建筑面积为 26 万 m^2，其中地上建筑面积 14 万 m^2，地下四层建筑面积为 12 万 m^2，如图 5-15 所示。

图 5-15　金虹桥国际中心效果图

提前发现和解决碰撞的设计问题。在管道施工前，项目部应用鲁班软件按照图纸要求建立虚拟模型来检查各个专业管道之间的碰撞以及与土建专业中梁、柱的碰撞，发现碰撞，及时调整，较好的避免了施工中管道发生碰撞，避免拆除重新安装的问题。在 15 楼设备层找到了大小共计 212 处碰撞点，其中影响比较大的碰撞点有 12 处。地下室 B3 层消防和通风专业碰撞点 158 处，其中影响比较大的碰撞点有 15 处。在地下室 B3 层施工时，管道施工员发现报警阀间室外部分的消防主管无法进入报警阀间，并且和风管存在严重的碰撞，从鲁班软件建立的虚拟模型来看，也验证了这一情况。项目部和设计人员进行了及时沟通，重新调整标高，直接把问题解决在模型中，避免了拆除重新安装的问题，图 5-16 为某处的碰撞点。

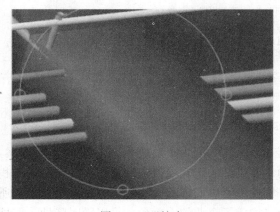

图 5-16　碰撞点

快速测算工作量，有利于材料管理控制。应用鲁班软件，项目部根据不同的楼层和区域，从电子图纸直接快速计算出实物量，作为材料采购和编制施工计划的依据，有利于材料管理和控制。鲁班软件建立的模型就如同做好的蛋糕，需要哪块的量，直接切下来就可以了。模型可以把某个区域或系统的量测算出来。例如，电气中一个配电箱或许有十几个回路，每一个回路上要用多少灯，多少开关，多少电线都可以很方便计算出来，如图 5-17 所示。

5 施工信息化新技术

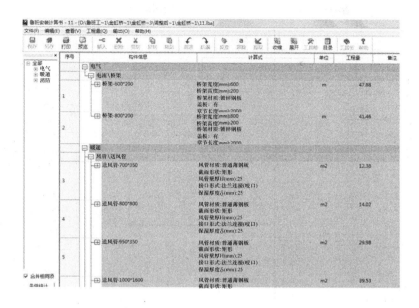

图 5-17 快速算量 材料管控

5.1.6 建谊集团的 iTWO 解决方案及应用案例

建谊集团是一家以 BIM 信息化为特色的地产开发集团，在业内先后与国内外数十家系统软件厂商开展合作，在自己开发的项目上大胆试用、使用，并根据企业自身管理特点逐步梳理基于软件系统的管理流程和管理制度，形成了集团独有知识产权的 BIM 标准及流程体系。集团于 2014 年引入德国 RIB 公司的 iTWO 系统，目前在建的有 4 个项目使用这套系统。

1. 建谊集团的 iTWO 解决方案

iTWO 提供 5D 建筑过程模拟，施工能力验证、算量、计价、项目进度管理、项目时间控制、项目成本控制、招投标及分包管理、工程变更管理、记账及报告等功能。主要工作流程如图 5-18 所示，以下将介绍 iTWO 的各项功能及效益。所有功能基于需要 iTWO 5D 模块的 3D 模型。

（1）5D 模拟

5D 模拟功能显示建设项目随着时间的演变，以及关键资源的成本和数量。iTWO 是世界上第一个集成 BIM 软件 5D 模拟技术的解决方案。5D 模拟提供的可视性，为 iTWO 用户提供以下优点：

1）支持总承包商，以优化项目进度管理和项目成本控制；
2）识别可能影响项目工期和投资的风险，以便尽早采取有效措施应对；
3）支持总承包商预测现金流；
4）支持项目业主更好地了解总承包商如何规划施工过程；
5）帮助项目业主控制项目进程和储备工程预算，确保业主按照工程的进度进行付款；
6）帮助项目业主和总承包商及时采购材料；

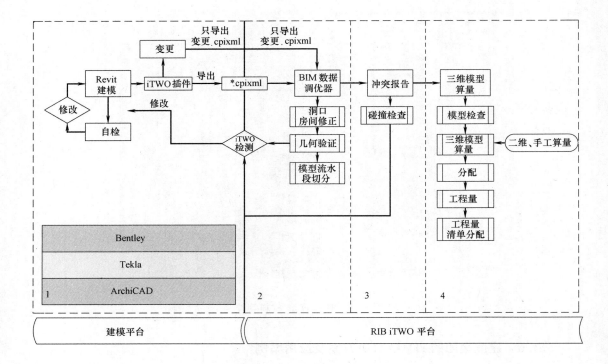

图 5-18 主要工作流程

7) 帮助总承包商和项目业主清晰准确地把握项目施工进度。

综上所述，建筑流程的 5D 模拟功能能够让总承包商和项目相关人员之间进行更有效的沟通和协调。而更好的沟通和协调能够为项目增添有利价值，如缩短项目工期，节约项目成本。

（2）施工可行性验证

iTWO 能够与目前流行的大部分 BIM 设计工具整合，如 Revit，Tekla，Archi CAD，Allplan，Catia 等。通过与建筑，结构和机电（MEP）模型整合，iTWO 可以进行跨标准的碰撞检测。因此，iTWO 中的碰撞检测并不限定于某一种类型或某一个特定的 BIM 设计工具。而且，3D 模型的可视化使施工可行性验证简化。设计流程和建造流程的整合降低了重复作业的可能性。

综上所述，通过跨标准的设计和建造流程的整合和协调，iTWO 可以降低重复作业和项目延误的风险以达成降低项目成本和减短项目生命周期的目的。

（3）项目成本控制

项目成本控制是整个项目实施过程中控制的基础，iTWO 能够实现项目成本控制，具体功能的实现和所涉及到的 iTWO 模块如表 5-1 所示。

1) 通过连接项目进度和成本，iTWO 能够实时追踪项目进度，实际成本和完成数量；

2) 通过建立记账阶段和插入完工程度模块，或者使用精确的工料估算，还可以另外输入一个绝对值，iTWO 可以将实际成本和计划成本进行比较，并通知超支情况。及时的风险识别能够提早减轻风险损失。不仅如此，iTWO 还能够自动更新实际项目成本和利润；

5 施工信息化新技术

项目成本控制功能　　　　　　　　　　　　　　　　　　　　表 5-1

具体功能	涉及的 iTWO 模块
连接项目时间表和相关成本	建筑活动模型
资源规划	建筑活动模型-资源
5D 模拟	建筑活动模型,5D 模拟
施工期实际进度和成本管理	建筑活动模型

3）通过 5D 模拟，用户可以识别影响项目投资的潜在风险，并预测现金流；

4）通过 5D 模拟，用户可以精确预测随着项目进展所需的资源需求和消耗。

（4）工程变更管理

在施工阶段，业主方，设计方，总承包商和分包商可能会提出一些更改（比如：设计更改，工程量更改，工作项目的增加或减少等）。在 iTWO 工作流程中，每次订单变更会出现下面的情形之一：通知、通过或者未通过。实时跟踪订单的更改使得总承包商可以向项目业主报销额外的费用。其主要功能是方便工程变更的信息化管理，具体功能及所涉及到的 iTWO 模块如表 5-2 所示。

工程变更管理具体功能　　　　　　　　　　　　　　　　　　表 5-2

具体功能	涉及的 iTWO 模块
工程变更管理	变更
变更的工程量清单	工程量清单
变更相关的计价更新	估算
变更相关的进度更新	建筑活动模型

1）iTWO 创建工程量清单的变更为项目业主提供参考；

2）每当用户输入一项订单变更的完成进度，iTWO 就会随即生成对应的账单文档，总承包商即可立刻用该文档向业主申请进度款；

3）当发生变更时，用户只需调整项目进度计划的对应部分，iTWO 就可立刻自动更新该项目的收入和利润。

2. 基于 iTWO 平台的 BIM 实施案例——大红门西路 16 号院

大红门西路 16 号院工程位于丰台区大红门西路 16 号院。总建筑面积 122960m^2，其中地下 42972m^2，地上 79988m^2。由住宅楼和裙房组成，地下三层，地上 15～21 层，建筑高度 56～63m。效果图如图 5-19 所示。

图 5-19　大红门 16 号院效果图

(1) 模型的建立和导入检查

这部分主要工作是从三维模型搭建工具到 iTWO 的转换过程，真正实现了从前期设计模型到后期的算量。首先要在模型软件中按照国内算量及计价的要求搭建模型，通过 iTWO 的插件导出 CPI 文件，再导入 iTWO 中进行模型检查、修正等工作。当模型符合要求后就可以进行算量、计价、挂接进度等工作。目前除了 Revit 以外奔特力、Tekla、ArchiCAD 也可以通过 CPI 文件导入 iTWO 中进行后续工作。模型检查如图 5-20 所示。

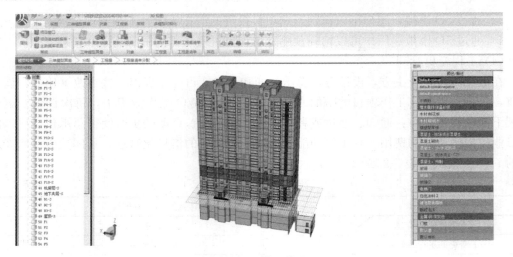

图 5-20　模型检查

(2) 基于设计模型的算量组价

三维模型算量是将三维模型算量与业主的工程量清单相关联，计算三维模型工程量。清单组价是在投标阶段可以根据地方定额或企业定额进行清单的组价工作，在施工阶段可以根据企业消耗定额来编制项目施工成本清单，变更清单可以根据合同要求进行编制。本项目中工程量关联与计算如图 5-21、图 5-22 所示。

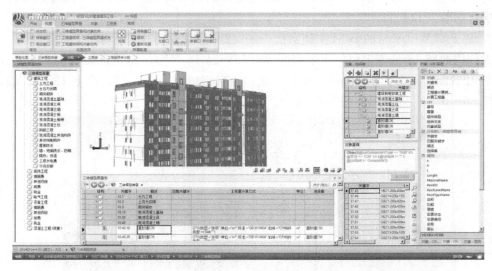

图 5-21　工程量关联

406

5 施工信息化新技术

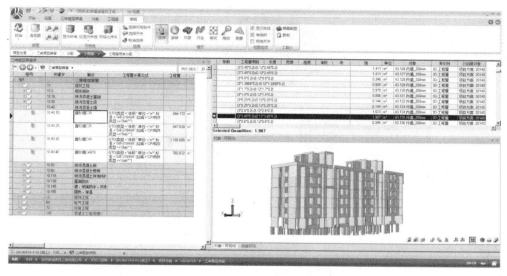

图 5-22 工程量计算核对

5.1.7 蓝色星球的 3DGIS＋BIM 平台应用解决方案

1. 3DGIS＋BIM 平台简介

上海蓝色星球科技股份有限公司采用自主研发的 3DGIS 与 BIM 之间无缝和属性信息无损集成技术，完成了 BIM 平台的研制开发。同时，蓝色星球提供了 BIM 平台＋5D 数据库（3D 模型＋1D 时间＋1D 信息）的面向建筑全生命期应用解决方案；并在平台的基础上，开发了基于互联网的 BIM 模型快速浏览、共享和交换服务，以及为用户提供了基于 BIM 的项目协同管理系统和基于 BIM 的资产与设施运维管理系统。

蓝色星球 3DGIS＋BIM 平台作为第三方独立平台，全面支持国际标准 IFC、支持市场上主流 BIM 软件（如 Revit、Bentley、Tekla、Dassault 等）创建的模型文件信息完整的导入，并以构件级的信息模型存入蓝色星球 5D 数据库。如图 5-23 表示，由市场主流的 BIM 软件进行参数化设计、创建出的 BIM 模型和属性，通过蓝色星球 BIM 平台的转换处理后存入蓝色星球 5D 数据库。存入 5D 数据库之后的 BIM 模型和属性信息如何维护、使用，BIM 平台按照用户提出的要求进行个性化定制开发。

2. 3DGIS＋BIM 应用解决方案

（1）基于 BIM 的工程项目协同管理系统

基于 BIM 的工程项目协同管理系统开发的技术路径是：以 WBS 为主线，在最小单位的工作包内，将成本、进度、质量、安全、合同、资料等信息与模型构件在工作包里进行关联，实现了成本控制、进度控制、质量控制，以及安全管理、合同管理、资料管理等各方面进行全关联应用，最终实现了通过基于 BIM 的工程项目精细化管理，达到"保证进度、质量可控、降低成本、提升效益"的项目管理目标。蓝色星球基于 BIM 的项目协同管理系统如图 5-24 所示。

（2）基于 BIM 的资产与设施运营维护管理系统

基于 BIM 的资产与设施运营维护管理系统开发的技术路径是：以模型为载体，综合

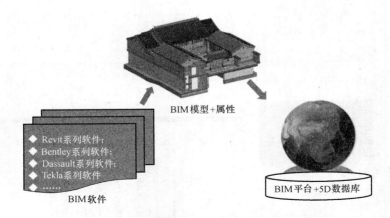

图 5-23 蓝色星球 3DGIS＋BIM 集成原理示意

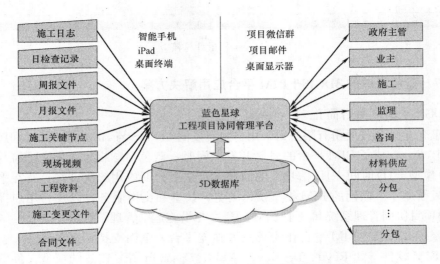

图 5-24 蓝色星球基于 BIM 的项目协同管理系统

运用 BIM 环境中的物联网、移动互联、视频监控、二维码、RFID、BA、工作流等技术，实现"服务中心、资产管理、空间管理、设施设备运维管理、应急管理、安全管理、资料管理"等应用。

3. 基于 3DGIS＋BIM 系统平台的实施案例

上海地铁 12 号线嘉善路至汉中路的区间隧道，共有 4 个车站 3 个区间，全程约 4km，全部为地下盾构区间，沿线穿越了市中心繁华的陕西南路、南京西路等地段，地面建筑和地下管道环境非常复杂，在地下隧道施工过程中，稍有不慎将带来不可挽回的经济损失和社会影响。

立项开发上海地铁 12 号线区间隧道施工安全监测系统，是基于地铁 12 号线区间的建筑信息模型（BIM）、WebGIS、3DGIS、虚拟现实等技术和隧道综合监控系统，以及沿线的地理空间信息，实现对嘉善路至汉中路区间隧道施工的仿真与监测。

上海地铁 12 号线隧道施工过程的安全监测项目的需求分为：平台要求、二维、三维漫游、静态数据查询和展示、动态数据查询和展示，以及数据分析报警等。

根据平台总体框架,以面向服务的设计为理念,以基于三维空间信息平台的信息分析与应用思想和技术进行架构为核心,对平台总体架构进行设计。系统的总体架构如图5-25所示。

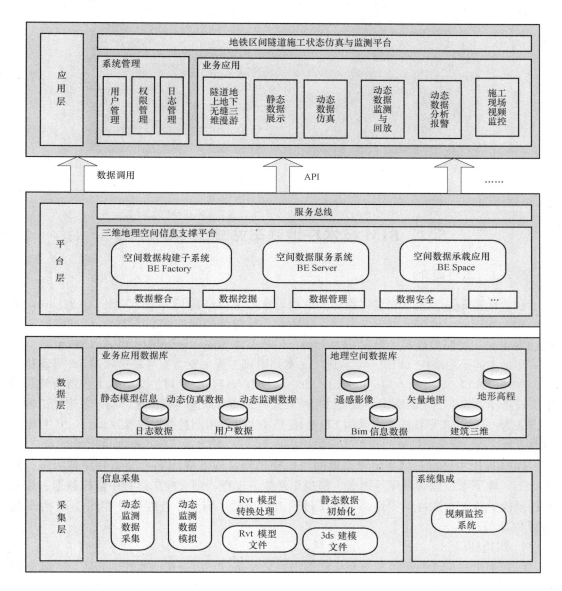

图 5-25　地铁区间隧道施工安全监测系统总架构图

通过隧道施工安全监测系统的研发和投入使用,进一步提升上海地铁 12 号线嘉善路至汉中路的区间隧道施工过程的可视化、精细化管理水平和工作效率,将安全隐患消灭在萌芽状态、杜绝安全事故的发生,为上海地铁 12 号线嘉善路至汉中路的区间隧道工程施工质量和施工进度提供技术支撑与保障。图 5-26 为基于 3DGIS+BIM 的上海地铁 12 号线隧道施工过程的安全监测系统。

图 5-26　基于 3DGIS+BIM 的地铁区间隧道施工安全监测

5.2　BIM 技术在地铁车站施工中的应用

5.2.1　工程简介

红莲南里车站为地下双层三跨岛式结构，车站主体结构长为 262.6m、宽 22.3m，地下一层为站厅层、地下二层为站台层。车站中心里程处轨面埋深 25.71m，标准段覆土厚度约为 13m，跨路口段覆土厚度约为 14m。车站主体采用 4 导洞暗挖 PBA 工法施工。

车站主体采用暗挖（PBA）工法施工。本站附属工程主要为 1 号新排风道、2 号新排风道、A 号出入口、B 号出入口、C 号出入口、D 号出入口、安全口。受附属工程自身建筑功能、设备净空要求、附属结构埋深及结构所在工程地质与周边环境情况影响，各附属工程施工方法为：1 号、2 号新排风道采用 CD 法施工（井口采用倒挂井壁法施工），B、C 号出入口及 1 号、2 号安全口均采用暗挖法＋明挖法施工、A、D 出入口暗挖过河后预留。

BIM 应用主要针对红莲南里站地面居民楼密集，地下管线复杂交错并穿越河湖、桥梁施工，地下水位埋深较深等因素，模拟车站施工过程，结合施工过程中监控数据、施工监控录像、施工进度计划安排，对施工过程进行质量、安全、进度指导如图 5-27 为车站 BIM 模型图。

1. 周边环境

红莲南里站位于莲花河东侧路与红莲南路交叉路口，沿莲花河南北向布置，与规划的 11 号线成"T"字形通道换乘。现状车站周边道路尚未实现规划。车站东侧邻近小红庙 4 号楼、5 号楼，以及西城区广安门大队和红莲南路 6 号院 7 号楼；西侧为莲花河，车站平行旁穿莲花河。莲花河现状河宽约 20m，未实现规划，水深约 0.5m，与地下水联系不密切。车站边墙距离莲花下口约 6.3m，距离莲花河底约 6m。规划莲花河河道上口宽 42m，河底宽 26m，车站边墙需侵入规划河道蓝线约 3.25m。

2. 地质水文

车站主体结构拱顶主要位于卵石⑤层，基底主要位于卵石⑦层和卵石⑨层。如图5-28所示。

5 施工信息化新技术

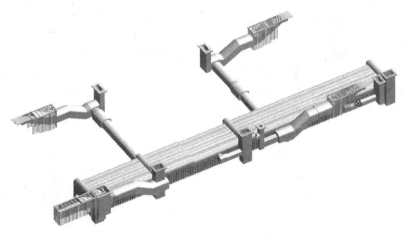

图 5-27 车站 BIM 模型图

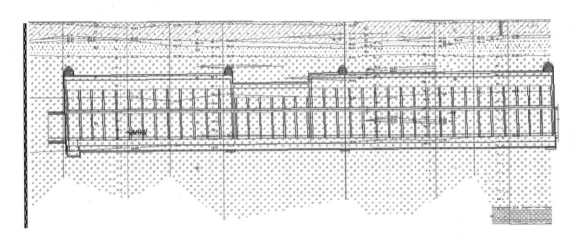

图 5-28 车站地质断面图

根据岩土工程勘察报告，工程范围内主要分布地下水类型为潜水，含水层岩性主要为卵石⑦层和卵石⑨层，水位标高为 21.46～19.43m，水位埋深为 23.00～24.17m，水位位于车站中板以下，下部结构施工时需进行降水施工。以侧向径流、人工开采方式排泄，该层水的年变幅为 1～3m。

本站位于莲花河东侧路与红莲南路交叉路口下方，地下管线众多，沿车站方向控制性管线主要有：D1050mm 污水管、D406mm 燃气管、ϕ300mm 与 ϕ273mm 重油管线两条、DN400mm 上水管等；沿红莲南路方向（垂直于车站方向）控制性管线主要有：3400mm×2350mm 污水管沟、DN400mm 上水管等；沿红莲南路方向控制性管线主要有：2000mm×2350mm 电力管沟、2600mm×1000mm 雨水方沟、D1050mm 污水管、DN600mm 上水管及新建 DN500mm 热力管线等。由于车站采用暗挖施工，且车站埋深较深，车站结构施工对管线影响较小。车站上方管线经评定均为一级风险源。

411

5.2.2 BIM 模型应用

BIM 模型的应用可以发现施工图纸设计阶段、临设阶段、施工阶段的各种碰撞问题。可实现在临建、施工阶段进行材料下料；钢筋加工优化、钢筋下料；三维技术交底；进度模拟；施工质量控制、施工资料的采集；安全风险预警；工程量核算等功能。

目前，项目正在实施初期，针对现阶段 BIM 的应用进行详细的描述，后期的施工应用进行概念性的描述。

1. 建立环境模型，解决碰撞问题

根据现有的地面环境、地质环境、地下管线及改移等情况建立整体的环境模型图 5-29。在城市人口密集、地面环境复杂、地下管线众多的大型城市修建地铁，建立此类模型非常有必要，很多此类建筑及构筑物模型可采用 Revit 软件建立，Revit 软件在建筑施工中应用比较多。临时设施的模型化展示可以预先发现各类临时设施与地下管线、地下结构、建筑物基础、降水井等位置冲突的问题，并帮助我们解决这类问题。如：临时用电、给水管线与车站结构位置冲突；临设布置与改移后的管线发生冲突；现场降水井与临设基础、竖井圈梁位置冲突；施工现场临时水、临时用电管线与降水排水管线的位置冲突；降水井与地下管线关系；避免发生破坏管线事故等，临时管线布置为现场施工开挖提供可视化的参考如图 5-30 所示。

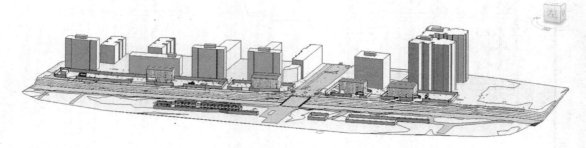

图 5-29 车站周边环境模型图

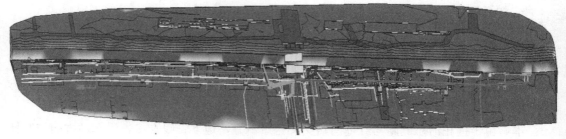

图 5-30 地下管线布置模型图

2. 建立防护棚构建模型，进行材料下料及安装交底如图 5-31 所示。

对于暗挖车站结构，均包含有施工竖井，本工程中有 4 个施工竖井，按照标准化施工的要求，竖井上方封闭施工。根据防护棚的安装图纸建立模型，一般钢构件、钢筋模型采用 Tekla 软件建立，可以比较快捷的建立各种钢构件、钢筋模型，提取各构件的材料用量如图 5-32 所示，查看构件属性，进行受力计算等应用，还可以转换为 AutoCAD 图纸，方

5 施工信息化新技术

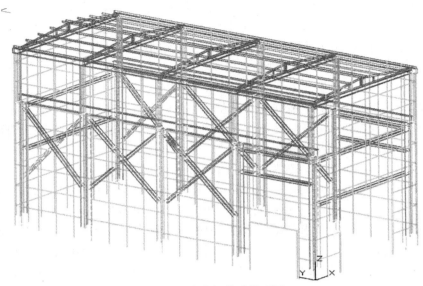

图 5-31 防护棚搭建模型图

Size	Grade	Qty.	Length(mm)	Area(m2)	Weight(kg)
C10	Q235B	2	3510	1.3	35.1
C10	Q235B	1	4096	1.5	41.0
C10	Q235B	2	5400	2.0	54.0
			21916	8.0	219.3
C20a	Q235B	12	3835	2.5	86.8
C20a	Q235B	12	3835	2.5	86.8
C20a	Q235B	4	6068	4.0	137.4
C20a	Q235B	2	6068	4.0	137.4
C20a	Q235B	2	6068	4.0	137.4
C20a	Q235B	12	7948	5.2	179.9
C20a	Q235B	8	10168	6.6	230.2
			317308	207.5	7182.9
C25b	Q235B	10	11400	8.8	357.2
			114000	88.5	3572.2
C36c	Q235B	4	26780	28.4	1583.2
			107119	113.7	6332.7
H550*300*11*18	Q235B	2	26420	60.0	3442.6
			52840	119.9	6885.2
L50*5	Q235B	160	180	0.0	0.7
L50*5	Q235B	520	380	0.1	1.4
L50*5	Q235B	360	780	0.2	2.9
			507195	99.4	1912.3
L100*80*10	Q235B	40	3624	1.3	48.8
L100*80*10	Q235B	40	8158	2.9	109.9
			471280	166.4	6351.0

图 5-32 防护棚材料用量表

便不熟悉该软件的施工管理人员查看。根据模型我们可以提取防护棚的各种规格的材料的使用数量，作为材料采购的参考；同时可以为现场施工人员进行施工交底，这种三维图形的交底比较直观易懂，可以很大程度的减少施工过程中出现的问题。

3. 建立车站整体模型，进行进度模拟

把建立好的 Revit 模型导入到 Navisworks 软件中，Project 形式的施工计划也可以被直接导入模型，按照工期计划安排即可对整个车站的施工顺序进行模拟，通过模拟施工进度可以发现工期安排是否合理，相匹配的人力是否满足，可以查看同一施工时期不同施工部位，然后根据施工部位提供材料计划。

4. 建立竖井及横通道钢筋模型，进行钢筋下料及钢筋优化

在竖井及横通道模型中如图 5-33 所示，我们进行了精细化绘图，添加了内部钢筋，钢筋模型也采用 Tekla 软件建立，需注意的事项是建立模型时需遵守规范要求，如：设计图上画的直筋，按照规范要求是需在两端增加弯钩，模型图需按照规范要求来做，同时钢筋模型建立前须有一个统一的标准，明确各种型号钢筋的颜色，钢筋绘制所依据的规范或图集，钢筋名称应与图纸一致等，在本项目中所有的钢筋做到统一要求便于查看各种钢筋用量的查看和统计如图 5-34 所示。

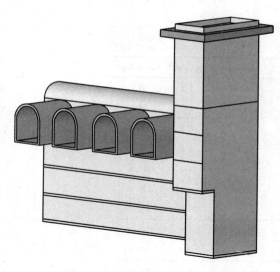

图 5-33　竖井及横通道模型图

钢筋模型图建立完成后，首先要根据现场实际施工情况进行验证，确认模型图与施工现场的符合度，修改调整模型绘制规则，确保模型与现场一致，才能真正将施工模型应用到现场工作中。比如：设计图横向直筋为一条直线，但是施工时按照施工规范需要做成两头都有弯钩，模型是根据设计图纸来做的，与现场就会有不符合情况，会导致现场钢筋下料与模型下料数量产生偏差，模型图无法指导现场施工应用。

模型图调整完毕后，可以根据模型软件，导出所施工部位的钢筋数量、吨数，为材料采购提供最基础的数据如图 5-35 所示。

接下来，根据采购钢筋的规格以及需要加工的构件的形式来对钢筋加工进行优化设计如图 5-36 所示，比如一根 12m 的钢筋，如何裁切才会做到此类钢筋最完全的使用，做到最大化的节约钢筋，最大化的提高钢筋使用率。

真正要做到指导现场施工，还需要把钢筋下料优化表与现场结合，给出对应各种型号的钢筋的加工大样图，这样才能真正地做到与现场结合，指导工人加工使用。

5.2.3　施工质量控制

通过 BIM 技术，实现对设计图纸的错漏碰缺检查以及优化如图 5-37 所示，将因设计图纸导致的施工中出现问题的概率降低至最少甚至彻底消灭；可视化的技术交底提升了交

流的成效,改变了指导施工的方式;BIM 的精细化出图保证了加工的准确性如图 5-38 所示。这些手段均是高质量施工的有效保障。

图 5-34　竖井及横通道初衬钢筋模型图

螺纹22 竖井纵向连接筋规格	编号	栅栏间距	数量	钢筋长度	总数量	螺纹6 编号	栅栏间距	数量	钢筋长度	总数量
	S1	480	1	630	66	T1	480	1	630	426
	S2	500	1	650	66	T2	500	1	650	426
	S3	750	9	900	594	T3	750	9	900	3834
	S4	550	2	700	132	T4	550	2	700	852
	S5	525	1	675	66	T5	525	1	675	426
	S6	550	4	700	264	T6	550	4	700	1704
	S7	500	13	650	858	T7	500	13	650	5538
竖井环向连接筋规格	S8			11235	52	T8			11235	254
	S9			5386	52	T9			5386	254
	S10			10544	52	T10			10544	254
	S11			4714	52	T11			4714	254
堵头墙纵向连接筋规格	S12			7750	4	T12			8160	68
	S13			8150	4	T13			5120	96
	S14			5150	9					
上通道环向连接筋规格	S15			7450	28	T14			7518	189
	S16			6395	28	T15			6380	189
	S17			7760	84	T16			6040	756
上通道纵向连接筋规格	S18	400	1	550	36	T17	400	1	550	235
	S19	425	4	575	144	T18	425	4	575	940
	S20	450	9	600	324	T19	450	9	600	2115
	S21	425	2	575	72	T20	425	2	575	470
	S22	450	10	600	360	T21	450	10	600	2350
	S23	500	4	650	144	T22	500	4	650	940
	S24	450	12	600	432	T23	450	12	600	2820
	S25	500	4	650	144	T24	500	4	650	940
	S26	450	5	600	180	T25	450	5	600	1175
	S27	425	2	575	72	T26	425	2	575	470
	S28	450	6	600	216	T27	450	6	600	1410
	S29	450	3	600	108	T28	450	3	600	705
	S30	425	2	575	72	T29	425	2	575	470

图 5-35　竖井及横通道初衬钢筋统计量表

下料长度	切出长度	下料根数	切出根数	原材用量	利用率
5691688	5691688	4715	4715	483	98.20%
原材合计					
原材名称	长度	用量			
	12000	483			
切割方案					
序号	原材长	切割方式	余料	切割根数	利用率
1#	12000	8150×1 700×1 650×1 630×1 600×1 600×1 550×1	0	4	99.00%
2#	12000	7450×1 650×4 630×1 600×1 575×1	0	28	98.80%
3#	12000	7750×1 600×2 600×1 575×4	0	4	98.80%
4#	12000	6395×1 675×1 650×1 600×2 600×1 600×1 575×1 575×1 550×1	0	28	98.50%
5#	12000	700×1 675×1 650×3 650×1 650×1 600×1 600×1 600×2 600×1 575×3 575×2 575×1 550×1	0	4	96.90%
6#	12000	900×1 700×3 675×2 650×1 650×1 650×1 630×1 600×1 600×1 600×2 575×2 575×1 575×1	10	17	96.90%
7#	12000	900×1 700×2 700×2 650×4 650×1 600×2 600×2 575×2 575×1 575×1	0	7	97.10%
8#	12000	10544×1 700×1 650×1	46	52	99.10%
9#	12000	5150×1 650×1 630×1 600×1 600×3 600×1 600×1 600×1 575×1 575×1	0	9	98.20%
10#	12000	11235×1 575×1	150	36	98.40%
11#	12000	5386×1 900×1 700×1 650×1 600×4 600×1 575×2	0	16	98.20%
12#	12000	5386×1 900×1 650×2 600×2 600×2 600×1 600×1 600×1	0	36	98.20%
13#	12000	900×2 700×1 700×1 650×2 630×1 600×2 600×3 600×2 600×1 575×3	0	2	97.10%
14#	12000	4714×1 700×2 700×2 650×1 630×1 600×3 600×1 575×1	0	6	98.10%
15#	12000	4714×1 700×2 700×2 650×1 600×1 600×2 600×2 575×1	21	6	97.80%
16#	12000	4714×1 900×1 700×1 650×1 650×1 600×2 600×2 600×1 575×2	0	18	98.00%
17#	12000	7760×1 900×1 700×1 650×2 600×1 600×1	0	84	98.80%
18#	12000	900×5 700×4 700×1 650×1 650×1 600×1 600×1 600×1 600×1	0	1	97.50%
19#	12000	900×3 700×2 650×6 650×1 600×2 600×1 600×1 600×1	10	25	97.10%
20#	12000	4714×1 700×2 650×3 650×1 600×2 600×2 600×1	46	1	97.60%
21#	12000	4714×1 700×2 650×3 650×2 600×3 600×1	0	15	98.00%
22#	12000	4714×1 900×1 650×2 650×1 600×3 600×3 600×1	0	6	98.00%
23#	12000	900×4 650×2 650×3 600×3 600×3 600×2	10	7	97.10%
24#	12000	11235×1 650×1	75	1	99.00%
25#	12000	900×2 650×5 600×4 600×6 600×1	0	18	97.10%
26#	12000	900×4 650×5 600×7 600×1	10	2	97.10%
27#	12000	900×4 650×5 600×3 600×5	10	4	97.10%
28#	12000	900×4 650×5 600×4 600×4	10	1	97.10%
29#	12000	900×6 650×5 600×5	30	15	97.10%
30#	12000	11235×1 650×1	75	15	99.00%
31#	12000	900×7 650×8	200	8	95.80%
32#	12000	900×10 650×4	120	1	96.70%
33#	12000	900×13	40	6	97.50%

图 5-36　竖井及横通道钢格栅钢筋下料优化表

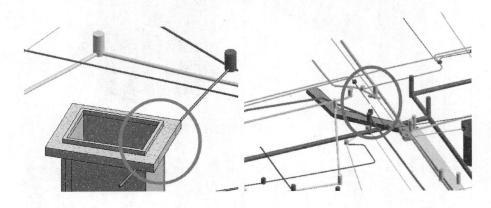

图 5-37　碰撞检查

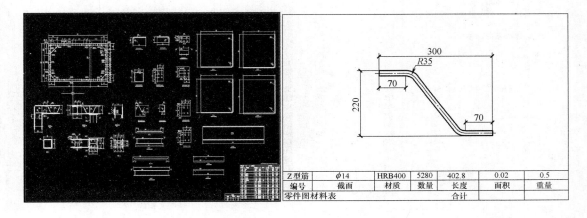

图 5-38　精细化出图

5.2.4 施工资料的采集

随着计算机、微电子、信息和自动化技术的迅速发展，BIM 技术也不断得到提升。通过三维扫描技术，可以将施工现场的资料进行扫描，在电脑上得到实物的三维图像，并将物体的三维数据转化为计算机可以直接处理的模型信息。目前，应用最为广泛的就是通过扫描施工资料的几何信息，对施工空间有限的场地进行最合理的材料安置布局和调度。

5.2.5 安全风险预警

地铁施工过程中会遇到多种潜在安全风险，传统的监测方法主要是通过人工检测、或者人工读取仪器数据，根据定期的观测数据来进行风险预判实现的。这种方法既费时费力，又存在着预警滞后的问题。现在运用 BIM 技术手段，我们可以将仪器获得的监测数据通过无线连接输入电脑的 BIM 模型中，然后通过提前设定预警值，电脑自动识别风险情况。当监测数据超出预警值时，电脑就会自动报警，并在模型中显示风险类别和地点，提示工作人员，直至风险解除。这个技术的优点就是可以全天不间断的检测安全风险，远程监控、实时获取各项风险数据，以避免事故的出现，加快施工进度，并可以节约成本，同时保护施工人员的安全如图 5-39～图 5-41 所示。

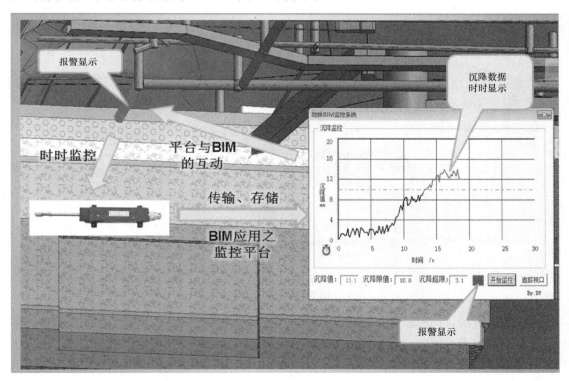

图 5-39　管线沉降监测

5.2.6 工程量核算

BIM 模型实际上就是将实物在计算机里按照 1∶1 的比例模拟建造出来，模型中的构

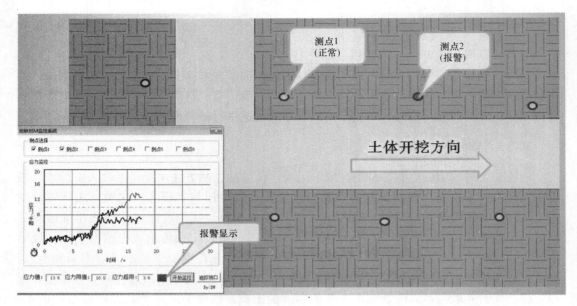

图 5-40 土压监测

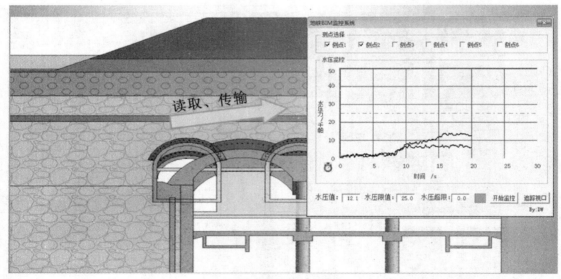

图 5-41 水压监测

建是含有参数的,因而能够将所选定的参数(材质、尺寸、规格、面积、体积、数量、重量等)提取出来。因此,只要模型准确,所提取的工程量即可做到零误差。另外,通过模型提取的工程量不但精确,而且快速。可以做到实时提取选定区域或选定项目的工程量如表 5-3 所示。

5.2.7 小结

1. 项目部应用

针对初始应用 BIM 技术的项目部,可以采用使用软件的各种功能进行操作、管理,

5 施工信息化新技术

创建选定钢筋材料清单　　　　　　　　　　　　　　　表 5-3

型材	材质	数量	长度(mm)	重量(kg)
♯1 钢筋	HRB400	7	12198	34.8
			85386	243.3
♯3 钢筋	HRB400	7	10520	18.9
			73640	132.4
♯4 钢筋	HRB300	14	3574	2.0
♯4 钢筋	HRB300	18	2680	1.5
♯4 钢筋	HRB300	14	4784	2.7
			165263	92.8

合计：　468.5kg

这需要在项目部各主要部门均培养一批会操作使用软件的技术人员，熟悉软件的使用功能，比如：根据模型提取工程量、汇总材料总量、进度模拟等。

软硬件配置要求：

硬件：主板为华硕 Z170-A，主芯片组：Intel Z170，4×DDR4 DIMM 或同级别，CPU Intel 酷睿 i5 6600K，主频 3.5GHz，四核或同级别，内存容量 8GB，显卡为影驰 GTX 760 Gamer，1085/1150MHz 核心频率；6008MHz 显存频率；2GB GDDR5 显存；256bit 显存位宽或同级别。

软件：Revit2014 及以上版本、Naviswork 及以上版本、Tekla16.0 及以上版本。

2. 公司应用

需建立应用平台和统一的 BIM 标准，实现对工程项目的管理，建立服务器并设置用户权限，在服务器上保留唯一且最新的 BIM 模型，赋予不同级别的用户相应的查阅和修改权限。确保数据的唯一性。平台建立主要考虑以下几个要素：

平台界面：符合公司特点及形象；

平台核心：BIM 数据模型；

主要构成：公司简介、工程项目、BIM 模型、信息分类管理、文档管理、信息检索；

拓展：依据公司发展规划及目标，拓展平台内容，如设立集团族库、融入 BIM 全生命周期各个阶段管理系统。

对操作人员的要求是：

公司级别：对操作界面各部分有大概认识，记住常用工具的功能和名称，并可以对之运用及与人交流。

项目部级别：全面了解各软件的功能和特性，熟练掌握常用命令的操作，可以实现快速浏览模型（平、立、剖及 3D 视图的自由切换、特定部位的过滤及显示等），根据需求在模型中提取相应的数据，根据设计变更可以对模型进行小范围的修改，并可以进行简单的动画制作。

软硬件配置要求：

硬件：主板为华硕 Z170-A，主芯片组：Intel Z170，4×DDR4 DIMM 或同级别，CPUIntel 酷睿 i7 6700K，主频 3.5GHz，四核或同级别，内存容量 16GB，显卡为 GTX 980Ti HOF，1266/1367MHz 核心频率；7010MHz 显存频率；显存容量 6144MB；384bit

显存位宽或同级别；

软件：Revit2014及以上版本、Naviswork及以上版本、Tekla16.0及以上版本。

BIM技术是一项全生命周期的管理技术，项目设计、施工、运营管理的全过程应用，才能更好的发挥它的价值。运用BIM技术，并不是一项技术，从理念上讲是一种管理方法。在施工上的应用只是运用了其中一个很细小的一部分。在具体的实际应用过程中发掘BIM技术的潜能，才能实现管理的精细化、利润的最大化。

参 考 文 献

[1] 李久林，魏来，王勇等. 智慧建造理论与实践 [M]. 北京：中国建筑工业出版社，2015.
[2] 北京城建集团有限责任公司. 城市轨道交通工程关键施工技术 [M]. 北京：人民交通出版社，2015.
[3] 北京市交通委路政局、交通运输部公路科学研究院北京市沥青路面预防性养护技术指南.
[4] 交通部公路科学研究所. 公路沥青路面施工技术规范：JTG F40-2004 [S]. 北京：人民交通出版社，2004.
[5] 中交第一公路勘察设计研究院有限公司. 公路桥梁加固设计规范：JTG/T J22—2008 [S]. 北京：人民交通出版社，2008，9.
[6] 四川省建筑科学研究院. 混凝土结构加固技术规范 CECS 25：90 [S]. 北京 中国工程建设标准化协会，1991.
[7] 李鉴德，邓泓威. 浅谈桥梁粘贴钢板加固工程的施工工艺及质量控制 [J]. 沿海企业与科技，2009，7.
[8] 中国建筑科学研究院. 混凝土结构工程施工规范：GB 50666—2011 [S]. 北京：中国建筑工业出版社，2011.
[9] 上海市基础工程公司. 建筑地基基础工程施工质量验收规范：GB 50202—2002 [S]. 北京：中国计划出版社，2002.
[10] 宏润建设集团股份有限公司. 钢管满堂支架预压技术规程：JGJ/T 194—2009 [S]. 北京：中国建筑工业出版社，2009.
[11] 河北建设集团有限公司、中天建设集团有限公司. 建筑施工碗扣式钢管脚手架安全技术规范：JGJ 166—2008 [S]. 北京：中国建筑工业出版社，2008.
[12] 沈阳建筑大学. 建筑施工模板安全技术规范：JGJ 162—2008 [S]. 北京：中国建筑工业出版社，2008.
[13] 南通新华建筑集团有限公司、无锡市锡山三建实业有限公司. 建筑施工承插型盘扣式钢管支架安全技术规程：JGJ 131—2010 [S]. 北京：中国建筑工业出版社，2010.
[14] 中国建筑科学研究院、江苏南通二建集团有限公司. 建筑施工扣件式钢管脚手架安全技术规范：JGJ 130—2011 [S]. 北京：中国建筑工业出版社，2011.
[15] 北京钢铁设计研究总院. 钢结构设计规范：GB 50017—2003 [S]. 北京：中国计划出版社，2003.
[16] 刘月梅. 城市施工中地下管线的保护 [J]. 市政技术，2005，23（4）：235.
[17] 崔玖江. 隧道与地下工程注浆技术 [M]. 北京：中国建筑工业出版社，2011.
[18] 北京城建设计研究总院有限责任公司. 长春桥站风险源专项设计.
[19] 中华人民共和国建设部. JGJ/T 8—2007 建筑变形测量规程 [S]. 北京：中国建筑工业出版社，2008.
[20] 中国建筑科学研究院. JGJ 120—1999 建筑基坑支护技术规程 [S]. 北京：中国建筑工业出版社，1999.
[21] 金润涛. 浅谈 ADG 脚手架在工程中的使用 [J]. 建材发展导向（下），2014，7.
[22] 林玉成. ADG 桁架式移动脚手架系统的结构选型与工程实践 [A]，施工企业模板与脚手架应用技术交流会论文集 [C]，2007 年.
[23] 李敬民，周燕伟，李云春. 滑移式脚手架在土建工程施工中的创新应用——基于昆明卷烟厂联合工房卷接包车间土建技改项目 [J]，价值工程，2011 年 18 期.
[24] 邱瑞. 40m 跨现浇连续箱梁收折式移动平台的研制与应用 [J]，石家庄铁道学院学报（自然科学版），2010，1.
[25] 郎建平，王泽国，贾卫华. 武广高铁整体箱梁支架现浇施工支架体系设计 [J]，铁道科学与工程学报，2010，2.